漁業科学とレジームシフト

川崎健の研究史

川崎　健・片山知史・大海原宏
二平　章・渡邊良朗　編著

東北大学出版会

Fisheries science & regime shift :
Research history of Tsuyoshi Kawasaki

Kawasaki Tsuyoshi, Katayama Satoshi, Oounabara Kou,
Nihira Akira, Watanabe Yoshiro

Tohoku University Press, Sendai
ISBN978-4-86163-282-2

「漁業科学とレジームシフト　川崎健の研究史」の刊行にあたって

　「東北海區水産研究所研究報告－第1號」は1952年6月に発行され，その第1頁は，「東北海區に来遊するカツオのポピュレーションに就いて」と題する論文で始まっている。米軍の占領下にあった当時の日本では，GHQ の指令によって全国を8海区に分割して，各海区に水産研究所が設置された。東北大学名誉教授川崎健先生は，1950年4月に東北海区水産研究所において漁業資源学の研究を始められ，最初に著された研究の成果がこのカツオ論文であった。

　東北海区水産研究所での川崎先生の最初の仕事は，調査船による海洋観測と魚市場における漁況調査によって，東北海区の海の状態と漁業の状況を漁業関係者に知らせる漁海況速報の作成であった。現場での観測調査の経験は，「その後の私の研究者生活に決定的な影響を与えた」と先生ご自身が述べておられる。水産業という人間の営みとそれに関わる海と生物の科学によって，海洋とは何かを認識しようとする「水産海洋学」の基礎を体得されたのだと思う。

　魚類資源量の大きな変動を，乱獲による人為的な現象（漁獲－資源系）と考えるか，海の環境変動にともなう自然現象（環境－資源系）と考えるか，これは20世紀初め以来の世界の資源研究の焦点であった。川崎先生は人為乱獲と自然変動の統一的理解を求めて，生活史型が異なる魚種間での変動様式の違いに着目した研究を進められた。その結果，変動の本質は「環境－資源系」にあり，漁獲はこの「環境－資源系」に対して外力としてはたらくのであって，変動の本質的要因ではないと考えられるに至った。

　1983年にコスタリカで行われた FAO 主催の専門家会議において，川崎先生は「太平洋の3水域でマイワシ類の漁獲量変動傾向が同期しており，その要因は環境の同期的な変動にある（環境－資源系）」という報告をさ

i

れた。人為乱獲を変動の主要因（漁獲−資源系）と考えていた多くの参加者は，マイワシ類の同期的な変動について「市場要因や技術革新が作動した」，「単なる偶然」などと考えて，川崎先生の報告を受け入れることはなかった。3 年後の 1986 年にスペインで行われた「海洋魚類資源の長期変動」という国際シンポジウムで，川崎先生は太平洋のマイワシ資源の変動と全球的な気温変動との密接な関係について報告された。これを聴いたメキシコと米国の研究者が強い関心を示し，1987 年にメキシコで「レジーム問題ワークショップ」が開催され，さらに 1989 年 11 月には「浮魚類資源とその環境の長期変動」という国際シンポジウムが仙台市で開催されることになった。地球規模の環境変動と浮魚類資源量変動の関連に関する研究がこのような経緯を経て国際的に取り組まれ，「レジームシフト」という新たな認識が得られるに至ったのである。

　レジームシフト理論につながる一連の研究を中心としつつ，川崎先生は漁業科学や漁業政策に関する研究を進められ，多くの論考を著された。国連海洋法が資源管理の基本に据えている MSY 理論に代表されるような，人間が天然資源を操作できるという考え方に対する先生の批判的論考は，レジームシフトに伴って大きく自然変動する資源と人間の関わりを考える上での指導理論となる。

　川崎健先生は 2016 年 9 月 12 日に，88 年 8 か月の生涯を閉じられた。2013 年 12 月に，先生に近い 4 人の漁業資源研究者が集まって本書の編集打ち合わせを行って以降，数度の編集委員会を経て本書の出版に至った。2015 年 12 月に藤沢市の川崎先生ご自宅で行った最後の編集委員会まで，先生は精力的に編集作業に関わられた。本書の刊行を見ることなく他界されたことは，編集に携わった者としては誠に残念であったという思いの一方で，川崎先生は最後の仕事を完成させて旅立たれたとも思えるのである。

　ここで，本書の校正について概要を述べる。「1. 年譜」では川崎先生の略歴をまとめ，簡単な編著目録を添えた。続く「2. 研究の軌跡」では先生の足跡を 3 つの章に編み，研究の系譜を再現することを試みた。一部にやや判読しづらい図版等が含まれている。見やすい図版の収集に努めたが，

紙媒体での発表論文が多く，原図の入手が叶わなかった。また収録論文間で書式や用語の不統一があり，現在では用いられない学名や組織名が用いられている例もある。本書の目的が最新の学術成果を束ねることではなく，一人の科学者の足跡をたどることにあることから，発表当時の形式を尊重し，使用図版をそのまま掲載した。収録論文の多くは，大学や専門機関の図書館で原文にあたることができる。図版の詳細を求める読者には原文の参照をお願いしたい。「3. 漁業科学・資源生物学の到達点」には，川崎先生の薫陶を受けた 3 名の編者の論文を掲載した。はからずも，川崎先生との最後の仕事の記録となった。「4. Autobiography 自伝」は，2015 〜 16 年に 6 回にわたって「水産海洋研究」誌に掲載された川崎先生の自伝である。当然ながら研究論文とは異なり，先生の人柄がにじむ文章が綴られている。最後の「5. 現代科学と弁証法」は，2011 年 3 月の東日本大震災を受けて記された先生ご自身の科学哲学であり，一人の科学者としての現代科学への警鐘である。

　本書は，漁業資源に関する川崎健先生の認識の発展をたどる書であり，水産海洋学が 21 世紀初めに到達したレジームシフトという認識の形成史でもある。「資源と人間」あるいは「海洋と人間」の関係を考える上で，本書は重要な示唆を与えるはずである。海洋生態系や漁業資源に関心を持つ多くの方々の閲覧に供されれば幸いである。谷口旭東北大学名誉教授には本書の校閲をいただいた。また，東北大学出版会の小林直之氏には本書の出版にご尽力いただいた。記して深く感謝する。

2017 年 1 月 24 日

川崎健著作選集出版委員会　渡邊良朗

目　　次

「漁業科学とレジームシフト　川崎健の研究史」の
刊行にあたって ……………………………………………………………　i

1. 年　　譜 ……………………………………………………………　1

2. 研究の軌跡 ……………………………………………（川崎健）　5

解　説 ………………………………………………………………　7

第1章　レジームシフト理論の形成過程 ………………………　16

　1. カツオ・マグロ類の生態の比較について（第2報）（1960）（抄）……　16

　2. 水産資源学の課題と展望（1987） ………………………………　28

　3. 水産学界の現状と課題（1981） …………………………………　62

　4. 海産硬骨魚類の個体数変動について

　　　－変動様式と産卵数の適応的意義－（1978） ……………………　70

　5. WHY DO SOME PELAGIC FISHES HAVE WIDE

　　　FLUCTUATIONS IN THEIR NUMBERS? ……………………　86

　6. FLUCTUATIONS IN THE THREE MAJOR SARDINE

　　　STOCKS IN THE PACIFIC AND THE GLOBAL TREND

　　　IN TEMPERATURE（1986） ……………………………………　107

　7. 気候と漁業　補記（1986） ……………………………………　124

　8. 浮魚生態系のレジーム・シフト（構造的転換）問題の10年

　　　－ FAO 専門家会議（1983）から PICES 第3回年次会合（1994）まで（1994）

　　　………………………………………………………………　138

　9. 世界の漁業生産量の停滞は乱獲の結果なのか？

　　　－ 1995 年京都国際会議に提出された FAO 報告の問題点-（1996）……　157

　10. 海洋生物資源の基本的性格とその管理 ………………………　182

　11. レジーム・シフト研究の現在的意義（2003）………………　211

v

12. レジーム・シフト理論形成の系譜（2009） ……………………… 220

13. レジームシフトのメカニズムについての
    trophodynamics 仮説の提案（2012） ………………………… 249

14. 国連海洋法条約と地球表層科学の論理（2013） ………………… 265

第 2 章　日本漁業をめぐる論考 ………………………………… 278

1．日本漁業　現状・歴史・課題（2004） ………………………… 278

2．世界の水産物需給構造と南北問題（2005） ………………… 305

3．縮小する漁業と水産物消費の減退（2015）………………… 329

第 3 章　海洋環境問題と政策問題 ……………………………… 342

1．「水産特区」問題の源流　漁業権の学際的考察から（2011） …… 342

2．今日の海洋環境問題（1989） ………………………………… 358

3．巨大防潮堤は何を守るのか（2014）………………………… 380

3．漁業科学・資源生物学の到達点 ……………………………… 393

1　自然変動する海洋生物資源の合理的利用 ………… （渡邊良明） 395

2　日本漁業の「ショック・ドクトリン」考 …………… （大海原宏） 413

3　資源操作論の限界　沿岸資源管理の歴史に学ぶ …… （片山知史） 432

4．Autobiography 自伝／研究史
　「私の歩んだ道」The way of my life ……………………… （川崎健） 451

5．現代科学と弁証法 ……………………………………… （川崎健） 513

1. 年　　譜

川崎　健

KAWASAKI　TSUYOSHI

（1928 － 2016）

川崎　健　（かわさき　つよし）

1928 年 1 月	中国福建省福州市にて出生
1934 年 4 月	福州市日本人小学校に入学
1937 年 5 月	台湾台北市立旭小学校に転校
1940 年 4 月	旧制台北高等学校尋常科に入学
1944 年 4 月	台北高等学校高等科理科乙類に進学
1945 年 3 月	警備召集を受けて帝国陸軍重機関銃中隊に配属　陸軍二等兵
1945 年 9 月	敗戦のため除隊　陸軍一等兵
1946 年 4 月	日本に引き揚げる
1946 年 4 月	山形高等学校理科甲類 3 年に転入学
1947 年 5 月	東北帝国大学農学部水産学科に入学
1950 年 4 月	水産庁東北海区水産研究所に勤務
1961 年 3 月	東北大学より農学博士の学位を受ける　論文題目「カツオ・マグロ類の比較生態学的研究」
1963 年 3 月	東北海区水産研究所八戸支所長
1965 年 1 月	東海区水産研究所資源部第一研究室長
1968 年 1 月	日本学術会議会員（1984 年まで 5 期）
1974 年 4 月	東北大学農学部水産学科助教授
1975 年 8 月	同教授
1985 年 4 月	東北大学農学部長
1987 年 4 月	農学部長再任
1991 年 3 月	東北大学名誉教授
1991 年 4 月	社団法人東北建設協会顧問（2008 年まで）
1992 年 10 月	国立台湾海洋大学客員教授
1996 ～ 1998 年	台湾水産試験所客員研究員
1999 ～ 2000 年	台湾海洋大学客員教授
2007 年 7 月	「レジームシフト」研究を評価され，太平洋学術協会より海洋生物学の国際賞「畑井メダル」受賞
2009 年 11 月	水産海洋学会名誉会員

編著書目録（編著は○　単著は●）

1973	○公害問題と科学者　恒星社厚生閣
1975	○温排水と環境問題　恒星社厚生閣
1975	○海洋の油汚染　時事通信社
1976	○食料自給をどう考えるか　時事通信社
1977	○畑中正吉教授退官記念　海の生物群集と生産　恒星社厚生閣
1977	●魚と環境　海洋出版株式会社
1977	○海面埋立てと環境変化　恒星社厚生閣
1980	○魚　その資源・利用・経済　恒星社厚生閣
1981	○日本の食糧　恒星社厚生閣
1981	○ 200 カイリ時代と日本の水産　恒星社厚生閣
1982	●浮魚資源　恒星社厚生閣
1983	●魚の資源学　大月書店
1992	●魚・社会・地球−川崎　健科学論集−　成山堂書店
1993	●海の環境学　新日本出版社
1995	●海と魚とわたしたち　岩崎書店
2001	○エルニーニョと地球環境　成山堂書店
2005	●漁業資源　−なぜ管理できないのか−　二訂版　成山堂書店
2007	○レジームシフト−気候変動と生物資源管理−　成山堂書店
2009	●イワシと気候変動　岩波書店
2013	● Regime Shift − Fish and Climate Change −　東北大学出版会

訳書目録

1986	クッシング　気候と漁業　恒星社厚生閣
1990	ガランド　水産資源解析入門　恒星社厚生閣

2．研究の軌跡

第1章　レジームシフト理論の形成過程
第2章　日本漁業をめぐる論考
第3章　海洋環境問題と政策問題

2．研究の軌跡

解説1．レジームシフト理論の形成過程

　私のレジームシフト研究は，1950年代から2010年代にいたる長い過程である。それは，次のように区分される。

1-1　比較生態学と水産資源学の再検討
　　マグロ類の比較生態学　　　1958 ～ 1962
　　水産資源学の再検討　　　1973 ～ 1981
　　海産硬骨魚類の生活史の選択（進化生態学的視点）　1978 ～ 1983

1-2　気候と資源変動
　　（レジームシフトの発見からレジームシフト理論の確立まで）
　　1983 ～ 1996

1-3　レジームシフト理論の深化と展開　　　2001 ～ 2015

1-1　比較生態学と水産資源学の再検討
　　（以下，太字は収録論文）

　　マグロ類の比較生態学
1958　Biological comparison between the Pacific tunas, Part 1, Bull. Tohoku
　　　Reg. Fish. Res. Lab. 13, 46-79.
1960　カツオ・マグロ類の生態の比較について，第2報，東北水研報告，
　　　16，1-40.

2. 研究の軌跡

1962　カツオ・マグロ類の生態の比較について，第3報，東北水研報告，
　　　20，45-50.

　私の研究の出発点は，マグロ類の比較生態学である。水産庁東北区水産
研究所に入所し，所長・木村喜之助先生の下で，1950年からカツオ・マグ
ロ・サンマの漁海況の資料収集・広報業務を行っている過程で，マグロ類
の魚種間に大きな生態の違いがあることに気が付いた。比較した魚種は，
温帯性マグロであるクロマグロ，ビンナガと熱帯性マグロであるメバチ，
キハダの4種である。
　クロマグロとビンナガはいずれも *Thunnus* に属し，類縁関係が近い。こ
れに対して，メバチは *Parathunnus*，キハダは *Neothunnus* で，別属である。
進化の過程で，まず *Thunnus* の祖先と *Parathunnus* + *Neothunnus* の祖先（当
時）が異所的種分化（allometric speciation）をして，温帯水域と熱帯水域
に別れた，と考えられる。
　日本東方水域における5月・6月のクロマグロとビンナガの生息水域は，
対照的である。クロマグロは，黒潮前線の北側の鉛直安定度の高い混合水
域表層に分布し，ビンナガは，前線の南側の水平・鉛直方向に等質な亜熱
帯モード水水域に生息し，生息水域は全く重ならない。これもまた異所的
種分化である。生息域の違いは体構造に反映しており，ビンナガは，胸鰭
が長くスリムで，急速な鉛直移動に適応し，クロマグロは，胸鰭が短くず
んぐり型で，逆である。メバチとキハダは共棲して混獲され，同所的種分
化（sympatric speciation）を行ったと考えられる。
　このような比較生態学的視点が，バイオマス変動様式の魚種による違
いとして，レジームシフトの研究に繋がった。この研究が，私の学位論文
「カツオ・マグロ類の比較生態学的研究」（1961，東北大学）となった。そし
て，レジームシフト研究の基盤となったように思う。

　水産資源学の再検討
1973　水産資源の培養と環境の問題，沿岸海洋研究ノート，10，75-85.

第1章　レジームシフト理論の形成過程

1975　漁業資源変動に関する理論的な諸問題，海洋科学，7，51-57.

1978　水産資源学の課題と展望，号外海洋科学，1，129-143.

1981　水産学界の現状と課題，科学と思想，39，187-191.

　私は，1963 〜 1964 年には水産庁東北水研八戸支所，1965 〜 1973 年には，東海区水産研究所で過ごした。この間に，日本東方水域における表層性魚類の群集構造の研究マサバ太平洋系群の構造，スルメイカの系群構造の研究を行った。

　1974 年に東北大学に転出したが，この頃から，水産資源学の基本的な問題点について検討を始めた。当時は「栽培漁業」政策の最盛期で，各地に種苗センターが造られていたが，私はこの政策に疑問を抱いていた。また，数理資源学のブームが冷め，資源学は再検討を迫られていた。この問題について，1978 年の論文の「まとめ」には，次のように書かれている。

　水産資源学の現在的課題は，(1) それぞれの資源の加入量変動を引き起こす環境条件を明らかにすること，(2) 環境変動に対する資源の応答を明らかにすること，(3) 環境変動と資源の 関係を漁獲がどう歪めるかを明らかにすること，である。

　つまり，加入量変動のメカニズムの追究とそれと漁獲との関係である。こういう問題意識が，生活史の選択の研究から，レジームシフトへの研究へと繋がっていったと考えられる。

　海産硬骨魚類の生活史の選択（進化生態学的視点）

1980　Fundamental relations among the selections of life history in the marine teleosts, Japan. Soc. Sci. Fish., 46, 289-293.

1982　Comparative life historical study of the three heterosomes in Sendai Bay, Bull. Japan. Soc. Sci. Fish., 48, 605-609.

1983　Selection of life histories and its adaptive significance in a snail fish *Liparis Tanakai* from Sendai Bay, Japan. Soc. Sci. Fish., 49, 367-377.

２．研究の軌跡

　東北大学に異動する前後から，研究が交わらない乱獲研究と変動研究の統一的理解についての意識が芽生えた。変動問題の研究の出発点は，魚種による変動様式の違いである。マイワシ資源は大変動するのに，マグロ資源の変動は小さい。それは，何故か。それを，進化生態学視点から解明しようと思いたった。その結果到達したのが，「生活史の三角形」の考え方である。基盤にあるのは，個体維持と種族維持という２つの相反する機能の統一体としての生物が，生物エネルギーをどのように２つの機能に振り向けているのか，という問題であった。個体数変動様式には，小刻みな変動をするサンマ型，大変動をするニシン・マイワシ型，変動が小さいマグロ・カレイ型がある。三角形の３辺は，産卵数と生長速度と生存期間（寿命）である。この３要因の組み合わせによって，変動様式を支える生活史が決まる。生物エネルギーを主として種族維持に振り向けるマイワシは，大変動を支える生活史を選択している。

　この研究が基礎になって，レジームシフト研究に進む。この研究の概要は，DH Cushing の「気候と漁業」の邦訳（川崎，1986）の「補記」にまとめられている（本書に収載）。

1-2　気候と資源変動
　　　（レジームシフトの発見からレジームシフト理論の確立まで）
　　　（以下，太字は収録論文）

1978　海産硬骨魚類の個体数変動について－変動様式と産卵数の適応的意義，海洋科学，10，64-69.

1983　Why do some pelagic fishes have wide fluctuation in their numbers? Biological basis of fluctuations from the viewpoint of evolutional ecology, FAO Fish. Rep., 291, 1066-1078.

1986　Fluctuations in the three major sardine stocks and the global trend in temperature, Int. Symp. Long Term Changes, Mar, Fish. Pop., Vigo 1986.

1986　補記「気候と漁業」（Cushing 著の和訳），331-342.

第1章　レジームシフト理論の形成過程

1989　浮魚の生態と資源変動の解明，水産海洋研究，53，178-191.

1991　Long-term variability in the pelagic fish populations, In Long-term Variability of Pelagic Fish Populations and their Environment, Pergamon Press, 47-60.

1991　地球的規模の環境変動と浮魚の資源変動との関連について，南西外海の資源・海洋研究，7，69-76.

1993　マイワシを主導種とする浮魚群集の構造変化，月刊海洋，25，398-404.

1994　浮魚生態系のレジーム・シフト（構造的転換）の10年－FAO専門家会議（1983）からPICES第3回年次会合（1994）まで，水産海洋研究，58，321-333.

1996　世界の漁業生産量の停滞は乱獲の結果なのか？1995年京都国際会議に提出されたFAO報告の問題点－，漁業経済研究，41，114-139.

　魚類資源の変動メカニズムについて，1930年〜1980年の半世紀は，数理資源学がわが世の春を謳歌した時代であった。大変動するマイワシについても，変動の原因は加入乱獲とされた。それをひっくり返したのが，1983年にコスタリカ・サンホセで行われたFAOの会議における，マイワシの漁獲量変動の同期性についての私の報告であった。太平洋で大きく離れた3海流（黒潮，カリフォルニア海流，フンボルト海流）に分布するマイワシの3グループ（同属別種）の漁獲量が1920年代から1980年代初めにかけて，完全に同期した変動をしていたのである。私は，このような同期的大変動を引き起こす要因は，グローバルな気候変動しかないと考えた。
　1986年にスペイン・ビゴで行われたシンポジウムで，マイワシの漁獲量変動が全球地上平均気温と相関していること，マイワシとカタクチイワシの漁獲量変動が逆相関していることを指摘した。これによって，漁獲量（資源量）の変動が黒潮水域でもフンボルト水域でも逆相関しており，海洋生態系全体の変動が気候変動によって支配されていることを指摘した。その後，太平洋赤道域と北太平洋高緯度水域で数十年スケールの海洋変

2．研究の軌跡

動があきらかに切らかにされ，また全世界の海洋でマイワシ・カタクチイ
ワシの魚種交代が見られ，プランクトンなどにも長期変動が明らかになっ
て，前世紀末に，レジームシフト理論が確立することになる。

1-3　レジームシフト理論の深化と展開
　（以下，太字は収録論文）

2001　レジーム・シフト－気候・海洋・海洋生態系にみられる数十年スケー
　　　　ルの変動－，月刊海洋号外，24，202-211.
2002　**海洋生物資源の基本的性格とその管理，漁業経済研究，47，87-
　　　　109.**
2002　Climate change, regime shift and stock management, Fish. Sci., 68,
　　　　Suppl., 148-153.
2003　レジーム・シフト研究の現在的意義，月刊海洋，35，75-79.
2003　地球システムの構成部分としての海洋生態系のレジーム・シフト，
　　　　月刊海洋，35，196-205.
2008　マイワシの資源変動プロセスと管理問題，月刊海洋，40，159-165.
2009　レジーム・シフト理論形成の系譜，月刊海洋，41，3-20.
2012　**レジームシフトのメカニズムについての trophodynamics 仮説の提
　　　　案，黒潮の資源海洋研究，13，1-9.**
2013　**国連海洋法条約と地球表層科学の論理，経済，213，2013 年 6 月
　　　　号，137-147.**
2014　ペルーアンチョビー資源変動の地球表層科学的理解，日水誌，80，
　　　　854-857.

　今世紀に入って私が主として手掛けたことは，レジームシフト理論の彫
琢であった。第一に，資源は自然変動するから漁業管理は必要ないのでは
ないか，という誤解に対して私が出したのは，未成魚を乱獲するとレジー
ムシフトの上昇期に資源は立ち上がれない，という回答である。これは，

第1章　レジームシフト理論の形成過程

マサバ太平洋系群で実証されている。乱獲とは，レジームシフトのリズム
を破壊するような漁獲の仕方である，という定義を与えた。第二に，国連
海洋法条約に対する批判である。資源管理方策としてMSY理論という
科学的に誤った理論を書き込んだこの条約は，法が科学の分野に踏み込
んだ悪しき事例である。海洋法条約は書き換えられなければならない。
第三に，生態系のレジームシフトのメカニズムである。これについては，
生物エネルギーの栄養段階間の移動によってレジームシフトを説明する
trophodynamics仮説を提示した。この仮説は，今後検証されなければなら
ない。

　この時期には，3つの大きな出来事があった。2007年における畑井メダ
ルの受賞と2009年の「イワシと気候変動」（岩波新書），2013年のRegime
Shift － Fish and Climate Change －（東北大学出版会）の刊行である。史
上最強のエルニーニョが出現しつつあると言われている現在（2016年初
め）は，エルニーニョがレジームシフトを引き起こすメカニズムについて
考えている。

解説2．日本漁業をめぐる論考－日本漁業の戦後史と漁業政政策
（以下，太字は収録論文）

1976　水産業の課題，食料自給をどう考えるか，時事通信社，203-233.

**2004　日本漁業　現状・歴史・課題，経済，104，2004年5月号，112-
　　　131.**

1981　水産物需給の問題点，日本の食糧，恒星社厚生閣，181-190.

**2005　世界の水産物需給構造と南北問題，経済，114，2005年3月号，
　　　128-145.**

1983　有事自給論批判，日本漁業の民主的発展をめざして，庄司東助先生
　　　退官記念出版会，51-59.

2007　「魚離れ」と日本漁業　漁業政策・資源管理政策の批判的検討，経

2．研究の軌跡

　　済，142，2007 年 7 月号，132-150.
2015　縮小する漁業と水産物消費の減退，経済，237，2015 年 6 月号，
　　　107-115.

　日本漁業に関する論文系列は，経済高度成長期（1954 ～ 1973）の直後
の，漁業生産量が世界一で，しかも伸び続けていた 1976 ～ 1983 年（前
期）と，20 年後の経済停滞期で，漁業が縮小局面に入った 2004 ～ 2015
年（後期）に分けられる。

　1976 ～ 1983 年の論文では，海洋分割問題と日本漁業生産の二重構造問
題（生産と消費の乖離）が論証されている。この時期は，世界の水産物が
国際商品になり始めた時期である。1976 年・1981 年の論文では，MSY が
資源管理の客観的指標として用いられており，私の理論水準がレジームシ
フト思想到達以前の段階にあることを示している。

　日本漁業に関する論文空白の 20 年（1984-2003）を経て，日本漁業をめ
ぐる状況は様変わりした。2004 年の論文は，太平洋戦争後の日本漁業の変
遷を鳥観した論文である。この頃には，水産物はすっかり国際商品となっ
た。そして，水産物需要が伸び，輸入量も増えていた。

　そのすぐ後に転機がやってくる。水産物消費の減退，いわゆる「魚離
れ」である。漁業は急速に縮小していく。生産構造だけではなく，消費構
造も激変している。最後の論文では，それらが，日本の産業構造の変化と
無関係ではないことを示した。

　40 年間の論文を読み返すと，日本漁業を巡る状況の変化の大きさに驚か
される。

第1章　レジームシフト理論の形成過程

解説3．海洋環境問題と政策問題

（以下，太字は収録論文）

1972　「海洋開発」と水産業における科学・技術政策，ミチューリン生物
　　　学研究，8，2-7.
1973　海と沿岸水域の汚染・破壊，今日の公害問題，前衛，9月号，79-
　　　92.
2011　**「水産特区」問題の源流，経済，194，2011年11月号，63-74.**
1989　**今日の海洋環境問題，前衛，10月号，226-241.**
1998　**漁業と環境問題，世界の漁業 第1編，世界レベルの漁業動向，国**
　　　際漁業研究会，海外漁業協力財団，227-256.
2014　**巨大防潮堤はなにを守るのか，経済，220，2014年1月号，146-155.**

　この部分は40年以上にわたる論考を含んでいる。1973・1989年の論文
では沿岸開発による海の環境汚染を論じているが，海洋法条約によって問
題の性質が国際化してきて，1998年の論文では，漁業も加害者になり得る
環境問題を論じている。

　13年後の2011年3月11日に，巨大地震・津波による東北大災害が起こっ
た。最後の2編は，「災害資本主義」についての論考である。震災を奇貨
として，資本が沿岸に乗り込んで来る。2011年の論文は，規制緩和によっ
て，資本が直接沿岸漁業に介入してくる問題を，漁業権との関連で論じて
いる。

　2014年の論文では，3・11以後の巨大防潮堤の建設問題を論じている。
ゼネコンが建設する巨大防潮堤によって海は陸と分断され，防潮堤は時間
とともに劣化し，自治体のお荷物になってくるであろう。

2．研究の軌跡

第1章　レジームシフト理論の形成過程

1．カツオ・マグロ類の生態の比較について（第2報）（1960）（抄）

（本稿は，原文の「(4) まとめ」以降を収録し，また引用や記載等を整理し抄録とした。）

(1) マグロ類の漁場形成と海洋構造について
　(1.1) 東北海区における，1959 年 6 月の漁場及び魚体の大きさと，海洋構造との関係について
　　　　クロマグロ
　　　　ビンナガ
　　　　メバチ
　　　　キハダ
　(1.2) 東北海区における，1952 年の延縄漁場及び魚体の大きさと，海洋構造との関係について
　　　　クロマグロ
　　　　メバチ
　　　　キハダ
　(1.3) マクロ類各魚種の棲息水域の特徴
　　(1.3.1) クロマグロ
　　　　日本海沿岸の定置網漁場
　　　　本州太平洋沿岸漁揚
　　　　九州近海の漁場
　　　　本邦南方水域の延縄漁場
　　　　考察
　　(1.3.2) ビンナガ
　　　　1953 年 2 月 16 日〜 25 日のビンナガ漁場
　　　　1956 年 1 月〜 3 月のビンナガ漁場

　　　　　　　　　　　　　　　　　　　　第1章　レジームシフト理論の形成過程

　　　潮岬南方水域の海況の変動とビンナガ漁況との関係
　　　南北方向の漁獲量の分布と海洋条件
　　　東西方向の漁獲量の分布と海洋条件
　　　考察
　　（1.3.3）メバチ
　　　北太平洋流域
　　　赤道水域
　　　考察
　　（1.3.4）キハダ
　　　考察
（2）食性について
（3）生態と胸ビレの長さとの関係
（4）まとめ
（5）カツオ類の生態について
　（5.1）カツオの魚体と環境条件との関係
　（5.2）ヤイトの生態について
　（5.3）考察
（6）進化の観点に立った生態の比較－生態と進化の関係についての考察－

（4）まとめ

　以上筆者は，マグロ類の4種について各魚種の生態を述べ，更に魚種
相互間の生態の比較を行って来た。ここで第1報からの論議を振りかえっ
て，魚種相互間の比較についての総括的なとりまとめを行ってみよう。
　マグロ類は，部分的な重なり合いを含みながらも，夫々環境をすみ分け
ている。すなわち，クロマグロの主な棲息水域は黒潮前線の左側（沿岸
側）であって（図A），低塩で鉛直安定度の小さな水域である。最大の漁
場である常磐・三陸沖にクロマグロ漁場が形成されるのは夏から秋にかけ
てであり，この時期には年間を通じて最も低塩であって，この事からもク

2．研究の軌跡

ロマグロが低塩性である事が判る。

一方ビンナガが主として回遊しているのは，黒潮前線と亜熱帯収斂線に挟まれた東西に長い帯状水域である（図B）。この水域は黒潮前線の北及び亜熱帯収斂線の南と較べて対流圏の深く発達している水域であり，又水平・鉛直両方向に均一性の高い水域であって，塩素量の範囲は 19.2 ～ 19.3‰ である。ここに漁場が形成されるのは冬から春の時期であり，この時期は年間を通じて鉛直的な均一性の最も高い時期である。日本近海では 6 月に入ると，西側から次第に表層が高温・低塩となり，鉛直安定度が増大するが，それと共に漁場は東へ移動する。このようにビンナガは環境条件に対する適応性が小さく，均一性の高い水域を好む魚種である。

北太平洋について言えば，メバチはビンナガと同様に黒潮前線と亜熱帯収斂線に挟まれた水域にも分布するが，12°N以南の赤道水域を分布の中心としている。12°Nから亜熱帯収斂線に至る水域は，東西に帯状に伸びる高塩水域であって，ここにメバチが分布しない事は，メバチが高塩には適応せず，塩素量に対する適応性の低い魚種である事を示している。しかしビンナガよりは適応性が大きく，ビンナガは 175°W以東の高塩水域に分布しないのに較べて，メバチはずっと東にまで分布している。北太平洋流域での初夏の小型メバチ漁場の移動の模様はビンナガの場合とよく似ており，ビンナガとメバチが似通った環境条件を要求する事を示している。しかし，メバチは12°N以南の，より均一性の小さな水域が分布の中心であって，ビンナガよりは均一性に対する要求は小さい。

キハダは南北に最も広い分布域を持つ魚種であって，その主要な棲息水域は，北太平洋では赤道水域から三陸近海の低塩水域に達して居り，又 12°～26°Nの高塩水域の存在も分布と全く無関係である。キハダの分布が最も深い関係を持つのは島嶼や海礁の存在であって，西太平洋の島嶼水域に卓越的に分布している。このようにキハダは euryhaline・島嶼性であって，ビンナガ・メバチの stenohaline・大洋性と鋭い対照をなしている。

次に 100cm 以下の小型魚について各魚種のとる群態をみると，ビンナガは主として島付群で非依存形態をとり，依存性・他種との共存性が弱い。

第1章　レジームシフト理論の形成過程

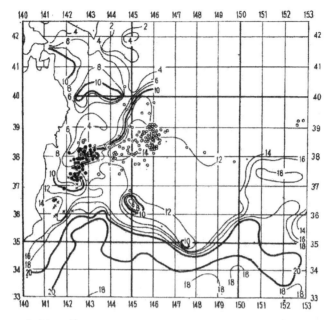

Ａ クロマグロ

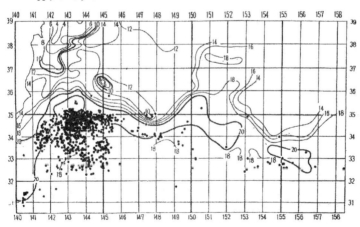

Ｂ ビンナガ

図　1959年5月・6月の100m層等温線と6月のマグロ類の漁獲位置
○：延縄　◉：旋網（小型魚）　×：旋網（大型帽）　●：竿釣り

2. 研究の軌跡

メバチは主として木付その他の依存形態をとり，依存性・共存性が強い。キハダは主として瀬付形態をとり，依存性・共存性は非常に強い。この事は，前者が移動の過程にあり，後者が定住性のものである事の反映でもある。このような各魚種の特性は環境条件に対する適応性とよく対応しているのであって，環境に対する適応性の大きなものほど依存性・共存性が大きいのである。

　更に，各魚種のとる群態の相違は"すみ分け"の効果を持っている。ビンナガとメバチは棲息水域が強く重なっているが，ビンナガはほとんどが他物に依存しない島付形態をとり，メバチは主として，他物に依存する木付形態かサメ付形態をとってすみ分けている。メバチとキハダは島嶼の周辺では生活の場が重なっているが，メバチは主として木付形態，キハダは主として瀬付形態をとってすみ分けている。

　マグロ類4種の棲息水域の特徴点は，黒潮前線の北側の混合水域において，極めて明かに指摘出来る。すなわち，クロマグロとキハダは潮境水域に選択的な回遊を行い，環境の変動性を要求するが，ビンナガとメバチは高塩な暖水塊内部に選択的な回遊を行い，環境の安定性を要求する。

　以上のような生態の相違は食性に強く反映する。キハダは食餌動物が種類の上でも量の上でも多い島嶼水域に，主として瀬について生活しているから，食餌構成は複雑であり，又摂食量も大きい。ビンナガ及びメバチは，均一性の高い，従って餌が量・質共に貧弱な水域で生活しているため，食餌構成は単純であり，又摂食量も小さい。特にメバチは他物に対する依存性が強いため，行動半径が狭く食餌構成は最も単純である。

　生態の相違は又成長にも関係が深い。キハダの棲息水域は食餌動物が豊富で，しかもキハダ自身の運動量が小さいから，エネルギーの消費が少なく，成長は最も早い。メバチは餌料の少ない水域を回遊しているが，漂流物に対する依存性が大きいため，エネルギーの消費が少なく，従って成長はメバチに次ぎ，ビンナガは他物にほとんど依存せず，運動量が大きいため，成長量は最も小さい（クロマグロはキハダと同程度の成長を示すと考えられ，之はマグロが潮境－沿岸水域に棲息しているためと思われるが，

まだ成長に関する信頼し得る研究がない)。

　生態の相違は，特に胸ビレの長さとよく関連している。胸ビレは鉛直方向の運動の効率に関係する。鉛直方向の運動性はビンナガで最も大きく，メバチ・キハダ・クロマグロの順に小さくなるが，胸ビレの体長に対する相対的な長さもこの順に短くなる。

　魚類では一般に成長と共に環境条件に対する適応性が変化するが，マグロ類でもこの事は同様である。クロマグロは日本の周囲を取巻く前線の沿岸側の，低塩で環境条件が鉛直方向に傾斜の大きな水域で，小型魚から大型魚までが棲息するが，魚体が大きくなると適応性が変化して，暖水塊内部若くは黒潮前線の外側に移動し，伊豆・小笠原・台湾東方水域に出現する。この水域は高温・高塩で環境条件の均一性が高い。

　ビンナガでは全体として小型魚程低温・低塩，大型魚程高温・高塩に適応する傾向があり，亜熱帯収斂線の北側で，広い体長範囲のものが北→南，西→東の両方向に平均体長を増加させながら，広範な水域に棲息している。ところが，亜熱帯収斂線の南の高温・高塩で変化の大きな水域には，90cm 以上の大型魚が春先に産卵のため南下する。このようにビンナガの小・中型魚は適応性が大きく，又大型魚になると適応性が変化する。

　メバチは体長と環境条件との関係においてもビンナガの場合とよく似ており，大型魚程高温・高塩に適応する傾向がある。又黒潮前線の北側に進入し得るものは，小型魚の中では 1 年魚だけである。メバチは前述のように外洋性の魚種であるが，若干は島嶼のごく近辺でも漁獲される。これも総て 1 年魚である。このように小型魚は適応性が大きく，一般的な条件にあてはまらない環境にも進入し得るのである。一方三陸沖で延縄によって漁獲されるメバチは総て 140cm 以上のもので，特に 160cm 以上の大型魚の比率が高い。すなわち，メバチでは非常に小型のものは適応性が大きく，非常に大型になると迪応性が変化する。又メバチは 100cm を超えると竿釣り漁法の対象ではなくなり，表層一中層性から中層性へ変化する。

　キハダはビンナガやメバチの場合とかなり事情が異なる。キハダは低塩域から高塩域に亘って広い体長範囲のものが漁獲され，水温・塩素量と体

2．研究の軌跡

長との対応関係を認める事が出来ない。魚体の大きさと環境条件の関係は島嶼又は海礁に対する親密度に求める事が出来る。すなわち，瀬付として漁獲されるキハダは大体において体長100cm以下のものに限られ，それ以上のものは直接に瀬に付く事を止めて島からいくらか離れた水域に移るのである。南西諸島周辺では60cm以上のキハダは漁獲されない。この事は，分布の縁辺水域では小型魚だけが棲息する事を示している。又黒潮前線の北側の低塩域では，非常に大型のものの割合が大きい。

　さて，以上の4魚種は何れも若い時代には適応性が大きく，又非常に大きくなると適応性が変化して，それまでの棲息域とは異質な環境の中に入って行く傾向があるが，興味のある事は，中緯度地方が分布の中心であるクロマグロ・ビンナガでは，非常に大型のものは亜熱帯収斂線若くは黒潮前線を越えて南下し，赤道水城が分布の中心であるメバチ・キハダでは，黒潮前線を越えて混合水域に入るのであって，丁度逆の関係になっている事である。

　以上のような成長に伴う適応性の変化は，胸ビレの長さと体長との関係に関連している。マグロ類の4種は何れも一定の体長に達すると，胸ビレ長の相対成長速度が鈍ってくる。この事は，マグロ類の性質が表層一中層性から中層性に変化して行くため，相対的に運動性が減少して行く事に対応している。

(5) カツオ類の生態について

　カツオ類についての検討は，特にカツオとヤイトについて行った。カツオとヤイトは体形が非常によく似ているが，その生態には非常な相違がある。

　カツオの漁獲量はカツオ・マグロ類のうちで最大であって，ヤイトとは比較にならない程大きい。カツオの分布は赤道水域から親潮前線域に及び，極めて広範であり，カツオ・マグロ類のうちで，環境条件に対する適応性は最も大きい。カツオは暖流系水の及ぶほとんど総ての水域に出現

第1章　レジームシフト理論の形成過程

するが，特に選択的に回遊するのは，潮境水域と島嶼水域である。この事は，カツオが変動性の大きな環境を好む事を示している。

(5.1) カツオの魚体と環境条件との関係
　東北海区で漁獲されるカツオは3年魚が主群であって，2年魚がいくらか漁獲され，伊豆諸島海区では3年魚が主群で4年魚がいくらか漁獲され，小笠原海区では矢張3年魚が主群であるが，4年魚がかなり漁獲される。このように，北側程平均年令が若くなっている。この傾向は西南海区でも同様であって，列島周辺のものは3年魚と4年魚からなるが，五島灘で漁獲されるものは，2年魚と3年魚である。しかし細かく検討すると，東北海区及び五島灘の回遊群では4年魚は全く漁獲されないが，それ以南の伊豆・小笠原・西南諸島では2年魚もいくらか漁獲される。従ってこの傾向は，ビンナガ・メバチの場合と同様に，若年魚程広い環境条件に適応出来るという事を示している。
　この事は，マグロ類の場合に指摘したのと同様に，胸ビレの長さの体長に対する相対的な関係によく反映している。体長30cmと60cmの間ではその前後と較べて胸ビレの相対成長速度が大きいが，これは体長30～60cm以外のものは東北海区や五息灘に回遊群として出現せず，伊豆・小笠原諸島や西南諸島の島まわりにたけ出現するという事実に対応している。すなわち瀬付群は回遊群よりも運動性が小さいのであるから，この事が胸ビレの長さに反映しているわけである。

(5.2) ヤイトの生態について
　ヤイトの漁獲は，ほとんど総ての場合が瀬付群として報告されている。ヤイトの漁獲は伊豆諸島水域のしかも黒潮の流軸が横切る流速の非常に大きなところに限られており，それ以外の場合は2年間に1例だけ（富士丸浅場）である。これらの事がら，ヤイトは瀬付性であって，その分布は（少なくとも漁獲の記録からは）伊豆諸島周辺の強流帯に限られているという事が出来る。

2．研究の軌跡

(5.3) 考　察

　カツオの著しい特徴は，その分布水域の広さ，適応性の大きさである。カツオの分布は暖流系の水の及ぶほとんどあらゆる水域に及び非常に広い範囲の水温・塩素量に適応し，又ここに例を示すまでもなく，カツオ・マグロ類のとるあらゆる群態をとり，他の総てのカツオ・マグロ類と混獲される。その漁獲量はカツオ・マグロ類中最大であり，又延縄で漁獲されるマグロ・カジキ類の胃内容物に数多く若年魚が出現する（須田，1953）ことなどから，その資源量は非常に大きなものであろうと考えられる。これに対してヤイトは，その分布が伊豆諸島水域の流れの早いところに限られ，その漁獲量は極めて僅かである。しかも群態はほとんど瀬付に限られている。又資料がほとんど無いので具体的に示す事が出来ないが，筆者の魚市場での経験によれば，イソマグロは小笠原力面に瀬付のカツオを対象として出漁した漁船が，たまに1本・2本と釣って来るものである。マグロ類の場合には，四つの魚種がかなりの量的平衡を保ちながら生活の場をすみ分けているが，カツオ類の場合には1種（カツオ）が圧倒的に優勢で，他の種は極めて極限された環境に押し込められた形になっているのが特徴である。

(6) 進化の観点に立った生態の比較－生態と進化の関係についての考察－

　筆者はこれまでに，夫々マグロ類及びカツオ類の各魚種の生態について考察し，更に各魚種を相互に比較・検討して，生態の異なる意味について考察して来た。これらの魚種は海という環境の中で巧みにすみ分けながら，しかも一方では尖鋭な種闘競争を行いながら棲息しているのである。こういった生活関係は，良い時間の過程の中で形成されて来たものである。魚類が進化という大きな流れの中で形成されて来たものである以上，我々がその生活を真に理解するためには，どうしても生物進化の観点に立たねばならない。本章ではこれまでに述べて来たことを全体的に吟味し，更に生態と進化との関係について掘り下げる事にする。

第1章　レジームシフト理論の形成過程

　生物の種は，新しい環境に対応した変異が蓄積され固定して行く過程
の中で形成されて行くものである。この変異という語は一般には身体の構
造上の変化について用いられているのであるが，身体的諸特徴の変化をそ
れ自身として取り上げる事は正しくないのであって，生物の生活の在り方
と体の構造との対応を統一的に把握してこそ，進化についての正しい理解
に達する事が出来る。何故なら進化というのは生物が新しい生活の局面を
切り開いてゆく中で，古いものから新しいものが形成される過程だからで
ある。従来は種というものをみて行く場合に，身体の諸構造の差異をみつ
け出し，それによって種のカタログを作って行くという傾向が支配的であ
り，現実の生活の場における生きた生物の在り方としての種を追及すると
いう立場が欠けていたのである。

　過去の諸研究を整理した松原（1955）の分類によれば，マグロ亜科及び
カツオ亜科はサバ上科に属し，ある原型から分化したものである。更にマ
グロ亜科はマグロ属とメバチ属＋キハダ属のグループに分れ，マグロ属は
更にクロマグロとビンナガに分れる。カツオ亜科では，イソマグロ属とス
マ属＋カツオ属のグループに分れるのである。

　先ずマグロ類から考察しよう。マグロ属の主要な棲息水域は亜熱帯収斂
線の北の中緯度地方であり，メバチ属＋キハダ属の分布の中心は赤道附近
の低緯度地方である。マグロ類は先ずこのようにして，基本的な生活の場
を水平的にすみ分けたのである。

　クロマグロとビンナガは同属に属し，類縁関係の最も近いものである。
この2者の間で特徴的な事は生活の場が全く重ならない事で，この両者
が混獲されるという事はまずない。この両者は，黒潮の流軸を境にして沖
合側と沿岸側にはっきりとすみ分けている。ビンナガは鉛直安定度の小さ
な，均一性の高い水域に棲息し，胸ビレは非常に長いという形態的適応を
行っているし，クロマグロは鉛直安定度の大きな，均一性の低い水域に棲
息し，胸ビレが非常に短いという適応を行っている。このように，非常に
類縁関係の近いもので生活の場が全く隔絶しているという事は，進化が生
物の生活の新しい在り方へ向っての発展的な適応現象である以上当然の事

25

2．研究の軌跡

である。

　進化に伴う棲息水域のすみ分けには一般に二つの方向がある。一つは退行的な意味での生活空間のすみ分けであって，多くの磯魚にみられる。クロマグロとビンナガの場合はもう一つの発展的なすみ分けであって，分化した魚種の何れもの資源量が大きい時に，この方向をとる場合が多い。

　メバチとキハダは別の属に属しているが，類縁はマグロ属との間よりもずっと近い。この両種は同属ではないため，生活領域には二次的な重なりが生じている。しかし，全体としてはかなりすみ分けているのである。すなわち，メバチは大洋性・stenohaline であり（胸ビレが長い），キハダは島嶼性・euryhaline であり（胸ビレが短い），島の附近では群態を通じてすみ分けている。このようなマグロ類の間の関係には，類縁関係が遠くなるにつれて二次的な重なり合いが生じてくるのであって，種間関係が尖鋭化してくる。

　さきにマグロ属とメバチ属・キハダ属は基本的に生活の場をすみ分けていると述べたが，それにもかかわらずかなりの重なり合いが見られる。どちらも大洋性・stenohaline のビンナガとメバチは，北太平洋流域で生活の場が強く重なり合い，euryhaline・島嶼性のキハダと低塩性・沿岸性のクロマグロとは，低塩部で重なってくる。すなわち，マグロ属内でもメバチ属とキハダ属の間でも，大洋性と沿岸性（島嶼性）という同じようなすみ分け機構が存在し，次に大洋性のもの同士，沿岸性のもの同士の生活の揚が重なってくるのである。

　このように，マグロ類では現在の種の生活の在り方を解析する事によって，生活の進化の過程について理解する事が出来る。すなわち進化の過程は生活空間を拡大する過程であって，生活空間を拡大する中で異る環境における変異が蓄積され，種が分化して行くのである。この過程の中て変異の増大に伴う矛盾は解決されるが，生活領域の拡大という生物の基本的力向は拡大再生産され，類縁関係の遠いもの同士の間の矛盾が生じて来る。このように，矛盾の解決と新しい矛盾の増大をはらみながら，マグロ類の複合社会が構成されている。

第1章　レジームシフト理論の形成過程

　カツオ類の場合には，マグロ類とは刻照的な事情がみられる。マグロ類では，各々の種が等価的に生活空間を分け合っているが，カツオ類ではそうではない。カツオ類は，分化の道程の中で，生活空間が非常に大きく量的にも圧倒的に優勢なグループ（カツオ属＋スマ属）と，局限された生活環境の中に閉じ込められ，量的にも僅かなイソマグロ属に分れた。前者のグループは更に，生活空間が広く優勢なカツオ属と，生活領域が狭く劣勢なスマ属とに分化した。このように，一方が極めて優勢となり，他方を空間の一部に押し込めるという過程が繰返されてきた。これは，もはやすみ分けという言葉で表現するのは適当ではなく，発展と退行の現象である。カツオの揚合は発展的な進化の方向であるが，他の2種の場合には逆に生活が退化して行く方向である。このようなマグロ類の過程とカツオ類のそれは，生物が分化して行く過程の二つの典型である。

　カツオの生活領域は，マグロ類の総ての魚種の，ほとんど全生活領域を覆っている。カツオは，マグロ類とほとんどあらゆるところで混獲される。すなわち，亜科の間では生活の場の重なり合いが，従って種間競争が，属間と較べて更に尖鋭となってくるのである。このように，類縁が遠くなればなる程矛盾は増大するのであって，遂には食う食われるの関係（種間斗争）になって頂点に達するのである。

文献
須田　明：マグロ・カジキ類の胃内容物中にみられるカツオ若年魚，日本水産学会誌，
　　19，319-340，1953.
松原喜代松：魚類の形態と検索 I，石崎書店，東京，1955.

2．研究の軌跡

２．水産資源学の課題と展望（1987）

　この小文において，まず水産資源学の定義と性格について検討を行な
い，現在までの発展の歴史をふり返ってみた。つぎに，現在の主要な水産
資源変動理論であるところの，漁獲の圧力と資源の応答に関する数理モデ
ルの問題点を整理した。つづいて当面の最も重要な研究対象である資源量
と加入量との関係について論及し，最後に適応の観点に立って問題点の再
整理を行なった。

1　水産資源学の定義と性格

　水産資源学とは，どういう学問なのだろうか。さらにいえば，学問とし
ての体系が確立されているのだろうか。たとえば東大出版会刊行の海洋学
講座には“水産資源論”（田中昌一編）となっているが，あえて“学”とし
なかったのは，このあたりの配慮からではなかったかと思われる。まず，
この問題から考えてみよう。

　水産資源研究の歴史的経過については次章でやや詳しく述べるが，この
研究の発祥の地である欧米においても，水産資源学の定義には曲折があっ
た。1932 年にイギリスの Russell は水産資源研究に fishery research の語を
与え，“fishery research は単純に生態学の一分野である”と述べている。
カナダの Dymond（1948）は，study of fish populations の語を用いている。
“魚類集団の研究”の意であろう。イギリスの Cushing（1968）は fisheries
biology（漁業生物学）の語を用い，副題を a study in population dynamics
（資源動態の研究）としている。これは 2 つの分野から成るとされている。
すなわち，1 つは stock（資源）の natural history（生物学）の研究で，産
卵，生長，摂食に関するものである。そのおもな目的は，Stock または unit
population（系統群）の範囲をはっきりさせることである。もう 1 つの分野
は系統群の dynamics，すなわち生長率，死亡率，再生産率の研究である。
漁業生物学は，魚類資源および資源の動態の観点から個々の漁業について

28

述べることから成り立っている。生物学は系統群の動態研究を支えるために必要である，とかれは述べている。

カナダの Ricker（1977）は fishery science の語を用い，その主要な問題と目標は，異なる漁獲力と漁獲の仕方が漁獲物の数と重量にどういう効果を及ぼすかを予察することであると述べ，その内容として 2 つのことをあげている。1 つは賢明なる漁業管理である。これは魚類資源の動態に関する知識を必要とする。その内容は，魚類資源生産のメカニズム，個体数の調節のされ方，また資源に対する漁獲の効果，漁獲努力の量や種類が異なる場合に継続的に獲られ得る魚の種類，量および大きさを明らかにすることである。もう 1 つは，所与の環境条件と漁獲圧力の水準で資源と漁隻量の歴史的変化の原因を説明し，将来の状態を予測することである。

以上のように，欧米においては用語もいろいろ使われており，またその内容も単に生物学の 1 分野とするものから，漁業管理と漁況予測のための技術学と考えるものまでさまざまである。

ひるがえって日本における水産資源学の定義をみると，相川（1949）は量的立場に立っての水産生物（経済的価値を有しかつ相当の量をもって存するもの）の研究が，水産資源学の理念の根幹であるとし，群集生理学，群集生態学および量的発生学が補助科学として必要だとしている。さらにその目的として，1）最少の経費と最低の努力とによって最大の生産を恒久的にあげ，2）増産可能の限界を求めて計画生産の基礎を立て，3）漁況を予想して漁業経営の安定を計る，をあげている。

久保・吉原（1969）は，"水産資源学の範ちゅう，目的" としてつぎのように述べている。

"水産資源学あるいは漁業生物学，または水産資源生物学，fishery biology は漁業の対象となる水産動植物資源の維持涵養に関する科学的知識の一体系であって，漁業科学の 1 主要分野である。その内容は直接生物学に関連する面と数理につらなる面の 2 面をもっている。しかしその基礎は生物学であって，主体は漁業的見地におかれた水産資源生物の群集生態学，synecology である。その範ちゅう内の根幹をなす取扱事項は単一

2．研究の軌跡

資源，あるいは総体的な資源の本性および実態の把握に必要な資源の系統（系群），組成，分布，移動，年令，成長，繁殖，減耗，などの基礎的事項，漁況，資源変動の原因および機構，漁獲対象資源量の推定。再生産力の推定，適正漁獲量の決定などの資源の管理に関する事項，および増殖方策の確立などに関する事項である。水産資源学に関与する諸学はその基礎学である水産動植物学，水産増殖学，生態学などの生物学のほかに海洋学，湖沼学，数理統計学などである"。

佐藤（1961）は水産資源研究（漁業生物学）の役割と内容として，経済的水族の生物的生産機構を理論的に明らかにして，それに基づいて漁業をより高い水準に合理化するための，生産技術の創造だと考えた。さらに，科学としての漁業生物学は，関連諸科学の歴史的歩みから考えて，生態学の一分野として，個体数変動と魚群行動の理論的根拠を明らかにすることを命題とすべきだとした。そうして，資源診断，漁況予測あるいは広義の資源管理は，1，2の科学の掌中にある問題ではなく，総合的な技術体系であるとし，漁業生物学は海洋学，数理統計学，生理学，進化学などとともに，関連諸科学の1つとしてこの技術体系の確立に参加するものだと考えた。

以上のように日本においても，水産資源学を資源の合理的利用のための技術体系を支える1つの基礎科学（生態学）とする立場から，生物資源の合理的利用に関する知識体系とする立場までさまざまである。筆者はこの問題を考える前提として，漁業生産の構造について考えてみた。つぎに示すのは，吉岡（1950）の農業生産についての図を参照して作製したものである（第1図）。

筆者は，水産資源学は合理的な漁業生産を行なうための科学的基礎を与えるところの応用生態学の1分野だと考えている。合理的な漁業生産というのは，すぐれて社会科学的な概念である。それは生産体系としては第1図の要素を基盤とする技術体系であるが，単に技術ばかりではなく，政治，経済，行政などがかかわり合う総合的な戦略である。第1図で水産資源学が主として対象とするのは，労働対象の部分であり，主たる研究内

第1章　レジームシフト理論の形成過程

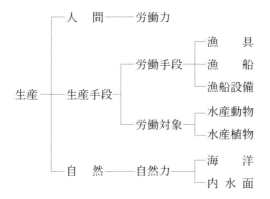

第1図　漁業生産の構造

容はその個体数変動である。しかし，これらの労働対象はそれ自身単独で存在しているわけではない。それはそれ自身が自然物であるとともに，労働対象ではない環境としての自然の中に存在している。また人間－労働力－が労働手段を用いて働きかける。そういう自然の変化と人間の圧力に水産生物がどのように response するかが，水産資源学の主たる研究内容である。このように水産資源学はその内容として，人間による漁獲の問題をふくむがゆえに，単なる基礎科学（＝生態学）ではない。これは applied ecology なのである。

　さらに近年は，労働対象に対する人間の働きかけの別の形として，種苗放流の問題が提起されている。これはいわば水産増殖学との境界領域的な分野である。このように，研究領域も新たな問題の出現とともに拡大していくものなのであろう。

2　歴史的素描

　水産資源研究の発祥の地は北東大西洋水域である。まずヨーロッパにおける歴史的経過を，Russell（1932）や Dymond（1948）を参照しながら述べてみよう。資源研究が始まったのは19世紀の後半で，おもにスカン

2．研究の軌跡

ジナビア諸国，ドイツ，イギリス（大英帝国）で行なわれた。そのはじまりには，2つの大きな問題があった。すなわち，乱獲（overfishing）と変動（fluctuation）であった。1902年に北西ヨーロッパの海洋国家が参加して，国際的な海洋の研究組織である ICES（International Council for the Exploration of the Sea）が設立されたが，この組織の主要な関心事は当時もそこにあったし，また現在でもそうである。すなわちこの2つの課題は，水産資源研究の古くて新しい中心課題といえよう。

　当時の大問題の1つは，強い漁獲の結果としての北海（North Sea）における plaice（カレイ）の減少であった。資源量に対する漁獲の影響は，第一次世界大戦によって明確に示された。戦争の始まった1917年には，イングランドの底魚の漁獲量は30%以下になってしまった。多くの魚が生残り，資源は回復した。英国のスチーム・トロール船の1出漁日あたりの平均漁獲量は，戦前の1913年には879kgであったが，戦後操業の再開された1919年には，1,580kgとなった。しかしこの状態は長くは続かず，ほどなく戦前の状態に戻ってしまった。戦争中にはカレイの資源は大きくなり，平均体長も大きくなったが，生長率は減少してしまった。

　Dymond（1948）は，乱獲を漁獲努力を強めると総漁獲量が減少する状態と定義した。処女資源に対して漁獲を強めていくと，しばらくの間はCPUEの低下を伴いながら総漁獲量は増加する。しかしそのうちに漁獲量が最大に達し，さらに漁獲を強めると，総漁獲量も減少してくる。この状態が乱獲である。

　当時のもう1つの大問題は，ノルウェー北部沿岸の春ニシン漁況の変動であった。当時ノルウェーの水産局長であった Hjort はこの問題に精力的に取り組み，変動のおもな原因が年級の大きさの変動であることを明らかにしたのである（Hjort 1914）。すなわち，卓越年級が一度出現すると，それは長期にわたって漁獲物の主体を占め，漁況を決定的に左右するのである。

　ところで問題は，この年級変動の原因である。Hjort はこれをつぎのように考えた。大きな年級は非常に早い時期はその存在がわかる。これは年

第1章　レジームシフト理論の形成過程

級の大きさが発生初期に決まることを意味する。これには2つの場合がある。1つは子魚が餌をとり始める時期すなわち子魚後期に，餌－主としてノープリウス－が十分にあるかどうかである。Hjortはこの時期を critical period とよんだ。もう1つは子魚が流れによって条件の悪いところに運ばれるかどうかである。この Hjort の仮説は，現在でも大きな影響力をもっている。

　ヨーロッパにおける水産資源研究の特徴は，そのかなり初期から組織的であったことである。たとえばイングランドでは，1929年には組織的な漁獲物調査を行なって914,000尾の魚を測定し，魚市場では69,500尾を測定し，20,000個のカレイの耳石を採集している。

　さて，以上の2つの問題意識－乱獲と変動－を出発点として，その後の水産資源研究は展開される。乱獲問題についてみると，これは2つの方向に発展した。すなわち，ソ連の Bararov（1918）によって創始され，イギリスの Beverton and Holt（1957）によって一応の完成をみた“加入あたり漁獲量”法－ yield-per-recruit method と，イギリスの Russell（1931）によって示唆され，イギリスの Graham（1935），アメリカの Schaefer（1954）によって発展させられた“余剰生産量”法－ surplus-production method である（Ricker 1977）。これらについては後にくわしくふれることにする。

　加入量（recruitment）の変動については，加入量と資源（stock）との関係についての理論を発展させた Ricker（1954）の研究をあげる必要がある。これも後にふれることにする。

　日本における水産資源研究の嚆矢は倉上ら（倉上1925，食上・梶田1926）のニシン漁況に関する研究であり，これは先に述べた Hjort の流れを汲むものであった。そして，1928年からは北海道水産試験場が "北水試旬報" に漁況予想を発表している（石田1952）。

　また田内森三郎は1935年から1943年にかけて，多くの種類について独自の手法で全減少率，自然死亡率，漁獲率を計算し，資源にたいする漁獲の圧力を論じている。相川廣秋は，1932年から1949年にかけて精力的な研究に取り組んでいる。すなわち，漁況論，年令査定，資源変動，漁獲

33

2. 研究の軌跡

率，乱獲問題，系統群など，じつに広範な問題に取り組んでいる。さらに1941年には「水産資源学」を，また1949年には「水産資源学総論」を刊行した。相川は日本における水産資源学の基礎を築いた学者だといえる。

　他方木村喜之助は1932年以降，また宇田道隆は1933年以降，漁況と海況との関係についての独自の研究を展開した。この分野は水産資源学の中でも日本独自の分野であって，今日の漁況論海況論の基礎はこの時に固められた。以上のように，日本の水産資源研究は1925年ごろにその端緒はあったが，本格的に始められたのは1930年代に入ってからである。しかもその研究は，1949ごろまでは数人の個人的な努力によって支えられた面が強く，ヨーロッパにおけるように組織的なものではなかった。

　1949年になって，極東マイワシの資源量の減少を解明する目的で，この年に旧農林省水産試験場から8つに別れた海区水産研究所を中心にして，"鰮資源協同調査"が開始された。これは日本でははじめての本格的な資源調査であった。この調査は調査船を使っての海上の卵・稚仔調査と，漁獲物についての陸上調査から成っていた。さらに同年"以西底魚資源調査"が発足した。この調査は推計学理論に基づく標本調査法をはじめて資源調査に導入したもので，漁獲物の組成を科学的に推定しようとした画期的なものであった。このころから日本の水産資源研究は，強く欧米の方法論の影響を受けることになる。

　上述のマイワシの資源調査は，1954年にマアジ，サバ類，スルメイカなどを含めた沿岸重要資源調査"に移行することになり，この調査研究が，水研，水試を含めた最も組織的な沿岸－近海資源研究となる。他方この年に日米加漁業委員会が発足し，ついで1957年に日ソ漁業委員会が発足し，日本の資源研究もようやく国際的な色合いを強めていくことになる。このような国際的な話合いになってくると，どうしても資源を数量的に評価することが中心になってくる。このため国際的な資源の研究は，数理的な資源管理論が主流となってくる。日米加や日ソの関連する資源は，北太平洋・ベーリング海のサケ・マス，タラバガニ，スケトウダラ，ニシンであるが，この中でもとくに重要なのはサケ・マスである。この資源管理論は，とく

第1章　レジームシフト理論の形成過程

に再生産曲線の解析を中心に発展させられた。

1950年以降急速に発展した遠洋漁業に，マグロはえなわ漁業がある。これに関しては膨大な生物学的情報（とくに体長および体重組成）と漁獲記録（漁獲量と努力量）が蓄積され，これを用いて上述の2つの方法，すなわち yield-per-recruit model と surplus-production model が適用され，資源管理論が展開されている。とくにミナミマグロについては，その資源構造が単純であり，また data source も単純であるため，yield-per-recruit model によりかなり詳細な解析がなされており，資源管理のあり方について，種々の提言が行なわれている。

さきに述べた以西底魚資源についての研究は，yield-per-recruit model が適用された典型的な例であろう。この資源については当初よりきわめて計画的な魚体標本調査が行なわれ（これは後にほぼ全数調査的な銘柄組成調査に置き換えられた），また全漁船についての漁獲成績報告書が得られている。この資源については，数多くの研究報告が出されている。

他方1961年ごろよりクジラ類の資源管理についての研究がさかんになってきた。これは乱獲によるクジラ資源の減少に対処するための IWC（国際捕鯨委員会）の活動との関連で発展してきたもので，surplus-production model を解析的に発展させたものである。さて，以上のようなサケ・マス，マグロ類，以西底魚，クジラ類などの遠洋漁業資源については，1）これらが国際資源的な性格をもっているため，資源評価をすることが要請される。2）第5章に述べるようにこれらの魚種は基本的に密度依存的な数量変動をするタイプに属しているため，密度依存的平衡理論が適合する面がある，などの理由から数学的平衡モデルが適用されてきたのである。しかし yield-per-recruit method にせよ surplus-production method にせよ，あるいはまた再生産曲線を用いるものにせよ，いくつかのパラメタを推定すれば数式の形が決まるというものであり，海という環境のなかで展開される生物生産と，それをかき乱す要因としての漁獲圧力との複雑な関係を的確に表現するには，ずいぶんと問題があった。

この点を"魚の生活"という立場から再検討しようとしたのが，佐藤栄

2. 研究の軌跡

を中心とする北海道水研・水試の研究者である。佐藤は 1961 年に論文を発表して，この点の全面的な解明を試みた。かれはそれまでの個体数変動に関する生態学の理論と水産資源学の理論，とくにその主流である数学的平衡理論とを詳細に検討し，既述のように水産資源学を生態学の一分野と規定した上で，"種の生活"研究という 1 つの立場を提起したのである。そうして，研究のアプローチとして，1) 発育段階と生活周期，2) 種の生活のパターン，3) 漁業海図，という 3 つの解析手法を提案したのである。とくに従来とかく物理的時間で問題を処理しがちであった水産資源研究の分野に，発育段階と生活周期という生物学的カテゴリーを導入したことは，大きな功績として評価されよう。

日本における水産資源研究の発展にとって見落すことのできないのは，1962 年の"漁業資源研究会議"の発足である。すでに述べたように，第二次世界大戦後の水産資源研究の発展の中心は，"鰮資源協同調査"を契機に組織的な活動を始めた，水産研究所の研究者たちであった。これが後に"沿岸重要資源調査"に発展することは先に述べたが，これがさらに発展的解消をして漁業資源研究会議が生まれるのである。この会議は水産研究所の資源研究者と海洋研究者を打って一丸とすることを目指したものであって，水産資源研究の自主的志向を強化したものであった。

この会議は毎年 1 回全国的なシンポジウムを開催し，その回数はすでに 16 回に及んでいる。また水産研究所の資源・海洋研究の到達点を，数年に 1 度「漁業資源協同研究経過報告」としてとりまとめている。これらの成果は「漁業資源研究会議報」として刊行され，それはすでに 20 号に及んでいる。またこの会議はその下部組織として，"浮魚部会"，"底魚部会"，"環境部会"，"経済部会"を置き，それぞれが活発に活動している。

ちなみにつけ加えていえば，日本における水産資源の研究者は，大部分が水研・水試に集中しており，大学におけるその数はりょうりょうたるものにすぎない。これは組織的な調査・研究が必要な現段階における実態を反映しているものともいえよう。

1963 年のはじめに，日本近海で異常冷水現象が発生した。そのメカニ

第1章　レジームシフト理論の形成過程

ズムは水域によりさまざまであったが，冷水は日本列島の近海を広範にお
おい，global な海洋異常現象の一環と考えられた。このような異常に対応
して，漁況の方にもさまざまな異常がみられた。産卵場の消失や大量の異
常斃死がみられた。このような状況の下で，"異常冷水調査－冷水塊の水
産資源の分布，消長に及ぼす影響－"が水研・水試によって行なわれた。
そうしてこれがきっかけとなって，全国規模の"漁海況予報事業"が発足
することになる。遠洋水研と淡水区水研を除く6つの海区水研を中心とし
て，海洋調査（卵・稚子調査を含む）と漁獲物調査が行なわれ，毎年数回
関係水研・水試の研究者が集まって，"漁海況予報"を作製することにな
る。この事業の実施によって，水研・水試の資源・海洋研究者の組織化が
強まり，連絡が強化され，沿岸・近海資源とくにマサバ，マイワシ，カタ
クチイワシ，スルメイカ，サンマ，カツオなどの近海浮漁資源の研究は大
きく前進した。

　このような近海漁業資源については，1) 資源変動したがってまた漁況変
動が大きいため，その予測が要請されている，2) これらの魚種は基本的
に密度独立的な数量変動をするタイプⅠ（第5章）に属しているため，密
度依存的平衡理論は一般に適合しない，などの理由から，主として卵・稚
子量や幼魚量から加入量を予測し，ある年級のある時期の大きさからその
後の大きさを予測するという方向の研究が主体となっている。しかしなが
ら，漁獲が資源にどのような圧力を加え，それにたいして資源がどのよう
に response するかという点については，それを評価する理論的基礎も薄弱
で，現在のところ手がついていない分野である。

　以上のように，現在の日本における水産資源研究も，遠洋資源における
乱獲問題の研究と，沿岸・近海資源における変動問題の研究という2つの
方向に別れて進んでいるようにみえる。さらに1977年に入ってからいわゆ
る"200 カイリ問題"が発生し，近海資源についての許容漁獲量の計算の
問題など，新たな課題が提起される情勢にあるといえる。

37

2．研究の軌跡

3 漁獲の圧力と資源の応答に関する数理モデル
－人為調節論＝ growth overfishing －

筆者は昨年著書を2つ書いて（1977a，1977 b），資源研究がその生成の
はじめから乱獲問題の研究－人為調節論－と，変動問題の研究－自然変動
論－の2つの方向に分裂し，それらが平行線として交わらないまま今日に
至っていることをくわしく解明した。すでにみたように，日本における研究
の展開も基本的には同様の方向を辿っており，遠洋漁業資源の研究と近海
漁業資源の研究とは，接点のないまま独立に進行しているようにみえる。
現段階での水産資源学の基本問題は，じつにここに存在するのである。自
然的変動要因と人為的変動要因とを包括的に含み，資源のそれにたいする
応答（response）を統一的に理解できる次元の高い論理構成が必要なので
ある。

このことについて以下に問題点を整理していくが，そのためにもまず漁
獲の圧力と資源の応答に関する数理モデル，すなわち人為調節論について
いくらか立入って考えてみたいと思う。このような数理モデルそのものに
ついては，Schaefer and Beverton（1963）および Ricker（1977）のすぐれた
総説があるので，以下にそれらを参照しながら問題点を考えたい。

Schaefer and Beverton（1963）は，このような数理モデルを fishery
dynamics とよぶ。そこでは，漁業者と魚との関係は predator-prey system と
してとらえられる。その基本的な図式は Russell（1931）によって与えられ
たが，それはつぎのような関係である。

$$S_2=S_1+(A+G)-(C+M) \tag{1}$$

ここで S_1 はある年のはじめの資源（catchable stock）の重量，S_2 はその
年の終りの重量，S_1 は資源への加入量，G は生長による増重量，C は漁獲
量，そして M は自然死亡量である。

漁業の行なわれていない処女資源の場合には C ＝ 0 となり A ＋ G ＝ M
であって，平衡状態にある。これに漁獲が加えられると資源量か減少し，
年令組成が若い方へシフトする。そうすると一定の C に対応して A，G，

Mに補償的な変化が生じ，A + G = C + Mとなって新しい平衡状態に達する。これが数理モデルの基本的な考え方である。要するにこれは，数学的平衡理論なのである。

(1) 式をSchaefer and Beverton（1963）によってもう少し数学的に書くと，つぎのようになる。

$$dP/dt \cdot P = r(P) + g(P) - M(P) - F(X) + \eta \tag{2}$$

ここでPは資源量（biomass of the fishable part of the population），r，gおよびMはそれぞれ加入率，生長率および自然死亡率であり，Pとその年令組成の関数である。Fは漁獲による減少率で，漁獲努力Xの関数である。ηはPおよびXと独立な，環境要因の変化に基づく資源量の変化率である。つぎに定常的な状態を考える。すなわち，平均的な環境条件の下で資源が平衡状態にある場合である。すなわち$dP/dt = 0$，$\eta = 0$であるから

$$F(X) = r(P) + g(P) - M(P) \tag{3}$$

となる。ここで環境条件は切り捨てられ，漁獲努力Xと資源量Pとの関係だけが残る。すなわち密度独立要因[*]が切り離されるのである。

---

　* 密度独立，密度依存の定義は必ずしも統一的ではない。筆者は，個体数の変化率が密度によって抑制される度合が増加するにしたがって，密度独立要因の作用が弱まり，密度依存要因の作用が強まる，と規定する。

平均としての平衡漁獲量Yは$Y = F(X)P$であるから，

$$Y = [r(P) + g(P) - M(P)]P \tag{4}$$

となる。これが一般的なモデルであるが，これを単純化して2つのモデルが得られている。これがRicker（1977）のいうyield-per-recruit methodとSurplus-production methodである。Schaefer and Beverton（1963）は，それを発展させた人の名をとってBeverton-Holt approachおよびSchaefer

2．研究の軌跡

approach とよんでいる。つぎにその各々についてみよう。

4　yield-per-recruit method

　これは Baranov（1918）によって先覚的な研究がなされ，Thompson and Bell（1934），Ricker（1944）によって発展させられ，Beverton and Holt（1957）によって一応の完成をみた方法である。この原型は Baranov（1918）によってつくりあげられているのであるが，つぎのことが仮定されている。すなわち加入量（数）R は一定である。このことは r が P の関数で，P に反比例して変化することを意味する。g および M は別々に推定されるが，g は P の関数ではなく時間（年令）的に一定の生長を行ない，M は一定である。もう1つの仮定は資源尾数 N の減少率 dN/dt は N に比例するということである。すなわち加入以前においては。

$$dN/dt = -MN \tag{5}$$

加入後には。

$$dN/dt = -(F+M)N \tag{6}$$

となる。

　Beverton and Holt（1957）は，ある1つの年級から生涯の間に得られる漁獲量という形で簡単なモデルを考えた。これは，定常状態において毎年の加人数が同じ場合に，全資源から得られる漁獲量と同じになる。von Bertalanffy の生長式を適用すると，結局ある年級から生涯の間に得られる—全資源から毎年得られる—漁獲量は，

$$Y = \frac{FRW_\infty e^{-M(t_c - t_r)} \sum_{n=1}^{3} \Omega e^{-nk(t_c - t_o)}}{F + M + nk}$$

$$\Omega_0 = +1,\ \Omega_1 = -3,\ \Omega_2 = +3,\ \Omega_3 = -1 \tag{7}$$

となる。ここで W_∞, k, t_o は von Bertalanffy の式の定数である。t_r は加入時の年令，t_c は漁獲開始時の年令である。（7）式の両辺を R でわると，$Y/$

R すなわち yield-per-recruit が得られる。

このモデルで重要なのは，加入率 r が密度依存的に変動して，加入量 R が一定であることである。その結果，漁獲の強さ F と t_c によって Y が決まってくる。したがって，F と t_c を適当に組み合わせて最大の Y を得ればよいことになる。漁獲がなければ，すなわち自然の状態では，この資源は初期状態（virgin situation）にあって不変である。要するにこれは，漁獲によってのみ資源が変動する密度依存モデルなのである。

5　surplus-production method

この方法は Russell（1931）によって示唆され，Hjort et al.（1933），Graham（1935, 1938）によって発展させられ，Schaefer（1954）によって一応の到達点に達したものである。式（2）および（3）において $r(P)$, $g(P)$ および $M(P)$ を資源量 P の単一の関数 $f(P)$ にまとめ，これを自然増加係数とよぶ。そうすると平均的な環境条件の下では，Schaefer and Beverton（1963）にしたがって書くと，

$$dP/dt \cdot P = f(P) - F(X) \tag{7}$$

定常状態での X と P との関係は

$$F(X) = f(P) \tag{8}$$

$$Y = PF(X) = Pf(P) \tag{9}$$

となる。漁業のない場合には，P は環境によって制限された平均的な資源量の上限値 L に達する。そこでは $Y=0$ であり，$F(X)$ も $f(P)$ も 0 である。漁獲が行なわれると X が大きくなり，$F(X)$ も大きくなる。P は当然小さくなるが，$f(P)$ は逆に大きくなる。すなわち，これば"負の feedback"であって，資源量を漁獲努力とバランスさせるために，自然増加量を調節する自己調節機能である。L と P との最も単純な関係は，

$$F(P) = k(L-P) \tag{10}$$

である。これは個体群増加についての logistic 法則にほかならない。したがって個体数増加量は，$L/2$ で最大となる。F が X に比例する，すなわち

2. 研究の軌跡

$F = cX$ とすれば,結局平衡状態での漁獲量 Ye は,

$$Ye=eXP=kP(L-P) \qquad (11)$$

となる。

このモデルで重要なのは,自然増加率が密度依存的に変動することである。したがって,漁獲努力によって漁獲量が決まってくる。X を適当に調節して P を $L/2$ とすれば,最大の Ye すなわち MSY が得られる。漁獲がなければ,すなわち自然の状態では,この資源は $P = L$ となって不変である。これもまた,漁獲のみによって資源が変動する密度依存モデルなのである。

クジラ類の資源評価のモデルは,解折的に考えた surplus-production method といえる。この考え方を大隅(1974)を参照して述べてみよう。この場合には捕獲頭数 C が問題になるから,捕獲対象頭数と N の関係は (4)式を書き直して

$$C=[r(N)-M(N)]N \qquad (12)$$

となる。すなわち加入率 r と死亡率 M との差の純加入率 $r-M$ が資源の変動を規定する。

加入量 R は,いくつかのパラメタによって決まる。

$$R=l \cdot p \cdot m \cdot S \cdot e^{-M \cdot tc} \qquad (13)$$

ここで l は 1 回の産子数, p は妊娠率, m は出生時の性比,S は成熟雌ク

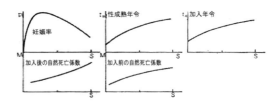

第2図 成熟雌クジラの数(横軸)と生物学的特性値との関係(大隅1974)

ジラの数，M' は捕獲開始（加入）年令 t_c までの自然死亡係数である。S は
つぎのように書ける。

$$S=R \cdot e^{-(M+F)(tm-tc)} / (1-e^{-(M+F)}) \tag{14}$$

ここで M は加入後の自然死亡係数，t_m は成熟年令である。結局 R を規
定するパラメタは p, l, m, M, t_c, t_m であり，このうち $l = 1, m = 0.5$ と
みなされるから，残りの５つが R を規定する，この５つのパラメタは S の
関数であり，密度依存的に変化する（第２図）。このようにして S と R との
関係すなわち再生産関係がわかれば，資源量の水準に対応する r-M かわ
かる。したがって r-M に対応する捕獲頭数すなわち SY を計算することが
でき，SY 曲線が描かれる。これは捕獲によって密度が変化し，それによっ
て資源が変動する典型的な密度依存モデルである。

6　資源量と加入量との関係
　－自然変動論と recruitment overfishing －

　前章に述べたクジラ類の資源変動のモデルは，加入量の変動が組みこま
れている点が１つの進歩といえよう。しかしこの加入量は，まったく親の
密度によって決まってくるのである。加入量がどのようにして決まってくる
のかということが，じつは水産資源学の最も基本的な問題なのである。
　一般的にいって，魚の場合には加入後の年級間の相対的な大きさは非
常に安定している。このことは，加入後の自然死亡が安定していることを
意味している。したがって，問題は加入前のどの時期にどのような要因に
よって年級の大きさが決まるのかということである。これを説明する１つ
の仮説が，すでに述べた Hjort の critical period である。すなわち年級の大
きさは主として子魚後期における餌の多少によって決まるとするもので，
環境条件の変動すなわち密度独立要因に年級変動の原因を求めるものであ
る。この仮説について筆者は，先にあげた２つの著書（1977a, 1977 b）の
中で，その問題点を整理した。
　もう１つの仮説は，密度依存的な親子関係すなわち再生産曲線である。

2．研究の軌跡

Ricker（1977）は，密度独立的な Hjort の仮説と密度依存的な再生産関係論との関連についてつぎのように述べている。

"北大西洋のタラやニシンで，ときたま大きな年級が現われるのは産卵群の大きさによるのではない。産卵群は多くの年級から構成されており，ゆっくりと変化するのである。北海のカレイの場合には，小型魚がいつでも沿岸水域でみられて過剰状態であった。以上のようなことを考えて，これらの資源では産卵魚は十分で，環境条件が再生産の変動をひき起こすという理にかなった結論が得られたのである。さらに，天然の加入量に添加して再生産量を増加させようという人為的手段の多くは，失敗することが明らかになったのである。この結果，出現した加入群を最もよく利用することが重要な課題となり，Baranov およびその後継者たちによって発展させられた漁獲の理論が，いかにして最もよい yield per recruit を得るかを示すことになる。

産卵親魚が十分にあった今世紀前半の状態はいつまでもは続かず，1950年以前にすでにカリフォルニア・マイワシで加入量の不足（failure）が起こっており，マイワシ資源はいまやたいへんに小さくなってしまった（筆者注：現在また回復しつつある）。このおもな原因は漁業である。このようにして，加入量が産卵親魚量と独立であるという考え方はほとんどなくなり，資源管理は再生産を確保するために漁獲量を制限することが主要な方策となった"。

このような段階で Ricker（1954）は，加入量 R と資源量 P との間の一般的な関係を導いた。

$$R=P\ exp\left(a\left(1-P/Pr\right)\right) \tag{15}$$

ここで Pr は再生産曲線か replacement line を切るときの P であり，a は Pr/Pm（Pm は R が最大のときの P）である（第3図）。Pm は Pr より大きいことも小さいこともある。P が無限に大きくなると，R は0に漸近する。Ricker（1977）によれば，このようなモデルは資源量の増加の結果子魚の生長が悪くなり，捕食にさらされる期間が長びくような魚種に適切である。

もう1つの再生産曲線は Beverton and Holt（1957）によって提起された

第1章 レジームシフト理論の形成過程

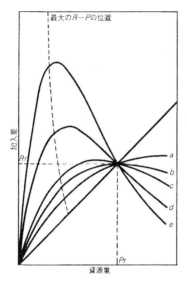

第3図 いろいろな stock (P) と recruitment (R) の曲線 Pr=Rr (Cushing 1971)
図の説明については，本文を参照

もので，つぎの式で示される。

$R = P/(1-A(1-P/Pr))$ (16)

この式では，P が無限に大きくなると，R は Pr/A に漸近する。これも Ricker (1977) によれば，このモデルは食物やすみ場所か加入量を制限するカレイのような魚種に適切である。

すでに述べたように，Hjort の仮説は加入量は産卵群の大きさ，すなわち産卵量とは独立に，すなわち環境要因によって密度独立的に変動するというものであった。第4図に示すように，極東マイワシは大きな漁獲量変動＝資源変動を行なっているが，この原因日本の研究者は主として環境条件－とくに日本南方水域の黒潮流路の変化－に求めている。Nakai (1962) は，1938年以降の資源量の急減について，つぎのように述べている。

"1938年〜45年に紀伊半島の南で，冷水塊が卓越した。この黒潮異変が，卵・稚子の大量死亡をひき起こした。かれらは水温の急激な変化と食

45

2. 研究の軌跡

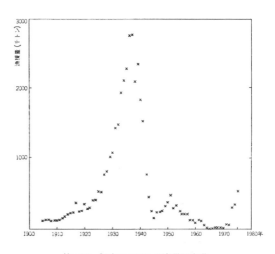

第4図　極東マイワシの漁獲量変動

物供給の不足によってひき起こされた生理的困難に遭遇したのであろう"。

　近年の極東マイワシ資源の増大は1972年級が卓越年級となったことがきっかけで始まったのであるが，これについて近藤（近藤・他 1976）はつぎのように述べている。

　"1972年春季における黒潮流路の蛇行型から接岸型への移行の過程は，コペポーダのノープリウスが関東近海で広く分布しうる条件をつくりだし，マイワシ仔魚がそれを餌としてとりうる絶好の状態を出現させた。その結果，1972年級群は初期減耗を最小限に乗り越えて，卓越年級群を形成するにいたった"。

　北海道春ニシン－北海道・サハリン系ニシン－は1900年代に最も漁獲量が多く－資源が大きく－90万トン近くに達したが，その後減少し始め，1940年～1945年には一時回復するが，1955年以降はほとんど潰滅的な状況となってしまった。この原因について，Motoda and Hirano（1963）はつぎのように述べている。

　"北海道西岸における水温の長年の傾向は1910年以降水温が上昇して

いることを示しており，このことは西岸の産卵場が南から北へと収縮していった時期に対応している。海は1930年から冬から春へかけて暖まるようになった。1928年〜1932年頃には，大きな産卵群が北海道ではなくて南サハリンに現れた。1940年〜1945年には水温が降下したが，これは北海道と南サハリンにおけるニシン資源の回復に対応していた。1945年以降の漁獲量の急減は，水温の新たな上昇に関連していだ。

　このような日本の研究者の見解に対して，欧米の研究者の多く−先に引用したRicker（1977）を含めて−は，異なる見解を表明している。オーストラリアのMurphy（1977）は，上記2種の資源減少についてつぎのように述べている。

　"科学者たちは，2つの陣営に分裂した。環境論者は，海洋条件の変化が資源の質的量的変化の原因であるとする。第2の陣営は，漁獲が問題全体の基本的理由であるとする。環境論者の議論の主要な，おそらくは致命的な，弱点は証明し得る因果関係のメカユズムを提出できないことである。環境についての議論は，すべてのよく研究された資源崩壊を説明するために提出されてきた。しかし，大部分の場合異なる原因のメカニズムが，それぞれの崩壊の原因とされてきた。環境假説の困難さは，海洋条件が適度に高度不安定であって，日変化から10年単位の変化に至るいくつかの，つねに相互に作用する変動スペクトルをふくんでいるからである。その結果，問題となるどんな生物学的事象とも関係づけられる，有意な変化もしくは非変化をみつけることが可能である。"確実な"ことは，悪環境の結果でできたにちがいない，産卵群の大きさと比べて貧弱な年級は，常に崩壊の直接の原因とみなされることである。しかしながら，貧弱な年級は過去の記録の方々に出てくるのであり，資源が強度に漁獲されているときにだけ，それは崩壊に結びつくのである"。

　イギリスのCushing（1971）は，このようなoverfishingの結果加入量が激減する現象をrecruitment overfishingと名づけた。ニシンやマイワシのこのような資源崩壊の機構を，かれはつぎのように説明している。かれはすべての魚類の資源量Pと加入量Rとの関係が，Ricker型の再生産曲線に乗

2. 研究の軌跡

ると考える。ここで $(R\text{-}P)/R$ を exploitation rate E といい，式 (15) からつぎのように導かれる。

$$E = \frac{R-P}{R} = \frac{Pe^a\left(1-\dfrac{P}{P_r}\right)-P}{Pe^a\left(1-\dfrac{P}{P_r}\right)} = 1 - e^{-a}\left(1-\frac{P}{P_r}\right) \qquad (17)$$

ここで $P \to 0$ とすれば，$E_1 = 1 - e^{-a}$ となる。この E_1 を limiting exploitation rate といい，この段階で資源は絶滅することになる。すでに述べたように $a = Pr/Pm$ である。したがって Pm が大きければ E_1 は小さく，Pm が小さくなるにつれて E_1 は大きくなる。すなわち第3図のaからeへいくにしたがって，E_1 は大きくなる。

Cushing (1971) は多くの魚種についての P と R との関係に関するデータを整理して，サケ科・ニシン科－ニシン・マイワシ－のものは第3図のa型，異体類は b，c型，マグロ類は d，e型であるとした。すなわちニシン，マイワシは小さな E_1 で，すなわち低い Exploitation rate で崩壊するのに対し，マグロ類やタラ類ではかなり強度に漁獲しても崩壊しないことになる。Cushing (1971) は，このような密度依存関係のちがいは産卵数のちがいによると考えた。すなわち産卵数のオーダーはサケ科で 10^3，ニシン科で 10^4，異体類で 10^5，タラ類で 10^6，マグロ類で $10^6 \sim 10^7$ である。

つまり産卵数の多い種は資源を安定させる能力が高いとかれは考えた。

これまでに述べてきたような，資源変動が自然的な要因によるものかそれとも乱獲によるものかという議論は，古くから続いている。筆者 (1977a, 1977b) がくわしく説明してきたように，水産資源研究の歴史は，変動要因が growth overfishing か recruitment fluctuation かの歴史であった。しかし近年の論議の焦点は，むしろ recruitment の overfishing か fluctuation かに移ってきたようにみえる。いまやこの recruitment が，水産資源研究の中心的課題となってきた。

ここでこの2つの立場について批判的に検討してみよう。まず環境変動を資源変動の原因とする立場について考えてみよう。たしかに Murphy

(1977) のいうように，ある魚類の資源変動と時間的に符合する海洋現象を探し出すことは容易である。Nakai (1962) や近藤ら (1976) は，これを本州南方水域における黒潮流軸の変動すなわち大規模冷水塊の発生・消滅によって説明しようとした。事実を仔細にみると，紀南水域で冷水塊が発生したのは1938年であるが，極東マイワシの資源減少が始まったのも同じ年である（第4図）。つまり加入前の子稚魚の減少は，1937年以前に起こっているのである。また近年の資源回復はたしかに1972年級の大発生が直接の端緒ではあるが，しかしその徴候は大冷水塊の存在していた1971年以前に確実に現れていたのである。また冷水塊の発生・消滅は1945年～1964年に何度も起こっているか，それに対応する極東マイワシの資源変動はみられていない。

つぎに，変動のおもな原因が漁獲であるとする見解について考えてみよう。日本沿岸に来遊するマイワシおよびニシンは，古くから数十年ないし百数十年の周期的変動をすることが知られており（第5図），それがそのまま沿岸漁村興亡史につながっていた。漁獲努力の非常に小さかった時代にもこのように大きな資源変動があったということは，その原因が主として環境条件の変動にあることを強く示唆している。

問題の要点は環境か漁獲かという二者択一の中にはないように思える。環境の変化を黒潮流路の変動だけに求めるのも事態を単純化しすぎている。他方漁獲の影響を Ricker の再生産曲線だけで説明しようとするのもま

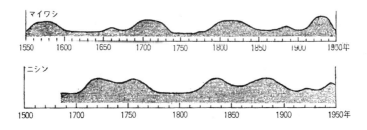

第5図　日本沿岸におけるマイワシおよびニシン漁況の長期変動（伊東1961）

2．研究の軌跡

た同様である。重要なことは，全体を包括的に説明できるような生物学的な理論の構築ではないだろうか。

7　適応の観点に立った問題の再整理

　ここでこれまで述べてきたことを整理してみよう。まずある年級の加入以前と加入以後に分けて考えてみる。先に進む前に，加入とは何かについて考えてみよう。水産資源学では，加入とは通常新しい年級が漁獲対象資源（catchable stock）に入ってくることをいう。したがってこの加入という概念は，はじめて漁獲の対象となる大きさと年令に関連した概念で，漁業のあり方と密接に関連した概念である。たとえば，イワシ類では子魚後期にすでにシラスとして船びき網漁業の対象となり，大量に漁獲されるので，この時期に加入することになる。

　以下に筆者は，より生物学的な意味で加入という語を用いる。具体的には幼魚期から未成魚期へ移る時点を加入期と考える。いうまでもなく未成魚期とは体の形態的特徴は成魚型であるが，再生産にはまだ参加しない時期である。幼魚期以前と未成魚期以後では個体数の変動様式が基本的に異なっている。卵期―幼魚期は全体として初期減少期である。一般的にこの時期の自然死亡率は不安定である。ところが，未成魚期－成魚期の自然死亡率は一般的に安定している。

　ところで，加入以後の問題は基本的に整理されていると筆者は考えている。すなわち生長率と死亡率とは安定していて，その変動はあるはばの中で密度依存的に起こる。環境変動は分布や移動のパターンに大きく影響するが，生長率や死亡率には一般にそれほど大きな効果はもたない。漁獲の圧力は当然に死亡率を高めるが，これはいわゆる growth overfishing に関するモデルの中で処理できる性質のものである。

　問題は加入以前である。つまり加入量がどのようにして決定されるかである。ここに問題の核心がある。Nikolsky（1963, 1965）は成魚→卵の過程に適応の概念をもちこんだ。それは，個体数の自己調節（self-regulation）

という考え方である。Nikolsky（1963）は，ある資源の最大限の大きさは餌料資源の大きさによって規定される，というところから出発する。かれによると，魚には食物保障度の変化に対応して再生産能力を変化させる性質，すなわち資源の大きさを自己調節する性質が発達している。すなわち，子供の量は親の資源の摂餌条件と密接な関係があるとするのである。親の摂餌条件がよくなれば，つぎのようなメカニズムで資源が増大していく。

1）親の生長が速くなり，早く成熟する。

2）子供にたいする共食いが減少する。

3）卵の脂肪含有量が増加し，抱卵数が増加する。

4）丈夫な稚子魚が産出され，初期死亡率が減少する。

筆者は Nikolsky のこのような資源増大の図式の一般化には疑問をもっている。われわれの経験によると，マイワシでもニシンでも，環境条件が悪くて資源の小さいときに生長がよく，早く成熟し，たくさんの卵を産む。これが資源を早く回復しようとする適応なのである。後にも述べるように，環境条件の好転に伴って最初に起こるのは，初期死亡率の減少であって，初期死亡率のわずかな減少が，膨大な数の加入を保障するのである。しかしながら，加入量の変動が種の適応様式であることを指摘したのは，かれの功績であろう。

ところで加入量変動の本質を解明するいとぐちは，なぜある魚種は大きな変動をするのに他の魚種の変動は小さいのかということを，比較生態学的手法で追究していくことであろう。第4図に示したように，極東マイワシの漁獲量の近年の最大は1937年の272万トンであるのに対し，最低は1965年の9,000トンで，その比はじつに300：1である。これに対して，1950年～1975年の期間で日本のサンマの漁獲量は最大58万トン，最少6万トンで10：1，ヒラメでは11,000トンと6,000トンで2：1である。

Nikolsky（1965）は，個体数の変動様式を2つのグループに分けて考えた。1つはタラ類，ニシン，マイワシなどで，これらは大きく変動する食物供給と摂餌水域に適応し，その個体数は食物供給の変化に素早く反応す

2. 研究の軌跡

る。もう1つはウシノシタ類のように大きな変動をしないもので，安定した摂餌条件のところで生活している。大きく変動する魚では，稚子が卵から（したがって，親から）受けとる栄養分（internal food）が変動する。このような種類では卵の脂肪が少なく，子魚は混合栄養期には餌をとらなければ長くは生きられない。そうしてこの時期に年級の個体数が決まる。すなわち親の摂餌条件が卵の量と質に反映し，結局は年級の大きさを決める。摂餌水域は海洋条件によって変動する。このような種類では繁殖域から摂餌域へ大きな回遊をするが，回遊の距離や摂餌圏のひろがりは，資源量の大きいときに大きい。このように Nikolsky の見解は結局は親の摂餌条件がそれが産み出す年級の大きさを決めるとするものであるが，変動様式を区別して論じたのは一定の貢献であろう。

　ここで，個体数変動様式を進化の過程の中で形成された life history* の適応として理解する最近の研究方向の立場に立って問題点を整理してみよう。MacArthur and Wilson（1967）は，生物の個体数変動様式は2つの方向に進化したとして，これに r-selection, K-selection という名称を与えた。これは Logistic 曲線

$$dN/dt=rN(K-N)/K \tag{18}$$

の r と K である。そうして r（内的増加率）を大きくする方向を選択した種を *r-strategist*, K（環境の収容力）をいっぱいに利用する方向を選択した種を *K-strategist* と名づけた。この2つの方向は，それぞれの種が利用し得る生活資料＝resource（食物その他）を種族維持の方向により振り向けるか，個体維持の方向により振り向けるかという，生活資料の配分の仕方が基本的にちがうのである。

　この考え方のすぐれた点は，種族維持と個体維持という，種の基本的属性としての対立物とその統一という，生物学の弁証法が背景に含まれている点にある。Pianka（1970）は，r-selection および K-selection の特徴を第1表のようにまとめた。この表での重点を指摘すると，まず環境の安定性（permanence）と予測可能性（predictabi-lity）のちがいである（Southwood et al. 1974）。すなわち r -selection においては，生物は環境変動に適応できない

（unpredictable）。適応できないからこそ r を大きくするという strategy をとる
のである。すなわち strategy が適応そのものなのである。この点が個体数変
動そのもの－変動様式ではなく－をすべて適応で解釈する Nikolsky（1965）
との相違である。

....

　＊直訳では生活史であるが，もっと広範に，生長，摂餌，寿命，再生産
　　などの生活様式の内容を指す。

....

　第 2 に r-selection の非飽和性（unsaturated）と生態的真空（ecologic vacuum）
である。法則としての真空が生物的自然に存在するのだろうか。ecological
niche という語をつくった Grinnel（1917）は，"自然は真空を嫌うという諺
は生物にもあてはまる" と述べている（川那部 1977）。第 3 に，再生産の
strategy における重要な 3 つのパラメタが入っていることである。すなわち，
産卵数，寿命－産卵回数－および最初に産卵する年令である（Cole 1954）。
　Southwood et al.（1974）は，logistic 方程式－（18）式－では r-strategy と
K-strategy の本質的なちがいである "いきすぎ"（overshoot）が起こり得な
いので，密度依存作用の開始とその結果として起こる個体数の変化との間
の時間のオクレを表現できる定差方程式の方がよいとした。このようなモ
デルはつぎのようなものである。

$$N_{t+1} = (\lambda N_t^{-b})N_t \tag{19}$$

ここで Nt は t 世代の個体数，$Nt+1$ はつぎの世代の個体数，λ は増加定
率，b は密度依存係数である。すなわちこれは再生産関係である。λ はつ
ぎのように書ける。

$$\lambda = e^r = e^{g-t} = \lambda_g \lambda_\ell \tag{20}$$

ここで r は内的増加率である。$\lambda_g = e^g > 1$ で，増加（gain）率で出生率
であり $\lambda_\ell = e^{-1} \leqq 1$ で生存率である。増加項（gain term）と生存項（survival
term）とに分けて書くと

2. 研究の軌跡

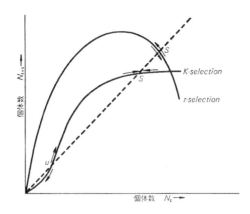

第6図　r-およびK-strategistの再生産曲線（Southwood et al. 1974）

$$N_{t+1} = (\lambda_g N_t^{-bg})(\lambda_\ell e^{-N_t/N_0}) N_t \tag{21}$$

となる。増加項は（19）式と同じ形である。生存項は logistic の定差方程式を基礎としたものである。N_0 は λ_g のはたらきが密度依存的に低下し始める資源水準である。

個体群密度が非常に低い（$N_t < N_0$）ときには、

$$N_{t+1} = (\lambda_g \lambda_\ell)(N_t^{-bg}) N_t \tag{22}$$

r-strategist の場合には、$\lambda_g\, \lambda_1$ が大きく bg が小さければ、個体数増加は大きくなる。(21) 式で $bg = 0$ で平衡状態にあるときには、平衡個体数 N^* は、

$$\lambda_g \lambda_\ell e^{-N^*/N_0} = 1 \tag{23}$$

となる。r-strategist と K-strategist の再生産曲線を図示すると、第6図のようになる。ここで S は安定した平衡点、u は不安定な平衡点である。K-strategist では S にスムーズに近づくが、r-strategist ではそのまわりを振動する。u においては発散し、u 以下になると絶滅する。

ここで読者は、この Southwood et al. (1974) の考えと前記の Cushing (1971) の考えがまったく逆であることに気がつくだろう。すなわち第6図の r-strategist は第3図では a 型のニシン・マイワシであり、K-strategist は e

第1章　レジームシフト理論の形成過程

第1表　r- および K- 選択の特徴

(Pianka 1970)

		r- 選択	K- 選択
環	境	変動性が大きく予測不能	かなり安定。予測不能
死	亡	しばしば破滅的で，方向性がない，密度独立的	方向性があり，密度依存的
生 残	り	生涯の初期に死亡が大きい	生涯の末期に死亡が大きいか，生涯を通じて死亡率が一定
個 体	数	変動し，非平衡的，通常環境の収容力がかなり下回る。群集は飽和しない。生態学的真空，分布のひろがりが年ねん変動する	かなり安定。平衡，環境の収容力いっぱいまたはそれに近い。群衆は飽和する。分布のひろがりは必ずしも変動しない
種内・種間関係		変動し，ゆるいことが多い	通常鋭い
選 択 の 方 向		1. 発育が早い 2. r が高い 3. 成熟が早い 4. からだが小さい 5. 1回生殖	1. 発育が遅い。競争力が大きい。 2. 生活資料をぎりぎりまで利用 3. 成熟が遅い。 4. からだが大きい 5. 多回生殖
寿	命	短い。通常 1 年未満	長い。通常 1 年以上
到 達	点	生産性	効率性

型のマグロ類である。しかしここではこの問題には深入りしない。

　筆者は r-selection, K-selection の考え方を海産硬骨魚類にあてはめて，変動の 2 つの型ということを提唱した（川崎 1977b）。その特徴を第 2 表に示したが，ここでタイプ I は r-strategist に，タイプ II は K-strategist に対応する。Pianka（1970）の第 1 表と対比して，この表の特徴を述べておこう。

　タイプ I は周期的大変動をするニシン，マイワシのようなタイプ I − A と，不規則な小きざみな変動をするサンマ，イカナゴのようなタイプ I − B に分けられる。タイプ I − A では分布域の変動がたいへんに大きい。産卵数はタイプ I − B では少なく，サンマやイカナゴでは 10^3 のオーダーであるが，I − A では多く 10^4 のオーダーである。I − B では寿命が短く生涯の産卵回数が少ないので，生涯産卵数が少ない。同時に存在する年令群の数が少ないため，ある年級の加入の大小が，全体の個体数の増減に強く影響する。これに対してタイプ I − A では産卵数も多く産卵回数も多いので，

2．研究の軌跡

第2表　海産硬骨魚類の個体数変動のタイプ分け

		タイプⅠ	タイプⅡ
環	境	変動性が大きい。不規則的変動 温帯・亜寒帯水域。表層水域生 産力が大きい。	変動性が大きい。規則的変動 熱帯・亜熱帯水域。中層・底層 水域。生産力は大きくない。
加 入 量		変動が大きい。密度独立的周期 的大変動（サブタイプA）不規 則的変動（サブタイプB）	変動が小さい。密度依存的
生 長 量		変動が大きい。密度依存的	変動が小さい。
死 亡 量		初期（卵期→幼魚期）死亡率の 変動が大きい。密度独立的	初期死亡率の変動が小さい。 密度依存的
分 布 域		個体数の多いときにひろがり， 少ないときにせばまる（A）変 動が小さい（B）	変動が小さい
発 育（成熟）		早い。密度依存的に変化	遅い
産 卵 数		多い（A） 多くない（B）	ひじょうに多い
寿命(産卵年数)		長い（A） 短い（B）	長い
食 物		プランクトン	ネクトン・ベントスその他
種 内 関 係		緊密，成群性が強い	ゆるい。成群性は強くない
同位種間関係		同じ空間にすまない。間接的	同じ空間にすむ。直接的
群 集 構 造		単純	複雑
からだの大きさ		大きくない	大きい
到 達 点		種族維持	個体維持
例		ニシン，マイワシ（A） サンマ，イカナゴ（B）	ミナミマグロ，ヒラメ
漁 獲 の 影 響		recruitment overfishing	growth overfishing

生涯産卵数は非常に多くなる。同時に存在する年令群の数示多いため，あ
る年級の加入の大小の全体の個体数の増減に与える影響は小さい。このた
め，平均として加入量の大きいところの資源の増大期には，資源は傾向的
に増大する。

　タイプⅡにはヒラメ（異体類）やミナミマグロ（マグロ科）の魚が属
し，産卵数は $10^5 \sim 10^7$ のオーダーできわめて多く，また寿命が長いため生

涯の産卵数は莫大である。しかし加入量の変動が小さいため資源は安定している。それでは，何のために産卵数が多いのだろうか。海産硬骨魚類の産卵数の適応的な意義については別の報告（川崎 1978）でくわしく解析したが，結論的にいえば，からだが大きく初回産卵年令の高いものほど産卵数が多いということになる。このことは，産卵年令に達するまでの自然死亡が非常に高いことを意味している。すなわち，産卵数というのは初回産卵年令に対する適応なのである。

内的増加率 r は出産率 b と死亡率 d との差，すなわち r = b − d である。B は魚類の場合産卵数に対応する。先にみたように，加入量の変動の大きなタイプ I では b が小さく，逆に加入量の変動の小さなタイプ II では b が大きい。このことは，b の大小が加入量の変動を左右する要因ではないことを示している。要するに，タイプ I はからだが小さく早く産卵するのに対して，タイプ II はからだが大きく初回産卵年令が高いのである。

それでは加入量の変動は何によってひき起こされるのであろうか。筆者は logistic 式における環境収容力 K の変化とそれにともなう d すなわち r の変化によると考える。高いときの k を H，低いときのそれを L とすれば，logistic 式はつぎのように書ける。

増加期　$L{\rightarrow}H$　$dN/dt=rN(H-N)/(H-L)$

減少期　$H{\rightarrow}L$　$dN/dt=r'N(L-N)/(H-L)$

$$L{\leqq}N{\leqq}H \tag{24}$$

こで r' は内的減少率（intrinsic rate of decrease）である。このような変動の仕方をタイプごとにみると，タイプ I の魚は $H\text{-}L$ が大きいことになる。大きな $H\text{-}L$ に対応するために，r および r' が大きい。とくにタイプ I − A では，$H\text{-}L$ が大きい。これにたいして，タイプ II ではこれらの値は小さい。$H\text{-}L$ は種に固有の属性であって，同じ水域内でも，種によって異なる。r，$-r'$ は $b-d$ であるから，タイプ I の場合には，b が必ずしも大きくなくても d が大きく変化し，r と $-r'$ との差は大きい。これに対してタイプ II の場合には，b が非常に大きくても d もまた非常に大きく，d の変化が小さくて r と $-r'$ との差は小さい。

2. 研究の軌跡

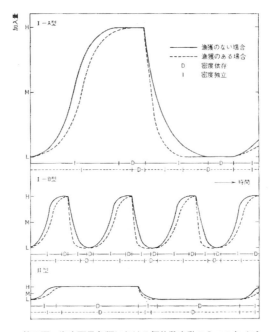

第7図　海産硬骨魚類における個体数変動の3つのタイプ

　これに漁獲が加えられたとする。漁獲による減少率をfとすると，上式はつぎのようになる。

　　$L \to H$　　$dN/dt=(r-f)N(H-N)/(H-L)$

　　$H \to L$　　$dN/dt=(r'+f)N(L-N)/(H-L)$　　　　　　　　(25)

fがたとえばfNのように表され，あるNで$r = fN$となれば，Hは実現されない。以上のような加入量の変動様式の3つのタイプを描いたのが第7図である。図中の実線は漁獲のない場合，破線は漁獲の加えられた場合である。図中Iは密度独立要因が働く期間，Dは主として密度依存要因が働く期間である。タイプI-AではH-Lが大きいためIの期間が長く，Dの期間が短い。タイプIIではその逆であり，タイプI-Bでは前2者の中間である。Dの期間には種々の密度依存モデルが適用可能である。

第1章 レジームシフト理論の形成過程

　筆者の考え方が従来のモデルと異なる点は，これまでのモデルでは K（平衡資源水準）を固定して，たとえば Southwood et al.（1974）の r-strategist では，個体数は K を overshoot したり，あるいは著しく下回ったりして，過飽和と生態的真空が生ずるのであるが（第6図），筆者の場合は K の水準が変動するのである。Pianka（1970）のいうように（第1表），r-strategist は飽和せず K-strategist は飽和するのではなくて，どちらも飽和するのであるが，飽和の仕方が異なるのである。K-strategist では同じ空間に同位種が混在して食物をめぐっての強い緊張関係にあるのに対して，r-strategist では同じ空間における直接的な種間関係は弱く，たとえば同位種間の魚種交代を通じて，全体として環境をいっぱいに利用している。マイワシとカタクチイワシの交代は，世界の海のほうぼうでみられる現象である（たとえば Marphy 1967, Hayashi 1961）。

8　まとめ

　水産資源学の現在的課題は，結局つぎのように整理される。1つはそれぞれの資源（系統群）にとっての固有な，すなわち加入量変動をひき起こすような，生物的・非生物的環境条件の変動を明らかにすることである。第2には，そのような環境変動に対する資源の応答の仕方を明らかにすることである。第3には，このような dose-response 関係を，漁獲がどのように歪めるかを明らかにすることである。

　実践的にいえば，種の固有の属性としての，卵から幼魚に至る初期減少過程の特徴を究明することが，中心的な課題となろう。この点を切り拓かないと，現在低迷状態にある水産資源研究を前進させることはできないであろう。

参考文献
〔1〕相川廣秋：水産資源学，水産社，（1941）.
〔2〕相川廣秋：水産資源学総論，産業図書株式会社，545pp，（1949.）

2. 研究の軌跡

〔3〕 F. I. Barannov : On the question of the biological basis of fisheries (In Russian) 笠原昊・深滝弘訳, 1951: 漁業における生物学的基礎の問題, 漁業科学叢書, 1, 48 pp., 水産庁調査研究部 (1918)

〔4〕 R. J. H. Beverton and S.J Holt: Fish. Invest., Ser., 2, 19 (1957).

〔5〕 L. C. Cole: Quart. Rev. Biol., 29, 2, 103 〜 137 (1954).

〔6〕 D. H. Cushing: Fisheries Biology. A study in population dynamics, 200 pp, Univ. of Wash. Press, Madison (1968)

〔7〕 D. H. Cushing: J. du Cons., 33, 340 〜 362 (1971).

〔8〕 D. H. Cushing: J. Fish. Res. Bd. Canada, 30, 1965 〜 1976 (1973).

〔9〕 J. R. Dymond: Bull. Bing. Oceano. Lab. 11, 4, 55 〜 80 (1948).

〔10〕 M. Graham: J. du Cons., 10, 263 〜 274 (1935).

〔11〕 M. Graham: Rapp. Cons. Expl. Mer, 108, 10, 58 〜 66 (1938).

〔12〕 S. Hayashi: Bull. Tokai Reg. Fish. Res. Lab., 31, 145 〜 268 (1961).

〔13〕 J. Hjort: Rapp. Cons. Expl. Mer, 20, 1 〜 228 (1914).

〔14〕 J. Hjort, G. Jahn and P. Ottcstad: Hvalradets Skrifter, 7, 92 〜 127 (1933).

〔15〕 石田昭夫 : ニシン漁業とその生物学的考察, 漁業科学叢書, 4, 57pp 水産庁調査研究部, (1952).

〔16〕 伊東祐方 : 日本海区水産研究所報告, 9, 1 〜 115 (1961).

〔17〕 川郡部浩哉 : 自然, 1977 年 8 月号, 42 〜 54 (1977)

〔18〕 川崎 健 : 漁業資源研究と群集理論, 海の生物群集と生産, 恒星社厚生閣, 365 〜 428 (1977a).

〔19〕 川崎 健 : 魚と環境, 126 pp 海洋出版株式会社 (1977b).

〔20〕 川崎 健 : 海洋科学, 10, 3, 64 〜 69 (1978).

〔21〕 近藤恵一・堀義彦・平本紀久雄 : マイワシの生態と資源, 68 pp., 日本水産資源保護協会 (1976)

〔22〕 久保伊津男・古原友吉 : 水産資源学, 482pp 共立出版株式会社 (1969).

〔23〕 倉上政幹 : 水産調査報告, 14 (1925).

〔24〕 倉上政幹・梶田与之亮 : 水産調査報告, 16 (1926).

〔25〕 R. H. MacArthur and E. O. Wilson: The theory of island biogeography, 203 pp., Princeton Univ. Press, Princeton (1967).

〔26〕 S. Motoda and Y. Hirano: Rapp. Cons. Expl. Mer., 154,. 249 〜 261 (1963).

〔27〕 G. I. Murphy: Ecology, 48, 5, 731 〜 736 (1967).

〔28〕 G. I. Murphy: Clupeoids, Fish Population Dynamics, John Wiley & Sons, London, 283 〜 308 (1977).

〔29〕 Z. Nakai: Jap. Ichthy., 9, 1-6, 14 〜 115 (1962).

〔30〕 G. V. Nikolsky: 魚類生態学, 亀井健三郎, 1964, 315pp., 新科学文献刊行会 (1963).

第1章　レジームシフト理論の形成過程

〔31〕 G. V. Nikolsky: Theory of Fish Population Dynamics as the Biological Background for Rational Exploitation and Management of Fishery Resources. Translated by Bradley J.E S., 1969, Oliver and Boyd, Edinburgh (1965).

〔32〕 大隅清治：主要遠洋漁業資源〔Ⅱ〕鯨類資源，40 pp，水産庁研究開発部 (1974).

〔33〕 E. R. Pianka: Amer. Nat., 104, 592 ～ 597 (1970).

〔34〕 W. E. Ricker: Copeia, 1944, No.1, 23 ～ 44 (1944).

〔35〕 W. E. Rickcr: Fish. Res. Bd. Canada, 11, 559 ～ 623 (1954).

〔36〕 W. E. Ricker: The Historical Development, Fish Population Dynamics, John Wiley & Sons, London, 1 ～ 26 (1977).

〔37〕 E. S. Russell: J. du Cons., 6, 3 ～ 27 (1931).

〔38〕 E. S. Russell: J. Ecol., 20, 128 ～ 151 (1932).

〔39〕 佐藤 栄：水産科学，9, 2・3, 1 ～ 28 (1961).

〔40〕 M. B. Schaefer: Inter-Amer. Trop. Tuna Comm. Bull., 1, 2, 27 ～ 56 (1954).

〔41〕 M. B. Schaefer and R. J. H. Beverton: Fishery dynamics － Their analysis and interpretation, The Sea 2, Interscience Publishers, New York, 464 ～ 483 (1963) ,

〔42〕 T. R. E. Southwood, N. I. P. Hassell and G. R. Conway: Amer. Nat., 108, 964, 791 ～ 804 (1974).

〔43〕 田中昌一（編）：水産資源論，海洋学講座 12, 191 pp., 東京大学出版会 (1973).

〔44〕 W. F. Thompson and F. H. Bell: Rep. Int. Fish. Comm., 8, 3 ～ 49 (1934).

〔45〕 古岡金市：農業技術の変革，潮流講座，経済学全集 (1950).

2．研究の軌跡

3．水産学界の現状と課題（1981）

　水産学というのはまだ新しい学問分野で，その学問体系も十分に確立しているとはいい難い。水産学の範囲についても，人によってさまざまである。たとえば，現在配本中の「新水産学全集」（恒星社厚生閣刊）には，動植物学，資源学，増養殖学，魚病学，漁具漁法学，漁船論，利用学，環境学，経済学，経営学，政策論が含まれ，ひじょうにはば広い構成となっている。

　自然科学系の学会である日本水産学会が創設されたのは1932年であり，現在は会員3100人を擁する大きな組織となったが，その歴史をみると，学問分野の分化の跡がよくわかる。学会創立の頃は水産研究はおおまかに漁労，養殖，製造の三分野に分けられ，さらにこれらを横断的に再構成する水産物理というカテゴリーがあった。田内森三郎博士の主宰する水産物理の研究会には，海洋，水産資源，水産化学，罐詰などの若い研究者が集まり，これが水産学会の母体になった。このようにこの時代には水産学はきわめて未分化であった。

　水産研究が大きく発展をはじめるのは，戦後になってからである。漁撈学の分野から，水産資源学，水産海洋学，漁具漁法学などが分化した。このなかで，漁業資源研究会議，水産海洋研究会などの新しい組織が作られた。養殖学の分野は，養殖，増殖，環境，種苗生産，栄養，飼料，魚病，育種などの分野に分化した。そうして，水産増殖談話会，水産育種研究会，魚病研究談話会，農業土木学会水産土木研究部会が設立された。製造学の分野は，原料，化学，加工技術，加工機械，保蔵（冷蔵冷凍をふくむ）などに分化した。このように研究分野の細分化は進んだが，他方水産学の体系化への努力はきわめて弱い。水産学とはどういう学問であるのかという性格づけもしくは定義について，大海原宏（「水産科学」第17巻1号1971年）はくわしい検討を試みた。そのなかで従来の代表的な水産学者の“伝統的「水産学」観は，産業管理のための実学という観点とその裏がえしとして独自性のない応用学という観点が表裏をなしている”とし

62

た。この考え方は水産学という学問の体系性の否定，もっというならば水産学そのものの否定につながる。このように，水産研究というのは既存諸学の応用であって，水産学という独自の学問は存在しない，という考え方は広く存在する。

　これにたいして，経済学者の蜷川虎三（「水産経済学」1933年）は，水産学を水産業に関する学問の一体系と考えた。すなわち，(1) 水産技術学，(2) 水産科学（技術学の理論的基礎）および (3) 水産業をめぐる社会科学の三者を包括する学問体系と考えた。大海原はこの蜷川の考え方を高く評価し，水産学の全体系が明示され，とくにそのうちの一つの系として，水産技術学が定立されることの必要性を強調した。筆者も蜷川の考えに賛成である。その場合，まず水産業をどのように規定するかが問題となる。蜷川は，水産業を“水界をその生産基盤とする原始産業”であると規定した。この規定は水産業の本質を簡潔に示した優れたものであり，とくに”原始産業”という表現は，水産業の核心をついている。ここで原始産業というのは，自然物採取産業のことであり，同じ生物生産業の農業や畜産業と水産業との基本的な相違点はまさにここにある。水産業の基本的性格は将来ともに変化しないであろう。

　しかし，この規定は，水産業全体の規定としては，いささか狭い。私は水産業を“水界における生物生産に依拠して，天然物を収穫し，あるいは，特定の種を栽培，飼育して収穫し，それを利用加工する産業の総称で，漁業，養殖業および加工業から成る“と規定したいと思う。

　それでは，この産業にはどのような自然科学，技術および社会科学が対応するのであろうか。図は漁業生産の構造と，それに対応する科学，技術を示したものである。これは，吉関金市（「農業技術の変革」1950年）の農業生産についての図を参照して作成したものである。図で水産学が対応するのは，主として生産手段の部分である。図がカバーしているのは漁業生産の側面であり，これに収獲物の利用加工の側面が加わって，水産業および水産学の全体像が構成される。

　水産学が，一つの体系として構成され理解されねばならないというこ

2. 研究の軌跡

とは，水産業そのもののあり方から必然的に帰結される。漁獲と加工と流通は，きわめて密接に関連している。たとえばわが国のマイワシの漁獲量は，1965年には9,000トンであったが，1971年以降漁獲量は急増して，1978年には164万トンとなった。他方，ねり製品の主要な原料であるスケトウダラの漁獲量は1961年には，35万トンであったが，その後急増して1972年には304万トンとなり，その後急減して1978年には155万トンとなった。このような漁獲量の大きな変化は当然加工業に大きな影響を及ぼす。他方漁獲量は，加工および流通能力によって，大きく制約される。

　水産学の体系化の問題について論ずる前に，まずいくつかの学問分野の現状について，批判的に考察してみよう。

　最初に，筆者の専門分野である水産資源学について考えてみよう。水産資源学というのは，いかなる漁獲のあり方が，自然の生物生産を最適に利用する方途であるのかを探究する学問分野である。水産資源学における資源最適利用の従来の考え方は，MSY（最大持続生産量）の実現であった。MSYの実現というのは，ある資源についての加入量当たり漁獲量や余剰生産量が持続的に最大になるように，年々漁獲していくということである。このMSY概念は，資源利用の理想と考えられ，また，資源管理の国際的な共通な物差しと考えられてきた。このため，ほとんどすべての国際条約や協定にはMSYの実現がうたわれ，漁業交渉の基準とされてきた。

　近年水産資源学が当面している問題の一つは，"最適利用"とは何か，ということである。このことは，クジラ資源をめぐる問題に典型的にみられる。近年の反捕鯨運動のなかで，これまでのMSY論議だけではどうにもならない事態が生じている。反捕鯨キャンペーンのなかには，"クジラはかわいい動物であり，人類の友達である。クジラを殺すなんてとんでもない。"といった捕鯨そのものを否定するものから，"現在クジラについては何もわかっていない。これを科学的に利用する方策が樹てられるまで，捕鯨を禁止すべきである"

　というものまで，いろいろな主張がある。捕鯨そのものを否定する論者の"最適利用"の考え方は，海洋に満ち満ちているクジラを観光船で観察

64

することである。

　北米太平洋岸などでは，マグロ類やカジキ類の利用について，別の形の議論がある。

　これらの魚種についての商業的漁獲の論理と遊漁（game fishing）の論理とは真っ向から衝突する。前者の場合には，MSY を追究することが最適利用になるが，後者の場合には，遊漁水域を禁漁にして，豊富な資源から自由に釣ることが最適利用となる。このことは，遊漁人口 2,000 万といわれるわが国でも深刻な問題で，漁業者と遊漁者の間のトラブルが方々でみられる。

　何が最適かということは，国際的入会漁場において行われる，多種類の魚を一度に漁獲する漁業において問題となる。これは典型的にはトロール漁業でみられる。A 国にとってもっとも重要な魚種が c 種であるとすれば，A 国は c 種を基準にして MSY を追求し，資源管理を行おうとする。ところが，B 国にとってはむしろ d 種が重要であるとすれば，これを基準にして MSY を追求することになり，両国の資源管理がくい違ってくるのである。

　近年の海洋にたいする国家管轄権の拡大すなわち 200 カイリ時代の到来は，水産学に新しい問題を提起した。公海において国際的に利用される資源の管理の従来の方式は，国際条約もしくは協定に基づいて，関係国間の話し合いを行うことであった。この方式は必ずしもうまくいったとはいえず，漁獲割当量はしばしば政治的決着によった。これに対するアンチテーゼとして現れたのが，海洋分割，すなわち分割された水域内の漁業資源に対して，沿岸国が排他的に管轄権を行使するという方式である。かつての資源の公開制が乱獲をもたらし，国際協議方式がうまくいかなかったとすれば，資源の有効な管理方策は，海洋を分割して，そのなかの資源を沿岸国が排他的に管理することしかないのであろうか。

　しかしながら，沿岸国にたいする資源の実質的な帰属は，資源の有効な利用とはしばしば背馳する。資源は一般的にいくつかの国の漁業水域間にまたがって分布し，またその間を移動する。従って，それぞれの沿岸国はそれぞれの漁業水域内の資源を有効に管理し得ない。またすでに生じてい

2. 研究の軌跡

るように，資源が国際政治のかけひきの戦略物資として運用される。これらのことは，資源をあるいは乱獲に導きあるいは過少利用に導き，いずれにしても有効な利用にはつながらない。いかなる管理方式が資源の有効利用につながるのかを，水産資源学者は国際法学者などとの学際的な研究のなかで追究する責任を負っている。

水産資源学者が当面するもう一つの課題は，生態学に基盤を置いた資源変動理論の確立である。MSY理論は，漁獲の強さを変数とし資源の大きさを関数とするところの数学的平衡理論であって，資源の生物学的諸属性が密度依存的にのみ変化することを前提にした理論である。しかしながら，資源は環境を変数として密度独立的に大きく変化する。従って，MSY論は密度依存要因が支配的に変動を規定する魚種またはそれが支配的な変動の局面において，一定の有効性を持つ理論である。それにもかかわらず，MSY理論が資源変動を説明する一般的な理論であって，環境変動による資源変動はノイズに過ぎないと考えるところに基本的な問題点が存在する。

たとえば，先に述べたマイワシの場合には，環境変動に対して三桁はばの変動を行うわけで，この変動を説明し予測する理論は確立されていない。問題は水産資源学における生態学的基盤の弱さである。このことは，基礎科学としての魚類生態学の問題であるに止まらず，より水産化した水産資源生態学の確立が必要であり，それを基盤として水産資源学が発展させられなければならないことを意味している。

このような問題点が明確であるにもかかわらず，この線に沿った研究はなかなか発展しない。たとえばニシン科魚類の発生初期の生き残り要因の研究は欧米では大きく発展しているが，わが国ではみるべき成果に乏しい。水産資源研究者の大部分を占める国公立研究機関の研究者は，200カイリ時代のなかでの当面の行政的対応として，TAC（許容漁獲量）の推定とか資源量のクイック・アセスメント（迅速評価）とかに取り組まざるを得ず，水産資源変動機構を明らかにするための基礎研究に本格的に取り組む余裕が少ない。大学や国公立研究機関を打って一丸としたプロジェクト

第1章　レジームシフト理論の形成過程

研究が是非必要であろう。

　つぎに，水産増養殖の分野について述べよう。わが国の養殖業による生産量は着実な増加を示し，1978年には101万トンに達し，漁業・養殖業の総生産量の一割に達した。このような増加の内訳をみると，主に増加したものはノリ・ワカメなどの海藻（総量48万トン）と生産量の6〜8倍の低価格魚を与えて高価格魚を生産するところのハマチやニジマスなどの給餌養殖魚（総量23万トンである）。現在の養殖業は，動物蛋白生産業というよりも，嗜好品生産業として位置づけられるべきである。この点が，原始産業すなわち蛋白質収穫業としての漁業との根本的な相違である。

　養殖業にとっての当面の大問題は，環境の悪化である。これには二つあって，一つは埋立てや産業廃棄物・生活廃棄物によるもので，もうひとつは給餌養殖にともなう自家汚染による漁場老化である。

　このような水産養殖の実態は，当然のことながら養殖分野の研究に大きな影響をおよぼす。1977年〜1979年の三年間に日本水産学会大会において発表された増養殖関係の研究のうち，魚病・栄養・飼料・養成・養殖環境などの給餌養殖魚関係の研究発表が過半を占める。従来藻類養殖についての研究者の多くが，養殖種苗生産のための餌料培養などに携わるようになってきている。また，赤潮の研究など養殖環境に関する研究もひじょうに盛んになっている。このような事実は高度経済成長による生活様式の変化によってもたらされた水産物消費の「高級化」思考（これは内容的には家庭内調理の消失を意味する）が，養殖分野の研究動向に決定的な影響を及ぼしていることを示している。

　わが国の増養殖の発展に大きく貢献したのは，種苗生産の成功である。マダイやヒラメなど多くの種類の種苗生産が行われて，養殖されている。これらは，その魚の一生を管理する完全養殖である。これに関連して，生殖腺の成熟過程，成熟促進，産卵誘発など，増餐殖対象動物の生殖に関する生理学的研究が大きく発展している。

　種苗生産の成功にともなって近年政策的に大きく推進されているのが，種苗を放流して自然の生産にまかせ，後に回収するいわゆる資源培養型漁

2. 研究の軌跡

業である。この典型例は，天然産卵がほとんどなく，回帰性の強いシロザケの場合で，すでに一世紀以上も前から孵化放流が行われているが，最近は海中飼育による稚魚減耗の抑制などの中間育成によって，回帰率が高まっている。

この方式は，アワビ，クルマエビなどの無脊椎動物やマダイ，カレイ類などの魚類についても推進されている。前者については放流地先での効果は認められるが，漁獲統計に反映するような成果は得られていない。海産魚類については，より困難な問題が数多く存在する。陸水起源であり，種苗放流に特殊的に適応しているシロザケの経験を，海産魚にたいして一般化することはできない。資源培養型漁業にとって必要なのは，放流後の生き残り過程をふくむ生態学的な研究であり，その成果に基づいて放流の適否や方法を判断する必要があろう。

第三に，利用・加工の分野について述べよう。経済の高度成長のなかで，都市の過密，通勤時間の増大，共働きの増加，核家族化などの生活様式の変化が，食生活の大きな変化をもたらしている。すなわち，魚の家庭内調理が姿を消し，刺身やねり製品のようにすぐ食べられるものが魚食の主流となった。また畜産物嗜好の増大のもとで，魚臭のないものが好まれるようになった。

刺身にとって重要なのは，鮮度の保持であり，低温（冷凍）の研究が盛んになった。ねり製品に関しては，品質保持・改善の研究が盛んになり，またスケトウダラの漁獲量減少に対応して，マサバ，マイワシのような赤身の魚のねり製品化の研究が推進されている。また近年の特徴として，生化学資源と称して，種々の新しい成分とくに生理活性をもった物質の固定単離の研究が増加傾向にある。

水産学の現在の問題点のひとつは，さきに述べたように，学問の細分化は進行しているが，体系化の努力に乏しいことである。水産業の目標が，水界の生物生産を人類にとってもっとも有効に利用することであるとすれば，そのためには水産業全体をカバーする技術体系，それに対応する学問体系が必要である。具体的には，賢源の変動の予測，漁獲力と自然の応答

との関係，漁獲力の配置，漁獲物の流通，加工，保蔵などをふくむ技術体系・学問体系が確立されることによって，水産学が真に有効性を発揮することができるであろう。

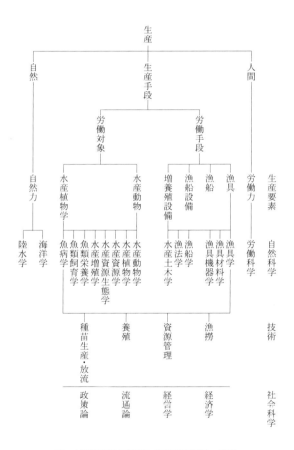

図　水産業の生産構造と対応する科学・技術

2. 研究の軌跡

4. 海産硬骨魚類の個体数変動について
－変動様式と産卵数の適応的意義－ (1978)

Population Dynamics of the Marine Teleosts
－ The Type of Fluctuation and the Adaptive Significance of Fecundity －

Since the early 1960's the evolutionary and life historical studies on the population dynamics have been carried out for a variety of the biological species. A recent work is presented about the type of fluctuation and the adaptive significance of fecundity of the marine teleosts.

　魚類個体数変動の進化学的・生活史学的研究は，ようやく緒についたばかりといえる。それを変動様式と産卵数から考えてみた。

1. まえがき

　1960 年代に MacArthur らが生物の個体数変動における 2 つの選択－ r 選択と K 選択－の問題を提起して以来，生態的進化や生活史の進化の問題が広範な論議を呼ぶようにたってきた。筆者 (1977a, 1977b) は海産硬骨魚類における個体数変動様式を環境にたいする適応様式としてとらえ，変動様式を 2 つのタイプ（その 1 つはさらに 2 つのサブタイプに別れる）に分けることを提案した。本報告では，この問題をもう少し堀り下げて考えてみる。

2. 変動様式

　海産硬骨魚類の個体数変動は，密度独立的な過程と密度依存的な過程の組合せによって支配される。ここでの密度独立・密度依存の定義であるが，個体数の増加率または減少率が密度によって抑制される度合が増大するにしたがって，密度独立要因の作用が弱まり，密度依存要因の作用が強

第1章　レジームシフト理論の形成過程

まる，と考える。

　魚類個体数の変動様式は，それぞれの種が進化の過程の中でいろいろな
環境に適応的に放散した結果獲得した適応様式である。このような観点か
ら筆者は，海産硬骨魚類の個体数変動様式を，主として密度独立的な要因
で大きく変動するタイプⅠと，主として密度依存的な要因に支配されて変
動の小さなタイプⅡに分け，さらにタイプⅠを大きな周期的変動をするサ
ブタイプB（この論文ではAとした）と小さな不規則変動をするサブタイ
プB（この論文ではA）に分けて表にまとめた（川崎 1977a の表 11）。

　その後筆者は，この表にあと 2 つの項目をつけ加える必要があると考え
た。すなわち分布域の項と産卵数の項である。これらを加え若干の改訂を
行なって作成したのが第 1 表である。

　大きな個体数変動をするタイプⅠ－Aでは，個体数の多いときには分布
域が広がり，少ないときにはせばまる。極東マイワシの場合には，個体数
の少なかった 1960 年代には日本列島の中部以南でほそぼそと分布している
にすぎなかったが，個体数の多かった 1930 年代には，朝鮮半島東岸から
沿海州沿岸さらにはサハリン沿岸に至るまで，およそ暖流がいくらかでも
到達していると思われるところには，分布が広がった。1970 年代に入って
個体数はふたたび増加を始めたが，分布域も急速に拡大しつつある（第 1
図）。北海道－サハリン系のニシンの場合にも，同様な分布域の拡大・縮小
が起こっている。

　つぎに産卵数（fecundity）であるが，タイプⅠ－Aでは産卵数はかなり
多く，Ⅰ－Bでは少なく，タイプⅡでは非常に多い。このような産卵数の適
応的意義については，後に述べることにする。　さて，海産硬骨魚類にとっ
て，個体数変動の中心的な内容は加入量（recruitment）の変動である。魚
類の場合には，未成魚期以後の自然死亡率は，一般にきわめて安定してい
る。したがって，以下に加入量の変動様式について検討する。ここで加入
量とは，未成魚に達するまでの個体数をいう。具体的には，幼魚・未成魚
の個体数をいう。

　魚類個体数における密度独立的変動の要因は，具体的には生物的，非生

71

2．研究の軌跡

第1表　海産硬骨魚類の個体数変動の類型化

	タイプⅠ	タイプⅡ
環　　　　境	変動性が大きい。 生産力が大きい。 温帯・亜寒帯水域 表層水域	変動性が小さい。規則的変動 生産力は大きくないか小さい。 熱帯・亜熱帯水域 中層・底層水域
加　入　量	変動が大きい。密度独立的周期的長期変動（サブタイプA） 不規則短期変動（サブタイプB）	変動が小さい。密度依存的
生　長　量	変動が大きい。密度依存的	変動が小さい
死　亡　量	初期（卵期→幼魚期）死亡率の変動が大きい。密度独立的	初期死亡率の変動が小さい。密度依存的
分　布　域	個体数の多いときに広がり少ないときにせばまる（A）変動が小さい（B）	変動が小さい
発　育（成熟）	早い。密度依存的に変化（A） 非常に早い（B）	遅い
産　卵　数	多い（A） 少ない（B）	非常に多い
生　存　年　数 （産卵年数）	長い（A） 短い（B）	長い
食　　　　物	プランクトン	ネクトン・ベントス
種　内　関　係	緊密，成群性が強い	ゆるい。成群性が必ずしも強くない
同位種間関係	同じ空間にすまない。 間接的	同じ空間にすむ。 直接的
群　集　構　造	単純	複雑
からだの大きさ	小さい	大きい
到　達　点	種族維持	個体維持
漁　獲　の　影　響	自然変動が大きいため，認識しにくい。	強く認識できる
例	ニシン・マイワシ（A） サンマ・イカナゴ（B）	ミナミマグロ・ヒラメ

物的環境条件の変動である。これを logistic model にあてはめて考えると，
環境の収容力（carrying capacity）K が変動することになる。環境条件がよ
い場合の K を H，悪い場合の K を L とすれば，K が L から H へと変化す
れば加入量は内的増加率（intrinsic increasing rate）r で増大し，逆に H から

第1章　レジームシフト理論の形成過程

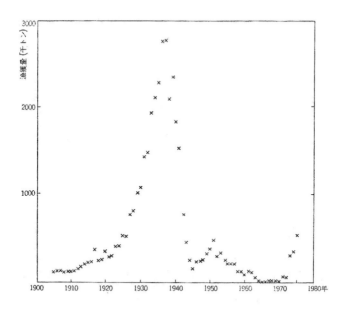

第1図　極東マイワシの漁獲量の変動

L へと変化すれば，内的減少率（intrinsic decreasing rate）r で減少する。これが漁獲のない場合の変動である。すなわち。

増加期 $(L{\to}H)$　$dN/dt=rN(H-N)/(H-L)$

減少期 $(H{\to}L)$　$dN/dt=r'N(L-N)/(H-L)$　　$L{\leqq}N{\leqq}H$

となる。これに漁獲が加えられたとする。漁獲による減少率を f とすると，上式はつぎのようになる。

増加期　$dN/dt=(r-f)N(H-N)/(H-N)$

減少期　$dN/dt=(r'+f)N(L-N)/(H-L)$

f が働くと，L から H に到達するのに時間がかかり（$f<r$），減少するときには，速やかに H から L に低下する。すなわち，加入量が高い水準にある時間が短くなり，低い水準にある時間が長くなる。

このような変動の仕方をタイプごとにみると，タイプⅠの魚は $H-L$ が大きいことになる。そうして大きな $H-L$ に対応するために r および r' が大

73

2. 研究の軌跡

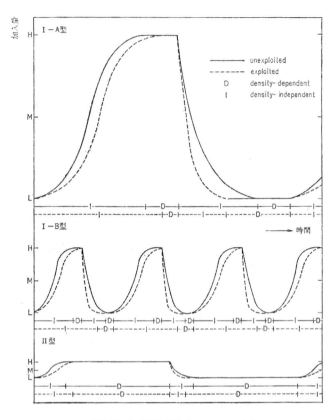

第2図　加入量変動様式の3つのタイプ
H：高いK, M：平均のK, L：低いK

きい。とくにタイプⅠ-Aでは，寿命が長く $H-L$ が大きい。これにたいして，タイプⅡではこれらの値は小さい。$H-L$ は種に固有の属性であって，同じ水域に生息していても，種によって異なる。r および r' は出生率 b と死亡率 d との差すなわち $b-d$ であるから，タイプⅠの場合には，b が必ずしも大きくなくても d が大きく変化し，r と r' との差は大きい。これにたいしてタイプⅡの場合には，b が非常に大きくても d もまた非常に大きく，d の変化が小さく，r と r' との差は小さい。つまり，産卵数 b よりもむしろ d の

第1章　レジームシフト理論の形成過程

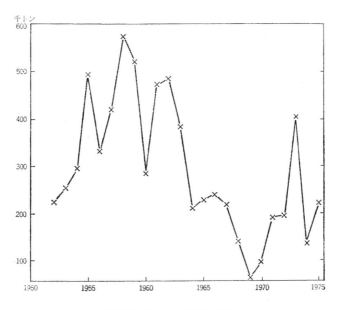

第3図　サンマの漁獲量の変動

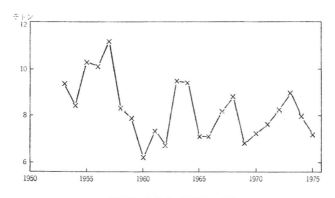

第4図　ヒラメの漁獲量の変動

2．研究の軌跡

変化に注目する必要がある。

　加入量の動様式の３つのタイプを模式的に描いたのが第２図である。図中Ⅰは密度独立要因が働く期間，Dは主として密度依存要因が働く期間である。タイプⅠ−AではH-Lが大きいためⅠの期間が長く，Dの期間が短い。タイプⅡではその逆であり，タイプⅠ−Bは前２者の中間である。

　第１図に，タイプⅠ−Aの例として極東マイワシの漁獲量変動を示す。その変動幅は9,000トンから272万トンで，1:300である。1930年代の増減にみられるように，増加のときよりも減少のときの方が急カーブで，第２図のパターンとよく合う。第３図にタイプⅠ−Bの例としてサンマの場合を示す。その変動幅は６万トンから58万トンで，1：10である。第４図にタイプⅡの例としてヒラメの漁獲量変動を示す。その変動幅は6,000トンから１万1,000トンで1：2である。

3．産卵数の適応的意義

　伊藤（1959, 1977）は"硬骨魚類では海洋中心部にすむ魚ほど多産で，そのかわり卵の大きさは親の体長に比して著しく小さい"とした。そうして"大卵少産は餌が少なく天敵などの危険の少ない環境で，小卵多産はその逆の環境で進化した"とするLack（1954）の主張を支持し，さらに"餌の量は絶対的なものではなく，独立したばかりの子にとっての食物の得やすさが重要である"と指摘した。

　Cushing and Harris（1973）は，つぎのように述べている。"産卵場から成育場へ子稚魚が輸送される時期が，ストックの個体数が調節されるもっとも重要な時期であろう。調節能力は産卵数に依存していると思われる。個体数は同じであるが産卵数の異なる２つのストックを比較すると，大きな生殖巣をもっているストックからは大量の子稚魚が産み出されて漂流する。大きくて産卵数の多い魚のストックは，安定化する能力が大きく，食物を求めての競争に有利である。したがって，生長は産卵数の１つの指標と考えられる。すなわち，目的論的に表現すると，魚はしばしばきびしい

第1章　レジームシフト理論の形成過程

環境でストックを安定させるために，産卵数を多くする目的のために大きく生長する"。

　このような考え方から，産卵数の少ないニシン科のもの（10^4 のオーダー）では資源を安定させる力か弱く，産卵数の多い異体類（10^5 のオーダー）では加入量はひろい範囲にわたってストックと独立であり，産卵数の非常に多いタラ科のもの（10^6 のオーダー）では，個体数を自己調節する大きな能力を持っているとした。

　以上みたように，多産の意義について伊藤（1959，1977）は"餌が多く天敵などの危険の多い環境で選択された繁殖戦略"と考え，Cushing and Harris（1973）は"きびしい環境の中でストックを安定させるために大きく生長して卵をたくさん産むという繁殖戦略"と考え，かなりくい違う結論に到達している。

　筆者は以下に海産硬骨魚類の産卵数がその種にとってどのような適応的意義をもっているかを検討する。なおここでは，海産硬骨魚類の中にはサケ・マス類は含めない。なぜなら，これらの種類は淡水起源で，淡水で産卵し純粋な海産魚とはいえず，その生態も特殊で他の海産魚と同列に比較することは困難だからである。また伊藤（1959，1977）は，"海洋中心部"が"餌が多く天敵などの危険の多い環境"と考えているようである。たしかに大洋の中心部（open sea）は群集構造が複雑で天敵は多いが，他方 1 次生産力は小さく，餌の少ない環境である（Ryther 1969）。海洋で餌の多いのは，沿岸・近海域なのである。

　以下に 71 種の海産硬骨魚類についで検討する（第 2 表）。以下のデータは，松原・落合（1965）その他の多くの報告から得た。まず海産硬骨魚類の"大卵少産"と"小卵多産"の実態についてみよう。第 5 図は，横軸に卵径，縦軸に産卵数をとって，両者の関係を示したものである。図から明らかなように，卵径 1.6mm 以下では，大卵少産・小卵多産の傾向はみられない。0.8mm 以下の卵では，むしろ小卵少産：の傾向さえみられる。卵径 1.6mm 以上では，明らかに大卵少産の傾向がみられる。したがって，卵径 1.6mm というのが 1 つの生態的区別点ではないかと思われる。これらはダ

77

2．研究の軌跡

第2表　検討した魚種名と対応する魚種番号

番号	種　　名	番号	種　　名	番号	種　　名
01	コノシロ	26	ボ　ラ	51	タチウオ
02	ニ シ ン	27	マ ダ ラ	52	イカナゴ
03	マイワシ	28	スケトウダラ	53	マ ハ ゼ
04	カタクチイワシ	29	コ マ イ	54	トラフグ
05	サビヒー	30	アカアマダイ	55	カワハギ
06	チ　カ	31	ス ズ キ	56	キ チ ジ
07	シシャモ	32	イシモチ	57	メ バ ル
08	キウリウオ	33	クログチ	58	ホウボウ
09	シラウオ	34	キ グ チ	59	ホ ッ ケ
10	ニ ギ ス	35	ホンニベ	60	アイナメ
11	ウ ナ ギ	36	イ サ キ	61	ギンダラ
12	ハ　モ	37	ハタハタ	62	ヒ ラ メ
13	マアナゴ	38	マ ダ イ	63	オヒョウ
14	ワニニソ	39	キ ダ イ	64	アカガレイ
15	マ エ ソ	40	マ ア ジ	65	ソウハチ
16	トカゲエソ	41	ブ　リ	66	ババガレイ
17	ダ　ツ	42	シ イ ラ	67	コガネガレイ
18	サンマ	43	マ サ バ	68	カワガレイ
19	サ ヨ リ	44	カ ツ オ	69	イシガレイ
20	ホソトビ	45	クロマグロ	70	マコガレイ
21	ツクシトビウオ	46	ミナミマグロ	71	ウルメイワシ
22	アリアケトビウオ	47	メ バ チ	72	シロサケ
23	ハマトビウオ	48	キ ハ ダ	73	カラフトマス
24	トビウオ	49	ビンナガ	74	ベニザケ
25	ヨウジウオ	50	メカジキ	75	ギンザケ

第1章　レジームシフト理論の形成過程

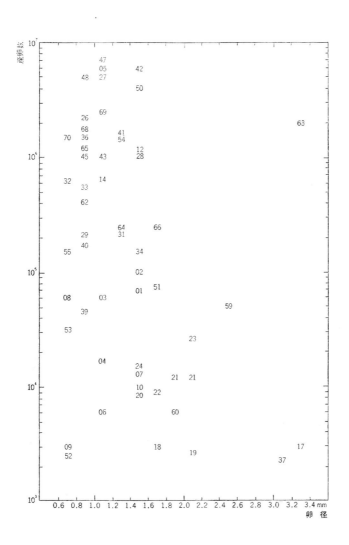

第5図　魚種別の産卵数と卵径との関係
図中の数字は魚種番号（第2表）

2. 研究の軌跡

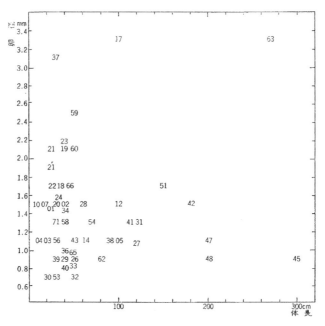

第6図　魚種別の卵径と体長との関係
図中の数字は魚種番号（第2表）

ツ・サンマ・サヨリ・トビウオ科のもの（沈性てん絡卵），ハタハタ・ホッケ・アイナメのグループ（沈性粘着卵）である。さらにババガレイ・オヒョウも含まれるが，これらは浮性卵であり，また大卵多産である。

つぎに卵径と体長（魚体の大きさ）との関係をみる（第6図）。ここでの体長は，その種にとっての最大体長を用いた。体長50cm以下では小卵から大卵まで幅が広いが，50cm以上になると大卵はほとんどみられない。しかし，ダツとかオヒョウのような例外も存在する。

つぎに水域を沿岸・沖合・外洋に分けて，水域と各魚種の産卵数との関係を考えてみる。ここで沿岸というのは海岸線に非常に近い水域であり，沖合というのは距岸ほぼ200カイリまでの水域を指し外洋というのはそれよりさらに陸地から遠い洋心部をいう。なおここで，2つまたは3つの水域にまたがって分布する種については，より沖側の水域に含めた。第7図に

第1章　レジームシフト理論の形成過程

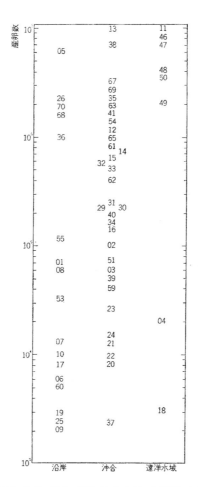

第7図　沿岸・沖合・遠洋水域における魚種別の産卵数
図中の数字は魚種番号（第2表）

みるように各水域とも産卵数の範囲は大きいが，沖側にいくほど産卵数の多い種が増加する傾向が認められる。

　つぎに産卵数と体長との関係を検討する（第8図）。ここでは資料のある範囲内で，最も大きな体長とそれに対応する産卵数を用いた。全体としてからだの小さなものは産卵数が少なく，からだの大きなものは産卵数が

81

2. 研究の軌跡

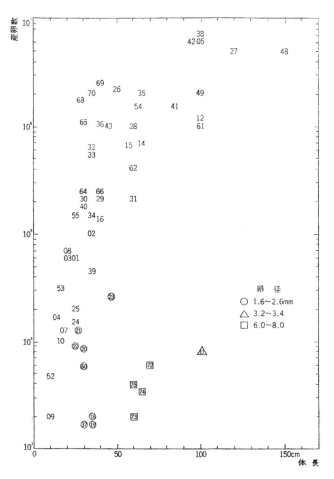

第8図　魚種別の産卵数と体長との関係
図中の数字は魚種番号（第2表）

多い傾向が顕著であるが，とくに卵径1.6 mm以上のものを除くとこの傾向はいっそうはっきりする。またサケ・マス類は全体の傾向から著しくはずれ，海洋生活をする硬骨魚類の中では特殊なグループであることがわかる。
　以上を整理すると，つぎのようにいえる。

1）大部分の海産硬骨魚類の卵径は 0.6 ～ 1.6mm で，そこでは産卵数と卵径との間に関係は認められない。1.6mm 以上の大型卵は沈性卵が多く，これらを産む種類の間では，卵径が大きくなるにしたがって産卵数が減少する傾向が認められる。これらの魚は大部分が沿岸性または沖合性である。

2）体長 50cm 以下の種類は大卵も小卵も産むが，50cm 以上になると圧倒的に小卵が多くなる。産卵数と体長との関係はきわめて顕著で，魚体の大きな種類ほど卵をたくさん産む。また沿岸から外洋へいくにしたがって，産卵数の多い種類の割合が高くなる。このことは，洋心部ほど魚体の大きな種類が多いことと対応している。

3）以上のことから，海産硬骨魚類において産卵数と最も深い関係があるのは，魚体の大きさであることがわかる。要するに種による卵径の違いはそれほど大きなものではなく，からだの大きな種類ほどたくさん卵を産み，それらは沖合・外洋に多く生息する。

4）ここで産卵数の適応的意義について考えてみる。上にみたように，産卵数と最も開題の深いのは魚体の大きさである。ところで，一般に最大体長の大きな種類ほど，はじめて成熟する年齢が高い。すなわち，産み出されてから成熟するまでの時間的距離が長い。このことは，成熟するまでの個体数の減少が著しいことを示している。産卵数の多少の適応的意義は，ここにあるといえよう。タイプⅡの魚種は，一般に魚体が大きく，成熟年齢が高く，産卵数すなわち b（＝出生率）が高い。これは内的増加率 r を大きくするためではなくて，高い死亡率 d に対処するためなのである。

4．まとめ

　以上述べたことを，個体数変動様式のタイプ別に墜理して考えてみよう。変動の大きな環境にはタイプⅠの魚が適応しているが，なかでもタイプⅠ－Ａは大きな個体数変動をする。タイプⅠ－Ａの代表的な種類である

2．研究の軌跡

ニシン・マイワシ（ニシン科）は，産卵数は 10^4 のオーダーでそれほど多いわけではないが，生存年数が長い。生存年，数が長いということは1雌あたりの産卵回数の多いことを意味し，生涯の産卵数が非常に多くなることを意味する。また，環境条件が全体として上向きであれば，一時的な環境悪化は全体の増大傾向には大きくはひびかない。これらのことが，加入期の死亡率の低いときに，急速に個体数が増加する理由である。

これにたいしてタイプⅠ－Bは，細かな不規則変動をする。タイプⅠ－Bの代表的な種類であるサンマ・イカナゴは，産卵数は 10^3 の オーダーで少なく，また生存年数が短く，産卵回数も少ない。このような資原は，環境条件の細かな変動に鋭敏に反応する。タイプⅡの魚は，変動性の小さな環境に適応している。タイプⅡの代表的な種類であるヒラメ（異体類）やミナミマグロ（マグロ亜科）では，産卵数は $10^5 \sim 10^7$ できわめて多く，また生存年数も長く，生涯の総産卵数は莫大である。他方，成熟年齢が高いため加入期の死亡率もまたきわめて高く，またそれ自身非常に安定している。これらが，加人量の安定している理由である。

以上が現在筆者の到達した一応の結論である。従来の魚類個体数変動理論および魚類資源変動理論では，個体数変動様式を各魚種の進化の過程で選択された適応様式としてとらえておらず，その結果，現実から遊離した演繹的なモデルが，機械的に適用される場合が多かった。本報告が，この分野における今後の発展の一助ともなれば幸いである。

終りに臨み，有益な御意見をいただいた東大海洋研究所田中昌一教授に感謝する。

参考文献

〔1〕 D.H. Cushing and J.G.K. Harris：Rapp. Rroces-Verb. Cons. Int. ExpIor. Mer., 164, 142 ～ 55 (1973).

〔2〕 伊藤嘉昭：比較生態学，390pp.，岩波書店 (1959).

〔3〕 伊藤嘉昭：生物科学，29, 3, 148 ～ 157 (1977).

〔4〕 川崎　健：魚と環境，126pp.，海洋出版株式会社 (1977a).

〔5〕 川崎　健：水産海洋研究会報，30, 95 ～ 97 (1977b).

第 1 章　レジームシフト理論の形成過程

〔6〕 D. Lack: The Natural Regulation of Animal Numbers, 343pp., Oxford Univ. Press (1954).
〔7〕 松原喜代松・落合明：魚類学（下），958pp.，恒星社厚生閣（1965）.
〔8〕 J. H . Ryther : Science, 166, 72 〜 76 (1969).

2．研究の軌跡

5．WHY DO SOME PELAGIC FISHES HAVE WIDE FLUCTUATIONS IN THEIR NUMBERS?

– BIOLOGICAL BASIS OF FLUCTUATION FROM THE VIEWPOINT OF EVOLUTIONARY ECOLOGY – (1983)

INTRODUCTION

It has been well known that clupeoid fishes, especially the herrings and sardines, have phenomenal fluctuations in catch, viz. stock size. From of old, a variety of controversies have been held around the cause of such fluctuations and above all a dispute about the Californian sardine distributed off western North America is characteristic

Stock size of the Californian sardine drastically declined after a peak in 1936 (Fig. 1). The dispute around the collapse of the sardine stock has been continuing between scientists of California State standing on the conservation of the sardine stock and those of the Federal Government of the U.S. standing on the promotion of the fisheries (Radovich, 1981). In a paper jointly prepared by Clark and Marr (1955) each scientist reached an opinion different from the other based on the same data. Clark contended an influence of the exploitation on recruitments, saying that there had been a density-dependent effect between the stock and recruitment because if the stock size of the adult had been small, the resultant level of the progeny tended to become low. On the other hand, Marr asserted an effect of the environment on the recruitment, viz. density-independent effect, suggesting that the relation between the stock and recruitment was obscure.

The same circumstances as above have been seen in the Far Eastern sardine, the catch of which dramatically decreased after a peak in 1937 (Fig. 1). Nakai (1962), a representative researcher on the sardine in Japan, tried to explain this

第1章　レジームシフト理論の形成過程

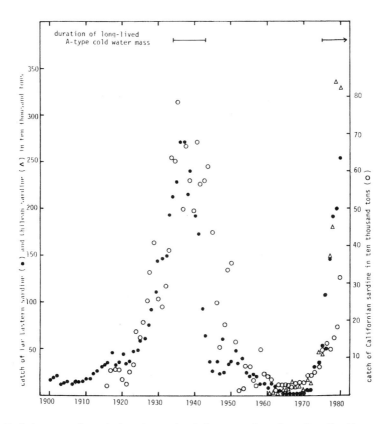

Fig.1. Large-scale variations in catch of three species of sardine, Far Eastern, Californian and Chilean.

event by the meandering of the Kuroshio. The stream axis of the Kuroshio, which flows eastward along the southern coast of Japan, often shifts, adding a semicircular southward movement. This in turn creates a counter clockwise cold eddy to the north and a clockwise warm eddy to the west. It is said that there are five types of pathway. One is normal or non-meandering (N), while the others meander in somewhat different patterns (types A-D in Fig.2). Although cold eddies associated with types B-D have occurred frequently, large-scale A-type

87

2．研究の軌跡

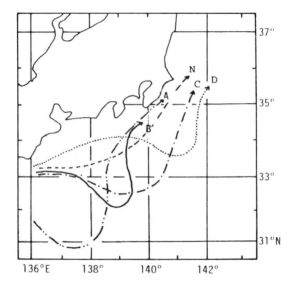

Fig.2. Types of meandering of the Kuroshio path south of Japan.

fluctuations seldom have appeared.

Nakai (1962) presumed that the spawning of the sardine was concentrated on a region south of Kyushu, Japan, and their eggs and newly hatched larvae drifting eastward came across an A-type cold eddy, resulting in a mass mortality. On the contrary, Cushing (1971) regarded a disastrous decline in recruitment of the sardine resulting from the heavy fishing as a cause of the collapse of the stock.

While controversies between overfishing and natural cause around the decrease in stock of the sardines have been long held, similar disputes have also occurred about the herrings.

第 1 章　レジームシフト理論の形成過程

CHANGE IN NICHE SIZE

The number of organisms of a species varies from generation to generation. Let us consider the meaning of this variation. That a species continue to survive means that the maximal quantity of the matter and energy possible are taken over from a generation to the subsequent one. According to Simpson (1952), the number of species currently existing is 2 millions, while that which have been extinguished to date is one half billion. This implies that most species failed to achieve persistent replacement from generation by generation, eventually disappearing from the earth. This also means that a small number of species could remain surviving at present. The author considers that the success or failure of the persistence of organisms (viability) from one generation to the next is closely linked with the status and problems involved in the ecological-niche in the community concerned. "Niche" is defined as the status of a species in a community composed mainly of predator-prey relations. This is provided by the overall biotic and abiotic environment surrounding the species. To maximize the quantity of surviving biomass between generations means that a species regulates its biomass so that the size of its niche is filled completely by its organisms. To regulate the biomass means to regulate the number of organisms. If a population does not increase sufficiently to fill its niche once it has been extended, this niche would be "violated" by another population, the niche of which is close to the former. On the other hand, if a population does not decrease its biomass in response to the contraction of its niche, many organisms of that population would die or become weakened due to overpopulation. Only a species which had acquired the ability to regulate its number so that it fills the niche completely in response to fluctuations in niche size could have survived.

The response pattern to fluctuations in niche size depends on species. Therefore, the pattern of fluctuation in number differs from species to species and this is called species-specific pattern of fluctuation in number. The species-

89

2．研究の軌跡

specific pattern of fluctuation in number is the pattern of resource utilization for a species, which is having been formed through evolution and history.

EXTREME TYPES AND DEVELOPMENTAL PROCESSES OF THE PATTERNS OF FLUCTUATION IN NUMBER

Patterns of fluctuation in the number of marine teleosts can be assigned to three broad types.

Type I :   unstable and unpredictable

Subtype I A :   irregular and short-spaced

                     e.g. Pacific saury and Pacific sand lance

Subtype I B :   large scale and cyclical

                     e.g. sardines and herring

Type II :   stable and predictable

                     e.g. tunas and flatfishes

In what environments did these three types have evolved? Cushing (1975) summarized the longitudinal features of production in the ocean. In the higher latitudes, while the large-scale primary production occurs in a short time and the productivity is very high, the delay period between the trophic levels is long, resulting in low ecological efficiency. In other words, productivity is high, efficiency is low, and variability is large. On this occasion, the abundance of a few species large in biomass largely varies corresponding to the fluctuation in niche size and they alternate with one another at shorter intervals, illustrating a phenomenon known as "alternation between species". The structure of such a community is simple and the relation among species is lax.

On the other hand, while in the low latitudes the low and continuous primary production occurs, the delay period between the trophic levels is short, resulting in a high ecological efficiency. In this case, while the productivity is low, the

90

第1章　レジームシフト理論の形成過程

efficiency is high. There are many species whose biomasses are small and remain stable. The structure of a community is complex and interspecific relations are keen.

Not only the high latitudes are productive in the ocean. The productivity is also high in the upwelling areas, coastal areas and vertically in the surface. Because the niche size varies greatly in these environments, the species that have the ability to change their numbers corresponding to the change in niche have taken hold in these environments. These species have to pour more substance and energy into reproduction rather than maintenance and growth of the body in order to secure their broods. This is Type Ⅰ.

On the contrary, because the variation in niche size is small in a poor, efficient and stable environment, the species need not greatly change their numbers. In such species more substance and energy are used for the maintenance and growth and they have to cope with the severe interspecific competition. This is Type Ⅱ.

Let us think about the features of environmental variation in the sea. The changes in the seas are considered to be a synthesis of the short-spaced variation, with intervals of one to a few years, occurring in a relatively small area and large-scale variations, with cycles of several decades to centuries, occurring in large ocean-wide areas. While Subtype Ⅰ A which has evolved matching the former is sensitive to the local environmental variation and its niche size varies finely, the niche size of Subtype Ⅰ B matching the latter fluctuates largely (Fig. 3).

Inter-relation among the three types

Subtype Ⅰ A and Ⅰ B are not equivalent to each other and Ⅰ A is the original pattern. Fish of Subtype Ⅰ A have small body with short life, early reproduction and high intrinsic rate of natural increase r. They pour more matter from outside into reproduction by the quick alternation of generations in order to fully utilize their ecological niches, if they area extended by the betterment of environment or to cope with the contraction of their niches resulting from the deterioration of environment.

2. 研究の軌跡

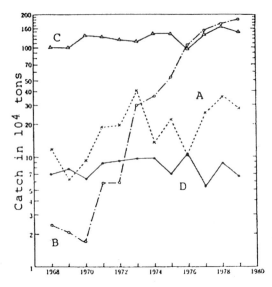

Fig.3. Inter-annual variations in catches of Pacific saury (A), Far Eastern sardine (B), chub mackeral (C) and albacore (D), caught in the Japanese fisheries.

Whereas the life history type I A is optimal for a short-spaced environmental variation, it is not appropriate for a continuous long-period one, because in order to increase in step with the sustained extension of ecological niche, it is necessary to accumulate larger year classes year by year, which in turn will produce larger year classes. Accordingly, this type of life history requires long life. However, to pour energy into reproduction, i.e. into the preservation of brood, is incompatible with long life.

A life history in which most growth is completed in an earlier period of life to begin reproduction as early as possible so that more energy is put into reproduction, has been selected as a way to overcome this contradiction. To reach the maximal size at a relatively young stage means that Bertalanffy's growth parameter k has a high value.

Since $\underline{k}$ has a dimension of reciprocal of time, $\underline{k}$ multiplied by cohort

第 1 章　レジームシフト理論の形成過程

generation time, T, has to be used for comparison of growth patterns among species or subpopulations. As seen in Fig. 4 values of kT are constant, on average, and a relation between the two parameters is hyperbolical (In Fig. 4 life span is used on behalf of T).

Fig. 4 also shows that all species and /or subpopulations of Genera *Sardinops* (sardines) and *Clupea* (herrings) close to Subtype Ⅰ A, from 4 to 9 in the figure, have high kT's, begin situated above an arbitrarily drawn hyperbola.

Fishes of Type Ⅱ have large size and long life, growing slowly and becoming mature late. Thus they allocate more energy to maintenance and growth of the body.

Here, let us examine a problem concerning r where r is expressed as:

$$r \fallingdotseq In\ (l_x m_x)/T$$

Where l_x is the probability of female at age o of surviving to age x, mx is the number of female eggs laid by the average female in the age interval (x-0.5) to (x+0.5). This equation indicates that r is positively proportional to the product of survivorship at ages producing eggs by fecundity and negatively proportional to the generation time, average ages of mothers, which is more influential on r than the former.

Subtype Ⅰ A raises its r higher by shortening T as much as possible. Moreover, Subtype Ⅰ A begins spawning as early as possible, effectively raising l_x by production demersal eggs (in case of Pacific saury) or by their fathers caring for eggs by (in case of snailfish), and allows smaller body size, compensating any decrease in m_x resulting from short life. Thus, Subtype Ⅰ A has acquired large r values like that of the Pacific saury as seen in Table 2.

Since r is Subtype Ⅰ B and Ⅱ tend to become low because of their long T's, some life historical selections had had to be developed. Subtype Ⅰ B either develops high GSI, gonad weight as a percentage of body weight (Fig. 5), or raises l_x as high as possible by laying demersal eggs (herrings), lowering the first age at maturity (sardines), etc. On the other hand, Type Ⅱ has selected a strategy for higher

93

2. 研究の軌跡

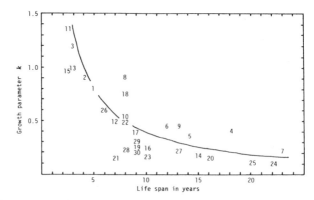

Fig.4. Regresstion of growth parameter k on estimated life span, based on data from various sources. Numerals and a curve in the figure denote species number designated in Table 1 and arbitrarily adjusted hyperbola, respectively.

mx so that r does not become unnecessarily low (Table 2).

Type II has selected two ways to produce a large number of eggs. One way is to obtain larger body size. Larger size has two advantages. One is to overcome competitors in severe interspecific struggles and the other is to increase available eggs. This is accomplished by keeping egg size small. As the present author (1978) pointed out, egg size of most marine teleosts falls within the range of 0.6 - 1.6mm in diameter. Whereas a number of species under 50cm in length have eggs larger than 1.6 mm, there are few species over 50cm with such large eggs.

This way of life historical selection is found in the series from the Far Eastern sardine (*Sardinops melanosticta*) to skipjack (*Katsuwonus pelamis*) by way of chub mackerel (*Pneumatophorus (Scomber) japonicus*) (Fig. 5). In this series, whereas the difference between the sexes is small in respect to body size and GSI, the larger the body size becomes the more the fecundity increases and the less the GSI decreases. Decrease in GSI means that more substance is poured into growth and maintenance, while absolute size of gonads increases.

The selection in this direction is seen in the migratory pelagic fishes. In

第 1 章　レジームシフト理論の形成過程

Table 1. species numbers and names examination in Fig. 4

Order	Family	Species Number	Species Name
		1	*Sprattus sprattus* (North Sea)
		2	*Sprattus sprattus* (Brittany)
		3	*Sprattus sprattus* (Spain)
		4	*Clupea pallasi* (Hokkaido-Sakhalin)
		5	*Clupea pallasi* (Okhotsk)
		6	*Clupea pallasi* (British Columbia)
		7	*Clupea harengus* (Atlanto-Scandian)
		8	*Sardinops melanosticta*
		9	*Sardinops caerulea*
		10	*Konosirus punctatus*
	Engraulidne	11	*Engroulis japonica*
		12	*Engroulis mordax*
		13	*Engroulis encrasicholus*
Anguillifomes	Muraencsocidac	14	*Muraenesax slicreus*
Atheriniformes	Scombresocidae	15	*Cololabis salira*
Gadiformes	Gadidac	16	*Therogra Chalogramnia*
Perciformes	Sillaginidac	17	*Sittago sihama*
	Carangidac	18	*Trachurus Japanicus*
		19	*Seriola quinqueradiata*
	Sparidac	20	*Pagrus major*
	Sciaenidac	21	*Argyrosonus argentatus*
	Scombridac	22	*Pneumatophorus juponicus*
	Thunnidac	23	*Thunnus atatungu*
		24	*Thunnus thynnus*
		25	*Thunnus maccoyi*
		26	*Katsuwonus pelamis*
Scorpacniformes	Scorpacnidac	27	*Sebasters thompsoni*
Pleuroncctiformes	Pleuroncctidac	28	*Eopsetta grigorjeni*
		29	*Glesthencs pinetorum*
		30	*Microstonus achne*

Table 2. Some features of life history of four representative species

species	type	r	fecundity	egg diameter (mm)	age at maturity	mean age of mother	incubation time
Pacific saury	I A	0.921	10^3	1.31-2.08	1	1.5	8.5days(24℃)-33(10)
Californian sardine	I B	0.347	10^4	1.2-1.4	2	4.0	34hrs(20)-85(15)*
chub mackerel	II	0.245 -0.285	10^5-10^6	0.9-1.3	3	4.2-4.9	30hrs(25)-97(15)
albacore	II	0.347	10^6	around 1	6	6.9	24hrs-38**

* Far Eastern sardine
** yellowfin tuna

2. 研究の軌跡

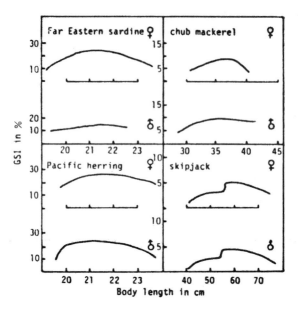

Fig.5. Maximum-GSI-on-length curves for various marine teleosts.
MBL denotes mean body of fish in parentheses. F denotes fecundity.

these species sexual differences are small because fish of the same age must be of uniform swimming ability and the abundant male reproductive matter is necessary due to inefficiency of fertilization.

Another way to prevent reduction in r is to make the body size of female larger and its life longer as compared with those of male. This means that more matter and energy are allocated to female. Results of this type of selection are seen in Alaska pollack (*Theragra chalcogramma*) slime flounder (*Microstomus achne*) and others in Fig. 6. In this series the male lessens its size as well as its GSI. Selection in this direction is found in the less migratory demersal fishes. In this case, a small amount of male reproductive substance is able to fertilize a large quantity of eggs, as evident from the quasi-mating behavior of the slime flounder observed by Sato

第1章　レジームシフト理論の形成過程

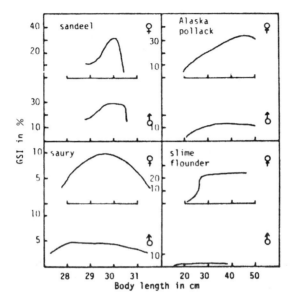

Fig.6. Maximun-GSI-on-length curves for various marine teleosts. For explanations, see Fig. 5.

(1960).

The three types are the extremes and absolute examples may not exist in reality. A relationship among these three types is expressed in a life history triangle and a given species or subpopulation is to be situated somewhere in this triangle, as exemplified in this figure (Fig. 7).

In the life historical triangle (A) of Fig. 7, side I A-II represents a sexual dimorphism scale. In this figure an arrow toward Vertex II indicates that the females become larger than males. This is a direction taken by the heterosomes that live long and lay a large number of small eggs. There is another, oppositely directed arrow toward the snailfish and some gobies which are short - lived and produce a small number of large eggs cared for by their fathers.

2. 研究の軌跡

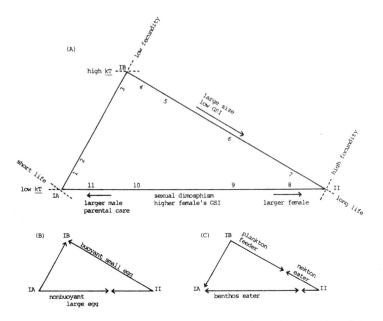

Fig.7. Life historical triangles of the marine teleosts, from the viewpoint of three dimentsions (A), nature of eggs (B) and food habit (C). Number inside the figure (A) denotes locus of each taxon shown below.
1 : saury, 2 : sandlance, 3 : herring, 4 : sardine, 5 : jack mackeral, 6 : mackeral, 7 : tunas, 8 : heterosomes, 9 : gadoids, 10 : gobies, 11 : snailfish

Along side ⅠA-Ⅱ the nearshore and demersal fishes occupy their positions, while the domain from ⅠA to Ⅱ by way of IB is occupied by the pelagic fishes. Over side ⅠA-Ⅱ GSI is higher in the female than the male because the males of the nearshore or demersal fishes are able to fertilize the eggs more efficiently through various measures than are pelagic fishes that spawn in open surface or subsurface layers.

On the other hand, Pacific saury, a species close to ⅠA, occupies a position along side ⅠA-ⅠB, because this fish is a pelagic "swimmer" and exhibits little sexual dimorphism.

A part from vertex IB halfway to Ⅱ by way of ⅠA in (B) is a domain occupied

第1章　レジームシフト理論の形成過程

by species depositing demersal large eggs, while that from ⅠB halfway to ⅠA via Ⅱ is one occupied by fishes laying pelagic small eggs. Therefore, the sardines (*Sardinops*) and herrings (*Clupea*), both occupying loci close to ⅠB, are located along side ⅠB-Ⅱ in (B) and side ⅠB - ⅠA respectively (Fig.7).

Benthos eaters are located between ⅠA and a point a little apart from Ⅱ in (C). From the latter point to one close to Ⅱ on the way from Ⅱ toward ⅠB the nekton eaters are located (Fig.7). Among the benthos and nekton eaters interspecific competition for food can be keen. This is a domain efficient in food utilization and relatively low in biological production. On the contrary, a part from ⅠA to a point near Ⅱ by way of ⅠB in (C) is occupied by the plankton feeders where interspecific interactions over food are lax. This is an inefficient and productive domain.

The correlates of three selected types of life history are summarized in Table 3.

Patterns of fluctuation in the number of the three types

The variations of the three types are represented diagrammatically in Fig. 8. The figure employs the assumption common in population biology that variation in stock size can be represented by a logistic model. Expressing the carrying capacity of the environment $\underline{K}$ under favorable environmental conditions as K_2 and under adverse conditions as K_1, the stock size is to increase when $\underline{K}$ foes from K_1 to K_2 and decrease when $\underline{K}$ declines from K_2 to K_1.

More formally,

$dN/dt = \underline{r}N\ (K_2-N)/(K_2-K_1)$　representing the increasing phase ($K_1 \to K_2$)

$dN/dt = \underline{r}N\ (K_1-N)/(K_2-K_1)$

representing the decreasing phase ($K_2 \to K_1$) $K_1 \leqq N \leqq K_2$

As seen in Fig. 8, the values r and $K_2 \to K_1$ are inherent attributes of a species and vary from species to species even if they inhabit a common area. In Fig. 8. $\underline{I}$ denotes periods when the density-independent factors (environmental factors) are the main influence, while $\underline{D}$ denotes periods when the density-dependent factors (biological factors) are the main influences. Duration of $\underline{I}$ is long and $\underline{D}$ is short for

2．研究の軌跡

Table 3. Correlates of three selected types of life history in marine teleosts

	Type I		Type II
	subtype I A	subtype I B	
Environment	Variable and unpredictable		Stable and predictable
	Irregular variation	Lone-term variation	
Pecruitment	Variable		Stable
	Irregular variation	Long-term variation	
Resources put into	Reproducion		Growth and maintenance
		Reproduction and maintenance	
Lifetime	Short	Long	Long
Growth			
$\underline{kT}$	Low	High	Low
$\underline{L}$m	Small	Moderate	Large
Reproduction			
Age at maturity	Low		High
Fecundity	Very low Low	Consideratly low Moderate	High
$\underline{r}$	High	Low	Low
Farly survival	Variable		Stable
Trophic level	Low		High
Species close to each type	Saury, snailfish sandlance	Sardubesm herrines	Tunas, flatfishes

Type I species, indicating that they are apt to be subject to environmental change. In contrast, duration of $\underline{I}$ is short and $\underline{D}$ is long for Type II species, indicating that they tend more to be influenced by overfishing.

第1章　レジームシフト理論の形成過程

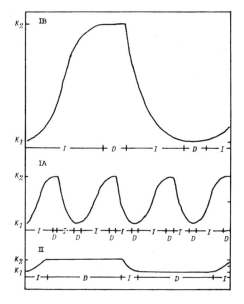

Fig.8. Three types of patterns of fluctuation in number of marine teleosts.
k₂ : high k　k₁ : low k
D : period when density-dependent factors work in the main.
I : period when density-independent factors work in the main.

LARGE-SCALE FLUCTUATION OF THE THREE SARDINE STOCKS IN THE PACIFIC

Since the plankton-feeding fishes are situated close to the solar energy, they seem to be strongly affected by climate change through ocean change. In particular this is valid for sardines which are almost exclusively herbivorous. The problem is that whereas in some years they utilize phytoplankton as food efficiently, resulting in large stocks, in some years they do not and their biomass declines.

As background to this fact it seems that a change in the life pattern of the sardines occurs. If environmental conditions become favorable for sardines, their

2. 研究の軌跡

numbers increase by assuming a mode of life to keep their population as large as possible. On the contrary, if environmental conditions for sardines become adverse and their niche contracts, they prepare for the next prosperity period by assuming a life style in which population growth is regulated.

What oceanographical variation governs the above situation? Fig.1. displays the tremendous largescale fluctuations in catch exhibited by three species of Genus Sardinops, the Far Eastern sardine, Californian sardine and Chilean sardine. While these species are in the northwest, northeast and southeast parts, respectively, of the Pacific Ocean, their fluctuations are in phase with one another.

Nishimura (1980) said that the Far Eastern and Californian sardines are twins of a Japan-Oregon element and a species which had evolved off the west coast of North America and subsequently divided into two different species. I imagine that a part of the original species had further proceeded south and became the Chilean sardine. Three sardines are triplets, aren't they?

It would be impossible to explain the cause of a common fluctuation of the three sardine stocks without taking account of the Pacific-scale oceanic variations and related climatic changes.

While the links between ocean and atmosphere are easily recognized at a local and regional scale, there may also be identifiable interactions at a large scale. So-called "teleconnections" (Wyrtki, 1973), which shows significant relations of variations between very distant areas of the ocean and atmosphere, have been a subject of considerable study.

For example, originally it was believed that El Niño occurred when the local winds over the coastal upwelling zone became anomalously weak. According to Thompson (1981), however, there now is considerable evidence suggesting that basin-wide atmospheric and oceanographic anomalies are at least as important as the local winds in creating El Niño (Fig. 9). Equatorial trades were unusually strong in 1970 and 1971, but were unusually weak in 1972. Furthermore, the eastward flowing North Equatorial Counter current intensified and the

第1章　レジームシフト理論の形成過程

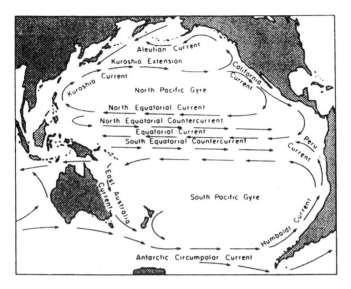

Fig.9. The current pattern in the equatorial region of the Pacific is more complex than that of the Atlantic, although to north and south similar enclosed circulatory gyres are formed. Recent research designates three west-flowing equatorial currents separated by two east-flowing equatorial countercurrents. (Courtesy Rand McNally Atlas of the Ocean.)

South Equatorial Current weakened during the 1972 El Niño. It appears that warm water accumulated in the eastern Pacific, deepening the usually shallow thermocline and covering the cooler upwelled waters. The local coastal winds along the Peru coast during the same period were normal or only slightly below normal.

Teramoto (1981) notes teleconnections between the following items: precipitation and cloudiness on Canton Island (3° S, 172° W) and Ocean Island (1° S, 169° E) in the central equatorial Pacific and the difference between water levels of northernmost and southernmost areas across the North Equatorial Counter current as an index of the current; the above difference between water levels and El Niño, using water temperature in the eastern equatorial Pacific as an

2. 研究の軌跡

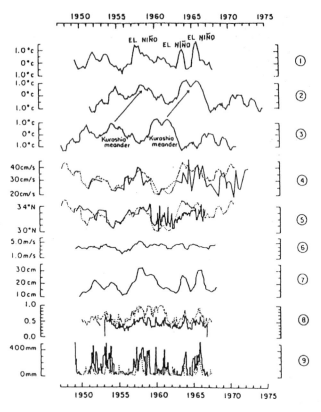

Fig.10. (1) Anomaly of yearly mean water temperature on the coast of Central America.
(2) Anomaly of yearly mean water temperature on the coast of Izu-Oshima Island south of Honshu, Japan, delayed by some 4.2 years.
(3) Anomaly of yearly mean water temperature on the coast of Izu-Oshima Island south of Honshu, Japan.
(4) Mean of surface current velocity in the profile of the Kuroshio south of Cape Omaezake, Japan (solid line), and inversion of (3) (dotted line).
(5) Stream axis of the Kuroshio south of Cape Omaezake (solid Line) and inversion of (3) (dotted line).
(6) Annual mean of the strength of westerly wind on a 700 mb plane.
(7) Variation in annual mean of differences between water levels across the Equatorial Coutercurrent.
(8) Monthly mean cloudiness above Ocean Island (solid line) and that above Canton Island (dotted line).
(9) Monthly annual precipitation on Ocean Island (solid line) and that on Canton Island (dotted line).

第1章　レジームシフト理論の形成過程

indicator; the difference between water levels and longitudinal components of the velocity of geostrophic winds on a 700 mb plane along 30° N latitude (Fig. 10). Statistical analysis suggests that these indicators lag one another by three to eight months. This same series of teleconnections also seems to be associated with the variation of the Kuroshio.

If the above discussion on large-scale ocean changes is valid, it is understandable why the three sardine species have shown almost identical trends of variation in stock size.

A long-lived A-type cold water mass may be regarded as a local manifestation of large-scale variation (Teramoto, 1981), such as occurred in 1934-1943 and has been occurring since 1975 to the present, a period when sardine stocks have been most abundant (Fig. 1).

Such large-scale fluctuation exhibited by sardines depends upon their ecological features. They are long-lived, fast growing, direct herbivores in the coastal area, and these features mean that they are especially subject to changes of oceanic conditions. To summarize, large-scale fluctuation of *Sardinops* is caused by global-scale environmental variation and depends on whether the sardines are able to utilize a large quantity of phytoplankton or not.

References

Clark, F.N. and J.C. Marr. 1955. Population dynamics of the Pacific sardine. Calif.Mar.Res. Com., Prog.Rep. 1 July 1953 to 31 March 1955.

Cushing, D.H. 1971. The dependence of recruitment on parent stock in different groups of fishes. J.du Cons. 33.

Cushing, D.H. 1975. Marine Ecology and Fisheries. Cambridge Univ.Press, Cambridge.

Kawasaki, T. 1978. Fluctuation in population of the marine teleosts. Kaiyo Kagaku (Marine Science), 10 (in Japanese).

Nakai, Z. 1962. Studies relevant to mechanisms underlying the fluctuation in the catch of the Japanese sardine, *Sardinops melanosticta* (Temminck and Schlegel). Jap. J. Ichthy. 9.

Nishimura. S. 1981. Ocean and Life on the Earth, Kaimei-sha, Tokyo (in Japanese).

105

２．研究の軌跡

Radovich, J. 1981. The collapse of the California sardine fishery: What have we learned? pp.
　107-136. In Resource Management and Environmental Uncertainty. (M.H. Glantz and J.D.
　Thompson, eds.) John Wiley and Sons, New York.

Sato, Y. 1960. Spawning behaviour of the slime flounder (*preliminary report*). Sokouo Joho, 26 (in
　Japanese).

Simpson, G.G. 1952. How much species? Evolution, 6.

Teramoto, T. 1981. Long-term variation of the Kuroshio. Kisho-Kenkyu Note (Meterological
　Research Note), 1412 (in Japanese).

Thompson, J.D. 1981. Climate, upwelling, and biological productivity: Some primary
　relationships. pp. 13-34. In Resource Management and Environmental Uncertainty. (M.H.
　Glantz and J.D. Thompson, eds.) John Wiley and Sons, New York.

Wyrtki, K. 1973. Teleconnections in the equatorial Pacific Ocean. Science. 180:66-80.

第 1 章 レジームシフト理論の形成過程

6. FLUCTUATIONS IN THE THREE MAJOR SARDINE STOCKS IN THE PACIFIC AND THE GLOBAL TREND IN TEMPERATURE (1986)

Abstract

Statistical examination on the relation among long-term catch records of the three major sardine stocks in the Pacific, each distributed around Japan, off California and off Chile, since the early years of the 20th century and also that on the relation between these records and secular data of the global average of surface air temperature lead us to a conclusion that the fluctuations in the three sardine stocks are quite in phase and that the fluctuations in fish and in temperature are also in phase. if the most important factor that governs the surface air temperature is solar activity, these agreements can be explained by the food habits of sardine which greatly depend upon the phytoplankton: one can consider that variations in primary production are controlled by the solar radiation that reaches the atmosphere and ocean.

Sardines as well as herrings are species of Subtype I B which show long term variations of biomass (KawaSaki,1980). This trait is supported by the characteristic life histories of sardines: (1) long life span, (2) k , Bertalanffy's growth coefficient, is high, despite their long life so that they may put relatively more energy into reproduction than into maintenance and growth, (3) high gonadosomatic index, and (4) herbivorous habit.

The catch of Far Eastern sardine which has been at quite a high level recently has started leveling off after the highest catch of 4,180 thousand metric tons in 1984, indicating that the rising trend of the stock entered the steady phase.

107

2. 研究の軌跡

Introduction

There are three major stocks of *sardinops* in the Pacific, Far Eastern sardine (*Sardinops melanostictus*) around Japan, Californian sardine (*S. caerulea*) off western North America and Chilean sardine (*S. sagax*) off western South America, which are Separated Completely from each other.

Catches of these stocks show similar large-scale, long-term Variations, quite in phase, which seem to have reflected those in biomass (Fig. 1). Very close relations are found between trends of the three stocks (Fig. 2), and our attention has been concentrated on the mechanism causing these characteristic phenomena.

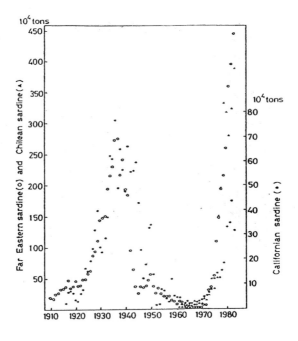

Fig.1. Fluctuation in catch of three sardine stocks, 1910-1983

第1章　レジームシフト理論の形成過程

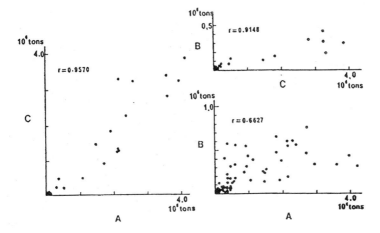

Fig.2. Catch correlations between three sardine stocks. A Far Eastern sardine
B. Californian sardine. C. Chilean sardine.

Material and methods

Environmental factors responsible for such synchronous ups and downs in stocks widely isolated from one another in the Pacific are probably of global nature, and local causes are hard to be considered. Thanks to the recent development of computer utilization, the global or hemispheric average surface air as well as sea temperatures have become available, and several results have been published (Yamamoto and Hoshiai, 1980; Hansen et al., 1983; Japan Meteorological Agency, 1984). We compared these results with the catch records.

Results

Wigley et al.(1985) provided independent estimates of mean temperature fluctuations for the Northern Hemisphere from the early 1900's through the early 1980's (sea surface (SST), nighttime marine air (NMAT) and land surface (LAND) temperatures) Fig. 3). A glance at the temperatures reveals that they are

2. 研究の軌跡

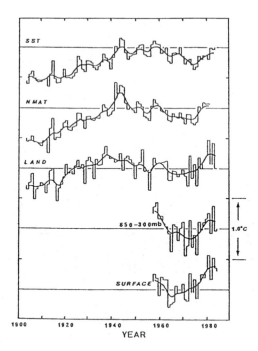

Fig.3. Comparison of independent estimates of temperature fluctuations for the Northern Hemisphere back to 1904. Smooth curves were obtained by using a 10- year Gaussian filter. (Wigley et al,1985)

similar in pattern with several years' lag from LAND to SST. The time series of LAND peaked in the late 1940's, fell around 1965 and has risen again since the 1970's in phase with the sardine catches. This coincidence has been pointer out by Cushing (1982) and Kawasaki and Kumagai (1984).

Yearly mean surface air temperatures of four independent time series (Northern Hemisphere: Yamamoto and Hoshiai, 1980; 64.2° N-90° N and global: Hansen et al., 1983; 60° N-90° N: Japan Meteorological Agency, 1984) were extracted from the original figures and are reproduced in Fig. 4. Cross-correlation coefficients between them are very high with 0-2 years' lag (Fig. 4)、showing that the four

第1章　レジームシフト理論の形成過程

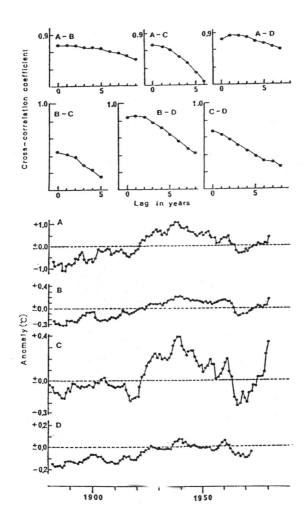

Fig.4. Four secular trends in mean surface air temperature (bottom) and cross-correlation coefficients between them (top). A: 64.2°- 90°N, Hasen et al. (1983). B: Global mean, Jansen et al. (1983). C: 60°- 90°N, Japan Meteorological Agency (1984). D: Northern Hemisphere, Yamamoto and Hoshiai (1980)

2. 研究の軌跡

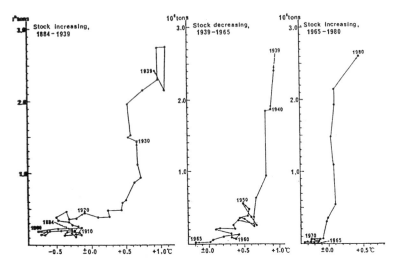

Fig.5. Regressions of Far Eastern sardine catch on anomaly of mean surface air temperature.

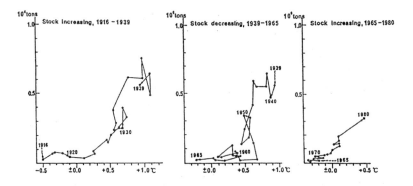

Fig.6. Regressions of Californian sardine catch on anomaly of mean surface air temperature.

第 1 章　レジームシフト理論の形成過程

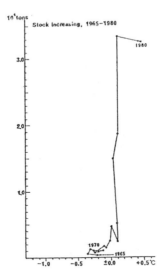

Fig.7. Regression of Chilean sardine catch on anomaly of mean surface air temperature

trends are essentially the same. The temperatures over 64.2° N-90° N of Hansen et al. (1983) were used to make a comparison with the catch records.

We divided the time series of each species' catch into three phases of the stock, increasing before 1939, decreasing between 1939 and 1965, and increasing again since 1965, which were correlated with the temperature anomalies (Figs. 5-7). Common to the threes species are the close relationships between the catch and temperature anomalies. In the earlier years of increasing stock when the temperature anomalies were negative, the catches remained at a low level despite rising temperatures. Once temperature anomalies tended to become positive, however, the catches started increasing dramatically to a peak. After a short time at the peak, the catches fell fairly steeply with decreasing temperature until they became minimal, after which the catches remained at low levels for some years.

Kawasaki (1980) and Kawasaki et al. (1983) described three major categories of

2．研究の軌跡

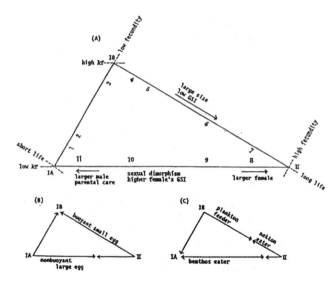

Fig.8. (A) Life historical triangle of the marine teleosts, from the viewpoint of three dimensions. (B) Nature of eggs. (C) Food habits. Number inside the figure (A) denotes locus of each taxon below. 1.saury, 2.sandeel, 3.herring, 4.sardine, 5.jack mackerel, 6.mackerel, 7.tunas, 8.heterosomes, 9,gadoids, 10,gobies, 11,snailfish. (Kawasaki et al.,1983).

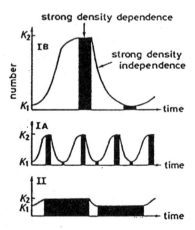

Fig.9. Density dependency and independency, and fluctuation pattern for the three types. K_1: Low carrying capacity. K_2: High carrying capacity

第1章 レジームシフト理論の形成過程

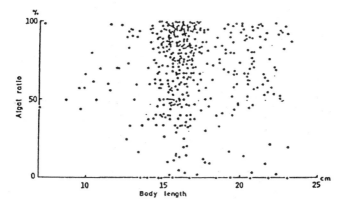

Fig.10. Plots of volumetric ratio of plant among overall plankton east of northern Honshu, Japan. (Kawasaki and Kumagai,1984).

marine teleosts, types ⅠA, ⅠB and Ⅱ (Fig. 8). these types produce short-spaced (ⅠA), large-scale periodical (ⅠB) and fairly stable (Ⅱ) variations in stock, respectively (Fig. 9). Sardines (Genus *Sardinops*) are Type ⅠB species that have the characteristics of long life, low fecundity and high k x T, where K is the Bertalanffy's growth coefficient, and T is the generation time; these characteristics are the basis for the tremendous variation in stock.

Another unique feature of the sardines' life is their strong dependence on phytoplankton. As Hyatt (1979) pointed out, there are few species that feed on phytoplankton in the sea. We examined to what degree the Far Eastern sardine depends on plant relative to the animal food by an intensive survey on their stomach contents over the wide range of the seas east of Japan. As seen in Fig. 10, over one half the fish surveyed depended on plants more than on animals, showing that the Far Eastern sardine is one of the species closest to the solar radiation.

Surface air temperature seems to be under composite influence of a number of factors, including solar radiation, volcanic outbursts, CO_2 concentration in the

2. 研究の軌跡

air, etc. but probably it has been governed primarily by the solar radiation that reaches the earth (Japan Meteorological Agency, 1984). If this notion is valid, phytoplankton abundance should be related to the surface air temperature.

Thus a hypothesis could be proposed as follows. When the solar radiation on the earth's surface becomes stronger, the phytoplankton start flourishing, resulting in the gradual extension of sardine's potential range. At a point of the extension, the sardine stock begins to increase abruptly. The supposed ranges of the Far Eastern sardine around 1965 and in the earlier 1980's are shown in Fig. 11. The sardine population becomes more aged as it grows more expanded and a minor trend to the adverse environment could trigger the steep decline in stock.

This pattern of variation in sardine stock is well explained by the logistic equation, $dN/dt=rN(K-N)/K$. In this equation, if r is positive, the stock increase follows a sigmoid pattern. But if r is switched to negative, the stock starts falling rapidly.

Fig. 12 shows the catch trends of the Far Eastern sardine and the Japanese anchovy since 1965, whose ranges overlap like those in other temperate areas in the world ocean. The outbreak of the sardine stock had started in 1965 and the stock increased at a high rate of 52.3% a year until 1977, but the rate of increase declined from that time on. The catch peaked in 1984 and started decreasing in 1985.

On the other hand, the catch of the Japanese anchovy stayed fairly stable until 1973, eight years after the sardine outbreak, and declined at a considerably high rate for anchovy up to 1979. Since 1980 it has been increasing at a low rate as the rate of increase for the sardine stock has declined. This phenomenon shows clearly that the change in anchovy stock was primarily caused by the change in sardine stock.

In Fig. 13 the stomach contents of the Far Eastern sardine compare with those of the Japanese anchovy, which were sampled strictly simultaneously, showing the good agreement between them (Kawasaki and Takeuchi, 1986). This fact shows

第1章 レジームシフト理論の形成過程

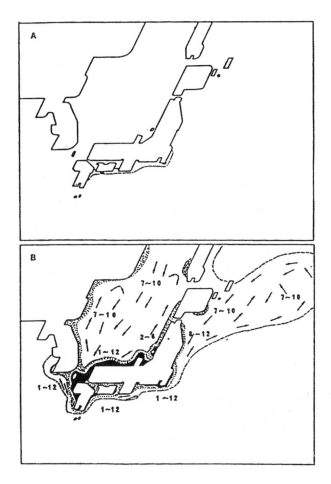

Fig.11. Ranges and fishing grounds of the Far Eastern sardine under low (around 1965:A) and high (since the late 1970's:B) stock conditions
Black portion: spawning ground. Dotted portion: fishing ground. Area demarcated by broken line: range. Migratory direction (arrow) and months are also indicated. (Fisheries Conservation Associations,1984)

2. 研究の軌跡

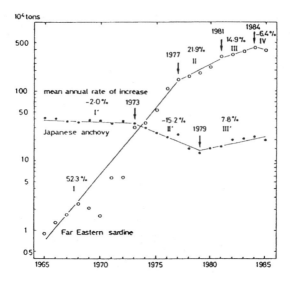

Fig.12. Trend in catch of Far Eastern sardine and Japanese anchovy by the Japanese fleet, 1965-1985

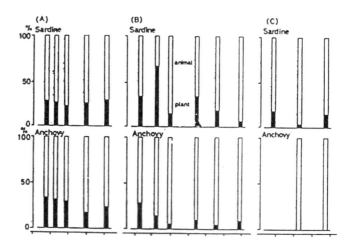

Fig.13. Proportions of animal versus plant in stomachs of sardine and anchovy
A: Off Kanto-Area, B: Sendai Bay, C: Onagawa Bay.

第1章　レジームシフト理論の形成過程

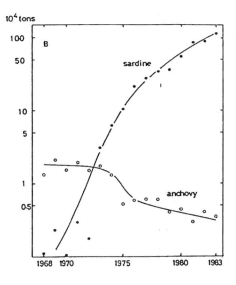

Fig.14. Trend in catch of sardine and anchovy on the Pacific coast north of Fukushima, 1968-1983.

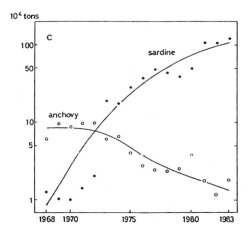

Fig.15. Trend in catch of sardine and anchovy on the Pacific coast between Ibaraki and Shizuoka, 1968-1983.

2. 研究の軌跡

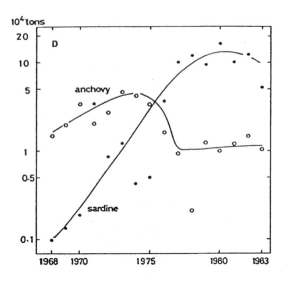

Fig.16. Trend in catch of sardine and anchovy on the Pacific coast between Aichi and Wakayama,1968-1983.

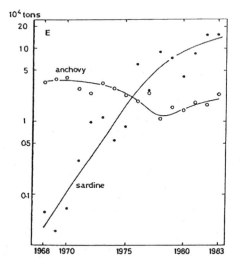

Fig.17. Trend in catch of sardine and anchovy on the Pacific coast between Tokushima and Miyazaki, 1968-1983.

第1章 レジームシフト理論の形成過程

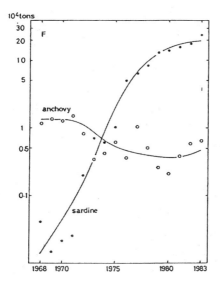

Fig.18. Trend in catch of sardine and anchovy on the Japan sea coast between Kyoto and Niigata, 1968-1983.

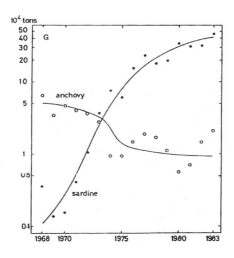

Fig.19. Trend in catch of sardine and anchovy on the East China Sea-Japan Sea coast between Saga and Hyogo, 1968-1983.

2. 研究の軌跡

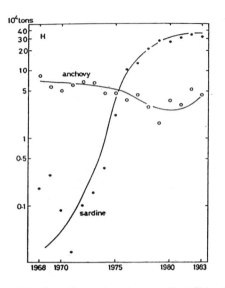

Fig.20. Trend in catch of sardine and anchovy on East China Sea coast between Kagoshima and Nagasaki, 1968-1983

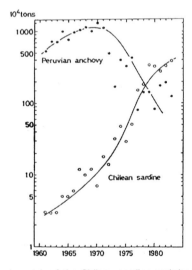

Fig.21. Fluctuation in catch of the Chilean sardine and the Peruvian anchovy, 1961-1983.

第1章　レジームシフト理論の形成過程

that three is a severe competition for food between them.

Figs.14-20 show the interrelation between the two species' catch in the consecutive areas surrounding the Japanese Islands and the patterns are the same as Fig. 13. The event occurring west of South America was the same as seen in Fig. 21 and in our opinion the decline of the Peruvian anchovy was caused not by the El Niño but by the competition of it with the Chilean sardine and the El Niño led the carrying capacity of the Peruvian Current to hold overall plankton-feeding fishes to a lover level.

References

D.H.Cushing. 1982. Climate and Fisheries. Academic Press, 373 pp.

J. Hansen, D. Johansen, A.Lacis, S.Lebedeff, P.Lée, D.Rind and G.Russell. 1983. Observed Temperature Trends. Science, 220,874-875.

K.D.Hyatt. 1979. Feeding strategy. Fish Physiology VIII. Academic press, 71-119.

Japan Meteorological Agency. 1984. A Report on Meteorological Anomalies, 204 pp.

T. KawaSaki. 1980. Fundamental Relations among the Selections of Life History in the Marine Teleosts. Bull. Jap. Soc. Sci. Fish., 46, 289-293.

T. Kawasaki, H. Hashimoto and H. Honda.1983. Selection of Life Histories and its Adaptive Significance in a Snailfish Liparis tanakai from Sendai Bay. Bull. Jap. Soc. Sci. Fish., 49, 367-377.

T. Kawasaki and A. Kumagai. 1984. Food Habits of the Far Eastern Sardine and Their Implication in the Fluctuation Pattern of the Sardine Stocks. Bull. Jap. Soc. Sci. Fish., 50, 1657- 1663.

T. Kawasaki and K.Takeuchi. 1986. Relatlon between Fluctuation in Sardine Stock and that in Anchovy Stock. Oral Presentation in the 1986 Fall Meeting of the Society of Scientific Fisheries, No.131.

T.M.L. Wigley, J.K.Anqell and P.D.Jones. 1985. Analysis of theTemperature Record, Detecting the Climatic Effects ofIncreasing Carbon Dioxide, U.S. Dept. Energy, 57-90.

R. Yamamoto and M. Hoshiai. 1980. Fluctuations of the Northern Hemisphere Mean Surface Air Temperature during Recent 100 Years, Estimated by Optimum Interpolation, J. Met. Soc. Jap, 58, 187-193.

2．研究の軌跡

7．気候と漁業　　補記（1986）

1．魚種による資源量変動様式のちがい

　漁獲が行われていない状態で，どんな魚種の資源量も多かれ少なかれ変動する。ところが，その変動の仕方が，大変動するものからあまり変動しないものまでさまざまである。どうしてこのようになるのかを考えてみよう。ここでは問題を考えやすくするために，海産硬骨魚類の個体数変動という形で考える。

　なぜ個体数は変動するのか，ということから考えよう。それぞれの魚種は，つぎからつぎへと世代の交代を行っている。この世代の交代がうまくいけばよいが，うまくいかなければその種は絶滅する。Simpson（1952）によれば現在世界には 200 万の生物種がいるが，地球上に生命が誕生してから今までに 5 億の種が出現しており，したがって 99%以上の種が絶滅したことになる。つまり大部分の種は世代の交代に失敗したわけで，現存種は成功した少数者である。

　それでは，世代の交代に成功するということはどういうことなのだろうか。それぞれの種は，自然界においてある場所（ニッチ）を占めている，その場所は，その種が必要とするいろいろな環境要素によって決まる。たとえばカタクチイワシは，日本近海の暖水域という環境にすみ，動物プランクトンを食べ，マサバやカツオに食べられる。これがカタクチイワシのニッチである。このニッチのサイズは，環境条件の変動とともに変動する。カタクチイワシにとって環境条件がよくなれば，そのニッチが拡大してたくさんの個体が生存できるようになり，逆に環境条件が悪くなれば，ニッチが縮小して生存可能数は減少する，したがって，個体数は多過ぎても少な過ぎてもいけないのであって，ニッチのサイズに合うように個体数が調節される必要がある。このように，ニッチのサイズに合わせて子供の数を調節するということが，世代の交代に成功するということの内容である。以上のことからわかるように，個体数変動というのは，種が絶滅しな

第1章　レジームシフト理論の形成過程

いで生残っていくための，種の適応様式である。

　個体数変動様式はそれぞれの種にとって固有のものであるが，つぎのように類型化することができる。

タ　イ　プ	個体数変動様式	魚　種　例
タイプ I	変動が大きい	
サブタイプ I A	不規則で小きざみな変動	サンマ，クサウオ
サブタイプ I B	周期的大変動	マイワシ，ニシン
タイプ II	安定的で変動が小さい	マグロ類，カレイ類

　それぞれのタイプの代表例としてのサンマ，マイワシ，ビンナガの漁獲量（日本の漁港に水揚げされたもの）の経年変動を，図1に示す。

　個体数変動様式はそれぞれの種が進化した環境で形成されたと考えられるので，まず環境の類型化を行ってみよう。生物生産からみると，海の環境は大きく2つに類型化される。ひとつは，水平的には湧昇水域，高緯度水域，沿岸水域，鉛直的には表層にみられるもので，(1) 生産力か高く，(2) 低次の栄養階層から高次の栄養階層への転送効率が低く，(3) 生産の年間，経年変動が大きいという特徴を持っている。もうひとつは，水平的には低緯度水域，沖合水域，鉛直的には中層，底層にみられるもので，(1) 生産力が低く，(2) 転送効率が高く，(3) 変動が小さい，という特徴を持っている。前者の環境でタイプ I の魚種が進化し，後者の環境でタイプ II の魚種が進化したと考えられる。

　ところで，環境の変動のパターンも2つに分けることができる。ひとつは比較的狭い水域での環境変動に対応した小きざみな変動であり，もうひとつは地球的規模での環境変動に対応した周期の長い大変動である。これらの実例は後に示すが，サブタイプ I A は前者の変動に，I B は後者の変動に対応して進化したと考えられる。つぎに　このような変動様式を支える生物学的特徴について考えてみよう。魚は，食物として取り入れたエネルギーを，2つの目的のために使用する。ひとつは生殖組織の形成とそ

125

2. 研究の軌跡

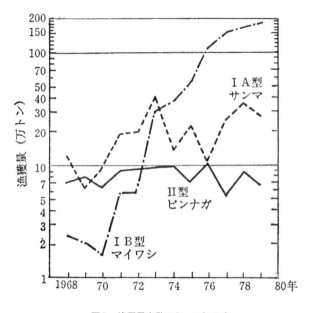

図1　漁獲量変動の3つのタイプ

の活動であり，もうひとつは生殖組織以外の体組織の形成とその活動である。別のいい方をすれば，種属維持と個体維持ということになる。一般的にいえば，タイプIの魚種は種属維持のためにより多くのエネルギーを使用して，その結果個体数が大きく変動するが，タイプIIの魚種は個体維持のためにより多くのエネルギーを使用し，その結果個体数は安定している。

サブタイプIA, IBとタイプIIを頂点として，生活史の三角形が構成される（図2）。このタイプは究極型であり，完全なIA, IB, IIという魚種は存在しない．海産硬骨魚類の各魚種はこの三角形内のどこかに位置し，またニッチの拡大・縮小に対応してその中を移動する。

タイプIの基本型はサブタイプIAであって，からだが小さく，寿命が短く，早く生長して早く成熟し，内的自然増加率r_m[※]が大きい。サブタイプIAはローカルな短期的な環境変動に対応して進化したので，ニッチの

第1章　レジームシフト理論の形成過程

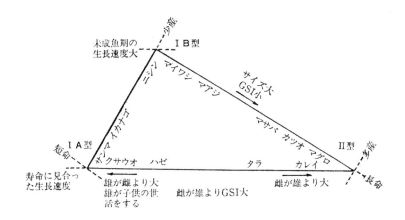

図2　魚（海産硬骨魚類）の生活史の三角形

サイズがめまぐるしく拡大・縮小するが，これに対応して個体数を調節できるように，世代の交代を早くして，エネルギーをより多く再生産すなわち種属維持に注ぎこんでいる。ⅠAに近い座を占める魚種として，サンマ，クサウオをあげることができる。サンマは細身で，最大体長35cm程度と小さく，寿命は2年程度で短く，満1歳で産卵する。クサウオは一般にはなじみのうすい沿岸性の非食用魚であるが，平均すると雄で1kg，雌で500g程度が最大体重で，寿命は1年と短く，産卵すると死んでしまうので毎年世代がまったく入れかわる。

※内的自然増加率 r_m というのは，個体数の増加が食物の量とか空間の広さのような環境要因によって制限されない場合の，ある生物種（または個体群）に固有な時間当たり個体あたりの増加数で，出生率と死亡率の差になる。

これに対して，地球的規模の，方向性のある継続的なニッチの拡大に

2. 研究の軌跡

対応するためには，個体数が継続的に積み上げられていくことが必要であり，そのためには大きな年級が年ねん作り出されて積み上げられ，その結果形成された大きな資源がさらに大きな年級を産み出し，このようにして加速度的に資源が大きくなっていく必要がある。したがって，このような環境変動に対応する魚種は，長い寿命を持たなければならない。

しかし，長命になるということは個体維持の方により多くのエネルギーを振り向けるということであって，種属維持の方により多くのエネルギーを振り向けるということとは矛盾する。この矛盾を解決するためにとられたやり方は，未成魚期の生長速度をできるだけ大きくしてこの時期に大部分の生長を終り，また産卵開始年齢をできるだけ引き下げて，個体の生涯の間で生殖に振り向けるエネルギーの比率をなるべく高くする，という方法である。

ⅠB型のニシンやマイワシは，このような生長の仕方を選択した。通常は，寿命の短い魚種では生長が速く，種としての最大体長に早い時期に達するが，寿命の長い魚はゆっくりと生長して，種としての最大体長になかなか達しない。ところがニシンやマイワシは，寿命が長いにもかかわらず若い時期の生長が速く，急速に最大体長に近づく。マイワシの資源変動については，補記2でくわしく解説する。

複数の魚種からなる魚類の集まりを魚類群集というが，タイプⅠの魚種から構成される群集の分布する水域では，大きな生物生産が効率よく利用されず，さらに生物生産の時間的変動が大きいため，群集の構造は単純で，食物をめぐる種間関係はゆるく，資源量の大きな少数の魚種が存在して，比較的短期間で入れ代る。この現象を魚種交代（alternation between species）といい，日本近海ではマイワシ，マアジ，サンマ，マサバなどの魚種が交代している。

ニッチの変動の小さな環境で進化し，個体数変動の小さなタイプⅡの特徴は，寿命が長く，ゆっくりと成熟し，内的自然増加率 r m が小さく，より多くの物質を体組織の維持と生長に注ぎこむ。このタイプのものには，からだの大きなものが多い。タイプⅡに近い座を占める魚種として，カツ

オ・マグロ類，ヒラメ・カレイ類をあげることができる。タイプⅡの魚類群集が分布する水域では，小さな生物生産が連続的に効率的に利用されるため，群集の構造は複雑で，資源量の小さな種が多数存在して，食物をめぐる種間関係はきびしく，魚種相互間の関係は安定している。

　タイプⅠとタイプⅡの重要なちがいのひとつは，その産卵数にある（図2）。タイプⅠの魚の雌1尾当たりの産卵数は $10^3 \sim 10^4$ のオーダーであるのに対して，タイプⅡのそれは $10^6 \sim 10^7$ のオーダーで非常に多いのである。タイプⅡでなぜこのように産卵数か多いのかということは，つぎのように説明できる。

　内的自然増加率 r_m は，つぎのような式で書くことができる。

$$rm=ln(\Sigma l_x m_x)/T \tag{1}$$

ここで，lx は雌の卵1個が x 歳まで生残る確率，m_x は x 歳の雌の産卵数，Tは世代の交代に要する時間すなわち世代時間で，雌の平均産卵年齢と考えればよい。

　この式をタイプⅡにあてはめて考えてみよう。タイプⅡの魚種は高齢初産であるから，卵を産む年齢になると，生残っている確率はかなり小さくなっている。さらに，世代時間Tが長く，この両者とくに後者は，r_m を著しく小さくする。したがって，もうひとつの要素すなわち産卵数 m_x をうんと増やさないと，r_m が小さくなり過ぎて，種に絶滅の危険が生ずる。逆にいうと，産卵数を増やすことができた種だけが現在生残っている，といえる。このことは，サブタイプⅠAのサンマは数千の卵しか産まないにもかかわらず r_m が 0.9 と高いが，タイプⅡのビンナガは，数百万もの数の卵を産むことによって，やっと $r_m = 0.3$ を維持していることからもわかる。

　タイプⅡの魚は，産卵数を増やすために2つの方法を採用した。ひとつは回遊性の表層・中層魚にみられる系列である。これは図2でⅠBからⅡに向かって進む方向で，マイワシ→マアジ→マサバ→カツオ→マグロ類とだんだん個体数変動が小さくなるが，他方からだが大きくなり，卵巣や精巣などの生殖腺の重量が体重に占める割合であるところの GSI が小さくなる。産卵開始直前の雌の最大の GSI はマイワシでは 20％以上であるが，カ

2．研究の軌跡

ツオでは 5 ％程度である。つまり，相対的には体成分のうち生殖組織に回
す分を減らし，体組織に回す分を増やしていく。すなわち，個体維持に振
り向ける分を増やしていくのである。しかしながら，生殖腺の絶対的な大
きさは，もちろん増大していく。したがって，卵の大きさが変らなければ，
産卵数は増えていく。つまり，マイワシからマグロ類に向かって進む系列
においては，からだを大きくすることによって，からだの中の体組織の割
合と産卵数を同時に増加させていることになる。

　産卵数を増やすためのもうひとつのやり方は，あまり回遊しない底層魚・
底生魚にみられるものである。図 2 で I A から II に向かう辺は，底魚が座を
占めるところである。底魚に一般的に共通している特徴は，からだの大き
さとか寿命とか GSI とかのいろいろの面で，雌と雄との違いが大きいこと
である。とくに，GSI は，いずれも雌が雄より大きい。

　これに対して，大きく回遊する表層・中層魚では，雌雄の違いが小さい。
これは，生長，寿命，GSI のどれをとっても雌雄差が小さい。からだの大
きさに差がないのは，遊泳能力をふくむ雌雄の生活様式に差があると，雌
雄が一緒に大回遊をすることができないからであり，GSI に雌雄差がない
のは，大洋での受精であるために精子の受精効率が低く，雄の生殖物質が
多量に必要だからである。

　I A から II に向かって進むと，II に近づくほど雄にくらべて雌の体サイズ
が大きくなり，寿命が長くなる。もちろん，GSI も雌の方が大きい。カレイ
類では，それが典型的にみられる。たとえばババガレイでは，雌では最大
体長 60cm，最大 GSI25 ％となるのに対して，雄では最大体長 40cm，最大
GSI が 3 ％にすぎない。

　これは，きびしい種間競争を経てある魚種が外界から獲得した食物のう
ちできるだけ多くの割合を雌に配分して，雄にくらべて雌のからだをでき
るだけ大きくし，できるだけ雌の寿命を長くして生涯の総産卵数を増やし
ていくためである。底魚は移動性が小さく，生殖期以外には雌雄は必ずし
も同じ生活様式をとる必要がなく，雌雄は生殖期に合流すればよい。また
たとえばカレイ類では，雄は雌の腹部を巻くようにして生殖行動を行うの

で，精子の受精効率がよく，比較的少ない生殖物質で，多数の卵を受精させることができる。これらのことが大きな雌雄差を可能にしている。

図2でⅡからⅠAに向かって進みしだいにⅠAに近づくと，今度は雄が雌よりも体サイズが大きくなる（しかしGSIは雌の方が大きい）。このような魚には，ごく沿岸性のものが多い。雄が大きくなることの意味は，雄が卵の保護を行うことにある。すなわち，雄になるべく多くの食物を配分して大きく強くし，その雄が卵を保護することによって，卵の生残りを高める。辺ⅠAⅡ側に位置しているもっとも典型的なサブタイプⅠAの魚種は，クサウオである（図2）。

クサウオの寿命は1年で，内的自然増加率 r_m を与える（1）式の分母Tを小さくし，他方卵を保護することによって分子のlxを大きくし，その結果 r_m を非常に大きくしている。このことによって，沿岸水域という変動の大きな環境の中で，環境の小きざみな変化に応じて個体数を細かく調節しているものと思われる。

3つのタイプの変動様式を，ロジスティック・モデルにあてはめて考えてみよう。ロジスティック・モデルは，下記のように表わされる。

$$dN/dt=rN(K-N)/K \tag{2}$$

ここでNは個体数，tは時間，rは内的自然増加率，Kは環境の収容力である，Kはニッチのサイズとも考えることができる。すなわち，個体数変動は，Kの変動によってひき起こされると考えることができる。ある種にとって環境条件の悪い場合のKを K_1，よい場合のKを K_2 とすれば，資源の増加期にKが K_1 から K_2 と大きくなれば個体数が増加し始め，減少期にKが K_2 から K_1 へと小さくなれば個体数は減少し始める。これをロジスティック・モデルに従って示すと，

増加期（$K_1 \rightarrow K_2$）には

$$dN/dt=rN(K_2-N)/(K_2-K_1) \tag{3}$$

減少期（$K_2 \rightarrow K_1$）には

$$dN/dt=rN(K_1-N)/(K_2-K_1) \tag{4}$$

となる。

2. 研究の軌跡

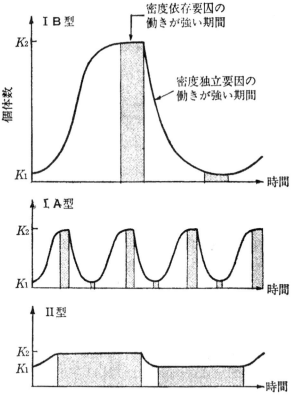

図3 3つのタイプの密度依存性と密度独立性
K_1：低い環境収容力. K_2：高い環境収容力.

　図3は，各タイプの個体数変動の仕方を，式 (3), (4) にあてはめたものである．タイプIIは環境条件の変動の小さな場所，たとえば熱帯域で進化したので，K_2 と K_1 の差が小さい。タイプⅠは環境変動の大きな場所，たとえば亜寒帯域で進化したが，そのうちサブタイプⅠAはローカルな小きざみな環境変動に対応して進化したので，K_1 と K_2 の差がある程度大きくなった。ⅠBの方は，もっとスケールの大きないわば大洋的規模の環境変動に対応して進化したので，K_1 と K_2 の差は非常に大きくなった。

第1章　レジームシフト理論の形成過程

　また図3に示すように，ニッチのサイズが安定していて，密度依存要因
－生物要因－が資源変動を支配する期間と，ニッチのサイズが変動するた
め，密度独立要因－環境要因－が資源変動を支配する期間とある。タイ
プIでは，ニッチのサイズが変動する期間が長く，安定している期間が短
い。タイプIIではその逆になる。

2．マイワシ類の大変動

　図4に太平洋に分布するマイワシ3種，すなわち日本近海を中心に分布
するマイワシ（*Sardinops melanosticta*），カリフォルニア沖を中心に分布す
るカリフォルニア・マイワシ（*Sardinops caerulea*）およびチリ沖を中心に分
布するチリ・マイワシ（*Sardinops sagax*）の漁獲量変動を示す。図4にみら
れるもっとも特徴的なことは，この3種の漁獲量変動の位相がまったく重
なっていることである。このマイワシ属の共通の漁獲量変動については，
本文（『気候と漁業』第3章）でも触れられている。
　このような漁獲量の大変動は資源量の変動を反映していると考えられる
が，太平洋をはるかに隔てて分布するマイワシ属の3種の資源変動の位相
がなぜまったく重なっているのか，このような共通の大変動が何によって
ひき起こされるのかは，非常に興味深い問題である。かつて中井（1967）
や近藤ら（1976）はマイワシの資源量変動の原因を黒潮流路の変動—冷水
塊の形成と消滅—に求めたが，マイワシ属3種の共通の変動を説明するた
めには，このようなローカルな海洋現象に原因を求めるよりも，もっとグ
ローバルな環境変動を問題にする必要があると思われる。
　マイワシ類が大規模なIB型の資源変動をする生物学的基礎については
補記1で解説したが，もうひとつの理由をつけ加える必要がある。それは
その食性である。Hyatt（1979）が示したように，魚類というひとつの動物
群の特徴は，植物食者とくに植物プランクトン食者が非常に少ないことで
ある。海産魚類で完全な植物プランクトン食者は，日本近海ではコノシロ
だけである。植物プランクトンに大きく依存しているのは，マイワシだけで

2. 研究の軌跡

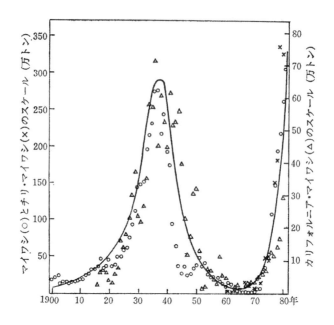

図4　3つの離れた海域でのマイワシ類の資源変動の一致。マイワシ，カリフォルニア・マイワシおよびチリ・マイワシの漁獲量の長期変動

ある。

　コノシロはごく内湾性に特殊化した魚種であり，資源は小さい。したがって，外洋性の魚種で植物プランクトンに対する依存度が高いのは，マイワシだけだといえる。このように基礎生産に対する依存度が高いということの意味は太陽エネルギーに近いということであり，したがって気候変動の影響をもっとも受けやすい位置にあるということである。

　極東マイワシとカリフォルニア・マイワシの資源増大期が最近の温暖期に対応することが，本文（『気候と漁業』第3章）その他で述べられている。このことを最近のデータで見てみよう。図5と図6は北半球の各緯度帯と地球全体の地上気温の平均値の変動を示しているが，特に高緯度地方では気温は1880年以後どんどん上昇して1930年代にピークに達している．

第1章 レジームシフト理論の形成過程

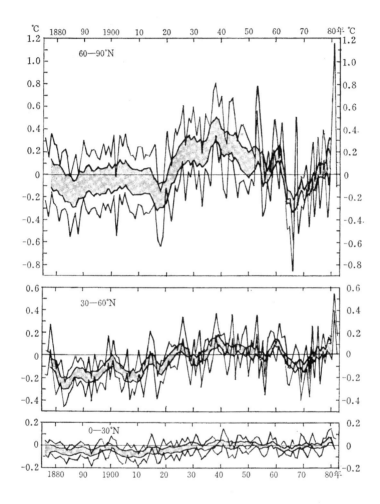

図5 各緯度帯（0～30°N, 30～60°N, 60～90°N）の地上平均気温の経年変化
（気象庁, 1984）

2. 研究の軌跡

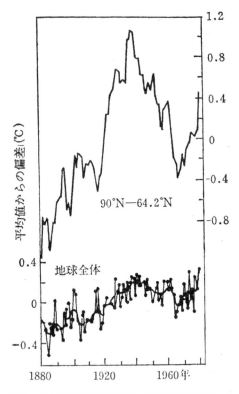

図6 地上平均気温の長期変化（5年移動平均値）
(Hansen et al. 1983)

1940年代に入ると気温は低下するが，1970年代に入って気温はふたたび上昇を開始し，現在は上昇期である．気象庁（1984）の見通しも，北半球の平均気温について，"1960年代の低温期から，近年は高温傾向が目立っている．今後，寒・暖を繰り返しながらも，ゆっくり上昇するであろう，"と述べている．

　この地上平均気温の変動とマイワシ類の資源変動とは，位相がおどろくほど一致しており，とても偶然の一致とは考えにくい．それではこのような一致はどのように説明できるのであろうか．筆者はこれをマイワシの食性

第1章　レジームシフト理論の形成過程

から説明できると考えている。すなわち地上平均気温は地球に到達する太陽放射に比例すると考え，さらに太陽放射の強さが植物プランクトン量を支配すると考えるのである。しかしこれは科学的な証明のないひとつの考え方にすぎないのであり，マイワシ類の資源大変動のメカニズムについての研究の発展が期待される。

補記文献

J.Hansen, D.Johnson, A.Lacis, S.Lebedeff, P.Lèe, D.Rind, and G.Russell: Science, 220, 874-875 (1983).

K.D.Hyatt: Feeding Strategy, Fish Physiology Ⅷ, Academic Press, New York, pp.71-119 (1979).

気象庁：異常気象レポート '84, 近年における世界の異常気象の実態調査とその長期見通しについて, 294 頁 (1984).

近藤恵一・堀　義彦・平本紀久雄：マイワシの生態と資源. 水産研究叢書 30, 水産資源保護協会, 68 頁 (1976).

Z.Nakai : Studies relevant to mechanisms underlying the fluctuation in the catch of the Japanese sardine, *Sardinops melanosticta* (TEMMINCK and SCHLEGEL), 日本魚類学雑誌 , 9, 1-115 (1962).

G.G.Simpson: How many species ? , Evolution, 6, 342 (1952).

2. 研究の軌跡

8. 浮魚生態系のレジーム・シフト（構造的転換）問題の 10 年
　－ FAO 専門家会議（1983）から
　　　　　PICES 第 3 回年次会合（1994）まで（1994）

A Decade of the Regime Shift of Small Pelagics - from the FAO Expert
Consultation (1983) to the PICES III (1994)

まえがき

　最近 10 年間に，レジーム・シフト（構造的転換）問題についての議論
が，国内的にも国際的にもさかんになってきた。レジーム・シフトと聞いて
も耳馴れない読者も多いと思うが，資源の変動を，それぞれの資源の加入
量の問題（recruitment problem）として処理してきた伝統的水産資源学に
対するアンチテーゼとしても，レジーム・シフト問題は伝統的水産資源学
の根幹を強く揺さぶっている。レジーム・シフトに直接かかわる表層魚類
（ニシン，イワシ，アジ，サバ）の世界の漁獲量は，1991 年には 3,500 万ト
ンで，海産魚類の総量 6,800 万トンの半ばを超える。

　私はレジーム・シフト問題に最初から現在までかかわってきた研究者と
して，レジーム・シフト問題とはどのような問題であり，それがどのように
展開してきたかを説明する責任を感じている。この論文はこのような意図
の下に書かれたものである。

1. FAO 専門家会議

　1983 年の 4 月にコスタリカの首都サンホセで，FAO 主催のシンポジウム
Expert Consultation to Examine Changes in Abundance and Species
Composition of Neritic Fish Resources が行われ，私はそこで Why do some
pelagic fishes have wide fluctuations in their numbers? と言う論文を発表した
(Kawasaki, 1983)。この論文の内容は，3 点に要約される。

第1章　レジームシフト理論の形成過程

(1) 日本近海を中心にして分布する極東マイワシ，カリフォルニア西岸
からカリフォルニア湾にかけて分布するカリフォルニア・マイワシ，
および南米西岸に分布するチリ・マイワシは，位相の一致する長周期
の大変動を繰り返している（後に北大西洋南東部から地中海にかけて
分布するヨーロッパ・マイワシも同様な変動を行うことが明らかになっ
た（Kawasaki, 1991a））。

(2) このような大変動は，マイワシ類がその進化の過程で獲得した特別
な生活史（個体の性質の相変異的転換）にその基礎を置いている。

(3) このような互いに遠く離れて分布している複数のマイワシ個体群の
同時的変動を，それぞれの個体群が分布するローカルな水域の環境変
動で説明することは出来ず，地球的規模の気候変動が基本的に関係し
ているものと思われる。

この論文は当時はあまり注目されなかったが，現在ではこれが国際的に
はレジーム・シフト問題を提起した原点とされている（Wooster 教授（ワ
シントン大学），Crawford 博士（南アフリカ・海洋漁業研究所），松浦教授
（サンパウロ大学），Bakun 博士（FAO），私信）。

2．Regime Problem Workshop の発足

1986 年にスペインのビゴで，Long Term Changes of Marine Fish Popula-
tions というシンポジウムが行われたが，ここで私は大森迪夫博士と共著で
Fluctuations in the three major sardine stocks in the Pacific and the global trend
in temperature（Kawasaki and Omori, 1988）という論文を発表した。これは太
平洋に分布する 3 つのマイワシ資源の同期的変動が全球的な地表気温変
化と同じ位相で進行していることを，具体的な資料に基づいて解析したも
のである。この論文はこのシンポジウムに参加した研究者の大きな注目を
引き，これを契機としてメキシコのラパスにある CIB（当時は Centro de
lnvestigaciones Biológicas de Baja California Sur，1993 年に CIB del Noroeste
と改称）の Lluch-Belda 所長の呼び掛けで，Crawford 博士，米国南西漁

2. 研究の軌跡

業センターの MacCall, Parrish, Smith の各博士，スクリップス海洋研究所の Schwartzlose 博士および筆者が集まって第 1 回の workshop が 1987 年に CIB で持たれ，Maccall 博士の提案で regime problem workshop と名づけられた。

この regime problem の意味を説明すると，regime というのはもともと社会科学の用語で，政体とか社会組織を指すが，ここでは気候や生態系，魚類群集のタイプのような，大気－生物系の基本構造のことをいっている。

そうして，ここでいう regime shift というのは，時間スケールは数十年（50-100 年，interdecadal，空間スケールは地球規模（global）ないし大洋規模（basin-wide）で，物理的大気－海洋系，プランクトン群集，魚類群集などから構成される気候－生物系（Climate-biogeocenosis）の基本構造が，段階的・不連続的に転換することをいっている。Regime shift は海水の熱容量・密度が大きく，その結果運動の慣性が大きく，運動や状態の持続性も長い海洋において，特異的にみられるものである。

第 1 回のワークショップでの討論をまとめた論文（Lluch-Belda *et al.*, 1989）では次のように述べられている。「マイワシとカタクチイワシが共存している 5 つの水域での両種の最高，最低の合計漁獲量の差の変動幅は 2,900 万トン以上になる。資源量の変化に伴って分布域の拡大と縮小が生ずるが，これは恐らく気候変化に反応しているのであろう。数十年のタイムスケールの変動は，マイワシとカタクチイワシの regime の変化を誘起する。長期の資源変動は全球的なスケールでの環境変動に伴って生じ，各水域のマイワシ資源の変動傾向は一致しており，これらの変動と全球的環境変化は似通っている。」

第 1 回の workshop における話合いに基づいて，1989 年 11 月に仙台で Long-term Variability of Pelagic Fish Populations and Their Environment というシンポジウムが組織され，世界各国から多数の研究者が参加した。この結果は同名の単行本に掲載されている（Kawasaki *et al.* (eds.), 1991）。この中で Crawford *et al.*, (1991) は，次のように述べている。「太平洋の 3 水域のマイワシの漁獲量の間に相関関係が見られることは，それらが気候によっ

て影響されているという仮説（Kawasaki, 1983, Kawasaki and Omori, 1988）を
強く支持するものである。これらの水域がひじょうに離れて存在している
にもかかわらず，それぞれの個体群に対する影響が恐らく同時に働いてい
るという事実は，相互関連が海洋によってなかだちされているのではなく
て，大気に origin があることを示している。水の交換がほとんどない北太
平洋と北大西洋との間に相互関係がありそうだということも，上記の結論
を補強するものである。」

3．SCOR WG98 への発展

　第 2 回の regime problem workshop は 1990 年 11 月に CIB で行われ（Lluch-
Belda *et al.*, 1992），第 3 回は 1992 年 11 月に同じく CIB で行われた。この
ような私たちの努力を ICSU（lntenationalCouncil of Scientific Unions）傘
下の SCOR（Scientific Committee on Oceanic Research）が認めてくれて，
Working Group 98 : Worldwide Large-scale Fluctuations of Sardine and
Anchovy Popula-tions1992 として登録された。メンバーは次のとおりである。

　　共同委員長　　D.Lluch-Belda, R.J.M.Crawford
　　委　　　員　　W.J.Fletcher (Australia), T.Kawasaki, Y.Matsuura,
　　　　　　　　　R.H.Parrish, R.Serra (Chile), J.Zuzunaga (Peru),
　　　　　　　　　E.Hagen (Germany), A.S.Grechina (Russia)
　　通信委員　　　T.Baumgartner (Mexico), P.Bemal (Chile), A.D.MacCall,
　　　　　　　　　R.A.Schwartzlose, L.V.Shannon (South Africa)

　私たちの活動が権威のある国際学術団体によって公式に認められ，財政
的援助が受けられる事になったのである。以上のようなレジーム・シフト
の議論が発展してきた背景には近年の地球環境問題についての世界的関心
があることは，疑いのないところである。

2．研究の軌跡

4．レジーム・シフトを引き起こすメカニズムについての論議

　マイワシを中心とする浮魚生態系の構造的変化が世界の海洋で同時に進行しているが，問題はそのメカニズムである。このメカニズムを議論することを主な目的として，Regime Problem Workshop IV/SCOR WG 98 Ⅰ が，Wooster 教授や Bakun 博士などの海洋物理学者の参加も得て，規模を広げて 1994 年 6 月に CIB で行われた。多岐に亘る興味ある報告が行われたが，その概要を説明しよう。

　(1) 周知のように極東マイワシは，1988 年をピークにして漁獲量が急減しているが，同様のことがカリフォルニア・マイワシ（とくに近年の最大の漁場であるカリフォルニア湾において），チリ・マイワシにおいて進行している（図 1）。カリフォルニア湾における漁獲量は，88/89 漁期（10 月－翌年 9 月）に 30 万トンとピークに達した後急降下し，91/92, 92/93 漁期にはいずれも 2 万トンになった。チリ・マイワシの漁獲量は 1985 年には 650 万トンであったが，1993 年には 150 万トンに低下した。同様の漁獲量の低下が，ヨーロッパ・マイワシにおいても，1989 年の 160 万トンをピークにして生じている。

　　すなわち，70 年代の初めに世界の各水域で生じたマイワシ資源の急増は 80 年代後半にはすべての水域での急減に転じ，マイワシ資源の同期的変化が全球規模の気候変動によって強く影響されていることが，誰の眼にも疑えなくなった。

　(2) マイワシ資源変動は，他の浮魚資源の変化を誘起している。各水域で共通して生じているのは，カタクチイワシがマイワシと逆相関して変化していることである（図 2, 3, 4）。ベンゲラ海流域ではカタクチイワシとマイワシの変動の位相が他の水域とは逆になっているが（図 3），2 種間の相互関係は変わらない。

　　2 種間の量的関係は，水域によって大きく異なる。すなわち，最大資源量は，フンボルト海流域ではカタクチイワシ，カリフォルニア海流域ではマイワシが大きく，極東水域ではマイワシが圧倒的に大き

第1章　レジームシフト理論の形成過程

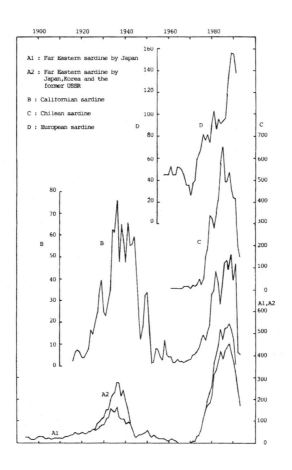

図1　世界のマイワシ類の漁獲量の長期変動（万トン），1894-1993.
　　A1：極東マイワシ（日本漁業による）
　　A2：極東マイワシ（日本，朝鮮，ロシア漁業による）
　　B：カルフォルニア・マイワシ
　　C：チリ・マイワシ
　　D：ヨーロッパ・マイワシ

2. 研究の軌跡

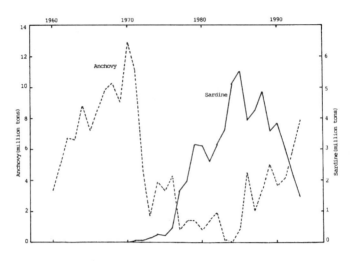

図2　フンボルト海流域におけるカタクチイワシ，マイワシの漁獲量の経年変化
1960-1993

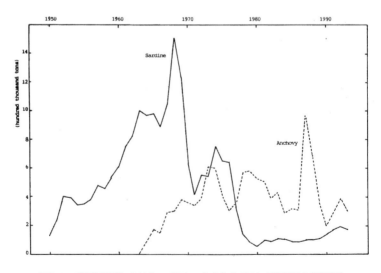

図3　ベンゲラ海流域におけるマイワシ，カタクチイワシの漁獲量の経年変化
1950-1993

第1章　レジームシフト理論の形成過程

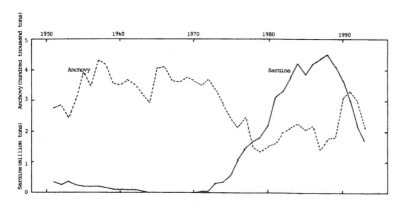

図4　日本近海におけるカタクチイワシ，マイワシの漁獲量の経年変化
1951-1993

い。ベンゲラ海流域では，両者がほぼ同じレベルである。このことは，これらの浮魚群集の同質性の中に異質性が含まれていることを示している。
(3) ロシアの Shust 博士は，ペルー・チリ沖の $6°-23°$ S, $74°-86°$ W の水域（200カイリ水域の西側）で，1978-83年に中層トロールを用いてマイワシの分布調査を行なった。1978・79年には分布は $14°$ S 以南に限られていたが，1980年には $6°$ S にまで広がった。1981年から沖合分布は縮小を始め，北限は81年 $7°$ S, 82年 $10°$ S となり，83年には分布はほとんど見られなかった。Wada and Kashiwai (1991) によると，極東マイワシの沖合分布は1977年に始まり，84年にもっとも東（$170°$ W）に達したが，チリ・マイワシでもほぼ同時期に分布域の拡大・縮小が見られるのは興味深い。
(4) 問題は，このようなレジーム・シフトのメカニズムである。
Wooster 教授は ALPI (Aleutian Low Pressure Index) や SOI (Southern Oscillation Index) の変動と生産力の変動との関係，それとアラスカのサケの漁獲量やマイワシの漁獲量との関係を論じた。Bakun 博士は

2. 研究の軌跡

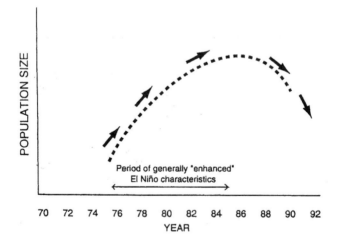

図5 多くの魚類個体群にみられる変動パターンのダイアグラム
1970年代半ばから1980年代半ばにかけての10年間に，資源の生産力の増大と急速な個体群の成長がみられる。資源変動の位相がこのパターンと一致する或いは逆の魚類個体群をリストした（Bakun, 1994）

第1章　レジームシフト理論の形成過程

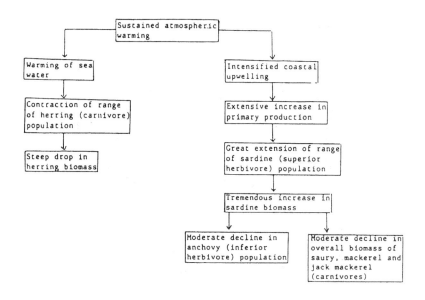

図6　持続的な大気温暖化が浮魚群集の大振幅・長周期の変動に及ぼす影響を示すフローダイアグラム（Kawasaki, 1991b）

70年代の半ばから90年代の初めにかけて多くの種類にみられたバイオマスの大きな変化に注目し，それを El Nino 現象と結び付けた（図5）。すなわち，70年代の半ばから80年代半ばにかけて El Nino 面の発生が多く，それが資源の変動をもたらした，とする見解である。つまりこの時期が，Cury and Roy（1989）のいう optimal environmental window（最適環境範囲）に該当する，というのである。

私は第2回世界気候会議（1990）において，全球平均地表気温の高い年代にマイワシが増大するメカニズムとして，Bakun（1990）説に依拠して，図6に示すような仮説を提案した（Kawasaki, 1991b）。すなわち，大気

147

2. 研究の軌跡

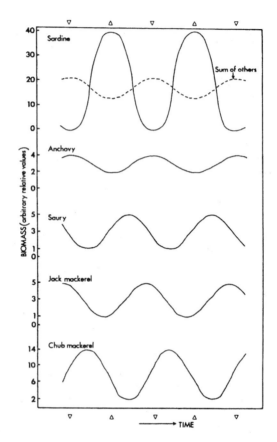

図7　日本近海における浮魚5種のバイオマスの時間的変化とその時系列の相互関係の概念図 (Kawasaki, 1992)

の温度が上昇すると夏季に海上は陸上よりも相対的に高気圧になるため，大陸の西側において沿岸湧昇が強まり，また沖合においても風が強くなりoceanic turbulence が強まる。その結果海洋の基礎生産がさかんになる。海洋においてはマイワシは植物プランクトンに主として依存する数少ない魚種であり，このため基礎生産の変化に敏感に反応する。

　マイワシのバイオマスの変動は，浮魚群集を構成している他の魚種（カ

第1章　レジームシフト理論の形成過程

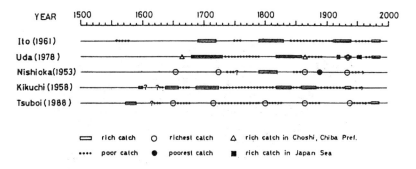

図8　西岡（1953），菊地（1958），伊東（1961），宇田（1978），坪井（1988）が示した日本近海のマイワシ漁獲量の長期変動の比較
白いバーは豊漁年代，白丸は大豊漁年を示す。白三角形は，銚子における豊漁年を示す。小さな黒点は不漁年，黒丸は最不漁年を示す。黒四角形は，日本海における豊漁年を示す（黒田，1991）。

タクチイワシ，サンマ，マアジ，マサバ），とくにカタクチイワシ，に影響を及ぼし，魚種交代が進行する（Kawasaki and Omori, 1988, Kawasaki, 1991a, Kawasaki, 1992, 川崎, 1992, 川崎, 1993）（図7）。

今回の SCOR WG 98 Ⅰ では，私はこれまでの仮説を発展させて，以下のような問題提起をした。坪井（1986/1987）は，古文書をもとに主に房総地方における干イワシの生産や流通を詳細に調べ，マイワシの豊凶の周期が，平均して約70年であることを見出した（図8）。

最近 Schlesinger and Ramankutty（1994）は，注目すべき論文を発表した。これを要約して示そう。19世紀の半ばから現在に至るまでに全球平均地表気温は 0.5℃ 上昇しているが，これは大気中における温室効果ガスの増加と人間活動起源の硫酸塩のエーロゾルの変動によるものとされている。彼等は半球に分解した気候/海洋モデルを用いてこの2つの効果に基づく気温変化のシミュレーションを行い，このシミュレートされた全球平均気温から IPCC（気候変動に関する政府間パネル）の，観測値に基づく全球平均気温変化を差引いて，傾向を取り除いた気温変化パターンを得たが，これは 65-70 年周期の振動を示している（図9）。図9の挿入図に見るように，1910年前後と1970年前後が低温期，1880年と1940年前後が高

149

2. 研究の軌跡

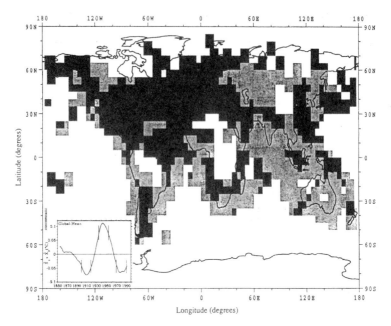

図9 地表気温の全球平均振動(挿入図)の最大・最小値を中心とした20年間の平均気温偏差の差の積E(1900−20) − (1935−1955)] × [(1935−55) − (1970−90)] の地理的分布
濃い影は、温度偏差が1900−20年の負の値から1935−55年の正の値へ、そして1970−90年の負の値へ、変化した地域。薄い影は、変化しなかった地域を示す。影のない地域は、少なくともひとつの20年間にデータがない地域である(Schlesinger and Ramankutty, 1994)。

温期で，マイワシのサイクルと一致している。

この振動が全球的に存在するかどうかを検討するために，地表面を11地域に分割した(図10)。図10に見られるように北大西洋では76年周期の振動が見られる。時間スケールの長い振動は，北大西洋に接続する北半球の大陸域，北米，ユーラシア，アフリカ，および北太平洋に見られる。全球平均振動気温の最高期，最低期それぞれ20年間について平均値を計算し，両期間の平均気温の差の積によって振動の地理的構造を示した(図9)。彼等は，65-70年サイクルの全球振動は，北大西洋北部を中心とする大気−海洋系の内部振動に起因すると考えた。

Delworth *et al.*, 1993 (Schlesinger and Ramankutty, 1994 より引用)は，全

第1章　レジームシフト理論の形成過程

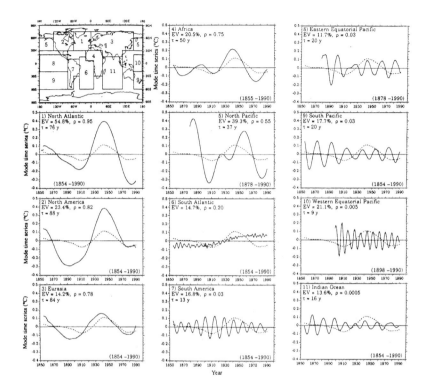

図10　11地域（左上）における，温室効果ガスの増加と人為的エーロゾルの効果を取り除いた気温偏差の振動
点線は全球気温偏差の振動（Schlesinger and Ramankutty, 1994）

球―海洋大循環モデルを用いて600年間のシミュレーションを行い，北大西洋におけるSST（表面水温）と熱塩循環に40-60年の時間スケールの不規則変化を見出した。

Waver et al.（1991）は，熱塩循環の出発点である北大西洋北部においてNADW（北大西洋深層水）の供給源である表層水が沈降する水域が次のようなメカニズムによって周期的に移動すると考えた。北極へ向かう表層水の沈降位置は，水温と塩分に依存している。水温が変わらなければ，

151

2．研究の軌跡

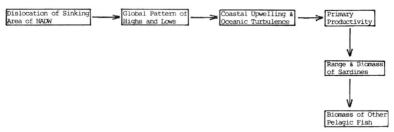

図11　レジーム・シフトのpathway

塩分の高い水ほど重い。表層水の塩分は，降水（P）と蒸発（E）の差（P-E）によって決まる。大西洋を北へ向かう表層水の（P-E）が最大になるところは54°Nであり，そこに到達するまでに激しく蒸発が起こるので，そこで塩分が最大になって海水の沈降が生ずる。しかしこれは不安定であって，熱塩循環が加速されると北へ向かう表層流のスピードが速くなって，表層水はこの蒸発域に到達するまでには十分には蒸発せず，そこを通り過ぎて64°Nで沈降が生ずるようになる。そうすると今度は表層流のスピードが落ち，再び54°Nで沈降するようになる。以上の過程が数十年のサイクルで繰り返される。

このようなNADWの沈降域の周期的移動は，海洋における熱の移動に大きな影響を及ぼし，その結果高緯度海洋における表層の熱分布に大きく影響する。その結果海洋から大気への熱の輸送の顕著な変化が数十年という時間スケールで生じ，全球的な気候に大きな影響を及ぼす。すなわち，全球的な気圧配置に影響し，これが風の吹く位置や強さに影響し，海洋の生産力の地理的なパターンや強度に影響する。

マイワシ類の70年サイクルの変動は，このような熱塩循環の65-70年サイクルの変動によって支配されているのではないだろうか？　図11は，筆者の考えたpathwayである。

第1章　レジームシフト理論の形成過程

5．レジーム・シフト問題の広がり

　レジーム・シフトの問題は，世界の水産学・海洋学の研究者の関心を引いている。GLOBEC（Global Ocean Ecosystems Dynamics）International は，1994年1月の運営委員会において，SPACC（Small Pelagic Fish and Climate Change）という新しい project を認めた。この project の目的は，浮魚資源の動態に及ぼす気候変化の特徴と変動の影響の理解を，それぞれの個体群を支えている生態系の比較を通じて，深めることである。その目標は，

(1) 物理環境，動物プランクトンの population dynamics，および重要な生態系中のマイワシ，カタクチイワシ，スプラットのような浮魚資源に対するそれらの影響を知り，

(2) これらの生態系の長期変動の性格と原因についての知識を深めること，である。SPACC の最初の会合は，SCOR WG 98 I に引き続いて，1994年6月20-24日にラパスで行われ，東大海洋研杉本隆成教授，中田英昭助教授とともに私も参加したが，そこでは今後の研究計画が論議された。

　このような GLOBEC の動きと連動して，PICES（North Pacific Marine Science Organization）の動きも活発化してきた。 PICES が設立されたのは 1992年であるが，その WG3 は WG on Coastal Pelagic Fish で，環太平洋の沿岸生態系がどのようにして浮魚資源を支えているか，海洋条件がどのようにして浮魚群集の変動を引き起こすのかが，ひとつの首題である。この委員長は，中央水研の和田時夫博士である。

　上記の2つの機関の joint program として，PICES-GLOBEC International Program on Climate Change and Carrying Capacity というのがある。1994年 10月15-24日に北海道根室で行われる PICES III において，和田時夫博士をコンビーナーとして，Recruitment Variability of Clupeoid Fishes and Mackerel というセッションが持たれる。

　このような議論・研究の場は，各国の project にも反映している。わが

153

2．研究の軌跡

国では，バイオコスモスという 10 年計画の研究 project が，農林水産省に属する研究機関を中心にして進行している。アメリカ大陸においては，アルゼンチン，ボリビア，ブラジル，カナダ，チリ，コロンビア，コスタリカ，キューバ，ドミニカ，エクアドル，メキシコ，パナマ，パラグアイ，ペルー，米国，ウルグアイの 11 カ国によって，1994 年 3 月に IAI（The Inter-American Institute for Global Change Research）が設立され，そこでレジーム・シフトが取り上げられている。また，南アフリカでは，GLOBEC などの国際機関の協力の下に，Benguela Ecology Phase III という program が 1992 年から走っているが，その中で Long-term Trends in the Dominant Resources という project が組まれている。

全世界の海洋において並行して進行している気候系―海洋生態系のレジーム・シフトは，いまや否定し得ない事実である。問題は，それを誘起するメカニズムの解明である。私は，しだいに先が明るくなってきている感じを持っている。しかし，その基礎はあくまでも全世界の研究者の協力にある。日本の科学者に期待されるものは大きい。

私は，レジーム・シフトの問題は，歴史科学的，地球科学的問題であると思っている。この問題を解決するためには，過去に蓄積された歴史をひもとくことが大切である。現在，南北アメリカやアフリカ南部の西岸で，無酸素堆積層における鱗の堆積速度の研究が進行中である（Baumgartner *et al.*, 1992）。日本近海にはこのような無酸素堆積層は存在しないようであるが，過去に蓄積された膨大な生物学的情報がある。これを解析することが，当面もっとも大切なことであろう。

冒頭で「レジーム・シフト問題が伝統的水産資源学の根幹を強く揺さぶっている」と書いたが，これは 2 つの意味においてである。伝統的水産資源学の基本的前提は，2 つある。ひとつは，資源の変動は漁獲の作用を含めて密度依存的に生じるとされ，環境変動はノイズとして扱われる。しかし浮魚においては，資源変動は全球スケールで密度独立的に生じ，漁獲の作用の効果の方がむしろノイズ的である。もうひとつは，個体の性質は基本的に不変であるとされ，マイワシにみられるような個体の性質の相変

154

第1章　レジームシフト理論の形成過程

異的転換は予定されていない。これらの点で，伝統的水産資源学の基本理
念は見直しを迫られている，といえよう。

文献

Bakun A. (1990) Global climate change and intensification of coastal ocean upwelling. Science,
247, 198-291.

Bakun A. (1994) Climate change and marine populations: Interactions of physical and biological
dynamics, paper presented at the Greenpeace/University of Rhode Island 'Workshop
on the Scope, Significance, and Policy Implications of Global Change and the Marine
Environment', 14-17 May 1994.

Baumgartner T.R., A. Soutar and V. Ferreira-Bartrina (1992) Reconstruction of the history
of Pacific sardine and northern anchovy populations over the last two millenia from
Sediments of the Santa Barbara Basin、California .CalCOFI Rep., 33、24-40.

Crawford R.J.M., L.G. Uunderhill, L.V. Shannon, D. Lluch-Belda, W.R. Siegfried and C.A.
Villacastin-Herero (1991)An empirical investigation of trans-oceanic linkages between
areas of high abundance of sardine、In Long-term variability of Pelagic Fish Populations
and Their Environment, ed. T. Kawasaki et al., Pergamon Press, 0xford, 319-332.

Cury P. and C. Roy (1989) Optimal environmental window and pelagic fish recruitment success
in upwelling areas. Can. J. Fish. Aquat. Sci., 46, 670-680.

Delworth J., S. Manabe and R.J. Stouffer (1993) J. Clim., 6,1993-2011.

Kawasaki T. (1983) Why do some pelagic fishes have wide fluctuations in their numbers? FAO
Fish. Rep., 291, 1065-1080.

Kawasaki T. (1991a) Long-term variability in the pelagic fish populations. In Long-Term
variability of Pelagic Fish Populations and Their Environment, ed. T. Kawasaki et al.,
Pergamon Press, Oxford, 47-60.

Kawasaki T. (1991b) Effects of global climatic change on marine ecosystems and fisheries. In
Climate Change: Science, Impacts and Policy, Proceedings of the Second World Climate
Conference, ed. J. Jager and H. Ferguson, Cambridge University Press, Cambridge, 291-
299

Kawasaki T. (1992) Mechanisms governing fluctuations in pelagic fish populations. S. Afr. J. mar.
Sci., 12, 873-879.

川崎　健（1992）SH サイクルとそれを引き起こすメカニズム．水産海洋研究, 56, 471-
500.

川崎　健（1993）マイワシを主導種とする浮魚群集の構造的変化－魚種交代－．月刊
海洋, 25, 398-404.

Kawasaki T. and M. Omori (1988) Fluctuations in the three major sardine stocks in the Pacific

2．研究の軌跡

and the global trend in temperature. In Long-Term Changes in Marine Fish Populations, ed. T. Wyatt and G. Larraneta, 37-53.

黒田一紀（1991）マイワシの初期生活期を中心とする再生産過程に関する研究．中央水研研報, 3, 25-278.

Lluch-Belda D., R.J. McCrawford, T. Kawasaki, A.D. Maccall, R.A. Parrish, R.A. Schwartzlose and P.E. Smith (1989)World-wide fluctuations of sardine and anchovy stocks: the regime problem. S. Afr. J. Mar. Sci., 8, 195-205.

Lluch-Belda D., R.A. Schwartzlose, R. Serra, R. Parrish, T. Kawasaki, D. Hedgecock and R.J.M. Crawford (1992) Sardine and anchovy regime fluctuations of abundance in four regions of the world oceans: a workshop report. Fish. Oceanogr., 1, 339-347.

Schlesinger M.E. and N. Ramankutty (1994) An oscillation in the global climate system of period 65-70 years. Nature, 367, 723-726.

坪井守夫（1987/1988）本州・四国・九州を一周したマイワシ主産卵場（1-3）．さかな（東海水研業績集 C 集）, 38, 2-18；39, 7-24；40, 37-49.

Wada T. and M. Kashiwai (1991) Changes in growth and feeding ground of Japanese sardine with fluctuation in stock abundance. In Long-Term variability of Pelagic Fish Populations and Their Environment, ed. T. Kawasaki et al., Pergamon Press, Oxford, 181-190.

Weaver A.J., E.S. Serachik and J. Marotze (1991) Freshwater flux forcing of decadal and interdecadal oceanic variability. Nature, 353, 836-838.

第1章　レジームシフト理論の形成過程

9．世界の漁業生産量の停滞は乱獲の結果なのか？
－ 1995 年京都国際会議に提出された FAO 報告の問題点－(1996)

まえがき

　1995 年 12 月 4-9 日に京都で開催された「食科安全保障のための漁業の持続的貢献に関する国際会議」に提出された FAO の基調報告によれば，「最近まで人間が直接消費する水産物の供給の増加率は世界人口の増加率を上回っていたが，1990 年代になって生産量は年間 7,100 万トンで横這いになった。これは乱獲の結果であり，その主な原因は，人口圧力，商業的要因に加えて，漁獲手段への大量の過剰投資を阻止し損なった不適当な漁業管理制度である。資源評価が行われている海洋漁業資源のほぼ 70％が MSY に対応するレベルに近いかそれを上回る漁獲にさらされていた。」という [1]。果たしてそうなのだろうか？

1．MSY とはどういう概念か？

　MSY は生物学的というよりも力学的な概念であり，漁業資源の変動を漁獲努力と資源量のあいだの作用―反作用の力学的平衡系としてとらえようとするものである。漁業資源変動の数学的平衡理論は，次のようなものである。

$$d P/dt \cdot P = r(P) + g(P) - M(P) - F(X) + e$$

　ここで P は資源量，r，g および M はそれぞれ加入率，生長率および自然死亡率であり，P とその年齢組成の関数である。F は漁獲による減少率で，漁獲努力量 X の関数である。e は P および X とは独立な，環境要因の変化に基づく資源量の変化率である。

　次に，定常的な状態を考える。定常的な状態とは平均的な環境条件の下で資源が漁獲努力と平衡している状態であり，環境変動に基づく資源変動

157

2. 研究の軌跡

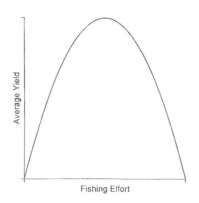

図1 持続生産量と漁獲努力量との関係

は，ノイズとしてとらえられる。そこでは dP/dt=0, e=0 であるから，

$F(X)=r(P)+g(P)-M(P)$

となる。ここで環境条件すなわち資源量の密度独立的変化を引き起こす要因は切り捨てられ，漁獲努力量Xと資源量Pとの関係だけが残る。平均としての平衡漁獲量YはY=F(X)Pであるから。

$Y=[r(P)+g(P)-M(P)]P$

となる。Xが変化しなければYも変化しないので，そのYをSY（持続生産量）という。

漁獲の対象となっていない初期資源の状態の時にはY=0であり，r+g=Mで加入率と生長率の和が自然死亡率と釣り合っている。資源に漁獲が加えられるとPが減少するのでr, g, Mに密度依存的な変化が生じてr+g>Mとなり，YはXが増加するにつれて増加する。しかし，その増加率はXの増加とは比例せず，しだいに落ちてくる。そして，YはXまたはPのあるレベルで最大になる。これをMSY（最大持続生産量）という。さらにXを強めると，SYは低下している。このように，漁獲努力量を増大させるとかえって漁獲量が減少する状態を乱獲（獲り過ぎ）という。さらにXを増大し続けると，この資源は絶滅し，SYはゼロとなる。SYとXの関係を図

第1章　レジームシフト理論の形成過程

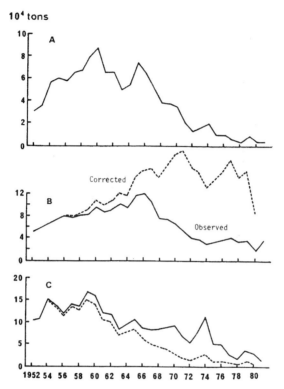

図2　東シナ海・黄海における日本底曳船によるキグチの漁獲量（A），有効努力量（B）および相対資源量（C）の推移　1952-81（北島・大滝，1987）

1に示す。

　以上述べたように，MSY概念によると環境変動に基づく資源変動はノイズである。これは生物学的な考え方ではない。生物集団の変動の本質は，環境変動に対応して変化するニッチのサイズ（環境の収容力）に対応して個体数が変動することである。しかし生息環境の変動の方向がランダムで，MSY理論を近似的に適用可能な資源が存在しないわけではない。

　MSY理論に合うような，典型的な乱獲の例を示そう。図2は，東シナ海

2. 研究の軌跡

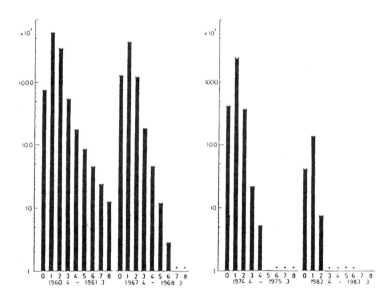

図3 東シナ海・黄海において日本底曳船によって漁獲されたキグチの年齢組成の推移
1960/61～82/83（真子，1985）

・黄海における日本漁船によるキグチの漁獲量，漁獲努力量および相対資源量の変化を，1952～81年について示したものである。初めのうちは漁獲努力量が増大するにつれて漁獲量も増加しているが，1960年にピークに達した後は，漁獲努力量の増大にともなって，漁獲量はかえって減少している。そして，資源量は，一貫して低下している。図3には，漁獲物の年齢組成の変化が示されている。1960/61年には8歳魚までが漁獲されているが，82/83年には3歳魚以上はほとんど漁獲されていない。若いうちにほとんどが獲られてしまったのである。漁獲物の平均年齢の低下が，乱獲のもうひとつの特徴である。

しかしながら上に述べたキグチの例はMSY的乱獲理論が適用できる限られた例であって，MSY理論を海洋の全資源に対して一般化することは出来ない。ところが「生物資源の保存」を規定している国連海洋法条約第61

第 1 章　レジームシフト理論の形成過程

条においても，「MSY を実現する事のできる水準に漁獲対象魚種の資源量
を維持し，回復する」と規定されている。生物がまさに問題であるにもか
かわらず，MSY 概念が適用可能な特殊な場合が，国際法の世界では一般
化されてしまっている。非生物学的な概念が，あたかもアプリオリな公理
であるかのように十年一日のごとく国際社会において一人歩きしている。
これはたいへん不幸なことである。MSY 理論では，世界の大局的な漁獲
量の動向を説明することは出来ない。この点について説明を加えよう。

2．資源変動の 3 つのタイプと MSY 理論

　漁獲が行われていない自然状態においても，魚の資源量は絶えず変動し
ている。この資源変動は，魚による個体数の調節の結果生ずるのである。
海産硬骨魚類の資源変動様式を類型化すると，3 つのタイプとなる。

I A 型…変動する環境で進化したグループで，ローカルな環境変動に対応
　　して親魚の質＝卵・精子の質を密度独立的に変動させる。このことによっ
　　て発育初期の生き残り率を調節して，個体数を変動させる。例：サンマ，
　　イカナゴ
I B 型…変動する環境で進化したグループで，数十年サイクルの地球規模
　　の気候変動に対応して，親魚の質＝卵・精子の質を大きく変えて発育初
　　期の生き残り率を大きく調節する。資源増大期には，気候変動に密度独
　　立的に対応して，生活形を沿岸相から沖合相へと切り替える。資源減少
　　期には，分布の広がり過ぎと過密に密度依存的に対応して，生活形を沖
　　合相から沿岸相へと切り替える。その結果，サイクルの長い資源量の大
　　変動が生ずる。例：ニシン，マイワシ
II 型…安定した環境で進化したグループで，個体数を密度依存的に調節
　　し，個体数が安定している。親魚の質＝卵・精子の質を変動させる能力
　　が低く，したがって個体数調節能力が低い。例：マグロ類，グチ類，カ
　　レイ類

2．研究の軌跡

　この3つのタイプのうち MSY 理論が近似的に適用可能なのはII型に類型化されるグループである。近似的という意味は，MSY 理論に基づけば資源がかなり小さくなってもある期間漁獲を控えれば資源は回復することになるが，このグループは個体数調節能力が低いため，資源が小さくなり過ぎると回復困難なことが多い。例えば三陸沖の大型カレイ類，メヌケ類などは，回復困難なレベルに落ち込んでいる。II型に類型化される魚は種類数は多いが，それぞれの種の資源量は小さいのが通常であり，このグループの資源変動が世界の魚類総生産量の基本的動向を左右することはない。資源量が大きいのはI型とくにIB型に類型化される大変動を行うグループであり，このグループが総生産量を左右する。I型のグループでも漁獲圧力が強すぎると乱獲現象はもちろん生ずるが，MSY 的な意味での乱獲ではない。乱獲は資源の増加期に増加速度が過度に抑えられ，減少期には減少が過度に加速される，という形で生ずる。この場合には，とくに資源増加サイクルの立上がりの時期に，獲り過ぎないことが肝要である。しかし個体数調節能力が高いため，回復力が強く，回復困難という意味での乱獲にはなりにくい。　漁獲の行われていない状態でのIA型，IB型の資源量の変化率を数式で示せば，次のようになる。Eを環境条件のインパクトの大きさとすれば，

IA型
$dP/dt \cdot P = r(E) + g(E) - M(E)$
　増加期には… $r(E) + g(E) > M(E)$
　減少期には… $r(E) + g(E) < M(E)$

IB型
　増加期には，$dP/dt \cdot P = r(E) + g(E) - M(E)r(E) + g(E) \gg M(E)$
　減少期には，$dP/dt \cdot P = r(P) + g(P) - M(P)r(E) + g(E) \ll M(E)$

　IB型について，もう少し説明を加えよう。図4は，世界の主要な4つ

第1章 レジームシフト理論の形成過程

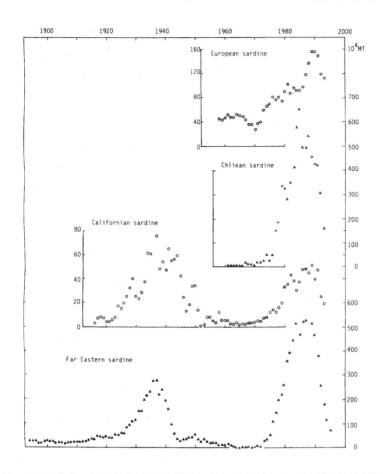

図4 極東マイワシ，カリフォルニア・マイワシ，チリ・マイワシ，ヨーロッパマイワシの漁獲量の推移 1894-1995.

のマイワシのグループ，すなわち日本近海を中心に分布する極東マイワシ，カリフォルニア沖からカリフォルニア湾にかけて分布するカリフォルニア・マイワシ，南米太平洋岸に分布するチリ・マイワシ，北大西洋南東水域から地中海にかけて分布するヨーロッパ・マイワシ，の過去100年にわたる漁獲量の変動を示したものである。漁獲量のピークはいずれも1940

2. 研究の軌跡

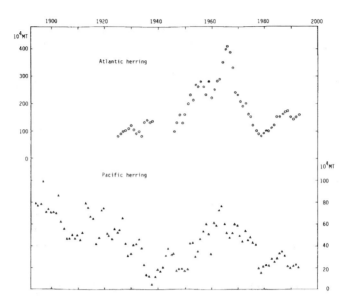

図5 太平洋ニシン，大西洋ニシンの漁獲量の推移　1894-1993．
太平洋ニシンについては，1951年以前は日本近海，52年以後は北太平洋全域．

年と90年を中心に存在し，海洋学的には別個の水域に遠く離れて分布しているにもかかわらず，4つのグループはまったく同調したサイクルの長い大変動を繰り返している．図5は，世界の2つのニシンの種，北太平洋北部に分布する太平洋ニシンと北大西洋北部に分布する大西洋ニシン，の漁獲量の変動を，100年にわたって示したものである．この2種も，1960年代にピークを持つ同調した変動を示している．注目すべき点は，マイワシの4グループの変動とニシンの2種の変動は位相が180度ずれている点である．マイワシとニシンは系統学的にはきわめて近縁であるが，前者は温帯水域，後者は寒帯水域に生息し，混在することはない．このようなマイワシとニシンが組み合わさったグローバル・スケールの大変動（筆者はSHサイクルと名づけている）を，それぞれのグループもしくは種の分布するローカルな水域の環境変動で説明することは困難で，グローバルな気候

第1章 レジームシフト理論の形成過程

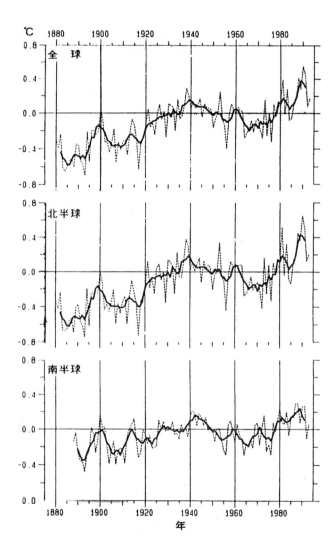

図6 全球および南北両半球の地上気温の経年変化
(気象庁, 1994)

2．研究の軌跡

変動で説明しなければならない。

　図6は，全球および南北両半球の地上平均気温の経年変化を 100 年以上にわたって示したものである。気温変動曲線を注意深く見ると，1940 年と 90 年を中心にピーク，60 年代にトラフがあり，ピークはマイワシのピーク，トラフはニシンのピークと対応している。このような魚類のバイオマスの変動と気温の変動は，レジーム・シフト（regime shift）とよばれる気候－海洋生態系のグローバル・スケール，数十年スケールの大変動の一部である。このような大変動の生ずるメカニズムについては，ここでは立ち入らない[2]。

3．世界の総生産量はなぜ停滞しているのか？

　図7は 1984 ～ 93 年の世界の海産動物生産量の推移を示したものである。生産量は 1984 年の 7,490 万トンから 1989 年の 8,770 万トンへと 1,280 万トン増加した後，1990 年には，8,420 万トンへ減少し，その後は FAO の指摘するように 1993 年まで 8,500 万トン以下で停滞している。この停滞は，2 つの分類群－ニシン，マイワシ，カタクチイワシを含むニシン類とマダラ，スケトウダラを含むタラ類－の生産量の減少によって主として説明出来る。この 2 つの分類群は海産硬骨魚類のなかでバイオマスがもっとも大きな 2 大分類群であって，その資源量（abundance）と漁獲可能度（availability）は，海洋における魚類生産量に決定的に重要な意義を持つ。図7 に示すようにニシン類は 89 年まで，タラ類は 87 年まで増加し，その後減少の局面に入っている。総生産量が減少・停滞している 89-93 年についてみると，ニシン類は 340 万トン，タラ類は 300 万トン減少している。この 2 つの分類群の生産量を総生産量から差し引くと，差引生産量（図 7B）は 5,000 万トンから 5,360 万トンへと 360 万トンむしろ増加しているのである。その他の資源からの生産量の一般的な増加傾向を，この 2 分類群が引き下げて総生産量を横這いにさせていることになる。それでは 1990 年以降の総生産量の減少・停滞は，この 2 分類群の乱獲によるのであろうか？

第1章　レジームシフト理論の形成過程

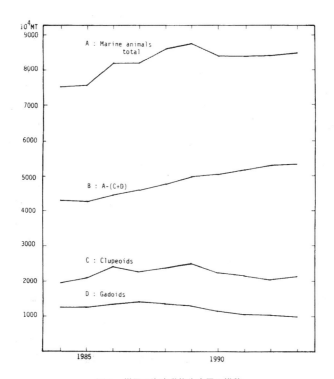

図7　世界の海産動物生産量の推移
1984-93
A：総生産量，B：A-(C+D)，C：ニシン類（ニシン，マイワシ，
カタクチイワシなど），D：タラ類（マダラ，スケトウダラなど）

南北太平洋のマイワシ資源

　ニシン類の減少の主要な内容は1980年代の末から90年代にかけての，世界各水域におけるマイワシ資源の急減である（図4）。なかでも極東マイワシとチリ・マイワシのピーク時の資源量はきわめて大きく，その変動は世界の漁業総生産量に大きく影響する。図4に見るように，極東マイワシとチリ・マイワシの漁獲量は1970年代に入ってから急速に増大してピークに達した後，80年代末から急速に減少し始めた。その減少量は1988〜93年の5年間で，前者は363万トン，後者は376万トンと合わせて739万トン

167

2. 研究の軌跡

表1　日本列島太平洋側におけるマイワシ（太平洋系統群）の産卵数，１歳魚のバイオマス（尾数）および卵から１歳魚への生存率（相対値）の推移　1984-93年級

年　　　級	84	85	86	87	88	89	90	91	92	93
産卵数（10^{12}）　A	1,854	2,081	8,935	1,860	3,784	3,897	6,528	3,762	1,555	1,591
１歳魚（10^8）　B	662	1,402	7,907	1,465	116	82	28	204	204	43
生存率（10^{-4}）　B/A	0.357	0.623	0.880	0.788	0.031	0.021	0.004	0.007	0.131	0.027

資料：中央水産研究所

　に達する。この減少は産卵数が増加したにもかかわらず発育初期の死亡率がひじょうに高くてほとんど死亡してしまうところの加入不調 (recruitment failure) によるもので，漁獲とは無関係なことが明らかになっている [3]。

　表1に日本列島太平洋側のマイワシ資源の産卵数，新規加大群である１歳魚のバイオマス（尾数）および卵から１歳魚への生き残り率（相対値）を，1984 〜 93 年級について示す。産卵数は 91 年級までは増加傾向であるが，生き残り率は 88 年級から激減し，数十分の一から数百分の一に低下している [4]。

　図8に北海道南東水域の旋網漁場における資源増大期のマイワシの漁獲量，投網数および投網当たり漁獲量を 1976 〜 84 年について示す。着業許可統数が制限されているので投網数は横這いであるが漁獲量および相対資源量は増大しており，図２のキグチの場合と対照的である。漁獲と無関係に，資源量が増加しているのである。図9に同じ水域における体長組成の変化を 1976 〜 92 年について示すが，1983 年以降平均体長が一貫して増大している。漁獲とは無関係に発育初期の生き残り率が低下した結果，新規加入群がいなくなったためである。図9も図3のキグチの場合とは対照的である。要するに，古典的な「乱獲」の定義にあてはまらないのである。図２のキグチの漁獲量の時間的変化と図4，図5のマイワシ，ニシンの漁獲量の変化は，形は似ていても意味するところはまったく異なっている。

第1章 レジームシフト理論の形成過程

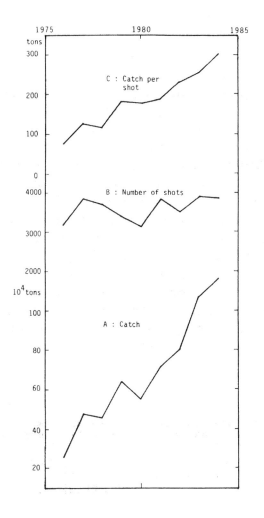

図8 北海道南東の旋網漁場における資源増大期のマイワシの漁獲量(A)，投網数(B)および投網当たり漁獲量(C)の推移 1976-84（資料：和田，1988）

2. 研究の軌跡

北大西洋のマダラ資源

　次にタラ類の生産量の減少について述べよう。北大西洋でニシンと並ぶ大資源であるマダラ資源については，カナダやアイスランドのような自国の近海域のマダラを漁獲している沿岸漁業国とそこにマダラを獲りにやってくる英国，ドイツ，スペイン，ポルトガル，フランスのような遠洋漁業国との間で，15世紀以来タラ資源の争奪戦が続いた。なかでも1958〜76年の英国・アイスランド間の「タラ戦争」は有名であり，英国は結局アイスランド周辺水域から締め出された。カナダも1972〜76年はICNAF（北西大西洋漁業国際委員会）を通じて，1977年以降は排他的漁業水域を設定して，外国船を自国の沿岸域から締め出した。その結果，図10に見るようにカナダやアイスランドの漁獲量は1970年代に入って増加に転じ，英国やスペインの漁獲量は1960年代末から減少に転じた。そうして北大西洋におけるマダラの総漁獲量は，1969年以後一貫して減少している。

　これについて英国国立漁業研究所のマダラ専門家のGarrodは「"所有権"という新しい制度が，かつての伝統的漁業国の犠牲において，カナダ，アイスランドに漁獲量を再配分した。」と述べている[5]。総漁獲量の減少についてGarrodは，「自然変動と締め出しの相乗効果によってもたらされた」という。総漁獲量は1970年の308万トンが85年には207万トンと三分の二になったが，漁獲対象資源量は640万トンから570万トンへと10%低下したに過ぎず，漁獲量減少は主として締め出しによる漁獲努力量の低下による，という。1980年代後半になって，漁獲努力量が大きく削減されているにもかかわらず，北大西洋のマダラの資源状態は急速に悪化してきた。北大西洋全域においてマダラの漁獲量が急減してきた（図10）。その原因として，マダラの発育初期の成育環境の水温や風の強さなどが仔稚魚の生き残りにとって好適でなかったことと，産卵親魚量が少なかったことが挙げられている[6]。北大西洋のマダラにおいても，レジーム・シフトが進行しているのではないだろうか？

第1章 レジームシフト理論の形成過程

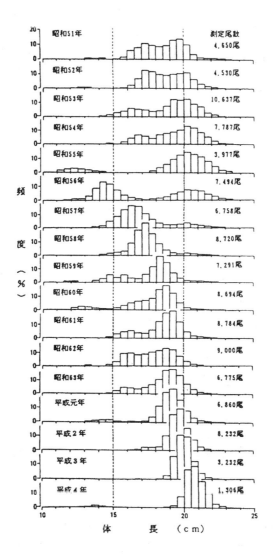

図9 北海道南東の旋網漁場において漁獲されたマイワシの体長組成の推移
1976-92（北海道釧路水産試験場, 1993）

2. 研究の軌跡

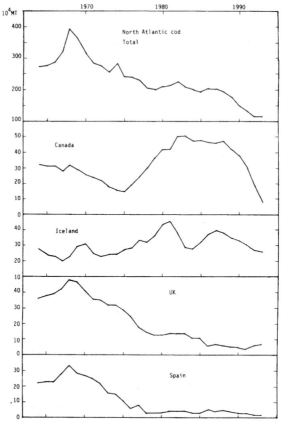

図10 北大西洋のマダラの漁獲量の推移 1964-93.
上から下へ，総漁獲量，カナダ，アイスランド，英国，スペインの漁獲

北太平洋のスケトウダラ資源

　タラ類のもうひとつの太資源である北太平洋のスケトウダラ資源も，漁獲量変動が「乱獲」ではなくて［自然変動］と「国際政治力学」によって支配されているという点では，北大西洋のマダラと同様である。しかし，変動の経過はマダラと異なっている（図11）。ベーリング海・オホーツク海のスケトウダラは，「冷凍すりみ」技術の開発によって1960年代になって

第1章　レジームシフト理論の形成過程

資源化された。日本の漁獲量は急速に増大して，1962～74年には300万トンのピークに達する。しかしこの頃から米ソによる漁獲規制が強まり，漁獲量が減少していく。後発の韓国も，200カイリ元年である1977年から漁獲量が減少してくる。日本の漁獲量の減少とは逆に，沿岸国のソ連は漁獲量を伸ばし，78年には日本を追い越し，漁獲量は84-88年には350万トンのピークになる。それまで漁業の無かった米国も80年代に入って漁業を始め，漁獲量は急速に増加する。スケトウダラの総漁獲量は74-76年に約500万トンのピークに達するが，外国漁船の締め出しによって1977年から一旦減少する。しかし，米国の参入と旧ソ連の漁獲強化および資源それ自体の増加によって80年代に入って持ち直し，86-88年には670万トンの第2のピークに達する。しかし，資源状態の悪化によって89年から漁獲量が低下し始める。この資源状態の好転および悪化は，どのようにして生じたのであろうか。

　図12にベーリング海東部水域における62～87年級の1歳魚のバイオマスの推移を示す[7]。ベーリング海におけるスケトウダラの産卵場は主に東部水域にあるから，これはベーリング海全域のスケトウダラ加入量の指標と考えてよい。図12に見るように，加入量は60年代の初めには小さかったが，その後大きくなって77～82年級でピークとなり，その後急速に低下している。図12に総漁獲量の推移も併せて示すが，60年代から70年代にかけて加入量と並行して増大している。すなわち，スケトウダラに対する漁獲圧力がベーリング海においてゼロに近かった時に加入量が小さく，漁獲圧力が強くなるのに並行して加入量が増大したわけであるから，加入量変動は漁獲圧力の変動によってもたらされたものではなく，加入量は自然的な原因によって変動していると考えられる。漁獲対象となるスケトウダラは3歳魚以上であるから，86～88年の漁獲量のピークは77，78，82の3つの大年級によってもたらされたといえる。そうして，1989年以後の漁獲量の減少は，83年級以降の加入量が急低下していることの反映であろう。60年代から80年代にかけての加入量の増減は，レジーム・シフトによるものではないだろうか？

173

2. 研究の軌跡

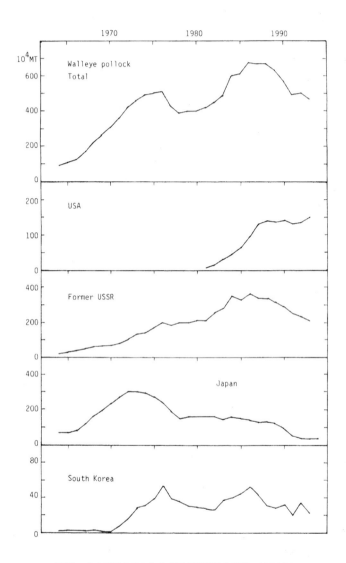

図11 北太平洋のスケトウダラの漁獲量の推移　1964-93
上から下へ，総漁獲量，米国，旧ソ連，日本，韓国の漁獲量

第1章　レジームシフト理論の形成過程

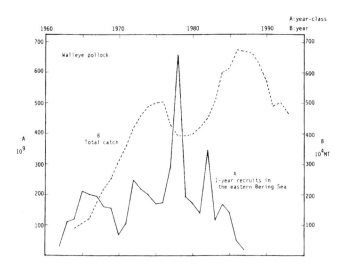

図12　ベーリング海東部におけるスケトウダラの1歳魚のバイオマスおよびスケトウダラの総生産量の推移
1962-93

4．日本の総漁獲量はどのようにして減少したか？

　漁獲量が減れば「さあ乱獲だ」という単純な論理は，わが国においても横行している。1996年2月21日付の日本経済新聞は，「日本の漁獲量は80年代半ばの1,300万トン弱をピークに減少し始め，94年には約800万トンになった。水産庁が（海洋生物資源保存管理法（1996年の通常国会で成立）によって）漁獲総量の規制を導入するのは水産資源の枯渇を防ぐのが目的。」と述べて，近年のわが国の総漁獲量の急減があたかも乱獲のためだといわんばかりである。日本の漁獲量の急減は，乱獲の結果なのだろうか？

　図13にわが国の海面漁業漁獲量の1951〜95年の推移を示す。これから，戦後の日本漁業の経過を5つの時期に区分することが出来る。第1期

175

2．研究の軌跡

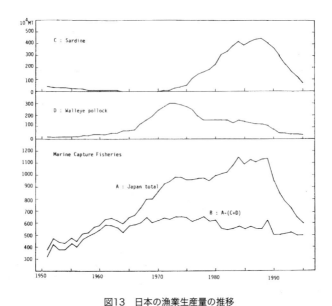

図13　日本の漁業生産量の推移
1951—1995
A：総生産量，B：A-(C+D)，C：マイワシ，D：スケトウダラ

は，1951〜73年の外延的発展期である。この時期には，「海洋自由」の国際的原則のもとで，日本漁業は全世界の海に進出し，それを安価な燃油，水産物需要の拡大，魚価上昇が支えた。このような外延的拡大は，スケトウダラ漁獲量の急上昇に典型的に示されている。「冷凍すりみ」の技術開発の結果練り製品の原料として資源化されたスケトウダラの漁獲量は，日本漁業のベーリング海への進出の結果急速に伸びた。

　第2期は1974〜79年の停滞期である。世界の大勢が「海洋自由」から「海洋分割」に移行する中で，日本漁業は外国の沖合から締め出されていく。これに石油危機に伴う燃油の高騰，水産物需要・価格の伸び悩み，漁業従事者の高齢化が追い討ちをかける。日本漁業は長期低落段階に入った。スケトウダラ漁獲量はベーリング海における漁獲規制を受けて減少していく。この時に，神風が吹いた。それは，マイワシ資源が70年周期の増

第1章　レジームシフト理論の形成過程

加の局面に入ったことである。このことがスケトウダラ漁獲量の減少と相
殺する形になって，総漁獲量は停滞することになった。「自然変動による増
加」が「国際政治による減少」を覆い隠したのである。

　第3期は1980～84年のマイワシ資源増大期である。マイワシ資源は急
速に増大して，漁獲量は空前の1種で400万トン台に達した。

　第4期は，1985～89年のマイワシ資源高位安定期である。外国の200
カイリ水域からの引き続く撤退の中で，日本漁業はみせかけの繁栄を示
す。「自然変動」が「国際政治」に競り勝ったのである。

　そして，1990年からの第5期がやってきた。この期は，名実ともに日
本漁業の衰退期である。マイワシ資源は，レジーム・シフトの減少局面に
入った。この資源の復活は，数十年先であろう。ベーリング海中央の公海
部分（ドーナツ・ホール）におけるスケトウダラの漁獲も1993年から禁止
になり，総漁獲量はさらに減少してきた。すなわち，「自然変動」と「国際
政治」が一緒になって，総漁獲量を引き下げている。

　以上見てきたように，戦後45年の間に日本の漁獲量は大きな変動を示し
たが，図13Bに示すように総漁獲量からマイワシとスケトウダラを差し引
くと変動は小さく，1959年以後の37年間は500万トンと650万トンの間で
ある。総漁獲量の変動は上記2種の漁獲量変動，すなわち「自然変動」と
「国際政治による変動」，によって大部分が説明出来きるのであって，「乱
獲」による「資源枯渇」によっては説明出来ない。

むすび

　1990年代に入ってから海洋からの総漁獲量が乱獲によって停滞もしくは
減少しているというFAOの主張は，1994年に出されたLester Brownの主
張とよく似ている。彼は次のように述べている。「今世紀，海からの漁獲量
は急激に伸びたが，近代漁業による乱獲によって，いまでは減少傾向に転
じている。20世紀初頭には5,000万トン程度だった年間水揚げ量は，最近
では8,000万トンにものぼっている。1950年から70年にかけて，漁獲量は

177

2．研究の軌跡

年率 6 ％で増大した。これは人口増加率の 3 倍である。その後の 20 年間は年率 2.3 ％しか伸びておらず，89 年に 8,600 万トンの最高値を記録してからは，92 年の 8,000 万トンまで減少し続けている。」[8] 人口増加率と食料生産量増加率との間の乖離を強調する Lester Brown や FAO の論調には，マルサス主義的な発想が色濃く投影されている。

　このような漁獲量の伸び率の長期低落傾向が，漁獲量が大きな意味での海洋における生物生産の限界に近づきつつあることの反映であることは，異論は少ないであろう。 Pauly & Christensen は 1988-91 年の海洋からの動植物の漁獲量の年平均値が 8,580 万トン，投棄量が 2,700 万トンであり，その 85 ％を供給している湧昇水域および大陸棚水域においてはそれを生産するために基礎生産量の実に 24-35 ％が消費されているとして，生物生産の持続性と生物多様性に対する懸念を表明している[9]。問題は，そのような状況の中で海洋における生物生産の恩恵を合理的に享受するにはどのようにすればよいのか，ということである。そのためには，漁獲量が停滞もしくは減少すれば「さあ乱獲だ」とする短絡的な思考にたよるのではなくて，減少の中身を科学的に分析することから出発しなければならない。私は別に，乱獲現象を軽視しているつもりはない。東シナ海・黄海の底魚とか，日本海のズワイガニとか，三陸沿岸の大型カレイ類とか，日本近海でも深刻な乱獲の例は数多い。全世界的に見ても乱獲現象が見られるのは単位資源の数としてはひじょうに多く，FAO が 70 ％というのもあながち誇張しているとも思われない。これには当然，個別に対応していかなければならない。

　しかしながらこれまでに見てきたように，世界の総漁獲量の大局的な動向は，海洋における生物生産の限界性による伸び率の長期低落傾向の中で，「乱獲」ではなくてニシン類とタラ類をめぐる「自然変動（レジーム・シフト）」と「国際政治力学」によって決められているのであって，漁獲量の減少を十把一からげに非生物学的な MSY 理論に基づく「乱獲」で説明しようとするのは，無理な話である。このような状況に立ち至った原因のひとつは，海洋生物資源管理制度が政治家や外務・行政官僚などの生物学

や海洋学を学んだことのないいわば素人の集団によって作られ，科学者がそれに追随してきたことである。そうして創作された「資源の乱獲による枯渇」が，しばしば政治的に利用されてきた。「死の壁」によってビンナガやアカイカ資源が枯渇したとして強行された公海における大規模流網漁業のモラトリアム（1991 年国連総会決議）は，その代表的なものである。ワシントン大学の国際法専門家の Burke 教授らは，「科学的根拠がほとんど或いは全く無いのに，憤慨をかきたてることによって，米国などは国連総会を，日本などに合法的な公海における権利の行使を放棄させるためのグローバル・フォーラムとして利用することに成功した」「国連総会決議は，手続き上および内容上の誤りのため，無効である。」と指摘している [10]。

　MSY 理論についていえば，ブリティッシュ・コロンビア大学の Ludwig らは「しばらくの期間，MSY 概念が漁業管理を支配してきたが，今ではこの概念が不幸をもたらしたという幅広い合意が得られている。」という [11]。MSY 理論にとらわれた現行の不毛な資源管理制度を見直して，気候学や海洋生態系理論の近年の成果を導入し，学際的研究に基礎を置いた科学的な制度作りを指向すべきであろう。MSY 理論の誤った適用が混乱をもたらした，ひとつの例をあげよう。

　ペルー・アンチョビーの漁獲量は 1960 年には 100 万トンに満たなかったが急速に増大し，1970 年には 1 種としては空前の 1,300 万トンを超え，その年の世界の総生産量 6,815 万トンの 19％を占めた。漁獲量の急激な増大の中で，アンチョビーは乱獲ではないかという危惧が出てきた。多数の海外の専門家がペルーに招かれて，「資源評価」を行った。その結果 1970 年の専門家会議で，750 万トンの MSY が設定された。しかしこの MSY は守られず 1971 年の漁獲量は 1,100 万トンであったが，1972 年から 84 年にかけて漁獲量は急降下した。このようなアンチョビーの資源減少の初期には，減少は乱獲の結果だという主張が多かった。しかし，アンチョビーの資源変動が資源力学の法則に従うとすれば，MSY 以下で漁獲すれば資源はほどなく回復してよかったはずである。ところが，資源は減り続け，1972 ～ 76 年の漁獲量は 500 万トン以下，77 ～ 82 年は 200 万トン以下，

2. 研究の軌跡

83・84 年は 10 万トン以下であった。アンチョビーの寿命は 2.5 年と短命であるから，このように MSY と比べてひじょうに低い漁獲量が続くという条件のもとでは資源は急速に回復してもよかったのに，逆になぜ減り続けたのであろうか？ その理由は，ペルー・アンチョビーが変動様式が II 型の魚種ではなくて，I B 型の魚種であったからである。72 年以降の漁獲量の低下は乱獲の結果ではなくて，アンチョビーがレジーム・シフトの資源減少のサイクルに入った結果であった。アンチョビー資源は 1985 年から増加のサイクルに入り，漁獲量は急速に増大して 93 年には「MSY」を超えて 830 万トンに達した。

　このような教訓を踏まえて，海洋生物資源保存管理法を制定して TAC（許容漁獲量）制度を導入した日本も，多くの分野の専門家が参加したオープンな論議に基づいて，科学的な制度作りを指向する必要があろう。

注
(1) Safeguarding future fish supplies: key policy issues and measures, International Conference on the Sustainable Contribution of Fisheries to Food Security, Kyoto, Japan, 4-9 December 1995, Organized by the Government of Japan in Collaboration with the Food and Agriculture Organization of the United Nations.
(2) レジーム・シフトについては，川崎 健「浮魚生態系のレジーム・シフト（構造的転換）の10年－FAO専門家会議（1983）からPICES第3回年次会合（1994）まで－」（「水産海洋研究」58 巻 4 号 1994 年）を参照。
(3) Kawasaki T.: Recovery and collapse of the far eastern sardine, Fish. Oceanogr. 2, 1993; Watanabe Y. et al., Population decline of the Japanese sardine *Sardinops melanostictus* owing to recruitment failures, Can. J. Fish. Aquat. Sci., 52, 1995 を参照。
(4) この急低下のメカニズムについては，Kawasaki T. and M. Omori: Possible mechanisms underlying fluctuations in the far eastern sardine population inferred from time series of two biological traits, Fish. Oceanogr., 4, 1995 を参照。
(5) Garrod D.J.: North Atlantic cod: fisheries and management to 1986, In fish population dynamics (Second Edition), John Wiley &Sons Ltd., 1988.
(6) Ottersen G. and S. Sundby: Effects of temperature, wind and spawning stock biomass on recruitment of Arcto-Norwegian cod, Fish. Oceanogr., 4, 1995.
(7) Springer A.M.: A review : walleye pollock in the North Pacific-how much difference do they really make? Fish. Oceanogr., 1, 1992 の Figure 3 より読み取った。

第1章　レジームシフト理論の形成過程

(8) レスター・R・ブラウン「地球白書1994-95」沢村　宏訳, ダイヤモンド社, 1994.

(9) Pauly D. and V. Christensen: Primary production required to sustain global fisheries, Nature, 374, 16 Mar. 1995.

(10) Burke W.T. et al.: United Nations resolution on driftnet fishing: An unsustainable precedent for high seas and coastal fisheries management, Ocean Development and International Law, 25, 1994.

(11) Ludwig D.et al.: Uncertainty, resource exploitation, and conservation: lessons from history, Science, 260, 2 Apr. 1993.

2．研究の軌跡

10．海洋生物資源の基本的性格とその管理

海洋生物資源の性格

　宇沢弘文 [1] は，海洋生物資源を社会的共通資本としてとらえた。宇沢によると，社会的共通資本は，自然資本，社会的インフラストラクチャー，制度資本の３つのカテゴリーに分類される。自然資本には自然資源と環境がある。自然資源は森林，漁場，河川，灌漑用水，牧草地などで，環境はたとえば大気である。漁場は海洋生物資源に対応する。

　海洋生物資源はコモンズ（commons；共有地，入会地）のひとつの形として位置づけられる。Wijkman [2] によると，コモンズは“いずれの意思決定単位も排他的権利を持たない資源”である。Vogler [3] はコモンズを２つに分類している。ひとつは共通プール資源（common pool resources）であり，もうひとつは共通シンク（common sink）である。前者の例として，魚，牧草地，水の供給，無線周波数があげられ，後者の例として，海の使用，水路，廃棄物処分システムとしての大気があげられている。

　Vogler によると，“コモンズの本来の性格は open access であり，res nullius（the property of no-one, 無主物）である。もう一つの形として，コモンズ資源は集団的に所有され得るし，共同体（community）によって管理され得る。この場合は共有財産資源（common property resources）で，規制された排除（regulated exclusion）によって非排除的な res nullius commons（open access）と区別される。”わが国では，前者が許可・自由漁業，後者が漁業権漁業に対応する。

　Vogler は，排除可能性（excludability）と競合性（rivalness）という２つの次元（dimension）を用いて，コモンズ資源（commons resources）を４つにタイプ分けした（図１）。これは公共財（public goods）の定義の２つの特徴，（1）排除原則（exclusion principle）が成立しないこと，（2）消費における非競合性（non-rivalness）（経済学辞典第３版，貝塚啓明）。を基準に

182

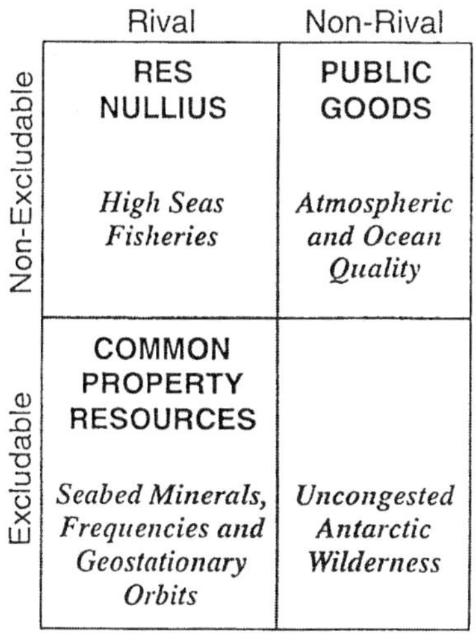

第1章　レジームシフト理論の形成過程

	Rival	Non-Rival
Non-Excludable	**RES NULLIUS** *High Seas Fisheries*	**PUBLIC GOODS** *Atmospheric and Ocean Quality*
Excludable	**COMMON PROPERTY RESOURCES** *Seabed Minerals, Frequencies and Geostationary Orbits*	*Uncongested Antarctic Wilderness*

図1　コモンズ資源のタイプ分け
(3)より引用

してマトリックスに展開して示したものである。通常，公共財というのは公共互門が提供する財・サービスを指すが，ここではコモンズ資源の分類であるから，大気とか海洋のようなだれでも競合なく利用できる共通シンクのことを言っており，上記の宇沢の環境に対応する。

　［競合－非排除可能］の象限に入るものの例として，海洋自由時代の公海漁業 (high seas fisheries) があげられている。現代は海洋分割の時代でありこの状態から大きく変化するのであるが，そのことを巡って考察を加えてみたい。

「海洋自由」時代の海洋生物資源

　1883 年にロンドンで国際漁業博覧会（International Fisheries Exhibition）が開催されたが，当時王立協会 [4] の会長であった T.H.Huxley [5] は，その

183

2. 研究の軌跡

開会式における演説で，海洋生物資源が獲りつくせるかどうかについて問うた。

"海では魚の数が想像を絶するほど多いので，捕らえられる魚の数は相対的にはわずかなものである。漁業を規制しようとするどんな試みも，ことの性質からいって無駄である。"

当時の海洋制度の基本は「海洋自由」であり，狭い領海の外側はすべて公海であった。そこでは，海洋生物資源の利用には，競合はあるが排除可能ではなく，図1の左上の象限そのものであった。

しかし，スチーム・エンジンとオッター・トロールの開発によって漁船の漁獲能力が飛躍的に高まり漁獲努力が強まるにつれて，Huxley 的な牧歌的な時代は長続きはしなかった。漁業はもとより先取有利産業であり，底魚漁業のように資源全体が漁獲の対象になっているような場合には，1漁期の間では1回操業当たりの漁獲量 (cpue) が漁期が進むにつれて落ちてくる。また寿命の長い魚種の1つの年級についてみれば，若いうちに獲り過ぎると年が進むにしたがって大型の高齢魚が減り，総漁獲量も減ってくる。このようなことが，北海の底魚漁場で顕著になってきた。

このように，人間の行為が資源に影響することが明らかになってきて，「資源管理」の思想が芽生えてきた。そしてその出発点が北海のトロール漁業であったことが，今日の資源管理のパラダイムを決定したといえる。北海における長命の底魚類の資源管理という規範が一般化されたのである。とくにカレイの多獲が問題となった。

獲り過ぎ問題とともに大きな関心をよんだのが変動 (fluctuation) 問題であった。とくにノルウェー沿岸に産卵のために来遊するニシンの漁獲量が年によって何十倍という大きな変動をすることが大問題となった。この大変動の実体が年級変動によることが明らかになったが [6]，問題はなぜある年級が大きくある年級は小さいのかという要因の解明であった。これは，発育初期の食物の多少の問題としていろいろの角度から追究されたが，成果のみられないまま，「変動」問題の研究は衰退していった。変動問題の基本的性格が明らかになるのは，後述のように 1980 年代に入ってからのこ

とである。そうして，乱獲問題とくに生長乱獲[7]の問題が，研究の主流となっていった。このようにして資源力学という学問分野が生まれ，これがその後の資源管理の基礎理論となっていった。

資源力学を定式化したのは，E.S.Russell[8]で"資源の継続的な減少を引き起こすことなしに，魚の最大値（MSY）が毎年間引かれるようなレベルに，資源を維持し，または資源を誘導する"というMSY（Maximum Sustainable Yield）理論を作り上げた。

資源力学を定式化したもう一人の研究者は，Graham[9]である。彼のモデルは，ある時点こおける資源の自然増加率は，その資源の最大資源量とその時の資源量の差に比例する，というものである。これはRaymond Pearl[10]が発展させたlogistic equationに基づくものであった。このモデルは密度依存式で，環境変動の影響を切り離した閉鎖空間においてのみ成立する。

アラスカ湾周辺で漁獲される太平洋ハリバット(Pacific halibut)にも北大西洋と似たような状況が生じてきた。ハリバットは底はえ縄漁業で漁獲されるが，1907年以後cpueが1/5になり，他方使用鉢数は3倍になった。このcpueと漁獲努力量の逆相関に注目したのが，W.F.Thompsonであった。

Thompson[11]は，加入量が毎年一定であるとすれば，生き残り率は漁獲率と自然死亡率の差として計算されるとした。年齢別体重がわかれば死亡する魚の全重量を計算することが可能で，そのうちの漁獲による割合を推定できる。漁獲量と資源密度は，漁獲努力量の関数である。

1928年にハリバットの資源管理について米加の間で国際漁業委員会が結成され，これが1953年に国際太平洋ハリバット委員会(International Pacific Halibut Commission)となって資源管理を行なってきているが，この管理は上記のThompsonの理論に基づいて行なわれてきた。

1949年にICNAF（the International Commission for North West Atlantic Fisheries；北西大西洋漁業国際委員会）が設立された。その目的は，"北西大西洋の漁業を調査し，保護保全して，漁業からのMSYを可能にすること"である。この条約で初めてMSYという語が用いられた。

これらの条約の基礎にあるのは，Russell[8]とGraham[9]の理論である。

2．研究の軌跡

そして Russell・Graham の理論は，第二次世界大戦後 Schaefer [12]，Beverton & Holt [13] の理論となって完成する。「完成する」と言ったのは，資源力学の理論体系の前提は特殊な条件を一般化しているものであるため，理論がこれ以上発展する余地が無い。理論はより包括的な方向に発展しなければならないのである。

Schaefer のモデルは余剰生産量モデル，Berverton & Holt のモデルは加入量当たり生産量モデルといわれるものであるが，その源は Russell [8] である。これらのモデルの基本思想については，Schaefer & Beverton (1963) の共著 "Fishery dynamics-their analysis and interpretation" に体系的に述べられているので，それを引用してみよう [14]。

"資源力学を記述するもっとも一般的なモデルは，資源の漁獲対象部分の資源量の相対的な変化率とそれに影響する諸要因の形で表現される。

$$1/P \cdot dP/dt = r(P) + g(P) - M(P) - F(X) + \eta$$

ここで P は漁獲対象部分の資源量，r, g, M は加入率，成長率，自然死亡率；これらはすべて，資源量 P とその年齢組成の関数である。F は漁獲に起因する減少率で，漁獲努力 X の関数である。η は外部環境諸要因の変動に起因する資源量（変動する）変化率で，P と X の両者から独立である。実際問題としては，これらの変動の影響を，長い期間について平均することによってできるだけ取り除き，このモデルが平均的な環境条件の下における事象を記述するものとみなすことができるようにする。

定常状態においては，資源は平均的な環境条件の下で平衡状態にあって，dP/dt=0, η=0 であるから，

$$F(X) = r(P) + g(P) - M(P)$$

となる。この条件の下では，平均定常漁獲量，y=F(X)P，は加入と生長に起因する増加から自然死亡による減少を差し引いたものに等しい。すなわち

$$Y = F(X)P = [r(P) + g(P) - M(P)]P$$

となる。これにみるように，資源力学においては，現実に存在する環境変動に起因する資源変動をなり除く（というよりも，無視する）ことが最大の問

第 1 章　レジームシフト理論の形成過程

題で，このことにひっかかりながら，無理を承知で理論を構成しているのである。ここが，資源力学の苦しいところである。

　経済学者として海洋生物資源管理問題を初めて扱ったのは H.S.Gordon [15] であるが，彼はつぎのように述べている。

　"水揚量関数は，もっとも単純には，他の事情が同じならば漁獲努力以外のすべての要因は封じ込められるという仮定をおいて表現することができる。"

　この仮定はまさに農業のアナロジーで，農地の豊度（quality）と同様な扱いを漁業において行なうことになり，水揚量は漁獲努力量が増加するにつれてある値に漸近する。そうして，水揚金額関数と費用関数の間の垂直距離として純経済生産量（net economic yield）が定義され，その最大のものが最大純経済生産量（maximum net economic yield）となる。

　しかし，Gordon は漁獲努力量がある点を越えると総水揚量が漸近値に近づくのではなくて，減少する場合も示している。この場合には Schaefer 曲線（放物線）と似た形となる。Gordon-Schaefer bio-economic model といわれる所以である。

　C.W.Clark [16] は，Schaefer の生産量曲線をそのまま持ち込む（図2）。そして，生産量（production）を収入（revenue）として，それと費用（cost）との差を地代（rent）としてとらえ，費用−収入分析（cost-revenue analysis）を行なっている。地代は資源量（したがって努力量）の関数であり，それを最大化することが管理方策（management policy）とされる。環境条件については，Clark はつぎのように述べている。

　"費用−収入分析では，外部性（externalities）の効果は通常は考慮に入れないが，環境汚染（pollution）とか自然の景観の破壊などは主要な経済学的要因となる。"

　つまり Clark は，環境条件を外部不経済（external diseconomics）として，そのための社会的費用として捉えている（あるいは，としてしか捉えていない）のである。長谷川　彰著「漁業管理」(1985) に至っては，生産量曲線に基づく費用—収入分析のオンパレードである [17]。

187

2. 研究の軌跡

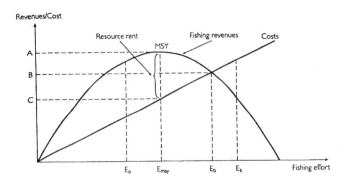

図2　Gordon－Schaeferモデル(3)より引用

かくして漁業経済学においても，環境条件は外部不経済に過ぎず，本質的な契機ではない。

農業経済学における地代理論を漁業に類比することの誤り

Gordon[18]は生物学的モデルを経済学と結びつけ，生物経済モデル(bio-economic model)を作り上げた。これはGordon-Schaefer modelとよばれる。このモデルの基本的な考え方は，漁獲努力のレベルを操作することによって資源量を最適レベルに安定させ，漁業による経済的収量を最大限にすることができるというものである。この生物経済モデルは漁業を農業に類比したもので，漁師を農夫と同等とみなし，資源を土地と同等とみなしたのである。

生物経済モデルの原点は，Ricardo[19]の地代(rent)の概念である。Ricardo自身は土地を資本とは考えておらず，地代は利潤とは基本的に異なる，と考えていた。彼によると，"地代は大地の生産物の一部であり，土壌の本来のそして破壊できない力の使用に対して地主に支払われるものであり"，"自然の人類への贈物"である[20]。Gordonは，Ricardoの土地地

代（land rent）の概念を資源地代（resource rent）として魚類資源に適用することによって，適切に管理するならば地代を産みだすことのできる資本金（capital stock）として漁業資源をモデル化したのである（図2）。

Gordon[18]によると，"資源地代は耕作の限界地における土壌よりも豊度（quality）もしくは位置（location）が優れている土壌における超過生産力に相当する。"すなわち，資源地代は限界漁場とそれより豊度と位置の優れている漁場との間の生産力の差によって発生することになる。

このように，海洋生物資源の管理理論がまったく異質な農業と漁業との類比から出発したことが，その後の管理理論の展開にとってのみならず，海洋生物資源学の進歩にとっても大きな制約要因になった。

第一の問題点は，作物を栽培する農地と資源が移動してやまない漁場との違いである。

第二の問題点は，海洋生物資源のきわめて大きな変動性である。

第三の問題点は，所有権のある農地とコモンズとしての漁場との違いである。農地を管理するのは所有権のある個人であるが，海洋生物資源を管理するのは第三者の国家とか管理機関である。

以上述べてきたように，Schaefer-Gordon の bio-economic model は，生物学的には閉鎖集団にしか適用できない Raymond Pearl の logistic model，経済学的には漁業資源には適用できない Ricardo の地代理論，という2つのルーツを持つ，奇妙なモデルなのである。

「海洋自由」から「海洋分割」へ－資源管理基準の問題点－

1977年は1994年に発効した国連海洋法条約の先取りが世界的な規模で行なわれた年であるが，海洋秩序のこの歴史的な大転換は，海洋生物資源の管理について2つの意味で大きな問題点をはらんでいた。

第一の問題は，海洋生物資源が図1の res nullius から，common property resources を一気に通り越して，コモンズといえるかどうかどうか疑わしい状態に移行してしまったことである。EEZ 内における資源利用権はそ

189

2．研究の軌跡

の国家の市民に対して平等にそして排他的に帰属する共通の国家的権利（common national rights）として定義されるが，事実上は国家に帰属する権利に変えられたのである[21]。つまり海洋生物資源の本来の形である open access から別の形としての集団的所有を通り越して，国家が所有する一種の私有財産－国家資産 state property または国家資源 national resource －になってしまったと言える。その結果，資源利用権の国家による事実上の売買が行われている。ロシアは協力料，南太平洋諸国は入漁料という形で資源利用権を外国に売りに出している。

　海洋生物資源が国家資源になったことによるもう一つの資源利用権の形は，政府が利用権を企業または個人に配分しまたは再配分する権力を持ったことである。これは 1980 年代に入ってから，IQ（individual quota，個別漁獲割当）または ITQ（individual transferable quota，個別譲渡可能漁獲割当）の形で行われている。この制度は，カナダ，オーストラリア，オランダ，アイスランド，ノルウェー，デンマーク，ニュージーランドなどで採用されている[22]。これは，資源利用権の事実上の私有化である。国家資産から個人資産への道は短かった。

　アイスランドでは，ITQ 制度は 1991 年に始まった。ここでは，ITQ は商取引やリースの対象となるばかりか，資産として課税され，銀行信用の抵当としても受け入れられる。資源利用権は，土地，労働，貨幣と同じように擬制の商品となり，漁船から離れて独立の商品として分割可能であり，取引可能であり，明確な市場が形成されるようになってきている。このようにして，海洋生物資源のイメージは資本と同等になったのである[21]。次章で述べるように海洋生物資源を大気―海洋―海洋生態系という地球システムの中で捉えなければならないにも拘らず，現実は逆行している。

　第二の問題は，海洋生物資源の管理基準に関するものである。1994 年に発効した国連海洋法条約で，第 61 条に"漁獲対象種の資源量を MSY を再生産できるレベルに維持しもしくは回復する"ことが，生物資源の保持の目的としてあげられている。sustain（MSY の S）という語は keep in continuance（継続して維持する）という意味であるから，同じ状態を続け

るということで，そのことが国連海洋法条約に述べられているということは，"最大の漁獲量を継続して得る"ということが，資源管理または保存の国際基準になったことを意味している。

田中栄次は，つぎのように述べている[23]。

"国際会議において合意できることは，誰もが正しいと信じられる原理，誰も反論できない原理である。単純な（資源力学の）原理だけが生き残り，多くの科学者の批判に耐えるモデルを形成する原動力になり，生き残った方法は，国際会議とは独立した科学者からの批判にも耐えられる内容をもつようになっていくのである。"

この田中の主張は，大きく誤っている。資源力学の原理がきわめて単純であることには異論はないが，それは「誰もが正しいと信じられる原理，誰も反論できない原理」だからではない。また「科学者の批判に耐えるモデル」だからでもない。資源力学のモデルが生き残っている理由は，海洋生物資源の変動を説明し予測し得る科学的理論がいまだに構成されていないという状況のもとにおいても，海洋生物資源を国際的に「管理」するという建て前の下で，科学者でない各国の外務官僚や法務官僚にとって，なんらかの合意可能な「理論」もしくは「基準」が必要だったことである。

しかしこの「理論」の適用の結果は惨憺たるものであった。国際委員会による資源力学の理論に基づく管理が成功したと胸を張って言える魚類資源など，どこにもないのである。理論は実践によって検証されて初めて正しいと言えるのであって，その検証を抜きにしてどうして「誰もが正しいと信じられる原理，誰もが反論できない原理」などと言えるのであろうか。

北太平洋北東水域に分布する太平洋ハリバットの資源管理は，Thompson の理論[11] に基づく漁獲量規制によって MSY を実現しえた数少ない（おそらく唯一つの）優等生として有名である。しかし Burkenroad はバイオマスの変動の実体は環境変動に基づく年級変動であると指摘し[24]，Thompson-Burkenroad 論争が行なわれたが，後述するように，最近 Clark et al.[25] によって Burkenroad の主張の正しさが立証されたのである。

資源力学理論の正当性を実証する「功」がほとんど存在しない一方で，

2. 研究の軌跡

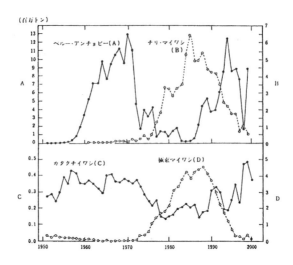

図3　1950年以降におけるペルー・アンチョビー（カタクチイワシ）とチリ・マイワシ（南東太平洋）の漁獲量（上）および日本漁業によるカタクチイワシと極東マイワシ（北西太平洋）の漁獲量（下）の経年変化
カタクチイワシとマイワシの漁獲量のスケールの違いに注意。
カタクチイワシ中心のレジームとマイワシ中心のレジームが，数十年のスケールで,遠く離れた2つの水域で同調して入れ代わっている。1950年代には，南東太平洋にはカタクチイワシを対象とする漁業がなかった。

それが犯した「罪」は数多い。その最大のものは，ペルー・アンチョビーの資源評価であろう。図3にみるように1960年代に入ってペルー・アンチョビーの漁獲量は急増し，これが乱獲ではないかとの危惧から，1970年に漁業経済学者のパネルはMSYを950万トンとし[26]，Gordon-Schaefer modelの考案者であるSchaeferは1,000万トンのMSYを計算した[27]。1970年に漁獲量は1,305万トンに達したが，1972年から急減した。そしてこの急減は，MSYを上回る強い漁獲と1972/73年に生じたエルニーニョによるものとされた[28]。ところがエルニーニョが終息し，漁獲量の低い状態が続いたにも拘らず資源は回復せず，1983-86年には漁獲量は10万トン前後にまで落ち込んだが，1987年に増加し始め，その後高いレベルが続いている。このような漁獲量（バイオマス）の大変動か漁獲によるものではなくて，レ

ジーム・シフト（後出）によるものであることは、いまでは世界の多くの海洋生物学者が認めるところである[29]。

このことについて、Hilborn（ワシントン大学）・Walters（ブリティッシュ・コロンビア大学）はつぎのように述べている[30]。

"専門家たちは一つの数字（a number）を得ようと努力し、950万トンで合意された。このことは、漁業科学者の犯した最大の失敗であろう。資源評価に関わる研究者たちは、MSYを推定してみてもそれはまったく信頼性のないものであることを強調すべきであったのだ。"

FAOは、依然として時代おくれのMSY理論に固執している。FAO漁業局のGrainger・Garciaは、1950～94年の45年間の世界の漁業統計を分析した[31]。漁獲量の時系列の解釈に用いられたFAOの基本モデルは「漁業開発モデル」であり、本質的にMSYモデルと同じものである。要するに、漁獲量が増加した後に横ばいの状態にあれば「高度開発」、横ばいの後低下傾向にあれば「乱獲」ときめつける乱暴なモデルである。このモデルを世界の200の資源（魚種と漁場［FAO統計の大海区］の組み合わせ）の45年間の漁獲量の変化にあてはめて、1994年の時点で乱獲が35%、高度開発が25%を超えた、とした。そして、"漁獲能力（fishing capacity）の増加を停止させ、衰退した資源を回復するための管理行動が緊急に必要である"という結論が導かれる。

これが、"多くの魚種で資源を維持・回復するためには漁獲量を引き下げる必要がある"（平成13年度水産白書）とする現在の水産庁の基本政策のルーツである。

地域的漁業管理機構による管理

common property resourceが、生物学的一体性を無視して国連海洋法条約によって国家間に分割されてしまったことから、当然予想された不都合が生じてきた。そのほころびを取り繕うために、いろいろな手が打たれてきた。

２．研究の軌跡

　２つ以上の沿岸国の EEZ にまたがって分布している資源と沿岸国と公海にまたかって分布している資源の管理については，海洋法条約第 63 条に規定されているが，前者については沿岸国の間で合意するように努力すること，後者については公海部分について沿岸国と非沿岸国が合意するように努力すること，とされている。またマグロ類などの広域回遊性資源（highly migratory fish stocks）については，それを漁獲している国は，EEZの内外を問わず，その管理について協力することが第 64 条に規定されている。

　2001 年 12 月に「またがり資源（straddling fish stocks）および広域回遊性資源の保存・管理に関する海洋法条約の規定を実施するための協定」いわゆる公海漁業協定が，米国やオーストラリアなど 30 ヶ国の批准で発効した。日本は内容が漁業国に厳しすぎるとして，批准手続きを見送った。この協定は，またがり資源および広域回遊性資源の公海に分布する部分の保存および管理について適用されるが（第 3 条），資源全体についての一貫性を保つように（shall be compatible），これらの資源の EEZ に分布する部分についても，沿岸国が協力する（第 7 条），そうしてそのために，沿岸国および公海において漁獲する国は，直接にまたは地域的な漁業管理機関および取り決め（regional fisheries　management organizations or arrangements）を通じて協力する（第 8 条 1 項）ことになっている。このような地域的漁業管理機関は，すでに存在しているものもあるし，これから新たに設置されるものもあろうが，いずれにせよこの協定は，国家管轄権の及ばない公海との関わりに関して作られたものである。別の言い方をすれば，国家管轄権の及ばない公海部分の資源について，国家管轄権部分をからめて規制しようというものである。

　ある資源の管理がある沿岸国の EEZ におさまりきれない場合について，その資源を共同で管理しようとする場合には 3 つの管理方式が考えられる。

　Ａ：2 つ以上の EEZ にまたがって分布する資源について 2 国間または多国間で管理する。

　Ｂ：EEZ と公海にまたがって分布する資源について，

第1章　レジームシフト理論の形成過程

B-1：公海部分について多国間で管理する

B-2：資源全体について多国間で管理する

Aの例は，北東アジア水域の東シナ海・黄海から日本海西部にかけて分布する底魚資源についての日中，日韓，中韓の漁業協定である。

B-1の例としては，底びき網漁業については，NAFO（Convention on Future Multi-lateral Cooperation in the Northwest Atlantic Fisheries）がある。この条約においては「規制水域」として，“沿岸国が漁業管轄権を行使する水域を越えた部分”としている。つまり，公海のことである。

海洋法条約で広域回遊種として特別な扱いとなっているマグロ類は，B-2の範疇に入る。ICCAT（International Convention for the Conservation of Atlantic Tunas）においては，“条約水域は大西洋の全域とし，接続する諸海を含むものとする”となっている。

国連海洋法条約の基本は国家の主権的権利・管轄権に基づく国益（national interests）であり，現代は国益が地域的一体性（regional identity）を圧倒している時代である。このような中でも，海洋生物資源の管理についての連携を強めている地域（region）がある。例えば，Far North といわれる大西洋の北部水域である。Far North は，カナダの大西洋岸とくにニューファウンドランド，ノルウェー北部の Finmark・Troms・Nordland の諸州，グリーンランド（デンマーク領），フェロー諸島（デンマーク領），アイスランドを含んでいる。これらの国や地域は，漁業協定のネットワークでたがいに結ばれている。そして，EU（ヨーロッパ連合）およびロシアとは，別な漁業協定で結ばれている。

ここでは，国際的科学機関（International Council for the Exploration of the Sea）の勧告に基づいて全体の漁獲割当量が決められ，それが多くの国や地域の間の協議に基づいて分配されるという形は海洋生物資源の共同利用のもっとも先進的な形で，地域主義（regionalism）と呼ばれる。

もとよりこのような国境を越えての地域主義が成立するには，それなりの地域的基盤が存在する。すなわち，機能的な相互作用と統合作用，文化的な同一性，安全保障上あるいは防衛上の観点である。ノルウェー，アイ

2. 研究の軌跡

スランド，フェロー諸島，グリーンランドには，ノルディック文化を基礎と
した結びつきがある。また，カナダ，グリーンランド，ノルウェーの間に
はイヌイト族（Inuit）など先住民の間の文化的結びきがある。また NATO
（北太平洋条約機構）が5つの地域をすべて結びつけている。さらにこれ
らの5つの地域は，すべて社会の主流から取り残され，人口が少なく人口
密度が低い。これらの小さくて孤立した社会が効率的な競争者である現代
資本漁業や新しい市場，新しい生産物に対抗していかなければならない
面もある[32]。しかし，ある意味ではこれがコモンズの利用の仕方なのであ
る。これを後れた事例とみずに，コモンズ本来の進んだ利用の仕方とみる
べきであろう。

　Far North と対照的なのは，北東アジア水域である。日本，中国，韓国の
間では共同の資源管理の仕組は存在せず，その意味では世界でもっとも後
れた水域の一つである。国連海洋法条約の発効にともない，EEZ を設定し
なければならない状況に追い込まれ，それぞれの2国間で新しい枠組を作
るために苦労したのであるが，結局は国益のぶつかり合いで，人類の共同
財産としての海洋生物資源の保全と有効利用という目標からはほど遠いの
が現状である。

　この背景には歴史的な諸問題とくに侵略と抗争の歴史があり，価値観を
共有できない現実がある。しかし他方，3国間の文化的な結びつきもこれ
また大きいのであって，同種同文ともいわれる。共同の基礎は大きく存在
するのである。地域主義の確立なくして，北東アジア水域の海洋生物資源
の管理はあり得ないのである。

国連海洋法条約の問題点

　これまで述べてきたことから，海洋生物資源に関して，海洋法条約の問
題点について次のような整理をすることができる。
　(1) 海洋生物資源はかつての「海洋自由」の時代には res nullius であり，
　　　その利用者の間に競合はあるが非排除可能で，open access 資源であっ

第1章　レジームシフト理論の形成過程

た（図1の左上の象限）。「海洋分割」時代の現代における海洋生物資源は common property resource（図1の左下の象限）と理解すべきである。したがって，その利用者以外に対しては排除的であるが，利用者間に分割すべきではない。コモンズとしてのこのような本質を見誤ったところに，海洋法条約の基本的な過失がある。

(2) 海洋法条約の第2の過失は，複数の国が利用する資源の TAC の設定などに関する地域的管理機関について，各国政府からの独立性を規定しなかったことである。政府間管理機関（intergovernmental management body）が結局は国益の主張の場となり，コモンズとしての海洋生物資源の管理にとって足枷となり，場合によっては乱獲を助長することは，歴史的に証明済みのことである。例えば国連による管理などが考えられる。

(3) 海洋法条約の第3の過失は，海洋生物資源の管理目標を MSY としたことである。海洋法条約の方々に，the best scientific evidence available（利用可能な最良の科学的根拠）という文言がでてくる。この考え方を踏襲して，"その時の科学のレベルでの最良の管理目標" とすべきである。条約（国際法）が科学の進歩によって変化し得るところの管理目標の内容にまで踏み込んで規定することは，科学の独立性を冒すものである。

海洋生態系の変動法則

　図4に示すように，20世紀において世界のマイワシの漁獲量は同調した変動を示しているが，そのピークは2度ある。1930年代後半と1980年代後半である。かつては，1940年代に生じた極東マイワシとカリフォルニア・マイワシの漁獲量の急減は，獲り過ぎの結果と考えられていたが[33]，いまではそう考える人は少ない。気候−海洋−海洋生態系から構成される地球システムの一定の特性が支配的な状態をレジームといい，あるレジームから別のレジームに転換することをレジーム・シフトという。レジーム・

197

2. 研究の軌跡

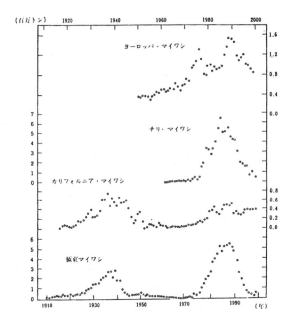

図4　20世紀におけるヨーロッパ・マイワシ，チリ・マイワシ，カリフォルニア・マイワシおよび極東マイワシの漁獲量の経年変化
どの水域においても，1930年代後半と1980年代後半にピークがみられる。

シフトのよい例は，マイワシとカタクチイワシの間の魚種交代（alternation between species）である。図3にみるように，南東太平洋においても北西太平洋においても1950・60年代はカタクチイワシのレジームであった（南東太平洋では50年代には漁業がなかった）。1970年代に両水域においてカタクチイワシからマイワシへのシフトが生じている。1980年代は，マイワシのレジームである。1990年を中心としてシフトが生じ，それ以後はカタクチイワシのレジームである。

　北西太平洋の浮魚生態系においては，マイワシはカタクチイワシとの間と，カタクチイワシ以外の浮魚すなわちサンマ，マアジ，マサバ，との間に別のサイクルの魚種交代を行っている。つまり二重のサイクルがみられ

第1章　レジームシフト理論の形成過程

川崎　健

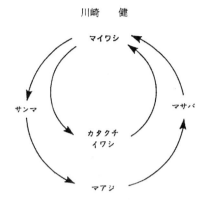

図5　北西太平洋温帯域における浮魚群集の魚種交代の二重サイクル

る（図5）。寒帯性のニシンは，北太平洋においても北大西洋においても，温帯性のマイワシとの間で位相が同じで符号が異なるカタクチイワシ型の変動を行っている。このように，浮魚類ではマイワシを中心として魚種交代のサイクルが進行しているといえる。

このようにレジーム・シフトは，バイオマスの大きな浮魚類に特徴的なバイオマス変動様式と当初は考えられていたが，近年になってもっと広い分類群にわたってみられる普遍的な現象であることが明らかになってきた。Venrick et al. によると，1970年代半ばにハワイのすぐ北側で植物プランクトンが大きく増加した[34]。北東太平洋では，1950年代末と1980年代の間に夏の動物プランクトンが倍以上に増加した[35]。

カツオ・マグロ類では，北西太平洋で1990/91年を境にしてクロマグロとビンナガのバイオマスが減少傾向から増加傾向へ転じ，メバチとキハダが逆に増加傾向から減少傾向へ転じている（図6）。クロマグロとビンナガは主として温帯水域で生涯の大部分を過ごす温帯性マグロであるのに対して，メバチとキハダは熱帯性マグロである。シフトが発生しているのは1990年前後であり，マイワシとカタクチイワシ・ニシンとの間のシフトの

2. 研究の軌跡

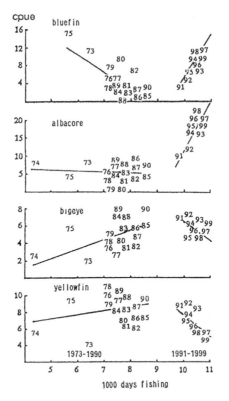

図6 北西太平洋におけるわが国の沿岸マグロ延縄漁業(20トン以下)における，魚種別の努力量当たり年間漁獲量の努力量に対する回帰
cpueはクロマグロについては10 kg/日，その他についてはkg/日

時期に対応する。Schaeferが東部熱帯太平洋のキハダ漁業のデータを用いて考えだした「余剰生産量モデル」では，cpueは努力量に対して必ず負の回帰関係を示さなければならず，北西太平洋のマグロ漁業においてはこのモデルの有効性が否定されることになる。

本州東方水域に5月から10月にかけて来遊するカツオは大部分が前年の冬に赤道水域で生まれた1歳魚であるが，バイオマスが大きなときには黒潮前線を越えて北上する魚群が増加し，そのため本州北部太平洋岸の漁

第1章　レジームシフト理論の形成過程

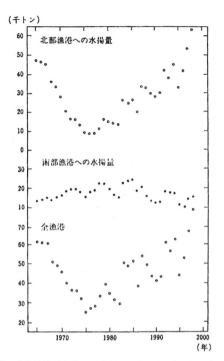

図7　本州太平洋岸の北部漁港（気仙沼, 女川, 石巻, 塩釜）, 南部漁港（小名浜, 那珂湊, 銚子）へのカツオの水揚げ量（冷凍を除く）およびその合計値の1995〜1998年の経年変化
3年移動平均値。北部漁港と合計値で, 1970年代半ばに減少から増加へのシフトがみられる。

港（気仙沼, 女川, 石巻, 塩釜）への水揚げが増加する[36]。図7にみるように, これらの漁港への水揚量は1960年代の半ばから減少傾向で, 1970年代半ばには1万トン（3年移動平均値）を切ったが, その後増加に転じ, 1999年には6万トンを超えた。他方南部の漁港（小名浜, 那珂湊, 銚子）への水揚げ量はこれとは逆の傾向を示しているが, これは来遊するバイオマスが小さいときには, 魚群が黒潮前線の南側に集積されることを示している。

底魚の場合にも, 明瞭なレジーム・シフトがみられる。アラスカ湾とベー

2. 研究の軌跡

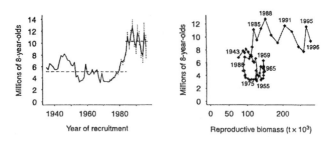

図8　太平洋ハリバットの加入量変動（8歳で加入）（左図）と加入量と親魚量との関係（右図）
左側の図から1970年代半ばの年級から加入量が劇的にシフトしていることがわかる。Rickerの再生産モデルによると，加入量は再生産バイオマスがある点を越すと減少するが，右側の図では反対に激増し，2つの間には密度依存的な関係がないことを示している。(25)より引用

リング海では，1970年代半ばに多くのヒラメ・カレイ類が強い漁獲圧力の下で増え始めた[25]。仙台湾から房総半島沖にかけての水域で，多くの底魚類の加入量がこれも強い漁獲の下で1990年代初めから増え続けている[37]。

とくに興味深いのは，資源力学のモデルを適用して資源管理に成功した典型例とされた太平洋ハリバットの場合である。従来のモデルは，ハリバットの生長は年々一定で，バイオマスと加入量の間に強い密度依存関係があることを仮定していたが，このような仮定がまったく成立しないことが明らかになってきた。1970年代の半ば以後，ハリバットの個体生長は劇的に低下し，また高いレベルの産卵量の下で高いレベルの加入量が継続してみられるようになった（図8）。Clark et al.[25]は，つぎのように述べている。

"近年の気候学的研究によると，レジーム・シフトが1976/77年の冬に生じた。これは近年のハリバットの生長速度の低下および加入量の急増や他の種の分布と資源量の顕著な変化とよく一致している。北太平洋の気候の数十年スケールの変化がハリバットの資源や他の種の資源の数十年スケールの変動を引き起こしたことは明らかである。"

わが国から放流されるサケの回帰率（孵化年から4年後の回帰数／放流数）はかつては1％以下と低いものであったが，稚魚の飼育設備などの放

第1章　レジームシフト理論の形成過程

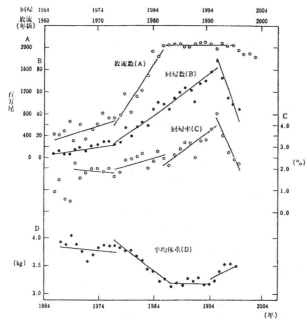

図9　サケ稚魚の放流数（出生の翌年），出生から4年後の回帰数，回帰率，および回帰魚の平均体重の経年変化
1962〜1999年級。1974年と1992年にレジーム・シフトが生じている

流条件の改善によって1966年級から1％台に乗るようになる（図9）。他方，放流数は1960年代に入ってから増え始める。回帰率は1970年代の初めの年級までは低下傾向であるが，回帰数は放流数の増加によって増加傾向を示す。回帰率は1970年代半ばの年級から上昇し始め，また同じ頃から放流数も急上昇するため，回帰数はめざましく増加する。1982年級以降は放流数はほぼ20億尾で安定しているが，回帰率の上昇にともなって回帰数は増加を続け，1992年級（1996年回帰）で回帰率は4.5％，回帰数は8,800万尾に達した。ところが，放流数は20億尾前後に維持されていたにも拘らず，回帰数は1993年級（1997年回帰）から急減し，1996年級（2000年回帰）では回帰率は2.3％，回帰数は4,400万尾といずれも半減した。

2. 研究の軌跡

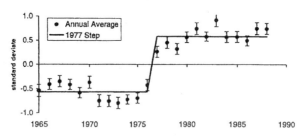

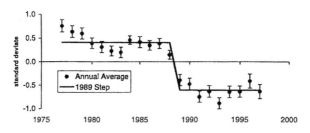

図10　1977年と1989年前後に太平洋の生態系で生じたレジーム・シフト
正規化した31の気候の時系列と69の生物学的時系列を平均したもの。(38)より引用。

　放流技術や放流尾数が安定している条件の下での1992年級をピークとする回帰率の急上昇とその後の急低下を，放流技術効果論（平成10年度漁業白書）によって説明することは到底できず，レジーム・シフトで説明しなければならない。
　このように海洋生態系に広範に認められるレジーム・シフトのメカニズムの解明はこれからの課題であるが，大気－海洋系のレジーム・シフトと運動していることは確かで，大気－海洋－海洋生態系という地球システムの変動原理として把握すべきであろう。
　上記の諸例で示したように，近年のレジーム・シフトは1970年代半ばと1990年前後に生じている。一つの図（図10）を示そう。これはHare &

第 1 章　レジームシフト理論の形成過程

Mantua が示したもので，太平洋における 31 の気候（大気と海洋）の時系列データと 69 の生物（生態系）の時系列デ－タを正規化し，それらを平均したものである。1977/78 年（1970 年代半ば）と 1988/89 年（1990 年前後）に明瞭なレジーム・シフトがみられる[38]。とくに 1970 年代半ばのレジーム・シフトは，大西洋を含めてグローバルな性格を持っている[39]。

レジーム・シフト理論に基づいた海洋生物資源の地球科学的管理

　大気―海洋―海洋生態系のレジーム・シフトは現段階では予測が困難であるが，そのメカニズムが解明されるにつれて，しだいに予測可能に近づくであろう。

　海洋生態系についていえば，現段階においても，少なくともシフトの前兆をとらえることは可能である。たとえば，1970 年代初めの極東マイワシ資源の立上がりの際には，その数年前から土佐湾における大量産卵などの前兆現象を観察することができた。また，成長，ピーキング，衰退を経過する資源変動のカーブについても，資源状態をモニターして前兆現象を把握することによって，予測することが可能である。

　海洋生物資源の MSY 的管理と地球科学的管理の基本的な違いは，前者は環境変動は無方向なノイズであるという誤った前提の下で漁獲努力量と余剰生産量の間の平衡関係を仮定した管理方策を追究するのに対して，後者は現実の地球システムのレジーム・シフトに合わせたダイナミックな管理方策を追究するところにある。

　地球科学的資源管理の基本は，それぞれの資源もしくは生態系のレジーム・シフトのパターンの進行を妨げないように漁獲することである。

（1）もっとも大切なのは，バイオマスの立上がりの時期の管理である。バイオマスがわずかでも増えると，それとばかりに強い漁獲を加える。これが，従来のパターンであった。そうではなくて，とくに産卵魚や若年魚の漁獲を抑えて資源がスムーズに立ち上がれるようにすることが肝要である。

205

2．研究の軌跡

(2) バイオマスの増加の勢いがついた時期には，資源はかなり頑健である。ある程度強く漁獲しても資源は持ちこたえる。

(3) バイオマスの減少期には，漁獲を加減してバイオマスの下降カーブをなるべくゆるやかにし，できるだけ長く漁獲が続けられるようにする。

このような観点からみると，我が国の「漁獲可能量制度」には大きな問題がある。国連海洋法条約が 1994 年 11 月に発効し，それを受けて 96 年 7月に「海洋生物資源の保存及び管理に関する法律」が施行された。ここで導入されたのが，「漁獲可能量制度」である。現在は，サンマ，スケトウダラ，マアジ，マイワシ，サバ類，ズワイガニ，スルメイカの 7 種が，特定海洋生物資源として指定されて，TAC（許容漁獲量）が設定されている。しかし，この制度には 2 つの大きな問題がある。

(1) 大臣や知事に報告しなければならないのは漁獲量であるが，実際に報告されるのは，high-grading（漁獲物の選別・投棄）が行われた後の市場への水揚量である。現実には，市場価値の低い小型魚が大量に投棄されている (たとえば，サンマ棒受網漁業；山村[40])。

(2) 日本の TAC には，量の規制のみで質の規制がない。

質の規制をともなわない量のみの規制は，資源を保護するどころか逆に資源を破壊する（たとえば，近年の大中型まき網漁業によるマサバ 0 歳魚の乱獲；平成 13 年度水産白書）。

旧いパラダイムから新しいパラダイムへ

結論として私が強調したいのは，次のようなことである。

海洋生物資源の管理は，一つのコモンズの管理である。このコモンズは図 1 の左下の象限の共有財産資源（common property resources）として定義される。すなわち，一定の水面の資源の利用権者以外は排除され，利用権者の間では一定のルールの下で競合が存在する。その場合の一定の水面の資源すなわちコモンズは，魚類生態系である。例えば，東シナ海から黄海，日本海西部にかけて分布する底魚資源は，一つの魚類生態

第1章　レジームシフト理論の形成過程

系を構成している。この魚類生態系は，EEZ の枠組みにとらわれること
なく，一体として管理されなければならない。そして，それを利用する日
本，中国，韓国は共通の歴史と文化で結ばれている。このような地域主義
（regionalism）の確立が重要である。

　問題の本質は，海洋生物資源の変動を地球システムの変動の一要素とし
て，科学的に把えなおすことである。その上に立って，"資源は漁獲努力と
平衡関係にあり，環境変動による資源変動はノイズに過ぎない。漁獲努力
を調節することによって資源を調節することが資源管理である"とする，
非科学的な旧いパラダイムから脱却することである。そして，"資源を変動
させる本質的なメカニズムはレジーム・シフトであり，漁獲はこの自然の
営みを外からかき乱す外力である。資源管理の基本は，レジーム・シフト
のリズムに沿い，リズムを壊さないように，資源を利用することである"と
いう新しいパラダイム－地球科学的資源管理－を確立することである。

　このような思考のコペルニクス的転回によってはじめて，資源管理を科
学的基盤の上に据えつけることができる[41]。

注
（1）宇沢弘文，1994，社会的共通資本の概念，社会的共通資本－コモンズと都市－，
　　東京大学出版会
（2）Wijkman PM, 1982, Managing The Global Commons, International Organization, 36, 3.
（3）Vogler J, 2000, The Global Commons － Environmental and Technological Governance －,
　　John Wiley & Sons, LTD.
（4）The Royal society, 1660 年に創設された英国最古の自然学振興を目的とする学会：正
　　式名は The Royal Society of London for the Improvement of Natural Knowledge（リーダー
　　ズ英和辞典）
（5）Thomas Henry Huxley, 1825-95, 英国の生物学者, 1884, Inaugural Address of the Fishery
　　Conferences, Fisheries Exhibition Literature 4.
（6）Hjort J, 1914, Fluctuations in the great fisheries of northern Europe, Rapp. Cons. Explor.
　　Mer 20.
（7）生長乱獲（growth overfishing）とは，漁獲によって加入量は影響されないが，若い
　　魚を獲り過ぎると高齢まで生き残る大型魚が減り，漁獲量が減る現象であり，加入乱
　　獲（recruitment overfishing）とは，漁獲の結果親魚量が減り，加大量が減少して，そ

207

2．研究の軌跡

の結果漁獲量が減る現象である。

（8）Russell ES, 1931, Some theoretical considerations on overfishing problem, J. Cons. Int. Explor. Mer 6.

（9）Graham M, 1935, Modern theory of exploiting a fishery and application to North sea trawling, J. Cons. Int. Explor. Mer 10.

（10）1879-1940，アメリカの実験生態学者，人口学者。ショウジョウバエの飼育ビン中における個体数増加がロジスティックモデルに従うことを発見した。

（11）Thompson WF, 1937, Theory of the effect of fishing on the stocks of halibut, Rep. Int. Fish. Commn. 12.

（12）Schaefer MB, 1954, some aspects of the dynamics of populations important to the commercial fish populations, Fish. Bull. US Dept. Int. Fish. Wild. Serv. 52.

（13）Beverton RJH ＆ Holt SJ, 1957, On the dynamics of exploited fish populations, Fish. Invest. Lond. ser. 2, 19.

（14）Schaefer MB & Beverton RJH, 1963, Fishery dynamics, their analysis and interpretation, In The sea, Wiley Inter-science.

（15）Gordon HS, 1953, An economic approach to the optimum utilization of fishery resources, J. Fish. Res. Bd. Can. 10.

（16）Clark CW, 1973, The economics of overexploitation, Science 181.

（17）長谷川　彰，1985，漁業管理，恒星社厚生閣．

（18）Gordon HS, 1954, The economic theory of a common property resource : the fishery, J. Polit. Econ. 62.

（19 ）David Ricardo, 1772-1823, 英国の経済学者 .

（20）Ricydo D, 1817, On the Principles of Political Economy and Taxation.

（21）Eythorsson E, 1998, Metaphors of property : The commoditisation of fishing rights, In Northern Waters: Management Issues and Practice, Fishing News Books.

（22）草川巨紀，1994，ニュージーランドの資源管理，世界の漁業管理，国際漁業研究会．

（23）田中栄次，1999，国際会議で用いられる資源評価の手法について，南西外海の資源・海洋研究，15.

（24）Burkenroad MD, 1948, Fluctuations in abundance of Pacific halibut, Bull. Bingham Oceanogr. Coll. 11.

（25）Ciark et al., 1999, Decadal changes in growth and recruitment of Pacific halibut (*Hippoglossus stenolepis*), Can. J. Fish. Aquat. sci. 56.

（26）Thompson JD, 1981, Climate, upwelling and biological productivity : some primary relation, ships, In Resource Management and Environmental Uncertainty : Lessons from Coastal Upwelling Fisheries, Wiley-Interscience Publication.

第1章　レジームシフト理論の形成過程

(27) Schaefer MB, 1970, Men, birds and anchovies in the Peru Current － dynamic interactions, Trans-Amer. Fish. Soc. 99.

(28) Cushing DH, 1982, Climate and Fisheries, Academic Press（川崎　健訳，1986，気候と漁業，恒星社厚生閣）.

(29) たとえば，Alheit JS *et al.* 2001, Workshop of the decadal changes WG of SPACC on "major turning points in the structure and functioning of the Benguela ecosystem", GLOBEC INTERNATIONAL Newsletter 7 (1).

(30) Hilborn R ＆ Walters CJ, 1992, Quantitative Fisheries stock Assessment, Choice, Dynamics and Uncertainty, Chapman and Hall.

(31) Grainger RJR ＆ Garcia SM, 1996, Chronicles of marine fishery landings(1950-1994) － Trend analysis and fisheries potential, FAO Fish. Tech. Paper 359.「世界の漁業第1編世界レベルの漁業動向」（[国際漁業研究会，海外漁業協力財団，1998] に抄訳（川崎健）および川崎によるコメントが掲載されている。

(32) Bailey J, 1998, The Far North and the will for regionalism, ln Northern Waters : Management issues and Practice, Fishing News Books.

(33) Cushing DH, 1971, The dependence of recruitment on parent stock in different groups of fishes, J. Cons. Explor. Mer 33.

(34) Venrick EL *et al.*, 1987, Climate and chlorophyll a: Long-term trends in the central Pacific, Science 238.

(35) Broduer RD ＆ Ware DM, 1992, Long-term variability in zooplankton biomass in the subarctic Pacific Ocean, Fish. Oceanogr. 1.

(36) 二平　章，1996，親潮域におけるカツオ回遊群の行動生態および生理に関する研究，東北水研報告 58.

(37) 二平　章・須能紀之・高橋正和，2003，三陸・常磐海域における底魚類のレジーム・シフト，月刊海洋 35.

(38) Hare SR ＆ Mantua NJ, 2000, Empirical evidence for North Pacific regime shifts in 1977 and 1989, Prog. Oceanogr. 47.

(39) Beamish RJ *et al.*, 2000, Fisheries climatology : Understanding decadal scale processes that naturally regulate British Columbia fish populations, ln Fisheries Oceanography. An integrative approach to fisheries ecology and management. Blackwell Science.

(40) Yamamura O., 1997, Scavenging on discarded saury by demersal fishes off Sendai Bay, northern Japan, J. Fish. Biol. 50.

(41) 海洋生物資源の地域科学的管理に関しては，次の論文を参考にしていただければ幸いである。

川崎　健，2003，レジーム・シフト研究の現在的意義，月刊海洋 35.

川崎　健，2003，地球システム変動の構成部分としての海洋生態系のレジーム・シフ

209

2．研究の軌跡

ト，月刊海洋 35.

海洋生物資源の基本的性格とその管理
Fundamental Nature of the Living Marine Resources and Their Management
Tsuyoshi KAWASAKI（Tohoku University）

Living marine resources are defined as a type of commons, common property resources, from which units other than those having the right to use resources in a defined area are excluded and for which there is a competition among resource users under a given rule. Resources in a defined area denote fish ecosystems, which must be managed as an in separable body, freed from the framework of the EEZs. To that end, establishing the regionalism will be crucial. Fluctuations in living marine resources have to be regrasped scientifically as an element constituting fluctuations in the geo-system, climate-ocean-marine-ecosystem. We must overcome the current, unscientific old paradigm, which assumes that a fish stock is in equilibrium with the fishing effort and variations in stock size are no more than random noises and that living marine resources are manageable only by regulating the fishing effort.

Establishing a new paradigm, geo-scientific resource management, which maintains that the essential mechanisms that drive fish stocks to fluctuate is the regime shift and the fishery is a force which interrupts the patterns of the system in nature from the outside and that the fundamental issues for stock management will be to wisely utilize resources in concert with the rhythms of the regime shift, not so as to destroy them.

第 1 章　レジームシフト理論の形成過程

11.　レジーム・シフト研究の現在的意義（2003）

　レジーム・シフト理論は，気候−海洋−海洋生態系の変動を地球システ
ムの変動として統一的に捉える新しい地球科学の展望を切り拓き，海洋生
物資源の変動を巡る平衡理論と環境決定論を巡る不毛の議論に終止符を打
ち，科学的な資源管理への道を開いたのである。

1.　まえがき

　レジーム・シフト研究のもっとも大きな現在的意義は，気候（大気）−
海洋−海洋生態系の変動を地球システムの変動として包括的に理解する新
しい地球科学時代の地平を切り拓いたことである。最近では，陸上生態系
をも包含できるような展望も開けてきた。

　レジーム・シフトとは，大気―海洋―海洋生態系という地球システムの
基本構造（レジーム）が，数十年の時間スケールで転換（シフト）するこ
とをいう。この転換は基本的に質的な転換であって。量的な変化はそれに
ともなうものである。レジームの違いは，世界の違いなのである。

　この特集の構成は，大気，海洋から海洋生態系 (低次生産，浮魚，スル
メイカ，底魚，マグロ類，サケ類) にまたがる広範囲なものとなっている
が，これはレジーム・シフトが，地球システムの全体をカバーする現象で
あるからにほかならない。

　もともとレジーム・シフトの存在は，互いに遠く離れてまったく別の海
流系に分布している太平洋の 3 つのマイワシ個体群が 20 世紀において同
調して数十年スケールの大変動を行っていることが指摘されてから，初め
て認識されるようになった（Kawasaki, 1983 ; 図 1）。その後，植物プランク
トンからマグロ類のような高位捕食者にいたるまで同様な大変動が見られ
ることが分かってきた（Kawasaki, 2002）。さらに，北大西洋における 40 年
間にわたる動物プランクトンの変動についての最近の研究によって，レ

211

2. 研究の軌跡

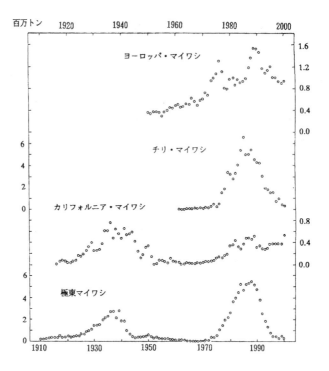

図1 20世紀における極東マイワシ,カリフォルニア・マイワシ,チリ・マイワシ,ヨーロッパ・マイワシの漁獲量の経年変動。4つの個体群は同調して変動しており,1930年代後半と1980年代後半にピークがみられる。MSY理論に基づいて1930年代の漁獲量減少の原因は,乱獲に帰せられることが多かったが,現在ではそう考える人はいない。北太平洋の水温変動は東西で逆相関しており,カリフォルニア・マイワシと極東マイワシの同調した資源変動を水温変動では説明できそうにない。地球規模の気候—海洋変動と結びつけたメカニズムの追究が今後の課題である。

ジーム・シフトが気候変動と連動した海洋生態系の全面的な再編成(re-organization)であると認識されるようになった(Beaugrand & Reid, 2002)。

他方,大気—海洋の物理学的系においてもレジーム・シフトの存在が指摘されるようになってきて(花輪, 2002),レジーム・シフトが地球システムの変動であることが認識されるようになった(Kawasaki, 2002)。従来は別々にしか理解されてこなかった海の生物の世界と大気−海洋系という物理の

第1章　レジームシフト理論の形成過程

世界を，地球科学（geo-science）の問題として統一的に理解できるように
なったのである。

　地球システム全体を結びつけるレジーム・シフトのメカニズムについて
は，次号の私の報文「地球システム変動の構成部分としての海洋生態系の
レジーム・シフト」において系統的に説明することにして，本報文では海
洋生物の個体数変動について，レジーム・シフトの認識にいたる歴史的変
遷を述べることにする。

2．海洋生物資源変動の平衡理論

　海洋生物の個体数変動理論は，多くの魚類が漁業という強大な捕獲圧の
下にある特殊な野生生物集団であるため，資源管理問題を支える研究分野
（資源力学）として，動物生態学の他の分野とは異なる特異な展開を遂げ
てきた。用語までが特異であった。population dynamics という語は，動物
生態学では広い意味の個体群の動態を指す語であるが，水産資源において
は，資源管理のための数学的平衡理論に特化された。その展開は，研究の
出発点が北大西洋のトロール漁業が対象とする長寿命のカレイ・タラ類で
あったことによって大きく制約されてきた。この平衡理論は，漁業の対象
となる資源生物のみならず，海洋生物全体の個体数変動理論の研究にとっ
ても制約要因となってきた。

　population dynamics では，たとえば魚類個体群の加入量を VPA（Virtual
Population Analysis）という方法によって計算するが，これは各年齢の漁獲
尾数のデータを用いて，最高年齢の漁獲死亡係数と自然死亡係数を仮定
して，年齢ごとの資源尾数を遡って計算し，加入尾数に至るもので，これ
を用いて資源変動を論ずるのである。その際，自然死亡係数は，しばしば
なんの理論的もしくはデータ上の根拠もなしに，あるいは年級が異なって
も，加入以後生涯にわたって一定とされる。要するに，自然は変化しない
のである。ある年級の自然死亡係数が生涯にわたって不変である，または
年級間で一定であるということが，あり得るのであろうか？この計算によっ

213

2．研究の軌跡

て得られた“加入量”は，何を表わしているのだろうか？

　資源力学の理論は 19 世紀末から 20 世紀初めにかけてのトロール漁業において cpue（単位漁獲努力当たり漁獲量：資源密度）と漁獲努力との間に逆相関関係が見られたことから出発した。これを説明するために，Baranov（1918）は，漁獲死亡率の関数としての漁獲量という形で北海のカレイ資源についての操作モデルを考案した。これが今日まで続く“資源量（バイオマス）は漁獲の強さで決まる”という考え方の出発点であった。Russell（1931）は，資源量の関数としての“自然増加率（加入率＋個体成長率－自然死亡率）”と漁獲努力の関数としての“漁獲死亡率”が平衡関係にあるとして，資源管理と“資源量の減少を引き起こすことなしに魚の最大量が毎年間引かれるようなレベルに資源量を維持し，または誘導すること”という MSY 概念を作り上げた。Schaefer & Beverton（1963）によると，資源力学においては，“長い期間を平均することによって環境変動の影響を取り除き，平均的な環境条件の下における事象をモデルが記述できるようにする”のである。要するに資源力学の基本思想は，自然は変化しない，変化するとしても無方向（偶然性）で，ある期間平均すれば変化はゼロとみなし得る，ということで，“環境変化こそが生物を創りだし，生物を進化させてきた”という環境と生物の結びつきの必然性を否定することから出発するのである。

　それでは，このような理論に支えられた資源管理は成功したのだろうか？私は寡聞にして，MSY 理論に基づく資源管理が成功したという例を知らない。

　アラスカ湾からアリューシャン列島にかけて分布する太平洋ハリバットは，米加両国にとってはもっとも重要な資源のひとつであり，W.F. Thompson の理論（資源は漁獲のみによって増減するとする典型的な平衡理論，Thompson, 1950）に基づく漁獲量規制によって MSY を実現し得た数少ない（おそらくただひとつの）優等生として，有名であった。しかし Burkenroad（1948）は，バイオマス変動の実態は環境変動に基づく年級変動であると指摘し，長年にわたって Thompson-Burkenroad 論争が行われ

た。そして最近になって，ハリバットの資源変動がレジーム・シフトによることが Clark *et al.*（1999）によって示され，Burkenroad の指摘の正しさが実証されたのである。

　1960 年代に入って世界最大の資源であるペルー・アンチョベータの漁獲量が急増し（図 2），乱獲ではないかとの危惧から海外から高名の資源学者が招かれ，950 万トンの MSY が 1970 年に設定された。これとは別に，資源力学モデル（Gordon-Schaefer モデル）の創始者である Schaefer（1970）は 1000 万トンの MSY を計算した。1970 年の漁獲量は 1305 万トンに達したが，1972 年から急減した。この急減は，乱獲と 1972/73 年のエルニーニョのせいにされた。しかし，図 2 に見るように，カタクチイワシ類の変動の実体は，北西太平洋でも同時に生じているマイワシとの魚種交代であり，レジーム・シフトによるものであることは，いまでは世界の多くの海洋生物学者の認めるところである（たとえば Alheit *et al.*, 2001）。

　1980 年代の末から，ノバ・スコシア沖からラブラドル沖にかけて分布する大西洋マダラのストックは，極端な不漁に見舞われた。これについて，たとえば Hutchings & Myers（1994）は漁獲がただひとつの原因と主張した。そして 1992 年から 1996 年までモラトリアムが課されたにも拘わらず，いまだに回復の兆候は見られていない。これは，Dutil & Lambert（2000）が述べているように，"環境条件の悪化が資源の生産性を低下させた" のであって，資源状態の悪化の原因は漁獲ではなかったと考えられる。

　しかし資源管理に関する多くの国際条約は管理基準として MSY をうたい，国連海洋法条約は 61 条で，"MSY を生産できるレベルに漁獲対象を維持し回復する" と述べている。これは，資源を国際的に "管理" するためには，少なくとも文言上で，合意可能な基準が必要であったことを示しているが，上述したように，管理の実態はこのような "建前" とはほど遠いものである。

2. 研究の軌跡

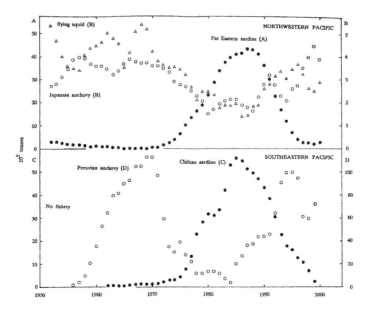

図2 20世紀後半における極東マイワシ（●），カタクチイワシ（○），スルメイカ（△）（北西太平洋）と，チリ・マイワシ（●），ペルー・カタクチイワシ（○）（南東太平洋）の漁獲量（3年移動平均）の変動。両水域において，マイワシを中心にして，数十年スケールの同調した大変動がみられる。なお，南東太平洋においては，1950年代には，これらを対象とする漁業がなかったので，漁獲量はゼロまたは少ないが，アンチョベータの大きな資源があったと考えられる。この共通した資源変動は，地球規模の共通の気候変動によってしか説明できない。

3. 生物資源変動の環境決定論

平衡理論の一方で，魚類資源の個体数変動研究において，環境変動に基づく個体数変動が問題にならなかったわけではない。20世紀の初めにおいて，ノルウエー沿岸に産卵のために来遊するニシンの来遊量が年によって何十倍という大きな変動をすることが問題になっていた。この大変動の実体が年級変動によることが Hjort（1914）によって明らかにされたが，問題はなぜある年級は大きくある年級は小さいのかという要因の解明であった。この原因については，発育初期とくに yolk sac stage から juvenile stage への移行期が critical period であって，この時期にたまたま餌となる小型カ

第1章　レジームシフト理論の形成過程

イアシ類やカイアシ類の幼生が豊富に存在するかどうかという偶然性の問題として Hjort よって提起された。

この流れを汲むのが，Cushing（1974）の match/mismatch hypothesis である。Cushing（1995）はこの仮説を，"加入量の変動の原因は，春の大発生または湧昇域における一次生産の開始期の年々の違いにある"と定義した。つまり，発育初期に豊富な餌にめぐりあうかどうかが問題だとしたのである。またわが国においては，いわゆる"漁海況問題"として，ある年の漁況がその年の水温や海流の特徴などの海況によって説明されることが多い。

このように，年級変動の問題を偶然性の問題としてしか処理し得なかったところに，環境決定論のウイーク・ポイントがある。

4. 資源減少の原因を巡る"乱獲"か"環境悪化"かの論争

"自然は変化しない"ことを前提とする資源力学と"餌生物と資源の偶然的な遭遇"を加入量の変動要因とする環境決定論とは交わることはなく，資源減少の原因を人間の側に帰するのか自然の側に帰するのかを巡って，論争が行われてきた。わが国では，1930 年代末からのマイワシの漁獲量の激減（図 1）を巡って，"斯界の権威者"を集めて水産庁主催の"イワシ会議"が 1949 年 10 月に開催されたが，乱獲説と環境説が入り乱れて，なんの結論も得られなかった（水産庁研究部研究課, 1950）。米国では同じ時期のカリフォルニア・マイワシの減少（図 1）を巡って，カリフォルニア魚類狩猟動物局の科学者 Clark と連邦政府魚類野生生物局の科学者 Marr が，協同研究を通じて得られた同じデータを用いた共著論文（Clark & Marr, 1955）の中で，それぞれの所属する機関の思惑を背景に，乱獲説と環境説を展開している。

同じような議論が，上記のように太平洋ハリバット，ペルー・アンチョベータ，大西洋マダラなど多くの魚類個体群について繰り広げられてきた。

このように，学問的にはこの 2 説は平行線として交わることはなかった

2．研究の軌跡

が，他方国連海洋法条約を含む多くの国際条約では，科学的根拠を抜きにして平衡理論を採用し，人間が資源を操作可能だとして，MSY を管理基準としている。他に，素人に分かりやすい合意可能な"基準"がなかったからなのであろうが，国際法が科学の分野に踏み込んで判定を下し，一方の説を国際社会に押し付けるのは誤りであり，科学の独立性を冒すものである。

5．レジーム・シフトの認識

このように，資源量変動が漁獲によるのか（平衡理論），環境との偶然的な遭遇によるのか（環境決定論），という不毛の議論に終止符を打ったのが，レジーム・シフト理論なのである。"海洋生態系は全球スケール・数十年スケールの大気―海洋系の変動と連動して，地球システムの構成部分として変動している。漁獲はこの変動をかき乱す外からの力である。資源管理の基本は，レジーム・シフトのリズムを破壊しないように，あるいはリズムを利用して，漁獲することである"とするのが，レジーム・シフトの資源管理理論である。

レジーム・シフト理論は，海洋生態系の変動と大気―海洋の物理的系の変動を結合して地球システムとして理解する新しい地球科学（geoscience）の展望を拓き，さらに科学的な資源管理の可能性を生みだしたのである。ここに，レジーム・シフト研究の現在的意義がある。

参考文献

[1] Alheit J.S. et al. (2001) : Workshop of the decadal changes WG of SPACC on" major turning points in the structure and functioning of the Benguela ecosystem" *GLOBEC INTERNATIONAL Newsletter*, 7 (1).

[2] Baranov F.I. (1918) : On the question of the biological basis of fisheries, Nauch. issledov. ikhtiol. Isv. 1.

[3] Beaugrand G. & Reid P.C. (2002) : Major reorganization of north Atlantic pelagic ecosystems linked to climate change, *GLOBEC INTERNATIONAL Newsletter*, 8 (2).

[4] Barkenroad M.D. (1948) : Fluctuations in abundance of pacific halibut, Bingham. *Oceanogr.*

第1章　レジームシフト理論の形成過程

Coll., 11.

[5] Clark F.N. & Marr J.C. (1955) : Population dynamics of the pacific sardine. Prog. Rpt. Cal. Coop. Ocean Invest. 1 July 1953 - 30 March 1955.

[6] Clark W.G. et al. (1999) : Decadal changes in growth and recruitment of pacific halibut (*Hipoglossus stenolepsis)*, Can. J. Fish. Aquat. Sci., 56.

[7] Cushing D.H. (1974) : The natural regulation of fish populations, ln Sea Fisheries Research, ed. F.R.H. Jones, Elek Science.

[8] Cushing D.H. (1995) : Population production and regulation in the sea fisheries perspective, Cambridge University Press.

[9] Dutil J.D. & Lambert Y. (2000) : Natural mortality from poor condition in Atlantic cod (*Gadus morhua), Can. J. Fish. Aquat. Sci.*, 57.

[10] 花輪公雄 (2002) : 北太平洋の数十年スケール変動，日本の気候 I，二宮書店.

[11] Hutehings J.A. & Myers (1994) : What can be learned from the collapse of a renewable resources? Atlantic cod, *Gadus morhua*, of Newfoundland and Labrador, Can. J. Fish. Aquat. Sci., 51.

[12] Hjort J. (1914) : Fluctuations in the great fisheries of northem Europe, *Rapp. Cons. Explor. Mer*, 20.

[13] Kawasaki T. (1983) : Why do some pelagic fishes have wide fluctuations in their numbers? *FAO Fish*, Rpt., 291.

[14] Kawasaki T. (2002) : Climate change, regime shift and stock management, *Fish. Sci.*, 68, Supplement 1.

[15] Russell E.S. (1931) : Some theoretical considerations on overfishing problem, *J. Cons. Explor. Mer*, 6.

[16] Schaefer M.B. (1970) : Men, birds and anchovies in the Peru Current -dynamic interactions, *Trans-Amer. Fish. Soc.*, 99, Schaefer M.B. & Beverton R.J.H., 1963, Fishery dynamics, their analysis and interpretation, In The Sea 2, Wiley Inter-science.

[17] 水産庁研究部研究課 (1950) : イワシ会議より，海洋の科学 6-1.

[18] Thompson W.F. (1950) : The effect of fishing on stocks of halibut in the Pacific, *Publ. Fish. Res. Inst., Univ. Washington.*

2. 研究の軌跡

12. レジーム・シフト理論形成の系譜（2009）

A historical overview of the regime shift theory

　レジーム・シフトは太平洋のマイワシについて 1983 年に初めて指摘されたが，その研究はその後の四半世紀に大きな展開を見せた．地球システム変動の包括的な科学としてのレジーム・シフト理論の成立過程と全体像を示し，生物資源管理の問題点について述べる．

1.“浮魚個体群はなぜ大変動するのか”を巡って

1.1）変動か乱獲か－平衡理論の台頭－

　浮魚個体群の大変動は，古くから人類が経験してきたところである。なかでも顕著なのは，ニシン属（Clupea）とマイワシ属（Sardinops）といういずれもニシン科に属する 2 属の変動であった。この大変動の原因については古くから「環境か漁獲か」の議論があり，ICES（International Council for the Exploration of the Sea）という政府間の海洋および海洋生物資源の調査・研究・諮問機関が，ヨーロッパ諸国によって 1902 年に設立された時の主要なテーマは，「変動」と「乱獲」であった（Russell, 1932）。そこでは，大西洋ニシンは「変動」の典型的な魚種として，位置づけられた。しかし，英国の Russell（1931）によって漁獲の強さと資源増加量との間の平衡理論，いわゆる MSY 理論，が提案されて以来，天秤はしだいに「乱獲」の方向に傾いていった。この間の経緯については，小著（浮魚資源, 1982；漁業資源, 2005）を参照していただきたい。このことは，乱獲の定義としての“漁獲圧を強めるほど，漁獲量は減る”（the more you fish, the less you catch, Dymond, 1948）というフレーズに，典型的に示されている。

1.2）なんでも乱獲－FAO の資源管理論－

　大変動する浮魚個体群についての「乱獲」論が決定的に強まるのは，フ

第1章　レジームシフト理論の形成過程

ンボルト海流域に分布する大資源であるアンチョベータ（カタクチイワシ，Engraulis ringens）を巡ってであった。1950 年代後半に入ってアンチョベータをフィッシュ・ミールに加工して輸出する産業がペルーにおいて勃興し，漁獲量はみるみる増加して 1970 年には 1,306 万トンに達した。この数字は1 つの種としてはこれまでの世界記録で，1970 年のアンチョベータの生産量は，世界の漁業総生産量の 22％をしめた。

　このようなアンチョベータ漁獲の急増によってペルー政府は大きな税収をペルーは大きな外貨収入を得たが，他方このような高い生産量がいつまで続くのかという危惧が生じた。獲りすぎではないのか，という危惧である。FAO（国連食糧農業機関）と IMPARE（ペルー国立海洋研究所）が世界の著名な水産資源学者を集めて，協同研究を始めた。そして 1970 年に行なわれた専門家会議で，次のような警告が出された。

　"アンチョベータ資源の MSY は 950 万トン（海鳥による捕食 200 万トンをふくむ）である。漁獲量がこれを超える状態が続けば，アンチョベータ漁業は極東マイワシやカリフォルニア・マイワシ漁業の崩壊（collapse）と同様な崩壊の危険を冒すことになるだろう。"（Thompson, 1981）。

　この警告はアンチョベータ漁業によって空前の収入を謳歌していたペルー業界やペルー政府によって無視され，1970 年と 1971 年には「MSY」をはるかに上回る漁獲があげられた。そして，1972 年に漁獲量は突然激減した（図 1）。つまり，乱獲論＝平衡理論が実証されたことになったのである。国連機関が入った場で，アンチョベータも日本やカリフォルニアのマイワシも乱獲によって崩壊した，というお墨付きが与えられ，平衡理論の優位性が確認された意味は大きい。

　アンチョベータの漁獲量はその後減り続け，1983・84 年には 10 万トン前後にまでなったが，85 年から急速に回復し，1990 年代に入ってからはたびたび 1,000 万トンを超え，2005 年 11 月には 1 ヵ月で 250 万トンという新記録を達成し，現在でも高い水準にある（図 1）。1972 年のアンチョベータ個体群の激減が，乱獲によるものではなくて，レジーム・シフトによるものであったことを疑う研究者はいまではいない。

221

2．研究の軌跡

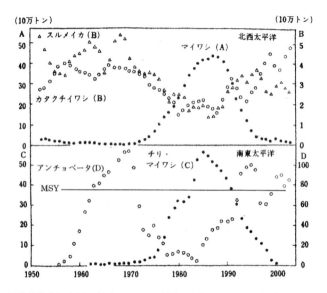

図1　20世紀後半における極東マイワシ（●），カタクチイワシ（○），スルメイカ（△）〔上：北西太平洋〕と，チリ・マイワシ（●），アンチョベータ（○）〔下：南西太平洋〕の漁獲量（3年移動平均）の変動。両水域において変動は同調している。MSY：アンチョベータのMSY（本文参照）

　しかし，FAOの"漁獲量が減ればなんでも乱獲"の体質は，現在でも基本的に改まっていない。この点については，小著「漁業資源」二訂版（2005）の中の「Ⅱ-7 世界の水産資源の生産量の動向や将来の生産可能量についてのFAOの認識の問題点」に詳しく書いたので，参照していただきたい。

1.3）自然を支配するのは人間である－平衡理論の思想－
　1930年代から1980年代にかけて，"人間が海洋生物の資源量を操作できるのだ"というMSY理論が支配的な理論となっていく。この流れの根底には，"天然資源は人間が管理できるのだ"という「地球の支配者としての人間」という思想があることは否めない。西欧型合理主義の現われとも言えよう。それを先導したのがICESであり，第2次世界大戦後は国連の

第1章　レジームシフト理論の形成過程

FAO であった。いずれも国際合意をめざす政府間機関である。このような思想は，国連海洋法条約（1982年採択）の資源管理規定に繋がっていく。

２．サンホセ会議→ビゴ・シンポジウム→ Regime Problem Workshop → SCOR WG98

2.1）サンホセ会議

　転機は，1983年に訪れた。この年の４月にコスタリカの首都サンホセで，FAO 主催の「浮魚資源の資源量と魚種組成の変化を検討する専門家会議」が開催されたのである。ここで２つの対照的な報告が行なわれた。１つは，米国の Parrish, Bakun ら（1983）の報告である。彼らは，世界各水域の浮魚資源の変動を解析して次のように述べていた。

　"漁業はマイワシやカタクチイワシの極端な変動を引き起こしているので評判が悪い。カリフォルニア海流のマイワシとベングラ海流のマイワシは，激しい漁獲によって崩壊した。アンチョベータ資源が激しい漁獲の結果崩壊したことはよく知られている。"

　そして彼らは，浮魚資源の漁獲量の大変動は乱獲の結果だとする多くの著名な水産資源学者（Radovich, Troadec, Clark, Gulland, Cram, Serra, Tomczak）の業績を援用している。つまり，これが当時の水産資源学者の一般理解だったのである。

　もう１つの報告を私が行なった（Kawasaki, 1983）。これは " 浮魚資源はなぜ大きな個体数変動を行なうのか " という報告である。ここで，私は２つのことを述べた。

　① 　太平洋で互いに遠く離れて分布している極東マイワシ，カリフォルニア・マイワシ，チリ・マイワシの３つの資源の大変動は，数十年のタイムスケールで同調している（図2）。

　② 　このような共通の変動の原因を，太平洋規模（Pacific basin-wide）の海洋変動とそれに関連する気候変動を考慮に入れずに説明することは，困難である。

223

2. 研究の軌跡

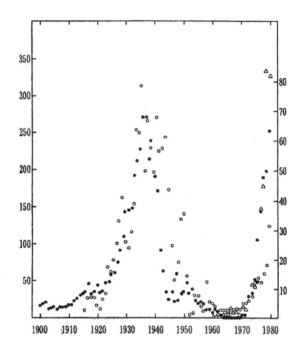

図2　マイワシ3種〔極東マイワシ（●左目盛り）。カリフォルニア・マイワシ（○右目盛り），チリ・マイワシ（△j左目盛り）の漁獲量（万トン）の大変動（Kawasaki, 1983から転載、一部改変）。

　この主張は，上記の Parrish, Bakun らに代表される当時の水産資源学者の一般理解とは真っ向から食い違っていた。

　これについて，13年後に Bakun は，彼の著書 Patterns in the ocean（1996）で私の図（図2）を転載し，次のように述べている。

　"FAO のサンホセ会議（1983）で私たちは，浮魚資源の大変動は，人間の技術力を増大させ資源に対して圧倒的な漁獲力が急速に加えられたために生じた，"とした。この考え方は，当時の科学的思想の中に十分納まっていた。（著者注：当時の科学的思想とは，資源の自然増加量と漁獲強度とが平衡関係にあるとする平衡理論＝ MSY 理論のことである。）

第1章　レジームシフト理論の形成過程

　同じ会議で日本の川崎教授は，同じ問題についてひじょうに異なった見方をした。一歩下がって太平洋のマイワシ（複数）の漁獲量全体を広い立場で眺めると，大洋全体の同期性の顕著なパターンが現われるというのである。

　これに対する私の反応は，正当な科学的懐疑主義であった。メカニズムはどうなのか？おそらく市場要因や技術革新が，異なる水域でほぼ同時に作動したのではないか？あるいは，見かけ上の同時性は偶然に過ぎないのではないか？変曲点が将来同時に現われるなら，彼を信用しよう。

　川崎は帰ってきた。1980年代の後半に4つの水域（黒潮，カリフォルニア，フンボルト，ベンゲラ）で同時に regime change が始まった。Kawasaki & Omori（1988）が主張するように，このことを気候との全球的な結びつきで説明するのは，完全に論理的であった。"

2.2）ビゴ・シンポジウム

　上記の Kawasaki & Omori（1988）というのは，1986年11月にスペインのビゴで行なわれた「海洋魚類資源の長期変動」というシンポジウムで報告した論文「太平洋の3つの大きなマイワシ資源の変動と全球気温の傾向」を指している。

　マイワシの漁獲量と北半球高緯度域（64.2 ~ 90° N）平均気温の偏差は，高く相関していた。またマイワシからカタクチイワシへの魚種交代が，黒潮域でもフンボルト海流域でも同時に生じていた。このことは，全球レベルで同一分類群の同期的なバイオマスの変動が起こっているだけではなくて，生態系の転換が同時に生じていたことを示している。

　この魚種交代についても，かつては乱獲の結果だと考えられていた。米国のマイワシ研究者 Murphy（1966）は，"カリフォルニア・マイワシ資源の崩壊が漁獲圧力なしに生じた可能性は，ほとんどない。マイワシが去って空になった生物学的ニッチは，カタクチイワシによって満たされ，その結果マイワシの低水準が続いている"と述べていた。同じく Dickie（1975）は，"古い時代の堆積物の記録は，マイワシがカタクチイワシによって置き

225

2．研究の軌跡

換えられたことを示しており，この交代が再び起こる確率を増大させるのは，乱獲だけである"と主張していた。

私の2つの論文によって，浮魚個体群の変動を巡る問題点が出揃った。すなわち

① 同じ分類群の変動のグローバルな同期性

② 個体数変動とグローバルな気候変動との強い結びつき

③ 魚種交代のグローバルな同期性

私の報告が終わると，メキシコの CIB（カリフォルニア半島生物研究センター）所長の Lluch-Belda とアメリカの Schwaltzlose（スクリップス海洋学研究所）が近づいてきて，言った。"面白い。国際ワークショップをやろうじゃないか。"

2.3）Regime Problem Workshop から仙台シンポジウムへ

1987 年 11 月に，メキシコのラパスで第 1 回の　ワークショップが，メキシコ・米国・南アフリカ・日本（川崎）の研究者を集めて開かれ，川崎報告（1983, 1988）は浮魚生態系の基本構造の問題（regime problem）の指摘だという認識で一致し，Regime Problem Workshop が発足した。この名前から，regime shift という用語が生まれた。

この時の話し合いに基づいて，1989 年 11 月に　仙台で，Long-term Variability of Pelagic Fish Populations and Their Environment という国際シンポジウムが行なわれた。この結果は，同名の単行本に掲載されている（Kawasaki *et al.*（eds.），1991, Pergamon Press），この中で，ワークショップのメンバーである南アフリカの Crawford *et al.*（1991）は，次のように述べている。

"太平洋の 3 水域のマイワシの漁獲量の間に相互関係が見られることは，それらが気候によって影響されているという仮説（Kawasaki, 1983；Kawasaki & Omori, 1988）を強く支持するものである。これらの水域がひじょうに離れて存在しているにもかかわらず，それぞれの個体群に対する影響かおそらく同時に働いているという事実は，相互関連が海洋によってなかだちさ

れているのではなくて，大気に origin があることを示している。海水の交換がほとんどない北太平洋と北大西洋との間に相互関係がありそうだということも，上記の結論を補強するものである。"

2.4) SCOR WG98

その後，2回の workshop が行なわれたが，このような私たちの努力を ICSU（International Council of Scientific unions）傘下の SCOR（Scientific Committee on Oceanic Research）が認めてくれて，Working Group 98 : Worldwide Large-scale Fluctuations of Sardine and Anchovy Populations 92 として登録された。

私たちの活動が権威ある国際学術団体によって公式に認められ，財政的援助が受けられることになったのである。

3．プランクトンからベントス群集まで―生態系の転換―

マイワシ・カタクチイワシにおけるレジーム・シフトの発見に刺激されて，他の海洋生物についてのレジーム・シフトの研究が，1990 年代に入るころから盛んになり，レジーム・シフトがすべての海洋生物の分類群や生態系に見られる普遍的な現象であることが明らかになってきた。

3.1) プランクトン

植物プランクトンについては，Venrick ら（1987）の研究が初めてで，北太平洋亜熱帯域で 1970 年代後半以降クロロフィル a が倍以上に増加したことを示した。動物プランクトンについては，現存量の数十年スケールの変動が，アラスカ湾について初めて報告された（Brodeur & Ware, 1992）。彼らは 1950 年代 → 1980 年代の動物プランクトン現存量の変化を調べ，80 年代に入っていちじるしく高い値が得られたことから，76/77 年のレジーム・シフト（後出）に対応して変化した可能性を示唆した。その後，カリフォルニア海流域，ベーリング海，中部北太平洋においても，動物プランクトンの現存量が大きく変動していることが見いだされた（田所，2007）。

2．研究の軌跡

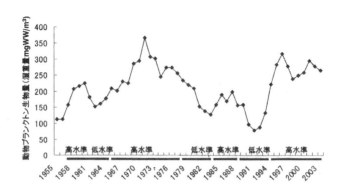

図3　親潮域における動物プランクトン湿重量の経年変動（杉崎, 2007）

　動物プランクトン・バイオマスの長期のデータとして特筆すべきは，1950年代からの本州東方水域の現存量のデータを蓄積した小達コレクションである。これによって，動物プランクトンのバイオマスが数十年のタイムスケールで大きく変動していることが示された（図3）。さらに，量的な変化だけではなく，プランクトンの組成がレジーム・シフトを行なっていることも明らかになった（杉崎，2007）。

　北大西洋においても，植物プランクトン（Smayda et al., 2004によるreview）および動物プランクトン（Pershing et al., 2004によるreview）の長期変動について多くの研究が行なわれており，とくにそれがNAO（北大西洋振動，後出）と関連づけられているのが特徴である。

　北海では，英国のBeaugrand（2004）による，CPR（連続プランクトン記録計）を用いた植物プランクトンおよび動物プランクトンの変動研究が精力的に行なわれた。

3.2）サケ類

　帰山（2007）によると，北太平洋のサケ類全体のバイオマスは40〜50年の周期で変動しており，1934〜1941年と1989〜1998年が高水準で

第1章　レジームシフト理論の形成過程

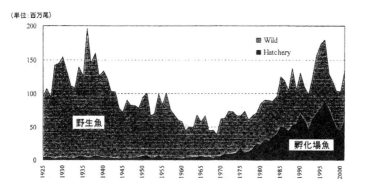

図4　北太平洋におけるシロザケのバイオマスの時系列変化（帰山, 2007）

あったが，この変動は1924/25年，1947/48年，1976/77年に生じた気候のレジーム・シフトとよく対応している．同様なことを，カナダのBeamish *et al.* (2004) も述べている．

　各年のシロザケのバイオマスは，1930年代には1億4,000万尾で1990代の1億3,200万尾と同じレベルであるが，1930年代にはそのほとんどが野生魚であったのに対して，1990年代には孵化場魚が60％に達している（図4）．帰山（2007）は，1つの可能な原因として，放流時に大型の孵化場魚と浮上直後に降海した小型の野生魚との間で置き換えが起きたことが考えられる，と述べている．これは，孵化放流による資源増殖もしくは回復という単純な考え方に，問題点を呈示している．

3.3）マグロ類
　1970年代〜1990年代の北西太平洋におけるマグロ類のcpueの経年変化を見ると，どの魚種においても1980年代末と1990年代末にレジーム・シフトが生じているが，温帯性マグロであるクロマグロ・ビンナガと熱帯性マグロであるメバチ・キハダでは，逆の方向に変化している（図5，川崎, 2005）．これらはいずれも，レジーム・シフトが生じたとされる時期である．

229

2. 研究の軌跡

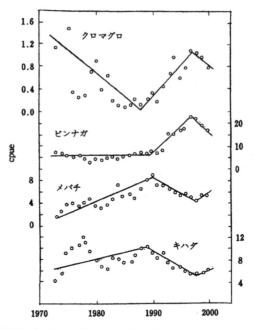

図5　北西太平洋（赤道―北緯49°,東経160°以西）における小型はえ縄船によるマグロ類のcpue〔漁獲量（トン）/1000出漁日〕の経年変動.どの魚種においても1980年代末と1990年代末にレジーム・シフトが生じているが，温帯性マグロ（クロマグロ，ビンナガ）と熱帯性マグロでは逆の方向に変化している（川崎,2005）．

　中央太平洋においては，1976年と1998年にカツオとビンナガの加入量レベルのシフトが生じているが，いずれの場合にも，SOI（南方振動指数）とPDO（太平洋数十年スケール震動）のシフトが生じている（Lehodey, 2004）．

3.4）ベントス生態系

　レジーム・シフトは，単なる個々の生物種の転換ではなくて，生態系の転換である．マイワシとカタクチイワシの魚種交代はその典型的な例である．この点に関して，北太平洋で広域に生じている底生動物の生態系の転換を示そう．

230

第 1 章　レジームシフト理論の形成過程

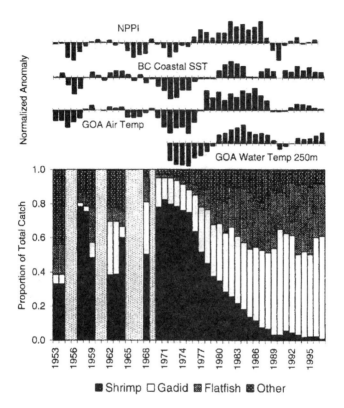

図 6　アラスカ湾 (GOA) における網目の小さなトロールによる漁獲物の種類組成と気候指数 (1953〜1997)。気候指数は正規化された偏差.NPPI:北太平洋気圧指数。BC：ブリティッシュ・コロンビア.3年移動平均.気候のレジーム・シフトに対応して、種類組成（生態系）が大きく転換している (Andersen & Platt, 1999)。

　1970 年代の後半に入ってからアラスカ湾のベントスの生態系で，エビ類（*Pandalus* 属）・カラフトシシャモ（*Mallotus* 属）のような栄養段階の低い動物が激減し，底生動物全体のバイオマスも半分以下になった。一方，栄養段階の高い底魚の加入が 1980 年代に入ってから改善され，1990 年代にはバイオマスは 250%以上増加した（図 6）。増加した魚類は，スケトウダラ・マダラなどのタラ類，ハリバットのような異体類である。このような生

231

態系の大きな再編成は，1977年に生じた環境のレジーム・シフトによるものである（Andersen & Platt, 1999）。同様なことが北西太平洋でも起こっていた。1990年代に大って三陸・常磐海域で，ヒラメ・イシガレイ・マコガレイ・マガレイなどの異体類，キアンコウ・キチジなどの加入量が大きく増加した。これは，1987/88年のレジーム・シフトによるものと考えられた（二平，2007）。ベントス生態系の転換は，北太平洋全体で起こっていたのである。

4．国際合意のための理論から自由な科学へ
　　－バイオマス変動の本質は何か－

　先に述べたように，1902年のICES設立時には，研究の主な目標は「変動」と「乱獲」であったが，それがしだいに「乱獲」にしぼられていった。その理由は2つある。

　「変動」研究での大問題は，ノルウェー北部沿岸の春ニシンの漁況の変動であった。当時ノルウェーの水産局長であったHjort（1914）はこの問題に精力的に取り組み，変動の主な原因が年級サイズの変動であることを明らかにした。すなわち，大きな年級か出現すると，それが長期にわたって卓越し，漁況を決定的に左右するのである。

　問題は，年級変動のメカニズムである。Hjort（1914）はそれを，仔魚後期の生息環境における食物（ノープリアス）の多少に結びつけた。いわゆる決定期（critical period）仮説である。しかし，そこで止まってしまった。変動研究の難しさがそこにあった。決定期仮説は，Cushing（1995）のmatch-mismatch仮説に繋がっていくが，結局はレジーム・シフトの発見まで，偶然の出会いの確率論から抜け出ることができなかったのである。

　もう1つはICESの性格である。ICESは政府間組織で，その目的の1つは北大西洋の国際共通資源とくに北海の底魚資源の管理であった。資源を管理するためには，各国が合意できる管理基準が必要であった（Russell, 1932）。

　Russell（1931）は，それを資源の増加量と漁獲努力の大きさとの関係で

巧みに説明した。それは，資源変動から資源の自然変動，すなわち環境変動に基づく資源変動，を切り捨てることによって可能になった。

Russell 理論を発展させた Schaefer & Beverton（1963）は次の式で説明している。

$dP/dt \cdot 1/P = r(P) + g(P) - M(P) - F(X) + \eta$

ここで P はバイオマス，r は加入率，g は成長率，M は自然死亡率，F は漁獲による死亡率，X は漁獲努力量，そして η は環境変動に基づくバイオマスの変化率である。このように η を一旦示した上で，次に“η は長い期間で平均すればゼロになる”と何の根拠もなく断定して，切り捨てる。こういう手続きで，環境要因をバイオマス変動要因から取り除いたのである。後に残るのは，P と X の間の平衡関係だけである。X を動かすことによって，最大の自然増加量すなわち MSY を得ることができる。

平衡理論の origin は，logistic 式である。この式は Verhulst（1838）が人口増加を表す式として導き，Pearl & Reed（1920）が飼育条件下のキイロショウジョウバエの個体数成長を表す式として独立に得たもので，個体数は静止環境の下で静止個体数になる。Russell は，Pearl を訪ねて師事したとされる。しかし，人口増加や飼育条件下における昆虫の増加を説明する式を，変動する自然条件下の魚類や海産無脊椎動物の個体数変動に適用することには，原理的に無理がある。

このような論理的非現実性を前提にして作られた平衡理論は，ICES において各国の合意をとりつけるために考え出された「資源管理のための理論」であり，「自然科学の理論」ではない。それを科学理論と読み違えたところに問題の根源があった。

生物は，環境変動に対応して変動する。個体群生態学は，環境変動と生物の変動との対応関係を正面から追究することに意義がある。科学的な資源管理を行なうためには，平衡理論の呪縛から自由にならなければならい。

それでは，変動の本質は何か。平衡理論のもっとも重大な誤りは，上記の式の r(P) である。これは，加入量が資源量すなわち親魚のバイオマスに

2．研究の軌跡

依存していることを述べている。要するに子どもの数は親の数によって密度依存的に決まるということである。しかし，資源変動の現実は，このことを明確に否定している。

マイワシでは，わずか 18 兆粒の卵から大年級の 1972 年級が発生して，1970 ～ 80 年代のマイワシの大繁栄（図 1）のきっかけとなったが，1988 年に産み出されたその 210 倍の 3,782 兆粒の卵は，ほとんど生き残らず，マイワシ資源は崩壊したのである。この事実は，加入量は親魚量に依存しているのではなくて，卵の生残り率に，すなわち親の量ではなく親の質に依存していることを示している。

生残り率は卵の質によって決まり，質のよい卵は質のよい親から産み出される。この関係を支配するのは，環境条件である。バイオマスの立ち上がりは突然起こるのではなくて，助走期間がある。マイワシ 1972 年級の大発生の前には，1967 ～ 71 年の助走期間があった。　この点に関しては，川崎（2005），川崎（2007d），川崎（2008）に詳しく述べてあるので，参照していただきたい。

5．大気／海洋系における研究の展開

我が国で，大気／海洋系のレジーム・シフト研究の先駆けとなったのは，柏原論文（1987）である。彼は，冬季アリューシャン低気圧が，1970 年代半ば以降発達する傾向かあることを指摘した。この論文が刺激となり，Nitta & Yamada（1989）が発表された。この論文では，1970 年代後半以降熱帯域で海面水温が上昇し，対流活動が活発化していること，北太平洋ではアリューシャン低気圧が発達したことを指摘した。この論文が大気／海洋系の数十年スケールの変動を扱った最初の基本論文となった。その直後に Trenberth（1990）が同様のテーマで発表し，世界中の研究者が，数十年スケール変動に注目することになり，数十年スケール変動は気象・海洋・気候力学分野の最大のテーマとなった（花輪, 2007）。

安中・花輪（2007）は，「全球海洋の広い範囲における同期した有意な

第1章　レジームシフト理論の形成過程

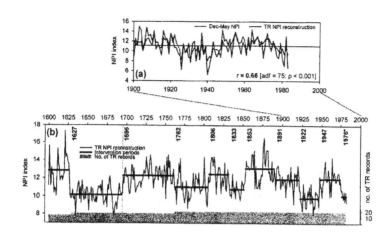

図7　年輪変動にもとづいたNPIの復元。D'Arrigo *et al.* (2005) より。
(a)測器による1900〜1983年冬季（12〜3月）のNPIとそれで補正した年輪記録からの復元。(b)年輪記録による17世紀までさかのぼったNPI。NPIの位相変化が横線で示されている（渡部，2007）。

海面水温変化」をレジーム・シフトと定義して，多重変化点テストを3つの歴史的海面水温データセットについて行なった。この3つのデータセットのすべてでレジーム・シフトが見いだされたのは，1925/26，1942/43，1957/58，1970/71，1976/1977年である。1988/89年にも北半球で急激な変化が起こったことが報告されたが，熱帯や南半球での変化のシグナルはすぐに消滅してしまった。

Arrigo *et al.* (2005) は，過去400年の年輪記録を解析して，NPIを復元した（図7，渡部，2007から転載）。NPIは北太平洋指数のことで，30-65N，160E-140Wで領域加重平均した海面気圧の偏差である。レジーム・シフトは全期間を通じて認められ，20世紀においては，1922，1947，1976年に見られている（渡部，2007）。なかでも，1976/77年のレジーム・シフトは，もっとも大規模なものとして有名である。

レジーム・シフトが生起するメカニズムについては，まだ定説がない（花輪，2007；見延，2007）。この点に関連して，大西洋で近年興味ある研究が

235

2．研究の軌跡

展開されているので，紹介しよう。

　大西洋の気候変動は，NAO（北大西洋振動）を中心にして議論されている（Hurrell & Dickson, 2004 の review）。NAO というのは，アイスランド低気圧とアゾレス高気圧の中心の間の気団の南北振動で，北大西洋上の偏西風の強さと熱フラックスの強さの指標である。NAOI（NAO の指数）は，ポルトガルのリスボンとアイスランドのレイキャビクの間の冬季（12月～3月）の正規化された気圧の差（前者から後者を引く）に基づいた指数である。この NAO が数十年スケールの変動を行なっている。

　SST（海面水温）の変動は，NAO に伴う風と大気－海洋間の熱交換の変動によって主として駆動されている。NAOI は SST 指数の変動に数週間先行している。NAO の変動は北極水域の海氷の変動と連動しており，ラブラドル海とグリーンランド海の間でシーソー運動を引き起こしている。近年とくに目につくのは，冬季の NAO と THC（熱塩循環）との関係についての論文である（Eden & Jung, 2001；Latif et al., 2006a；Latif et al., 2006b）。NAO の大きなシフトが 1933，1945，1953，1973，1979 年に見られているが，大西洋の MOC（南北鉛直循環，THC の強さの指標）の強さの指数である，北大西洋北部と南大西洋南部の間の SST 変動の位相のずれの変動は，NAO の変動に約 10 年後れている（図8）。

　このことは，NAO が THC を駆動して全球の気候変動に影響を与えていることを示唆しており，Walker（2006）が，"全球の気候変化の中心点は北極－北大西洋北部にある"と述べているのも，この意味である。

　また Hoerling et al.（2001）は，"1950 年以来の北大西洋の気候変動は，インド洋と太平洋の熱帯水域の SST の継続的上昇と結びついている。熱帯海洋の変化が降雨と大気加熱のパターンと大きさを変え，これに NAO の空間構造が応答している。過去半世紀間における熱帯海洋のゆっくりした水温上昇によって，NAO の一方の相への対応する傾向が生じた"と述べている。

　このように，全球の海と大気は結びついている。

第1章 レジームシフト理論の形成過程

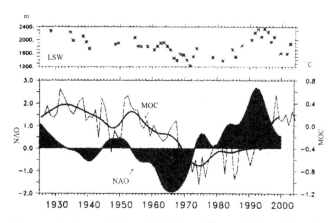

図8 (上) LSW (ラブラドル海水) の厚さ (m) の変動。この厚さはラブラドル海の対流の指数で,等密度面の間の距離 ($\sigma_{1.5}$=34.72-34.62)。(下) 影をつけた曲線：冬季 (12月～3月) のNAO指数の変動.北大西洋上の偏西風と熱フラックスの強さの指数
11年移動平均.細い折線：北大西洋北部と南大西洋南部の間のSSTの差 (℃) の変動。太い曲線：11年移動平均。MOC (南北鉛直循環) の指数。MOCはNAOに約10年オクレており，THC (熱塩循環) がNAOによって駆動されていることを示している。MOCの変動はLSWの変動と同期している. (Latif et al., 2006)

6. レジーム・シフトはなぜイワシ類で初めて見いだされたのか

6.1) 生物学的増幅 (biological amplification)

　レジーム・シフトは，マイワシ・カタクチイワシについて初めて見いだされた。その理由は，イワシ類ではバイオマス変動の振幅がひじょうに大きく，変動を検出しやすかったことで，変動は数百倍のオーダーとなる。これと較べて，アリューシャン低気圧の強さの指標であるNPIの平均値の変動幅は数hPaでひじょうに小さく，本州東方の親潮域における動物プランクトンでは，平均値の変動範囲は50～400mgWW/m³で，数倍程度である。谷口 (2007) は，"動物プランクトンの摂食能力に閾値があるため，餌生物である植物プランクトンの変動は小さく，生物群の現存量の変動幅は上位の食段階で顕著になる"と述べている。

　食段階が最上位の大西洋マダラのバイオマスについてみると，多くの系

2．研究の軌跡

統群について変動幅は数倍のオーダーで，もっとも変動の大きなカナダ沿岸の Grand Bank においても 10 倍程度である（Branda *et al.*, 2006）。マグロ類でも数倍のオーダーである（川崎，2005）。

　以上を整理して述べると，物理環境→植物プランクトン→動物プランクトン→プランクトン食性魚と bottom-up の段階があがるにつれて変動の振幅は大きくなるが，さらに高位になると，逆に小さくなる。また同じくプランクトン食性魚といってもマサバやサンマでは，バイオマスの変動幅はせいぜい 10 倍のオーダーである。

　重金属などの濃度が環境水から最高位捕食者へと段階が上がるにつれて高くなることを生物学的濃縮（biological concentration）というが，それになぞらえて，bottom up の段階が上がるにつれてバイオマスの変動幅が大きくなることを生物学的増幅（biological amplification）と名づけたいと思うが，後者が前者と異なるのは，増幅がマイワシ・カタクチイワシでストップすることである。

　なぜマイワシ・カタクチイワシで，特別に変動の振幅が大きいのであろうか。このことには，彼らの食性に関連していると思われる。同じくバイオマスの大きな暖水性浮魚であるサンマ，マサバ，マアジは，いずれも動物プランクトン専食である。ところが，マイワシ・カタクチイワシは植物プランクトンと動物プランクトンの両方を食べることができる特別な魚種である。問題は，植物プランクトンと動物プランクトンのどちらが，かれらの食物として主であり従であるのか，ということである。これについては，世界中でさまざまな議論が行なわれてきた（林, 1994）。

　私たち（Kawasaki & Kumagai, 1984）は，1982 年に福島県から道東にかけての広い沿岸水域で，マイワシの多くのサンプルの胃内容物とその生息環境のプランクトン組成を並行して調べ，（1）マイワシの胃内容物は環境のプランクトン組成をよく反映しているが，（2）動物よりも植物をより多く摂食している，ことを確かめ，"マイワシ資源の変動は長期の気候変動によく適合しているが，それは太陽放射にもっとも近い生物学的生産物である植物プランクトンに大きく依存しているためであろう"と述べた。カタクチイ

ワシは，その gill raker の構造から，マイワシよりも植物プランクトンへの依存度は低いと思われる。

このように，マイワシ・カタクチイワシは広い範囲のプランクトン分類群を摂食することが可能で，ひじょうに可塑的な摂食行動ができる。このことが，それらのきわめて大きな個体数変動を可能にしているものと思われる。

この点について林（1994）は，"マイワシは，ほかの魚には見られぬほど，第一次生産者植物プランクトンに依存する，太陽に近い魚であり，これが巨大な資源を維持するたくましくもしなやかな底力の秘密なのである"と述べている。

IUCN（国際自然保護連合）のレッド・リスト・カテゴリーの CR（critically endangered, 絶滅寸前）の数値基準は，「10 年または 3 世代の減少率 80% 以上」となっている（IUCN, 1996）。この基準に当てはめれば，マイワシの 1988 年級は 1987 年級の数百分の一に，1 年・1 世代で減少しているので，マイワシは Super-CR の超絶滅危惧種となり（川崎, 1997），この基準の作成にレジーム・シフトが考慮に入れられていないことを示している。

このように，マイワシ・カタクチイワシは，太陽放射と至近距離で結びついて変動する特別な魚で，地球環境変動ののぞき窓である。2008 年 8 月25 日付けの朝日新聞に掲載された天声人語の "大きな真実は往々にして，小さな穴からこそ，のぞき見えるものだ" という言葉に共感を覚えている。

6.2) マイワシ大変動のメカニズム

マイワシ・カタクチイワシ大変動のメカニズムについては，私は別のところで詳しく書いたので，それを参照していただきたい（Kawasaki & Omori, 1996；とくに川崎, 2005 の 91 〜 96 頁）。ここでは，簡単な要約にとどめる。

(1) 魚類一般に見られることであるが，とくにマイワシでは，バイオマスが小さいときには成長がよく，大きいときには成長が悪いという傾向かきわめて顕著である。(2) 親魚体組織の栄養状態と生殖組織（卵巣）の栄

2．研究の軌跡

養状態との間に，ひじょうに高い相関がある。(3) 1975 年から 1990 年にかけての資源が増大してピークに達しその後急減する大変動の期間について，資源増大途上の 1975 年には筋肉中の脂質含有量が高いが，バイオマスが大きくなるにつれて脂質含有量が低下し，1980 年代後半にバイオマスがピークから反転して小さくなり始めると脂質含有量が高くなってくる。(4) バイオマスが小さいときにはマイワシは沿岸性で分布水域は狭いが，バイオマスが大きくなるにつれて大回遊魚に変身し，分布域が拡大して，東は西経 165° に達する。以上のようなことを総合して，次のような仮説を立てた。

　マイワシの本姓は沿岸魚である。この時期には個体の成長はよく親魚の栄養状態もよいが，生息条件が限定されていて，個体数を増やすことができない。しかし，地球規模の気候変動に触発されて，マイワシは大回遊魚に変身する。栄養条件のよい卵から孵化した仔魚の生残り率が劇的に高くなって，分布域を大きく拡大し，個体数が急送に増えて，ピークに達する。こうしてバイオマスが大きくなって，分布が広がり過密になるにつれて，個体の成長が悪くなり，成魚の栄養条件が低下してくる。質の低下した親魚は質の低い卵を産む。バイオマスがあるレベルを超えると質の低い卵から生まれた仔魚の生残り率が急降下して，個体数が急減し，分布範囲が縮小して，もとの沿岸魚にもどる。このサイクルが，数十年である。

　このように，バイオマス増大期の個体数変動メカニズムは密度独立的であり，低下期のメカニズムは密度従属的である。

7．地球システムの科学としてのレジーム・シフト理論
　　－細分化の科学から総合の科学へ－

　私はレジーム・シフトを，"大気－海洋－海洋生態系から構成される地球システムの基本構造が数十年スケールで転換すること" と定義した（川崎，2003）。

　この用語は 2008 年 1 月に刊行された「広辞苑」第 6 版（岩波書店）に

よって，新語として上記の定義とともに採用された。科学用語としての市民権を得たと言えよう。

　レジーム・シフト概念の重要な点は，特定地域の大気／海洋系や特定魚種がそれぞれ独立に変動することではなくて，地球システムという一つの系の中で相互に作用しあいながら，その構成部分として変動するという点である。

　花輪・安中（2003）が述べているように，気候がある準定常状態から別の準定常状態に短期間に移行する「気候のジャンプ」という現象は，以前からいろいろな気象学者によって指摘されてきた（たとえば，近藤，1987）。しかし，レジーム・シフト概念は気候のジャンプ概念とは異なるのであって，レジーム・シフトの概念の確立によって，水産資源学・海洋生態学・地球物理学などの間の学際的研究が進み，これらを統合する新しい学問分野が形成されたことに，最大の意義がある。このことについて斎藤（2007）は，次のように述べている。"気象・海洋物理から海洋生態系・魚類に至るそれぞれの過程が，"生態系レジーム・シフトという概念によって再び結び付けられ，学際的な研究分野が再び確立した。生態系レジーム・シフトという研究分野の誕生によって，それまでマイワシの加入や熱帯水域水温の長期変動といったそれぞれの学術分野における里山に登ろうとしていた研究者が，一気にそれぞれの里山を形成する山塊全体を見下ろす位置にまで上昇し，それぞれの里山がどこに連なっているのかと見渡すことを再び始めたのである。"

　科学は一方では細分化することによって発展してきたが，その中で総合化が軽視されてきたきらいがある。レジーム・シフト理論は総合化された世界像を追究する理論であり，全体の構図の中で部分を見つめることによって，バランスのとれた科学を発展させることができる。

8．破綻したMSY管理規範−連海洋法条約−

　国連海洋法条約は1994年11月に発効したが，成立したのは，レジーム・

2. 研究の軌跡

シフト理論がまだ存在しなかった 1982 年 4 月であった。海洋法条約第 81
条には、「生物資源保存義務」として、次のように述べられている。

"沿岸国は自国の EEZ（排他的経済水域）における生物資源の許容
漁獲量（allowable catch）を決定する。沿岸国は、利用可能な最良の科
学的根拠を考慮に入れて、EEZ における生物資源の維持が、獲りすぎ
（overexploitation ＝乱獲）によって危険にさらされないことを、適切な保存
措置および管理措置を通じて確実にしなければならない。

この措置は、環境および経済上の関連要因を勘案して、MSY を生産で
きるレベルに漁獲対象を維持しまたは回復することを目的とするものでな
ければならない。

海洋法条約第 81 条は、第 2 次世界大戦後に漁業をめぐる国際条約に
続々として盛り込まれた MSY 条項の集大成であった「国際合意のための
理論」としての MSY 理論が、「世界の合意」として、1982 年に国際社会
に押しつけられた。海洋法条約の制定には、FAO の大きな影響があった。
海洋法条約に規定されることによって、MSY 理論に基づく TAC（Total
Allowable Catch）の設定は、締約国の義務となったのである。FAO は、依
然として MSY 理論に固執し続けている（川崎, 2005）。しかし、MSY 理論
は論争の渦中にある一つの理論である。科学的に議論のある理論を、国際
的な法規範として国際社会に押しつけるべきではない。

MSY 資源管理の歴史は、管理挫折の歴史である。最初の大きな挫折
は、先に述べたように、フンボルト海流域におけるアンチョベータに対す
る MSY の設定であった。1970 年に FAO が関与して設定した MSY は、空
中楼閣として雲散霧消してしまった。

北太平洋のハリバットは、米国とカナダの間で 1923 年に結ばれた条約
に基づいて、国際漁業委員会によって管理されてきたが、その基礎理論
は委員会の研究部長をしていた Thompson によって作られたものであった
（Thompson & Bell, 1934；川崎, 2005）。その基本的な考え方は、漁獲努力と
cpue（資源密度）との積は一定で、漁獲努力を調節することによって MSY
を得ることができるとするもので、要するに平衡理論である。太平洋ハリ

第1章　レジームシフト理論の形成過程

バットの資源管理は世界でもっとも早い時期に行なわれた国際協定による管理で，管理が成功した優等生ともてはやされた時期もあったが，加入量が数十年スケールのレジーム・シフトを行なうことが明らかになり（Clark & Hare, 2001），Thompson 理論は終末を迎えた。

　大西洋マダラは，第2次世界大戦以後国際機関によって管理されていたが，1970年代後半以後の沿岸水域の分割以後は，沿岸水域のマダラはそれぞれの沿岸国によって管理されるようになった。マダラの北方ストックは，95％がカナダ沿岸に分布しており，カナダ政府によって管理されている。資源管理の基礎理論は，平衡理論である。資源管理方策を支える科学的アドバイスは，世界的レベルと認められる水産資源学者が行なっていた（川崎，2005）。

　MSY に対して漁獲努力が大きく削減されていたにもかかわらず，1980年代末になってから，北大西洋のマダラの資源状態は急速に悪化し，とくに北西大西洋でひどかった。カナダでは TAC が毎年減らされたにもかかわらず，悪化は止まらず，1992年以降禁漁となった。

　この原因についてはいろいろな議論があったが，カナダの著名な水産資源学者 Hutchngs & Myers（1994）は，"北方ストックの崩壊は過剰漁獲のみに帰することができ，自然死亡率の増大に帰することはできない。漁業にくらべて環境は，北方ストックの崩壊にはほとんど影響しなかったと断定的に述べていた。

　レジーム・シフト理論の評価が科学者の間で定着し，研究が幅広く進むにつれて，状況は変わってきた。ICES に所属しており IPCC（気候変動に関する政府間パネル）のメンバーでもある Brandet *et al.*（2006）は，次のように述べている。"マダラの禁漁が行なわれてから10年以上経つが，回復の徴候はほとんど見られない。北西大西洋のほとんどのマダラのストックが回復しない主な理由は，自然死亡率の増加，成長率の低下，加入率の低下による生産力の衰退であろう。"ここでも，MSY 理論の有効性は否定されたのである。

　レジーム・シフト理論による資源管理の基本は，"レジーム・シフトのリ

243

2．研究の軌跡

ズムを壊さないように，あるいはリズムを利用して，自然からの恩恵を受け取ること"である。その点でもっとも大切なことは，個体群のサイズが低レベルの時期に禁漁を徹底して，資源が立ち上がるのを妨げないことである。カリフォルニア・マイワシでは，法律を制定して 1967 〜 85 年の 19 年間禁漁にすることによって，資源が回復した（川崎，2007a，2007b）。

　これと対照的に，極東マイワシのバイオマスは 1990 年代初め以降きわめて低いレベルを低迷しているにもかかわらず，日本では TAC を設定してマイワシを獲り続けている。これについて東京大学の渡邊（2006）は，"これほどまでに資源量が減少すればマイワシを全面禁漁するのが国際的な資源管理の常識ですが，毎年 TAC を決めてマイワシを捕り続けている現状は，「マイワシの乱獲を許容する漁獲量」を定めているようなものです"と指摘している。

　海洋法条約第 81 条は，見直されなければならない。

9．レジーム・シフト理論と地球環境

　大気中の温室効果ガスの主要部分である CO_2 は産業革命以来一貫して上昇しているが，地球の平均気温は，傾向として上昇しているものの，一方的な上昇ではなく数十年の時間スケールで変動している。1960 〜 1985 年は，傾向線からはマイナスの偏差を示した時代で（図 9），著名は気象学者根本順吉が「氷河期に向う地球」という著書を出している。しかし，これはレジーム・シフトによる変動だったのである。

　温室効果ガスの過剰放出による地球温暖化が問題となっているが，もっとも危惧されるのは，地球環境変動のメカニズムであるレジーム・シフトが破壊されることである。この点に関しては小著（川崎，2007c）の中で述べたので，参照していただきたい。

第1章 レジームシフト理論の形成過程

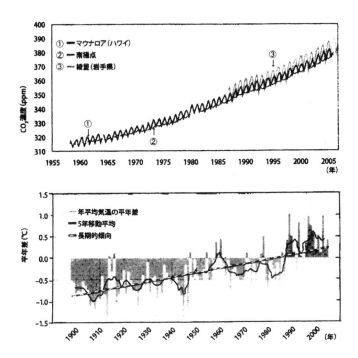

図9 (上) 大気中のCO2濃度の推移。(下) 日本における年平均気温の平年差の推移
平年値:1971 ～ 2000年の平均値.(気象庁,気候変動監視レポート2006)。

参考文献
[1] Andersen P.J. & J.F. Platt (1999): Community reorganization in the Gulf of Alaska following ocean climate regime shift, Marine Ecology Progress Series, 189,117-123
[2] Baken A. (1996): Patterns in the Ocean, California Sea Grant/CIB, 323pp.
[3] Beaugrand G. (2004): The North Sea regime shift,: evidence, causes, mechanisms and consequences, Progress in oceanography, 60, 245-262.
[4] Beamish R.J. et al. (2004): Regimes and the history of the major fisheries off Canada's west coast, Progress in Occanography 60, 355-385
[5] Brander K. et al. (2006): Decline and recovery of North Atlantic cod stocks, GLOBEC International News-letter, 12(2), 10-12.
[6] Brodeur R.D. & D.M. Ware (1992): Long-term variability in zooplankton biomass in the Subarctic Pacific ocean, Fish. 0ceanogr., 1, 32-38.
[7] Clark W.G. & S.R. Hare (2001): Effects of climate and stock size on recruitment and

2. 研究の軌跡

growth of Pacific halibut, North Amer. J. Fish. Management, 22, 852-862.

[8] Crawford R.J.M. *et al.* (1990): An empirical investigation of Trans-oceanic linkages between areas of high abundance of sardine, Long-term Variability of Pelagic Fish Populations and their Environment, Pergamon Press, 319-332.

[9] Cushing D.H. (1974): The natural regulation of fish populations, Sea Fisheries Research, Elek Science, 399-412.

[10] Dickie L.M. (1975): Problems in Prediction, Occanus, 18.

[11] Dymond J.R. (1948): European studies of the populations of marine fishes, Bull. Bingham Oceanog. Collection, 11, 55-80.

[12] Eden C. & T. Jung (2001): North Atlantic interdecadal variability: oceanic response to the North Atlantic oscillation (1865-1997), J. Climate, 14, 676-691.

[13] Hoerling M.P. (2001): Tropical Origins for recent North Atlantic climate change, Science,292,90-92.

[14] Hurrell J.W. & R.R. Dickson (2004): Climate variability over the North Atlantic, Marine Ecosystems and Climate Variation, Oxford university Press, 15-32.

[15] Hutchings J.A. & R.A. Myers (1994): What can be learned from the collapse of renewable resources? Atlantic cod, *Gadus morha*, of Newfoundland and Labrador, Can. J. Fish. Aquat. Sci., 51, 2126-2146.

[16] Hjort,J.(1914):Fluctuations in the great fisheries of northern Europe reviewed in the light of biological research, Rapp-Verb.. Cons. Int. Explor. Mer, 20, 1-228.

[17] IUCN(1996):1996 IUCN Red List of Threatened Animals, The IUCN Species Survival Commission.

[18] Kawasaki. T. (1983): Why do Some pelagic fishes have wide fluctuations in their numbers? FAO Fish. Rep., 201, 1055-1080.

[19] Kawasaki T. & A, Kumagai (1984): Food habits of the Far Eastern sardine and their implication in the fluctuation pattern of the sardine stocks, Bull. Japan. Soc. Sci. Fish., 46, 1637-1663.

[20] Kawasaki T. & M. 0mori (1988): Fluctuations in the three major sardine sticks in the Pacific and the global trend jn temperature, Long-term Changes in Marine Fish Populations, 37-53.

[21] Kawasaki T. & M. 0mori (1995): Possible mechanisms underlying fluctuations in the Far Eastern Sardine population inferred from time series of two biological traits, Fish. Oceanogr., 4, 238-242

[22] Latif M. et al. (2006q): Is the Thermohaline circulation changing ?, J.Climate.,19,4631-4637.

[23] Latif M. et al. (2006b): A review of predict ability studies of Atlantic sector climate on decadal time scales, J. Climate., 19, 5972-5987.

第 1 章　レジームシフト理論の形成過程

[24] Lehodey P. (2004): Climate and fisheries : an insight from the Central Pacific ocean, Marine Ecosystems and Climate Variation, 0xford university Press, 147-152.

[25] Murphy G.I. (1966): Population biology of the Pacific Sardine (*Sardinops caerulea*), Proceedings of the California Academy of Sciences, 34.

[26] Nitta T. & S. Yamada (1989): Recent warming of tropical sea surface temperature and its relationship to the Northern Hemisphere circulation, J. Meteor. Soc. Japan, 67, 375-383.

[27] Parrish R.S. *et al.* (1983): Comparative climatology of selected environmental processes in relation to eastern boundary current pelagic fish reproduction, FAO Fish. Rep., 201, 731-777.

[28] Pershing A.J. (2004): The influences of climate variability on North Atlantic zooplankton populations, Marine Ecosystems and Climate variation, 0xford University Press, 59-70.

[29] Russell E.S.(1931): Some Theoretical considerations on the "overfishing" problem, J. Cons. Intern. Explor. Mer., 6, 3-20.

[30] Russell E.S. (1932): Fishery research : Its contribution to ecology, J. Ecol., 20, 128-151.

[31] Schaefer M.B. & R.J. H.Beverton (1963): Fishery dynamics-their analysis and interpretation, The Sea, Vol.3, Interscience Publishers, 464-484.

[32] Smayda T.J. *et al.* (2004): Responses of marine phytoplankton populations to fluctuations in marine climate, Marine Ecosystems and Climate variation, Oxford University Press, 49-58.

[33] Thompson W.F. & F.H. Bell (1934): Biological statistics of the Pacific halibut fishery, II, Effect of changes in intensity upon total yield and yield per unit of gear, lnterna-tional Fisheries Commission, Report Number, 8, Seattle.

[34] Thompson J.D. (1981): Climate, upwelling, and biological productivity : some primary relationships, Resource Management and Environmental Uncertainty :Lessons from Coastal Upwelling Fisheries, Wiley Interscience, 13-33.

[35] Trenberth K.E. (1990): Recent observed interdecadal climate changes in the Northern Hemisphere, Bull. Amer. Meteor. Soc., 71, 988-993.

[36] Venrick E.L. *et al.* (1987): Climate and chlorophyll a: long-term trends in the Central North Pacific Ocean, Science, 238, 70-72.

[37] Walker G. (2006) : The tipping point of iceberg, Nature, 441, 802-805.

[38] 花輪公雄（2007）：海洋環境のレジーム・シフト，レジーム・シフト－気候変動と生物資源管理－，成山堂書店，11-20.

[39] 花輪公雄・安中さやか（2003）：過去 100 年の北半球海面水温場に出現したレジームシフト，月刊海洋，2003，80-85.

[40] 林知夫（1994）：しなやかな魚の食生活，検証の魚学，緑書房，240-245.

[41] 帰山雅秀（2007）：サケ類の生態系ベースの持続的資源管理と長期的な気候変動，レジーム・シフト－気候変動と生物資源管理－，成山堂書店，131-139.

247

2．研究の軌跡

[42] 柏原辰吉（1987）：北太平洋を中心とした最近の冬季の寒冷化について，天気，34，777-781.

[43] 川崎健（1982）：浮魚資源，恒星社厚生閣，327頁.

[44] 川崎健（1997）：海洋生物資源の管理とIUCNの新レッド・リスト・カテゴリーとくにマグロ類をめぐって，生物科学，49,145-154.

[45] 川崎健（2003）：地球システム変動の構成部分としての海洋生態系のレジーム・シフト，月刊海洋，393，196-205.

[46] 川崎健（2005）：漁業資源二訂版，成山堂書店，246頁.

[47] 川崎健（2007a）：「魚離れ」と日本漁業−漁業政策・資源管理政策の批判的検討−，経済,2007年7月号,132-150.

[48] 川崎健（2007b）：レジーム・シフト理論に基づく小型浮魚資源の管理，レジーム・シフト−気候変動と生物資源管理−，成山堂書店，107-111.

[49] 川崎健（2007c）：レジーム・シフト−地球システム管理の新しい視点−，レジーム・シフト−気候変動と生物資源管理−，成山堂書店，1，9.

[50] 川崎健（2007d）：「資源管理・漁業管理」をめぐる座談会，レジーム・シフト−気候変動と生物資源管理−,成山堂書店,137-209.

[51] 川崎健（2008）：マイワシの資源変動プロセスと管理問題，月刊海洋.

[52] 近藤純正（1987）：身近な気象の科学,東京大学出版会，189頁.

[53] 見延庄士郎（2007）：物理的環境におけるレジーム・シフトと十年スケール変動のメカニズム，レジーム・シフト−気候変動と生物資源管理−，成山堂書店，45-62.

[54] 根本順吉（1973）：氷河期に向う地球，風濤社，222頁.

[55] 二平章（2007）：レジーム・シフトと底魚資源，レジーム・シフト−地球環境と生物資源管理−，成山堂書店，157-174.

[56] 斉藤宏明（2007）：北太平洋の栄養塩変動と生態系レジーム・シフト，レジーム・シフト−気候変動と生物資源管理−，成山堂書店，79-89.

[57] 杉崎宏哉（2007）：水産研究所動物プランクトン長期変動デーから読みとるレジーム・シフト，レジーム・シフト−気候変動と生物資源管理−，成山堂書店，91-99.

[58] 田所和明（2007）：北太平洋におけるレジーム・シフトとメソ動物プランクトン，レジーム・シフト−気候変動と生物資源管理−，成山堂書店，69-78.

[59] 谷口旭（2007）：低次生産相にみられるレジーム・シフトの特色，レジーム・シフト−気候変動と生物資源管理−，成山堂書店，63-68.

[60] 安中さやか・花輪公雄（2007）：過去100年間の全球海面水温場に出現したレジーム・シフト，レジーム・シフト−気候変動と生物資源管理−，成山堂書店，21-28.

[61] 渡部雅浩（2007）：中緯度大気結合モードと数十年スケール変動，レジーム・シフト−気候変動と生物資源管理−，成山堂書店，21-28.

[62] 渡邊良朗（2006）：スーパーにイワシがいなくなる?，海の環境100の危機，東京書籍，16-17.

第 1 章　レジームシフト理論の形成過程

13. レジームシフトのメカニズムについての trophodynamics 仮説の提案
（2012）

Trophodynamics hypothesis over the mechanisms underlying the regime shifts

1. レジームシフト研究を巡るこれまでの経過・問題点とその BREAKTHROUGH

　レジームシフト（regime shift）とは，"大気・海洋・海洋生態系から構成される地球表層システムの基本構造（regime）が，数十年の時間スケールで転換 (shift) する"ことである（広辞苑　第 6 版, 2008；川崎, 2009）。このことが黒潮，カリフォルニア海流，フンボルト海流のマイワシの同期的大変動について初めて指摘されたのは 1983 年にコスタリカのサンホセで行われた FAO の会議においてである（Kawasaki, 1983）。

　それまでは，資源変動は乱獲など漁獲行為によって支配されるとするのが，資源の変動要因から環境を取り除いた，ES Russell（1931）から Beverton・Holt（1956）にいたる，20 世紀半ばに形成された平衡理論（equilibrium theory）に基づく MSY 思考である。

　変動要因から環境を取り除く作業は，次のようにして行なわれた（Schaefer and Beverton, 1963）。資源変動の基本式を次のようにたてる。

　$1/P \cdot dP/dt = r(P) + g(P) - M(P) - F(X) + \eta$

　P：biomass, 　r：加入率, 　g：成長率, 　M：自然死亡率, 　F：漁獲死亡率,

　X：漁獲努力。

　著者たちは，次のように書いている。

　"η は環境変動に基づく，P および X から独立な biomass の変動率で，この式が平均的な環境条件のもとでの事象を記載するとみなすことが出来るように，長い期間を平均することによって，出来るだけその効果を取り除く。

　定常状態においては，平均的な環境条件のもとで資源は平衡状態にあるので，

　$dP/dt = 0, \eta = 0$ となり，その結果

249

2. 研究の軌跡

$$F(X)=r(P)+g(P)-M(P)$$

が得られる。"

　かくして，資源は環境から独立であり，資源は平衡状態にあり，biomass を変化させるのは，漁獲努力だけである，ということになる。最大の変動要因である環境が，切り捨てられたのである。水産資源学界は MSY 思考の呪縛に縛られ，自由な思考力を奪われ，現実には大きく変動する環境条件の下で，ありもしない MSY を計算し続けてきた（川崎，2009）。資源管理に没科学的な MSY 基準を持ち込んだ国連海洋法条約をはじめ，それに調印した日本を含む各国の国内法も同様で，海の生物資源は，実効的な持続的利用ができない状態に置かれてきた。

　サンホセにおける報告は，まったく異なる視点からのものとして疑問視されたが（Bakun, 1996），その後世界のマイワシの同期的大変動が世界の気温変動と同調していることや，マイワシとカタクチイワシの間の魚種交代（Kawasaki and Omori, 1988），アラスカ湾の底生生物の群集構造の転換（Andersen *et al.*, 1999）やプランクトン，北洋のサケマスなどにも，生態系構造の数十年スケールのシフトと環境変動との関連が続々と発見された。さらに 1980 年代末に，赤道水域に発して北太平洋に及ぶ大気−海洋相互作用の数十年スケールの変動が，Nitta and Yamada（1989），Trenberth（1990）によって見いだされて，海洋生態系の変動と大気−海洋系の変動が結びつき，大西洋における NAO（North Atlantic Oscillation）と資源変動との関連など，大気・海洋・海洋生態系から構成される地球表層システムにおけるレジームシフトの存在はゆるぎないものとなった。地球表層システムの実体的存在が，変動の中でとらえられたのである。

　かくして，20 世紀末に，レジームシフト理論 (regime shift theory) が確立することになる（Schwartzlose et al.,1999；川崎ほか（編），2007；川崎，2009；Alheit and Bakun, 2009）。

　次の問題は，レジームシフトを引き起こすメカニズムである。魚類のバイオマスの変動が年級変動によってもたらされることは古くから知られているが，そのメカニズムについては，ノルウェーの Johan Hjort（1926）は，

first feeding stage に食物となる動物プランクトンの幼生が環境に十分に存在するかどうかによるとした，critical period theory を提起した。この考え方の根底にある思想は，稚仔魚と環境の偶然の出会いに年級変動の契機を求めるもので，必然性を排除しており，科学的とはいえない。

その後英国の DH Cushing（1974）は，各魚種の産卵期は毎年固定されているが，稚魚の食物の availability に関わる spring bloom の時期は変動するとして，この両者の間の match-mismatch が年級のサイズを決定するとした。この発想は，稚魚と環境の偶然の出会いに年級変動の要因を求める Hjort 説の亜流と言えよう。

近年になって，特にマイワシとカタクチイワシとの間の魚種交代に関して，"被 predation"の立場から両者を対比しての議論が盛んである。たとえば稚仔魚期における環境の変化に伴う成長の遅滞または促進が"被 predation 率"を高めたり，低下させたりするので，それに対する両種の対応の違いが魚種交代の契機になる，とするものである。これを growth selective hypothesis という。

あるいは maternal effect hypothesis というのがある。これは，母親の質が卵や精液の質に反映し，稚仔魚の生き残りに反映するが，それを環境変動が左右する，とするものである。

これら一連の仮説は，それぞれが年級変動や魚種交代に関して，レジームシフトのメカニズムの真実の一つの側面を突いているのであるが，これらに共通していることは，環境変動に対する小型浮魚の個体レベルでの対応という段階にとどまっていることである。また魚種交代については，典型的に見られるマイワシとカタクチイワシの2種間の魚種交代という一側面にとらわれて，大気・海洋系と海洋生態系から構成される地球表層系のシフトという全体的な視点が，欠落していることである。

私はこれを，まず生態系全体の枠組の中で，同じレベルの TL（trophic level，栄養段階）の内部，および異なる TL の間，での エネルギーの流れという視点から，捉えなおしてみることができないかと考えた。つまり，マイワシとカタクチイワシの間の個体レベルの対応ではなくて，top predator

2．研究の軌跡

から低次生産者までを含む海洋生態系全体のシフトという視点から，レ
ジームシフトのメカニズムを捉えていこうということである。

　この考え方は，出口を見つけかねている regime shift mechanism 問題を解
決する突破口，breakthrough になると考えている。

2．方　法

　まず対象となる生態系の設定である。生態系を成り立たせているのは
"食物連鎖"であるが，食物連鎖には，太陽エネルギーを固定する植物プ
ランクトンから出発する海洋表層の grazing food chain と，デトライタスか
ら出発する海洋中深層の detritus food chain の2つのサイクルがある（山
本，1977）。この前者について考えることにした。

　生態系としての水域設定であるが，レジームシフトを論ずるためには，
長期のデータが必要である。質が高く，世界でもっとも長期にわたって存
在する日本の漁獲統計が利用できる北西太平洋を対象水域とし，大型浮魚
の再生産水域である熱帯水域から浮魚の夏季の索餌域である亜寒帯水域の
南部までを含む表層水域を，1つの大きな暖水性表層生態系の分布範囲と
した。日本漁業は，主としてこの水域で行われてきた。

　2つの TL を設定し，SP（small pelagics, 小型浮魚）の TL に含まれる魚
種を，マイワシ，カタクチイワシ，マサバ・ゴマサバ，マアジ，サンマと
し，それらを食物とする TL に含まれる LP（large pelagics, 大型浮魚）を，
マグロ類＋カツオとした。

　問題は，各年の各 TL の浮魚の相対的 biomass をどのような proxy（代理
指標）で表現するか，である。これを，

　（SP または LP の漁獲量）/（総漁獲量）

とし，単位を％とした。2つの TL の間の biomass の相対的比として

　（LP の漁獲量）/（SP の漁獲量）

を用い，単位を小数とした。この比は，SP から LP へのエネルギーの転送
率の指数である。

統計を扱う期間としては 1926-2010 年の 85 年間とし，その間の変動を検討した。

3．結果と考察

3-1．生態系内におけるエネルギーの転送と集積

　図1には，4つの曲線が示されている。下から，A，B，C，D　である。A は総漁獲量のうちマイワシの占める割合で，明確なレジームシフトを示し，1930 年代と 1980 年代にピークを持ち，0％から 40％までの間を大きく変動している。マイワシが卓越する時期を‘マイワシ・レジーム’という。

　曲線 B は総漁獲量のうち，マイワシを含む SP が占める割合の時系列である。したがって，B から A を引いた差がマイワシ以外の小型浮魚のバイオマスの合計量で，それが卓越する時期を‘非マイワシ・レジーム’という。マイワシ・レジームと非マイワシ・レジームは数十年スケールで交代しているが，ピーク時のバイオマスはマイワシ・レジームの時が大きい。同じ SP の中でも，マイワシ・レジームと非マイワシ・レジームの違いは，マイワシは植物プランクトンと動物プランクトンを食べる混合食性であり，また小型動物プランクトンを食べるので，マイワシ・レジームでは MTL（平均 TL）が低いが，非マイワシ・レジームでは多くの種は大型動物プランクトン食性で，MTL が高いことである。

　曲線 C は LP のバイオマスの変動であり大きなシフトを示している。曲線 D は SP から LP へのエネルギーの転送率の変動であり，マイワシ・レジームで低く，非マイワシ・レジームで高い。その差はひじょうに大きい。

　図2には（SP の相対的バイオマス）/（親潮水域における動物プランクトンのバイオマス）の比の 1954-2003 年の変動を示す。この親潮水域は，日本東方の黒潮親潮移行域のすぐ北側の亜寒帯水域の南部を指し，その表層は，SP および LP の，夏から秋にかけての主な索餌域である。上記の比は，動物プランクトンから SP へのエネルギーの転送率の指数である。

2．研究の軌跡

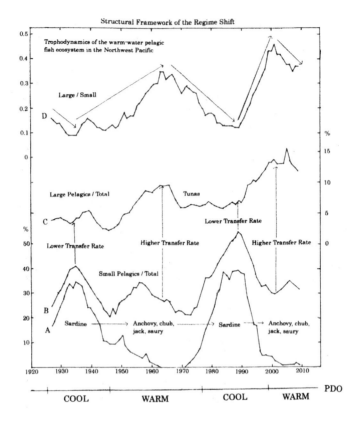

図1　1926-2010年の北西太平洋の浮魚生態系におけるエネルギーの流れのレジームシフト
（漁獲量：3年移動平均）
A　（マイワシ漁獲量）/（総漁獲量）
B　（小型浮魚漁獲量）/（総漁獲量）
C　（大型浮魚漁獲量）/（総漁獲量）
D　（大型浮魚漁獲量）/（小型浮魚漁獲量）

曲線の変動は，図1の曲線Aのマイワシのバイオマスの変動とよく似ており，マイワシ・レジームで高く，非マイワシ・レジームで低い。マイワシ・レジームでは，動物プランクトンからSPへのエネルギー転送率が高く，非マイワシ・レジームの時には，低いことを示している。

図1および図2を総合して考えると，マイワシ・レジームにおいては，

第1章　レジームシフト理論の形成過程

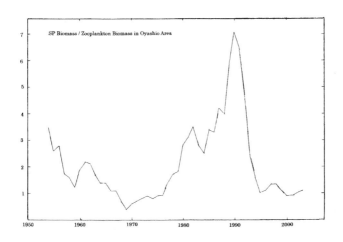

図2　(小型浮魚漁獲量：3年移動平均)／(日本東方の亜寒帯水域南部における動物プランクトン現存量：3年移動平均) の時系列哉：1954－2003
動物プランクトンのデータは，中央水産研究所の杉崎宏氏の提供による

　プランクトンからマイワシへのエネルギーの転送率が高いが，マイワシからLPへの転送率は低く，マイワシを主体とするSPのTLに，生態系全体のエネルギーが収れん (converge) しているということになる。これによって，マイワシ・レジームにおけるマイワシの膨大なbiomassが生産・維持される。非マイワシ・レジームではこの逆で，マイワシ以外を主体とするSPのTLから，エネルギーが発散（diverge）している。
　すなわち，SPのTLの中でも，相対的にTLの低いマイワシ・レジームと相対的にTLの高い非マイワシ・レジームの間のシフトの意味は，プランクトン→SP→LPと繋がる grazing food chain の中で，SPのTLに生態系のエネルギーが収れんするパターン（マイワシ・レジーム）と発散するパターン（非マイワシ・レジーム）の間の転換ということである。
　曲線Dのピークは，1960年代の初めと2000年代の初めに見られる。曲線Dと曲線Aを比較してみると，興味ある傾向を指摘できる。
　前回のマイワシ・レジームで，マイワシ資源が立ち上がり始めたのは

255

2．研究の軌跡

1970年代に入ってからであり，特に1972年級の高い生き残り率が1970-80年代のマイワシの急増のtriggerとなった。つまり，曲線Dに示すSPからLPへのエネルギーの転送率の増大から低下へのシフトは，マイワシ資源が立ち上がった1970年代初めの10年前の60年代の初めに始まっている。

　最近1972年級を上回るとされる，"きわめて豊度が高い"2010年級が発生し（中央水研，2011），マイワシ資源回復の兆しが見られているが，曲線Dに見られるSPからLPへのエネルギー転送率の増大から低下傾向への転換は2000年代初頭に生じており，ほぼ10年前である。時間的に符丁が合い，マイワシ資源増大の期待が膨らむ。

3-2．太平洋の水温偏差構造（PDO）のシフトと，海洋生態系のシフト

　20世紀における冬季のPDOのpositive相の期間は1925〜46年，77〜98年で，その中間の1947〜76年と1924年以前，99年以後がnegative相である（図3）。positive相（COOL）はマイワシ・レジーム，negative相（WARM）は非マイワシ・レジームに対応している（図1）。

　PDOのpositive相とnegative相との間の数十年スケールのシフト（図3，図4）に対応して，太平洋において対照的なSST（海面水温）偏差の分布のシフトが見られるが，図5はpositive相におけるSST偏差の典型的なパターンである。日本列島周辺から東へ強い負の偏差が東へ伸びている。negative相ではこれと逆のパターンとなる。positive相の冬季のSLP（海面気圧）の偏差パターンを図6に示す。カムチャツカ半島沖から北米中部沖にかけて，強い負の偏差が見られる。これは，AL（アリューシャン低気圧）が強く発達していることを示している。

　つまり，北西太平洋におけるSSTの偏差がマイナスで冷たく，ALが低くて，湧昇が盛んな時すなわち生物生産力が高い時がマイワシ・レジームに対応し，逆の場合が非マイワシ・レジームに対応することになる。

4．レジームシフトのメカニズムについてのtrophodynamics仮説の提案

4-1．trophodynamics研究の進展

第1章　レジームシフト理論の形成過程

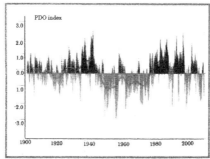

Observed monthly values for the PDO (1900–2010).

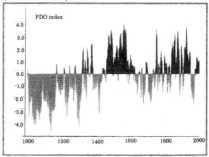

Reconstructed PDO (993-1996).

図3　上：PDOの月別の実測値の変動1900-2010
　　　下：PDOの推定値の変動1993-1996, Wikipediaより

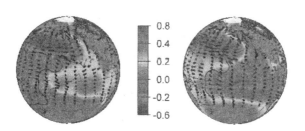

図4　PDOのpositive相（左），negative相（右）の冬季におけるSST（色），SLP（等値線），海面の風応力（矢印）の典型的な偏差パターン　Mantua et al.（1997）

257

2．研究の軌跡

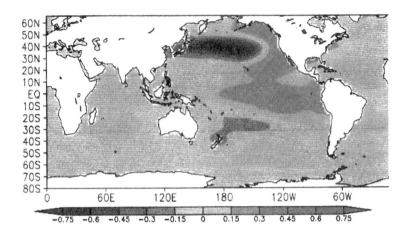

図5　PDO positive 相の典型的な SST の偏差パターン　気象庁HP

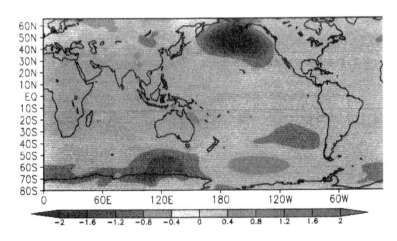

図6　PDO positive 相の典型的な SLP の偏差パターン　気象庁HP

第1章　レジームシフト理論の形成過程

近年，安定同位体による食物連鎖の研究が盛んになり，その中でtrophodynamicsの研究が進展してきた。trophodynamicsとは，生態系の中で，同じTLにある異なる生物群の間や異なるTLの間における栄養やエネルギーの流れを扱う分野である。最近の研究をあげると，

Miller *et al.* (2011) は，黒潮域，黒潮―親潮移行帯，親潮域，北カリフォルニア海流，南カリフォルニア海流について，マイワシ，カタクチイワシ，マサバなどのTLを調べ，生物生産の盛んな生態系（黒潮〜親潮移行帯，北カリフォルニア海流）においては，魚類のプランクトンに対する混合食性（動物プランクトンも植物プランクトンも食べる）が強く，食物連鎖が短くなる。同じ魚種でも，生物生産の高い水域ではTLが低くなる，と述べている。

Ikeda *et al.* (2008) は，釧路沖の親潮水域における，細菌から植物プランクトン，微小動物プランクトン，メソ動物プランクトン，マイクロネクトン，魚類・イカ類，海鳥・哺乳類にいたるtrophodynamicsの立体構造を明らかにした。

van der Lingen *et al.* (2006) によると，ベンゲラ海流域ではマイワシとカタクチイワシではTLが異なり，動物プランクトンのサイズによって「食べわけ」（resource partitioning）をしている。マイワシとカタクチイワシの魚種交代は，trophodynamicsが仲立ちしている。

4-2. trophodynamics 仮説

これまでに述べてきたことを整理して，レジームシフトを引き起こすメカニズムとして，trophodynamics仮説を提案したい。

世界の海洋においてPDOの偏差パターンは，positive相とnegative相の2つのレジームの間を，数十年の時間スケールでシフトしている（図3，図4）。positive相における典型的なSSTの偏差パターンに示される，日本列島周辺からアラスカ湾南へかけての低い水温偏差（図5）に対応して，ALが強く発達している（図6）。

強いALが海水の強い湧昇を引き起こすとすれば，海洋の生産力が大き

2. 研究の軌跡

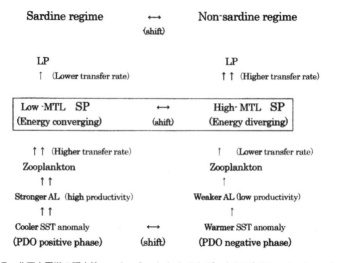

図7 北西太平洋の暖水性 grazing food chain のレジームシフトの trophodynamics

い時がマイワシ・レジームに対応し，MTL の低いマイワシ主体の SP に生態系のエネルギーが収れんし，それによって膨大なマイワシの biomass が生産・維持される。MTL が高い非マイワシ・レジームでは，SP に生態系のエネルギーが収れんせずに発散し，SP の biomass は相対的に小さい。MTL が低いことの意味は，基礎生産に近く，predator に遠いことで，SP にエネルギーが収れんしやすい状況を作り出す。この2つのレジームの間のシフトが，レジームシフトである。

レジームシフトとは，生態系内の SP を中心とする生物エネルギーの流れのパターンのシフトであり，大気——海洋間の相互作用のシフトによって駆動される。

図7にレジームシフトの trophodynamics の模式図を示す。

第1章　レジームシフト理論の形成過程

5．Pauly の"fishing down"hypothesis に対するアンチテーゼ

　カナダの British Columbia 大学の D Pauly *et al.*（2002）は，1970-98 年の FAO の生産統計を用いて，「値段の高い大型肉食魚に対する漁獲圧力が強いので，世界の魚類生態系の MTL が低下している」として，「このままだな，クラゲとプランクトンのスープしか口にすることができなくなるかもしれない」という"fishing down hypothesis"に基づく刺激的な論文を書いたが，これは「水産生物の変動を支配するのは漁獲努力だけである」とする平衡理論に基づくとこうなるので，図1D に示すように，長い期間をとると，大型魚の小型魚に対する比率は数十年スケールで大きくシフトしており，Pauly の言う"fishing down"は，見られないのである。

6．問題点と今後の研究の展望

　エネルギーの転送構造を明らかにするために，北西太平洋の grazing food chain に関する生態系の立体構造の研究が必要であろう。この報告では，biomass の proxy として，漁獲量を用いたが，客観的な biomass の measure を考える必要がある。近年について漁獲量とバイオマスの関係の相関関係を示すことが出来れば，過去へ外挿できよう。さらに，バイオマスをエネルギーに転換して，生態系における物質の流れをエネルギーの流れとして捉える必要があるだろう。私の報告は北西太平洋についてのものであるが，データの期間が短いという難点はあるが，世界のほかの水域でも，同じ事を行なってみる必要があるだろう。動物プランクトンの現存量の時系列データはひじょうに貴重で，調査を充実・継続することが必要である。trophodynamics hypothesis を実証する研究の進展を期待したい。

7．結　語

　東京大学大気海洋研究所の渡邊良朗は，「20 世紀初頭に始まった海の生

261

2. 研究の軌跡

物資源学は，100年間の研究を経て，資源が地球の一部として自然変動するという認識に達した（川崎，2009）。大気と海洋から構成される地球表層が自然変動し，それに応答して海洋生物資源が変動するのである。『人間が獲るから資源が減少し，獲るのを止めると平衡状態が維持される』という20世紀半ばに形成された考え方は，自然変動という生物資源の最も重要な特性をとらえていなかった。国連海洋法に採用されている『獲り方を調節することで資源を高水準で安定的に利用する』という資源管理の目標は，根本的に改められなければならない。地球の一部として自然変動する資源の特性を生かし，この特性に適合的な持続的利用を考えなければならない（渡邊，2011）」と述べている。

　この指摘は，問題の根幹を明確に整理しているが，レジームシフト（自然変動）がどのようなメカニズムに支えられているのかについては，これまでに必ずしも明らかでなかった。私のこの報告によって，そのメカニズムの基本的な枠組が示されたと考えている。地球表層科学を担う，新しい「海洋生物資源科学」を，21世紀の初めに構築し，海洋生物資源の持続的な利用を目指さなければならない。

8. 謝　辞

　動物プランクトン・バイオマスのデータを提供していただいた杉崎宏哉氏に感謝申しあげる。

参考文献

Alheit J. and A. Bakun, 2009, History of international cooperation in research, *in* Climate Change and Small Pelagic Fish. Cambridge University Press, 1-5.

Andersen P.J. and J.F. Platt, 1999, Community reorganization in the Gulf of Alaska following ocean climate regime shift, Mar. Ecol. Prog, Ser. 189.

Bakun A., 1996, Patterns in the ocean, California Sea Grant/CIB.

Beverton R.J.H. and S.J. Holt, 1957, On the dynamics of exploited fish populations, Fish. Invest., London, Ser.. 2, 19.

中央水産研究所，2011，平成23年度第1回太平洋イワシ類・マアジ・サバ類長期漁海

第1章　レジームシフト理論の形成過程

況予報.

Cushing D.H., 1974, The natural regulation of fish populations, in Sea Fisheries Research, Elek Science, London, 399 – 412.

Espinoza P. and A. Bertrand, 2008, Revisiting Peruvian anchovy (*Engraulis ringens*) trophodynamics provides a new vision of the Humboldt Current system, Prog. Oceanogr., 79, 215-227.

Hjor J., 1926, Fluctuations in the year-classes of important food fishes, J. du Cons. 1, 1-38.

Ikeda T. *et al.*, 2008. Structure, biomass distribution and trophodynamics of the pelagic ecosystem in the Oyashio Region, Western Subarctic Pacific, J. Oceanogr. 64, 339-354.

Kawasaki T., 1983, Why do some pelagic fish have wide fluctuations in their numbers?, FAO Fish. Rep., 291, 1065 – 1080.

Kawasaki T. and M. Omori, 1988, Fluctuations in the three major sardine stocks in the Pacific and the global trend in temperature, Long-term changes in Marine Fish Populations, Vigo, Spain.

川崎　健ほか（編），2007，レジーム・シフト──気候変動と生物資源管理──，恒星社厚生閣.

川崎　健，2009，イワシと気候変動，岩波新書.

Mantua *et al.*, 1997, A Pacific interdecadal climate oscillation with impacts on salmon production, Bull. Amer. Meteor. Soc., 78, 1069-1079.

Miller T.W. *et al.*, 2011, Understanding what drives food web structure in marine pelagic ecosystems, *in* Interdisciplinary Studies-Marine Environmental Modeling & Analysis, 125-131.

Nitta T. and S. Yamada, 1989, Recent warming of tropical sea surface temperature and its relationship to the Northern Hemisphere circulation, J. Meteor. Soc. Japan, 67, 375-383

Pauly D. *et al.* 2002, Towards sustainability in world fisheries, Nature 418

Russel E.S., 1931, Some theoretical considerations on the 'overfishing problem', J. du Cons. 6, 3-20.

Schaefer M.B. and R.J.H. Beverton, 1963, Fishery dynamics -Their analysis and interpretations, *in* The Sea Volume Two, Inter-science Publishers, 464-483.

Schwartzlose R.A., *et al.*, 1999, Worldwide large-scale fluctuations of sardine and anchovy populations, S. Afr. J. mar. Sci. 21, 289-347.

Trenberth K.E., 1990, Recent observed interdecadal climate changes in the Northern Hemisphere, Bull. Amer. Meteor. Soc. 71, 988-993.

van der Lingen C.D. *et al.*, 2006, Comparative trophodynamics of anchovy, Engraulis encrasicolus and sardine Sardinops sagax in the southern Benguela: are species alternations between small pelagic fish trophically mediated?, Afr. J. Mar. Sci., 28. 465-477.

２．研究の軌跡

渡邊良朗, 2011, 自然変動する海洋生物資源の持続的利用, 遺伝 65, 27-31.
山本護太郎, 1977, 底生成物群集－生産に於ける二・三の問題, 海の生物群集と生産,
　　恒星社厚生閣, 269-310.

第1章　レジームシフト理論の形成過程

14. 国連海洋法条約と地球表層科学の論理 (2013)

I　国連海洋法条約の海洋生物資源管理規定とその根拠理論

　国連海洋法条約（1982年採択，1994年発効）は，世界の海洋についての国際関係を規定する条約である。この中の生物資源の管理にかかわる条文を以下に示す。

第56条　沿岸国は，排他的経済水域（Exclusive Economic Zone, EEZ）において天然資源の探査，開発，保全および管理のための主権的権利を有する。

第61条　沿岸国は，自国のEEZにおける生物資源の許容漁獲量[1]（allowable catch）を決定する。この措置は，最大持続生産量（Maximum Sustainable Yield, MSY）を実現することのできる水準に漁獲される魚種の資源量（populations）を維持し，または回復させることを目指すものでなければならない。

　この条約に基づいて，締約国の日本は"海洋生物資源の保存および管理に関する法律"を，海洋法条約発効直後（1994年）に，制定・施行する。その第3条は，海洋法条約第61条と瓜二つである。

第3条　EEZにおいて海洋生物資源の保存および管理を行うため漁獲可能量[2]を決定する。これは，MSYを実現できる水準に特定海洋生物資源を維持し又は回復させることを目的とする。

　上記のMSYという生物資源管理基準が，どのようなプロセスを経て作られたのか，どのようにして国連海洋法条約に取り入れられるようになったかについて，説明しよう。

265

2. 研究の軌跡

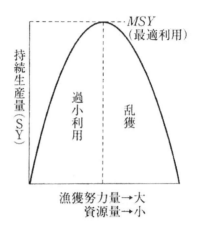

図1　持続生産量（SY）と漁獲努力量（資産量）との関係

　イギリス諸島と欧州大陸によって取り囲まれる北海は，古くから周辺各国の入会漁場であった。19世紀末になって，ここに分布する生物資源に対する漁獲が強まって，乱獲問題が発生した。乱獲とは，漁獲努力[3]を強めると漁獲量がかえって減少する状態をいう（図1）。この問題を含む海と生物資源についての科学研究や調査を協力して進めるために，ヨーロッパの海洋国によって，ICES（アイセス International Council for the Exploration of the Sea，海洋探査国際評議会）という政府間組織が1902年に設立された。政府間組織であるために，いかなる決定も政府間の合意が必要であった[4]。このような状況の下で，生物資源を管理するための基準となる考え方が，英国の水産資源学者 ES Russell によって1931年に示された[5]。ここで示された管理基準が MSY である。この資源管理理論（以下 MSY 理論または平衡理論）は単純で分かりやすかったため，各国に受け入れられ，さらに1950年代にかけて理論的にも発展した。Russell によると，"合理的な漁獲の目標は，資源量を定常的なレベルに維持して，毎年最大生産量を得ることである"。

第1章　レジームシフト理論の形成過程

　このMSY理論は多くの2国間，多国間の漁業協定に取り入れられ，ついには国連海洋法条約に書きこまれ，世界の資源管理の指導理論，いわば官許の哲学，となり，上記の日本の国内法に見られるように締約国を拘束することになる。

　このMSY理論の根拠理論については，図1を見られたい。

　MSY理論の基本思想は，環境が人間によってコントロールされている飼育下の昆虫の個体数増加式を，自然の系から環境を取り除いて，海洋魚類などの野生動物に無理にあてはめ，漁獲努力Xを操作することによって資源量Pを思いのままに動かせると考えるもので，言い換えれば，人間が自然を意のままに支配できる，とする"自然の支配"の思想である。

II　官許の哲学としての平衡理論の否定的役割

　上記のような生い立ちと性格を持つMSY理論に基づく海洋生物資源管理が，現実にはどのような状況をもたらすものであるかを検証してみよう。上に述べたように，MSY理論に基づけば，すべての海洋生物資源は，漁獲が行われていない状態では資源量は変動せず，現実の変動は長い時間をとれば平均化されるノイズに過ぎない。自然状態では資源は変動しないというMSY理論に基づいて，FAO（国連食糧農業機関）が隔年に出す『世界の漁業と養殖業の状態』では，漁獲量が減少傾向にある資源は乱獲，増加傾向にあれば低利用，横這いであれば完全利用と，機械的に分類されている。このような方法による評価は，漁業資源についての現状認識を誤らせるものである。

　特定の理論に基づく管理基準を国際法に持ち込むことは，科学に対する法の介入であり，国連海洋法条約は改定されなければならない。

　MSY理論に基づく資源管理の歴史は，資源状態の評価を誤らせてきた。管理失敗の例は数多くあるが，二つの例を示そう。

2. 研究の軌跡

南東太平洋のアンチョベータ資源

　南東太平洋のチリ・ペルー沖を北上するフンボルト海流域に分布するアンチョベータ（anchoveta，カタクチイワシの一種）は，世界最大の魚類資源である。図2（4）に漁獲量の変動を示す。1950年代に漁業が始まったが，漁獲量はみるみる増加し，1970年には1306万トンに達した。これは一つの種による漁獲量の世界記録で，この年には世界の総漁獲量の実に22%に及んだ。獲り過ぎではないかという危惧（きぐ）が生じ，この年にFAOを中心とする世界最高とされる水産資源研究者のパネルが，アンチョベータの資源変動は平衡理論に従うとして，MSY＝750万トンという研究結果を出した。しかし1971年にも1124万トンという大量の漁獲が行われ，1972年に漁獲量は激減した。この激減は，1971年に生じたエルニーニョの影響とともに，2年続けてのMSYを超える乱獲の結果でMSY理論の実証例である，とされたのである。ところが，エルニーニョが去っても漁獲量は減り続けて，アンチョベータのような短命の魚なら漁獲を減らせばたちまち回復するはずの資源は回復せず，漁獲量は1983，84年には10万トン前後にまで減少した。

　ところがその後漁獲量は急速に回復し，1990年代に入ると1000万トンを超える年が出始めた。MSYの750万トンを超える年が2007年まで続いたが（図2の（4）），2008年から漁獲量は減り始め、2010年には500万トンを切った。資源の長期変動の減少期に入ったのであろう。MSYはどこに行ってしまったのであろうか。この漁獲量の長期大変動は乱獲の結果ではなくて、資源量の長期変動を反映しているのである。

カナダ東岸のマダラ資源

　北大西洋のマダラは，欧米人がその白身の肉を好む貴重な資源である。マダラはいくつかの単位資源に分かれている。カナダ沿岸のグランド・バンクスという浅堆に分布する資源はカナダ政府が管理する重要な資源で，MSY理論に基づいて，過剰漁獲にならないように漁獲努力を抑えて慎重に管理していたが，1970年代から資源の減少が目立つようになり，カナダ

第1章　レジームシフト理論の形成過程

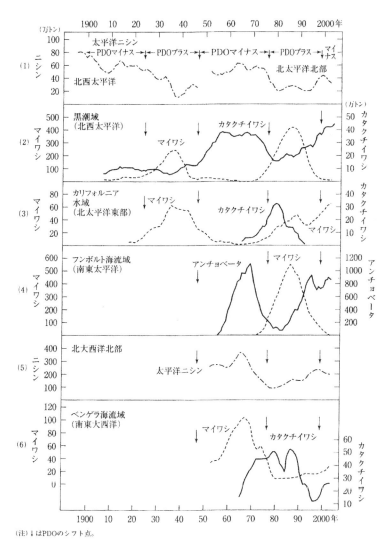

図2　世界の海におけるニシン類の魚の漁獲量（5年移動平均値）の長期変動

2. 研究の軌跡

政府は 1990 年代の初めから禁漁にした。これは，資源減少の唯一の原因は乱獲であると主張する，MSY 仮説に固執するカナダの研究者の意見に基づくものであった。

しかし，MSY 理論によれば禁漁にすれば短期間で回復するはずだった資源は，回復しなかった。禁漁から 20 年以上経った 2010 年代に入って，ようやく資源回復の兆しが見えてきた。マダラ資源の減少は乱獲によるものではなくて，数十年スケールの自然変動の減少期に入ったためであることが，最近の研究によって明らかになってきた。

Ⅲ　官許の哲学から自由な科学へ
　　－レジームシフト（RS）理論の成立－

　図 2 は世界の各水域におけるニシン類（ニシン，マイワシ，カタクチイワシ）の漁獲量の 100 年以上の期間の変動を示したものである。小型浮魚であるニシン類はアンチョベータを筆頭にいずれも大資源で，世界の水産物の需給の中で大きな比重を占めており，動物タンパク資源としてひじょうに重要である。このようなニシン類の長期大変動がどのようなメカニズムによって生じているかについては，乱獲仮説と生息環境原因仮説が入り乱れ，19 世紀末から 1980 年代にかけて世界の水産資源学界で，政府や水産業界も巻き込んだ大きな論争が行われ，大きな国際シンポジウムも何度か行われたが，決着がつかなかった。日本でも 1940 年代のマイワシ資源の急減（図 2 の (2)）を巡って，同様な議論が行われていた。この二つの仮説は，永久に交わらない平行線のように見えた。

　この論争に決着をつけ，平行線が一本に収斂したのは，1983 年 4 月にコスタリカの首都サンホセで行われた FAO 主催の「浮魚資源の資源量と魚種組成の変動を検討する専門家会議」においてであった。この会議は世界の水産資源学の専門家を網羅した大きな会議であった。この会議では図 2 に示すニシン類の大変動が乱獲によって生ずるという報告が行われていた。

　私はこの会議において 1 枚の図を示した。それは，図 2 の (2) 黒潮域，

第1章　レジームシフト理論の形成過程

(3) カリフォルニア水域，(4) フンボルト海流域のマイワシの，1980年までの部分を重ねて描いた図である。太平洋の遠く離れた3水域のマイワシの漁獲量が一つのカーブに乗って数十年スケールの同期的変動をしていた。これらの3水域はまったく別の海流系に属している。それが同期的変動をしているということは，乱獲仮説でも各資源の分布する各海流の海洋変動仮説でも説明がつかない。この3水域のマイワシの同期的変動を結びつけるものは，全球的な気候変動しかない。これが私の主張であった。

　これに対して，同期的変動は偶然の一致であるとか，漁労技術の革新時期の同時性とか，いろいろな反論があったが，1980年代の後半になって3水域で同時にマイワシの漁獲量が減り始めて（図2），私の仮説は市民権を得始めた。

　その後，1986年にスペインのビゴで行われたシンポジウムで私は，マイワシの変動と全球の平均気温変動に高い相関があることを示した。また図2に示されるように，マイワシとカタクチイワシが全球規模で魚種交代を行っていることも示した。生態系が転換しているのである。魚種交代は，単なる量的な転換ではない。各魚種の生活様式が，質的に転換するのである。

　ビゴシンポジウムの後に，国際的なワークショップ（regime problem workshop）が結成された。その後世界における研究が進み，プランクトンやサケマスなどでも，ニシン類と同様な長期変動が続々と見いだされるようになった。

　海洋物理学における大きな展開があったのは，1980年代末であった。熱帯太平洋から北太平洋北部にかけて，大気⇔海洋系の空間構造が数十年スケールで大きく変動していることが，日本とアメリカの研究者によって示された。さらに，北極圏をまたいで太平洋と太平洋の大気⇔海洋相互作用が連動していることや，インド洋における変動が太平洋・大西洋に影響を及ぼしていることも明らかになってきた。ここで生物学と物理学が繋がった。「レジームシフト」（regime shift, RS）理論の誕生である。海洋生物資源の変動は，大気・海洋・海洋生態系から成る地球表層系の変動の一環と

271

2．研究の軌跡

して捉えられたのである。すなわち，相互作用しているグローバルな大気
⇔海洋系の数十年スケールの変動が海洋生態系の数十年スケールの変動を
駆動する，という認識である。かくして有機的結合システムとしての地球
表層系が認識されたのである。

　なぜ大気⇔海洋系に数十年スケールの変動が存在するのか。その秘密
は，気候の記憶装置としての海洋の特性にある。海水は熱容量が大気の
1000 倍もあり，地表の熱のほとんどは海洋にプールされている。海は変化
しにくく，変化するとそれが持続する。海は大気の変化を記憶するところ
の，気候の記憶装置である。そして，数十年の時間スケールで変動する。

　regime というフランス語は，本来社会体制や政治体制の基本構造を指
す社会科学の用語である。私たちは，それを地球科学の分野に導入した。
MSY 理論からのパラダイムシフトである。私は，"レジームシフト"に次
のような定義を与えている[10]。

　"大気・海洋・海洋生態系から構成される地球表層系の基本構造
（regime）が数十年の時間スケールで転換（shift）する"こと。この定義
は，『広辞苑第 6 版』（2008 年）に収載された。

　RS は次のように整理される[11]。

(1) 大気−海洋の相互作用の転換によって，PDO（Pacific Decadal Oscillation,
太平洋 10 年スケール振動）という指標で示される太平洋の大気−海洋
構造の数十年スケールの転換が生ずる。これによって，大気−海洋の空
間構造は 180 度転換する（図 2 の→が PDO の転換点）。

(2) これに駆動されて，海の表層でも底層でも，食物連鎖を通じての生物
エネルギーの流れが転換し，生態系構造が 180 度転換する。その顕著な
表れが，全球スケールでのマイワシとカタクチイワシの間の魚種交代で
ある。北太平洋・北大西洋のニシンも，カタクチイワシと同様な変動を
している（図 2)。

(3) 表層生態系の変動は，海の生産力の変動によって，プランクトンから
最高位捕食者に至る食物連鎖構造（生物エネルギーの流れ）が転換す
る。具体的には，ニシン，マイワシ，カタクチイワシなどの小型浮魚の

272

栄養段階への生物エネルギーの"収斂⇔発散"の転換が生ずることによって起こる。

(4) このようにして，数十年スケールで地球表層系の大転換が生ずる。

(5) そして"乱獲"とは，"レジームシフトのリズムを壊すような漁獲の仕方"と定義される。

IV 生物個体数のマルサス型変動と非マルサス型（RS型）変動

生物個体数変動理論の出発点は，英国の経済学者マルサス（TR Malthus）である。マルサスは1798年に"人口は，制御されなければ，等比級数の比率で増加するが，生活資料は等差級数の比率でしか増加しない。このことは，生活資料入手の困難さのために，強力で常に作用する制御が人口にかかっていることを意味している"と述べている[11]（『人口の原理』）。ベルギーの数学者Verhulstは，マルサスの『人口の原理』を読んでヒントを得て，1838年にlogistic式を導いた[7]。そしてCharles Darwin（1859）は『人口の原理』を読んで，"生存競争は，すべての生物に共通である高い等比級数の増加比率の結果として，必然的に生ずる。生まれる個体数は生き残ることのできる個体数より多い"として，1859年に「自然選択」の理論を創りあげ，これが進化生物学の基礎となった[12]（『種の起源』）。このように，生物の個体数変動理論は，マルサス理論を基盤とした密度依存理論として発展してきた。生物は無限に増加する力を持っているが，環境の制御によって一定数以上には増えることが出来ない，とする考え方である。

しかし海洋では，別の個体数変動様式が進化した。変動様式が密度に依存する密度依存相と依存しない密度独立相の間で転換する，非マルサス型（RS型）である。密度独立相では，環境変動によってそれまでの環境による制御から解放され，個体数が急速に（場合によっては爆発的に）増加する。日本周辺を中心に分布する極東マイワシの場合について言えば，二つの相の間の個体数の差は数百倍に達するが，違いは単に量的なものではなく，質的に大きく異なる。密度依存相では，環境の制御の下で，生存率は

2．研究の軌跡

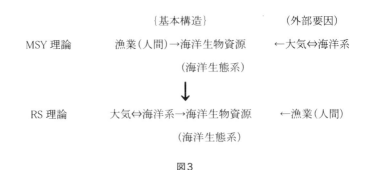

図3

低く，成長速度が高く，大型となり，移動範囲は日本周辺に限られる。密度独立相では，生存率が高く，個体の成長速度が低く，小型で，大洋を広範に移動し，分布は西経165度に達する。

V　MSY理論からRS理論へのパラダイムシフト

　MSY理論からRS理論へのパラダイムシフトを図示すれば，次のようになる（図3）。

　MSY理論は，大気・海洋・海洋生態系から構成される地球表層システムを分断して，人間と資源の関係に置き換え，"人間が自然を支配する"という思想に立ったものである。岩佐[13]は，"人間による自然の支配という考え方は，キリスト教に由来すると言われるが，近代ヨーロッパにおいて支配的となった考えである。科学・技術の発展に支えられて資本主義的生産が拡大していくなかで，自然が，もっぱら生産のための労働の対象・素材としてとらえられていくようになった背景がある"と指摘している。ヨーロッパで発生した水産資源学においては，漁獲努力を調節して資源をMSY状態に誘導することを"資源管理"（resource management）というが，managementという用語に"自然の支配"の思想がよく表れている。

　自然から相対的に独立した人間と自然の関係をどのように理解すべきな

のであろうか。"自然の支配"についてエンゲルスは，"自然を支配するのは，或る征服者が或るよその民族を支配するとかいった具合にやるのではなく，自然の法則を認識し，それを正しく適用することである"と述べている[14]。私はこの立場が準拠すべき基本的な立場であると考えるが，エンゲルスがこの論文を書いた1876年と現在とではやはりズレがある。自然は支配する対象ではなく，利用する対象であり，共存すべき対象である。自然との共存は，自然すべてに神を観る，日本古来の"八百万（ヤオヨロズ）の神々"の思想に通ずるものである[15]。

　栗林忠男は，"管理とは海および自然を支配するということではなく，海と向き合う人間の行為をどう規制していくかという意味なのです"と述べている[16]。資源は支配や管理の対象ではなくて，共存し，自然の法則に則って利用する対象なのである。規制すべきは，このような意味での人間の行為で，資源の"管理"から"持続的利用"へ，これがMSY理論からRS理論へのパラダイムシフトの意味である。

VI　地球表層系変動の論理

　RS理論の論理構造について考えてみよう。まず指摘しなければならないのは，大気⇔海洋→海洋生態系から構成される地球表層系の認識，すなわちこの三者が地球表層において一つのシステムを形成しているという初めての認識が示されたことである。地球の歴史から考えると，大気⇔海洋相互作用が形成され，海洋生態系はそれに対応する形でその後に進化し，地球表層系が成立したと考えられる。大気と海洋は対立しながら統一し，"自己運動"を行っており，その中で数十年スケールの"飛躍"，"漸次性の中断"が生じている[17]。MSY理論は海洋生態系を地球表層系から切り離し，海洋生態系に対する人間による"自然の支配"に置き換えたが，ＲＳ理論は海洋生態系を地球表層系に戻し，"人間と自然との共存"，"人間による自然の持続的利用"として整理したのである。

　大気⇔海洋系では，"量の質への急転またその逆の急転"という法則が

2．研究の軌跡

働いている[18]。これが PDO の転換である。PDO には二つの相（positive phase と negative phase）があり，相互に移行する（図2）。すなわち，対立物としての大気（海面気圧偏差場）と海洋（海面水温偏差場）との間の相対的に安定した状態（相）が一定期間持続すると，"量の質への急転"が生じ，その相が崩れてもう一つの相に急速に移行するのである。太平洋の気圧偏差場と水温偏差場の空間分布の基本構造が，20世紀においては，1924/25、1946/47 年，1976/77 年，1997/98 年を境にして，PDO 指数でマイナスとプラスの間で転換し，それに対応して"マイワシとカタクチイワシとの間の魚種交代"（図2）に象徴される"プランクトンから大型捕食魚に至る食物連鎖構造の急転換"（生物エネルギーの流れの転換）が生じている。

　魚種交代は，次のようにして起こる。マイワシでは個体群レベルの高い状態（密度独立相）が飽和点に達すると，大気⇔海洋系の転換が引き金となって，"量の質への急転"が起こる。生き残り率が急降下し，個体数は急速に数百分の一へと減少する。それとともに，同じニッチ（生態的地位＝栄養段階）を占める，カタクチイワシ個体群が急速に増大する。

　RS の発見に導いたのは，"全体と部分の関連"の認識である。"内容は全体であり，自己の対立物である諸部分（形式）から成っている。諸部分は相互に異なっていて，独立的なものである。しかしそれらは相互の同一関係においてのみ，諸部分である[19]"。ここでは，地球表層系が全体であり，大気⇔海洋，海洋生態系は部分であり，相互に独立であるが，相互の同一関係の下での部分である。RS 理論における，全体を大きく捉え，その中での部分どうしの関連を考えるという解析手法は，ヘーゲルの弁証法に依拠している。

注
（1）外務省訳では，漁獲可能量となっているが，不適訳で許容漁獲量が正しい。
（2）許容漁獲量のこと。外務省訳を踏襲している。
（3）漁船の隻数，操業時間，曳網回数，使用した釣針の数など。
（4）Russell E.S., 1932, Fishery research : Its contribution to ecology, J. Ecol. 20, 128-151

第 1 章　レジームシフト理論の形成過程

（5 ）Russell E.S., 1931, Some theoretical considerations on the overfishing problem, J. du Cons. 6, 3-20

（6 ）Schaefer M.B. and Beverton R.J.H., 1963, Fishery dynamics - Their analysis and interpretation, in The Sea Volume Two, Interscience Publishers, 464-484.

（7 ）Verhulst P.F., 1838, Notice sur la loi que la population suit dans son accroissement, Coresp. Math. et Phys. 10, 113-121.

（8 ）Pearl R. and Reed H., 1920, Proceedings of National Academy of Sciences, USA 6, 275-288.

（9 ）徳永幸彦「パール　Pearl Raymond（1879-1940)」『生態学辞典』共立出版，2003年．

（10）川崎　健『イワシと気候変動－漁業の未来を考える－』岩波新書，2009 年，および 'Kawasaki T., Regime Shift-Fish and Climate Change-, Tohoku University Press, 2013' を参照．

（11）Malthus T., 1798, An Essay on the Principle of Population, Ed. James Bonar, London.

（12）Darwin C., 1859, On the Origin of Species by Means of Natural Selection, Cambridge.

（13）岩佐　茂『環境の思想』創風社，1994 年．

（14）エンゲルス「サルがヒトになることに労働はどう関与したか」『自然の弁証法（抄)』秋間　実訳，新日本出版社，2000 年．

（15）"凡てカミとは，イニシエノミフミドモに見えたる天地の諸の神たちを始めて，其を祀れる社に坐すミタマをも申し，又人はさらにも云ず，鳥獣木草のたぐひ海山など，其余何にまれ，尋常ならずすぐれたる徳のありて，カシコき物をカミとは云なり"（本居宣長『古事記伝』)。

（16）栗林忠男「海洋の新しい安全保障を構想する」『世界』 2010 年 12 月号．

（17）レーニン「弁証法の問題によせて」『哲学ノート』松村一人訳，岩波文庫，1975 年．

（18）エンゲルス「弁証法」『自然の弁証法（抄)』秋間　実訳，新日本出版社，2000 年．

（19）ヘーゲル「概念論」『小論理学』松村一人訳，岩波文庫，1952 年。この中で松村は Verhltnis を〝相関〟と訳しているが，〝相関〟は Korrelation であり，〝関連〟とした方がよい。

277

第2章　日本漁業をめぐる論考

1. 日本漁業　　現状・歴史・課題 (2004)

日本漁業の現状

　日本漁業は現在八方ふさがりの状態にある。このことをいくつかの指標でみよう。

　総生産量は 1989 年以降減少を続け，2001 年には 613 万ドルで，ピーク時の約半分となった。生産額は 1 兆 7803 億円でピーク時の 60％である（図 1）。食用水産物の自給率をみると 2000 年に魚介類で 53％，海藻類で 52％である。1965 年には，それぞれ 110％，88％で あった。かつては，日本は水産物の輸出国だったのである。

　2000 年の水産物の輸入額は 157 億 4,300 万ドルで，1 ドル 107.77 円（インターバンク中心レート）として 1 兆 6966 億円となり，漁業生産額とほぼ等しい。日本は世界一の水産物の輸入大国で，2000 年には世界の貿易額の 25.8％を輸入している。このようにして，どの指標から見ても，日本の漁業生産の国民の食料供給に対する寄与度は，かつての半分程度に低下してしまっている。このような日本漁業低落の状況を，別の側面から見よう。図 2-1 は，漁業就業者数の推移である。漁業就業者数は，太平洋戦争前はほぼ 55 万人を維持し，大きな変化はなかった（1963 年度『漁業白書』）。戦後，漁業就業者数は，復員や外地引き揚げ，都市からの帰村などの原因で増加し，1953 年には 78 万人に達した。過剰就業状態になったわけである。1960 年以後日本の経済が高度成長し，労働市場が拡大し，雇用機会が増大したため，新規学卒者を中心にして漁村労働力の他産業への流出が進み，漁業就業者数は急速に減少し，戦前レベルの 55 万人に戻ったのは 1971 年である。その後 1980 年代半ばまではゆるやかな減少が続い

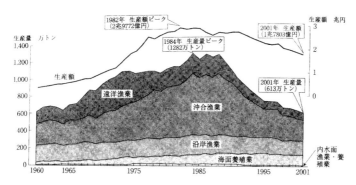

図1　漁業部門別生産量等の推移
（出所）2002年度「水産白書」

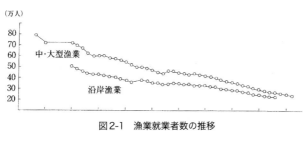

図2-1　漁業就業者数の推移

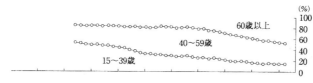

図2-2　漁業就業者の年齢構成の推移

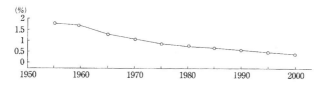

図2-3　漁業就業者の全就業者に占める割合の推移
（資料）1963-2000年度「漁業白書」、2001-2002年度「水産白書」、「統計で見る日本2004」など

2. 研究の軌跡

たが，それから減少速度が高まり，漁業就業者数は2001年には25万人と1970年代初めの半分になってしまった。漁業の担い手が居なくなってきたのである。

漁業就業者数の減少と並行して進行しているのが，高年齢化である（図2-2）。1962年には50%以上あった39歳以下の若手就業者数は急速に減少して，2001年には15%になった。60歳以上の高年齢者は1986年までは20%以下であったが，その後急激に増加し，2001年には半数近くになった。定年以後の年齢の就業者が半数という産業が他にあるだろうか。漁業就業者数が全就業者数に占める割合は，1955年には1.8%であったが，その後低下を続け，2000年には0.4%となった（図2-3）。4分の1以下である。日本漁業はまさに崩壊に近づいているといっても過言ではない。

漁業種類および魚種別漁獲量の歴史的変化

太平洋戦争直後，マッカーサー・ライン[1]によって北西太平洋に閉じ込められていた日本漁業は，講和条約発効（1952年4月28日）によって世界の海が開放された結果，急速な外延的発展を遂げることになる。講和条約発効直後の5月1日に，3母船，50隻のサケマス流し網独航船が北太平洋西部へ向かって出航した。53年にはカニ船団が出漁し，55年にはサケマス船団がオホーツク海へ出漁した。

大資本が主体となっている以西トロール（東経128度30分から西で操業するのでこうよぶ），以西底びき網，母船武力二，北洋母船式底びき網，北洋トロール，遠洋トロールなどによる生産は，1957年以降きわめて高い伸長率で推移し，1961年には1957年の271%まで伸長した。

漁業の外延的発展の典型的なものは，マグロはえ縄漁業である。北西太平洋に限られていた日本のマグロ漁業の出漁域は講和条約発効の1952年以降どんどん広がって，1964年頃になると，太平洋，大西洋，インド洋のおよそマグロの分布するところには，すべて日本の漁業が及ぶという，たいへんな発展を示した。

280

第 2 章　日本漁業をめぐる論考

　南氷洋捕鯨は GHQ（連合国総司令部）の許可を得て 1946 年に再開された が，当初 2 隻であった母船はどんどん増えて，1960 年には 7 隻となって，クジラを獲りまくった。マグロはえ縄漁業の漁獲量は，1952 年の 11 万トンから 1962 年には 54 万トンのピークに達し，その後減り始めた。東シナ海で操業する以西底びき網の漁獲量のピークも 1961 年である。南氷洋捕鯨のピークは，1960 年代後半であった。

　なぜこのように漁獲量が減り始めたのか。それは，強度の漁獲圧力の結果である。とどまるところを知らない日本の対外展開が，乱獲という壁に突き当たったのである。ここに生物資源採取産業としての漁業の特性がある。漁獲を安定的に継続するためには，対象資源の変動法則に則って，その生産力の範囲内で漁獲しなければならない。漁業は先取有利産業である。ある資源を漁獲する場合，漁獲をすると資源は小さくなるから，後の漁獲ほど cpue（catch per unit fishing effort 単位漁獲努力当たり漁獲量）が落ちてくる。したがって，なるべく早く漁獲しようとして，漁業者間で競争が生ずる。こうして過剰漁獲が進行すると，遂には総漁獲量が減少し始める。このような状態を，乱獲という。このような漁業の特性のために，持続的な漁業を行うためには，資源管理，漁業管理が必要となる。　1952 年から 1960 年代前半までの時期は，日本漁業がサケマス，カニ，マグロ，クジラなど，価格の高い水産物を求めて世界の海に進出した時代であった。その結果突き当たったのが資源量の限界の壁であった。この時代は，量的には多くないが高価な魚を追い求めた時代，価値生産性追求の時代であった。日本漁業は自らの乱獲体質のゆえに，方向転換を余儀なくされる。

　この段階で，今度は，価格は低いが資源量の大きな魚を大量に漁獲する物的生産性追求型の漁業が盛んになってきた。これは，遠洋底びき網漁業，大中型まき網漁業である。遠洋底びき網の漁獲物の大部分はベーリング海におけるスケトウダラである。スケトウダラの漁獲量は，練製品の原料としての冷凍すり身の技術が開発された結果，急増した。これは，図 3 の魚種別漁獲量の推移から明らかである。しかし，日本のスケトウダラの漁獲量は，ベーリング海における国家管轄権を主張する米ソの圧力の下

281

2. 研究の軌跡

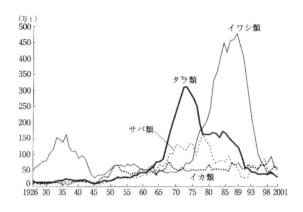

図3　主要魚種別漁獲量の推移
（注）タラ類は主としてスケトウダラ，サバ類は主としてマサバ，イワシ類は主としてマイワシ。
（出所）「2001年度漁業養殖業生産統計年報」

で，1973年をピークにして減り始める。遠洋底びき網漁業と入れ代わるようにして急成長したのが，マサバやマイワシのような浮魚資源を対象とする大中型まき網漁業である。この時期は，レジーム・シフトとよばれる長期大振幅のバイオマス変動[2]によって，マサバ資源，次いでマイワシ資源が，爆発的に増大した時期である（図3）。総漁業生産量は急速に増大して，1972年には1000万トンを突破した（図1）。マサバやマイワシは，そのほとんどが魚油とフィッシュ・ミール（魚粉）に加工された。

もともと遠洋底びき網・大中型まき網という漁法は，人間が直接食べるものを獲ることを前提としていない，乱獲体質の強い漁法である。しかし，マイワシ資源は1989年からレジーム・シフトの降下期に入り，漁獲量は急減した（図3）。かくして日本漁業は，今度は資源変動の壁に突き当たったのである。

第2章　日本漁業をめぐる論考

200カイリ時代と日米関係

　世界は1977年に，実質的に200カイリ時代に突入することになる。それまでの「海洋自由」の時代から「海洋分割」時代への歴史的転換であった。米国は1976年に「1976年漁業保存・管理法」通称「マグナソン法」を成立させ，1977年3月に施行された。マグナソン法は，米国が「漁業資源の保存と管理」のため距岸200カイリの「漁業保存水域」を設定し，この水域において広域回遊種（カツオ・マグロ類など）を除く種に対して「排他的漁業管轄権」を行使することを定めている。

　他方ソ連は，米国の後を追って，1976年12月10日に「ソ連沿岸に隣接する海域における生物資源の保存および漁業規制のための暫定措置に関するソ連邦最高会議幹部会令」を発し，米国と同時に実施に移した。その内容は，一般に200カイリ水域内の生物資源に対して主権的権利を行使するが，湖河性資源（サケマス）については，主権的権利は200カイリの外側に及ぶ，とするものである。

　両国のこのような200カイリ水域の一方的設定は，当時第3次海洋法会議で審議中で，1982年に採択され，1994年に発効した国連海洋法条約の先取りであった。

　米ソの200カイリ水域の設定にあわてた日本は，泥縄的に「漁業水域に関する暫定措置法」を1977年5月2日に制定して，7月1日に発効する。この法律では，日本の周囲に200カイリラインを引いて，その中での漁業に関する管轄権を有するとしてあるが，中国・韓国を意識して，東経135度から西の日本海，東シナ海側では線引きせず，また中国・韓国の漁船に対しては，法律の適用除外としていた。このように特定の国を区別することは国際法違反ではないかと内外の法学者から指摘されていた。要するにこの法律はまともな200カイリ法とはいえず，米ソの200カイリ水域設定に対抗する緊急避難的立法であったといえよう。

　このように世界が「海洋分割」時代に突入するまでには，長い前史がある。そして，この前史に日本が，対米従属関係の中で深く関わってきたの

2．研究の軌跡

である。

　敗戦直後の 1945 年 9 月 28 日に，米国のトルーマン大統領は，大陸棚と漁業保存水域に関する米国の政策についての二つの宣言を発表した。これをトルーマン宣言という。大陸棚についての宣言は，大陸棚は沿岸国の陸地の延長であるから，そこに賦存する資源は米国の管轄権と管理に服するというもので，メキシコ湾の海底石油の独占を狙ったものであった。漁業水域に関する宣言は，米国沿岸の漁業資源を破壊的な開発から守るために，公海の中に保存水域を設定するというもので，講和後の日本漁業進出からアラスカのサケマスを守るために，もっとも早い時期に行われた布石であった。そして，トルーマン宣言にこめられた米国の国益を守るという意志と資源ナショナリズムは，第 2 次世界大戦後の世界の海洋制度の枠組みに決定的な影響を与えたのである。

　講和発効直後の 1952 年 5 月 9 日に日米加漁業条約が結ばれたが，この条約に自発的抑止（abstention）原則が盛り込まれた。自発的抑止とは，ある資源について実績のない締約国は，その資源の漁獲に関する条約上の権利の行使を自発的に放棄する，というものである。

　抑止の対象となった魚種は，サケマス，ハリバット，ニシンである。西経 175 度が抑止線となった。この抑止原則は，公海上において日本漁業が差別的に排除されるわけであるから，不平等と言わざるを得ない。ここに漁業における対米従属路線の出発点がある。

　漁業における対米従属のもう一つの象徴的な出来事は，1991 年 1 月 20日の国連総会における「公海域における大規模流し網のモラトリアム」の決議である。

　1970 年代に入って海洋に対する国家管轄権がしだいに強まり，日本漁業は外国の距岸 200 カイリ以内で行っていた遠洋漁業からしだいに締め出されていく。その代償的な意味もあって，北太平洋の公海では 1970 年代の半ばから，主としてアカイカを対象として，また南太平洋の公海では 1975年から主としてビンナガ（マグロ類の一種）を対象として，流し網漁業が行われるようになった。ところがこの漁業が乱獲漁業，また多くの哺乳動

物や鳥類を混獲する環境破壊漁業であるとして，米国や南太平洋諸国が問題にしたのである。

　流し網と聞けば，すぐにサケマスを連想して，反射的に過敏に反応するのが米国，カナダの太平洋沿岸の漁業者である。彼らは，西部諸州の州議会の代表者やさまざまな環境グループと連携した。そうして，当時の国務長官ジェームズ・ベーカー，環境保護派の上院議員アルバート・ゴア（クリントン政権の副大統領），アラスカのサケマス業界を代表している上院議員テッド・スティーブンスが先頭に立った。さらに環境保護団体がマスコミと手を結んでサケマス問題を環境問題に仕立て上げ，世界の海洋生態系の切迫した脅威であるという大宣伝を開始した。

　このような非難に対して日本政府は，1989 年と 1990 年の 2 ヵ年，科学調査と外国人オブザーバー調査（日本，米国，カナダの研究者が乗船する）を北太平洋において行い，流し網によって混獲される野生動物についてのデータや情報を収集した。この調査に基づいて，「北太平洋流し網漁業科学レビュー」が関係国の科学者を集めて 1991 年 6 月に行われたが，その結果は "流し網による混獲は，あったとしても大きなものではない" いうものであった。ところが驚くべきことに，米国政府は，このレビューの結果に基づいて，まったく逆方向の主張を行ったのである。すなわち，"利用可能な最良の科学データは，公海流し網による悪い影響が存在しないことを示すことができなかったので，公海流し網漁業を 1992 年 12 月 31 日までに終了すべきである" と主張したのである。

　どうしてこのようなことになったのか。それは，この主張が「予防的アプローチ[3]」を理論的根拠にした環境影響基準である「容認できない打撃」UI（Unacceptable Impact; 米国が 1991 年に国連事務局に提出した政策声明の中で述べたもの）に基づいているからである。

　UI とは，(1) 公海漁業は，目標種または非目標種に対して UI を与えてはならない，(2) UI が無いことが証明されない限り，公海漁業を継続してはならない，というものである。ところが，UI の定義は示されてはおらず，客観性を欠く基準となっている。「ある」ことを証明することはできる

2. 研究の軌跡

が，「無い」ことを証明することは論理学的一般に不可能である。

ワシントン大学の国際政治学者パーク教授らは，"UI 概念が一般に適用されれば，はとんどの漁業は存続し得ず，何が容認可能であるかの基準を与えることなく「環境容認性」という概念を待ち出すことは，将来の国家的および国際的行為についての大きな懸念を産み出すに十分である"と述べている（Burke WT, M Freeburg & EL Miles, United Nations resolution on driftnet fishing : unsustainable precedent for high seas and coastal fisheries management, Ocean Development and International Law 25,127-186,1994）。

日本の漁業界は猛反発したが，その後日米両政府の間で交渉が行われ，「公海域での大規模流し網のモラトリアム」についての決議案が 1991 年 12 月 20 日の国連総会において無投票で可決され（決議：46/815），公海流し網漁業は 1992 年末をもって禁止となった。日本政府は，米国の理不尽な要求に完全に屈服したのである。

このようにして，公海流し網漁業という一つの漁業が，米国の圧力によって消滅させられたのである。外洋性イカ類はバイオマスの未利用資源として大きな期待が持たれていたのであるが，その利用可能性は大きく奪われてしまった。国連総会というきわめて政治的な場で一つの漁業が槍玉にあげられ，環境破壊漁業の名の下に消滅させられたのである。この事件以来，日本の政府や漁業界は，米国の圧力に対する抵抗力を失ってしまったように見える。かくして，漁業における対米従属は，ますます強まったのである。

＊付記：本節について，詳しくは，川崎健『漁業資源－なぜ管理できないのか－第 3 版』2004，成山堂書店，を参照のこと。

水産物の自給率の低下と日本国民の嗜好の変化・需要の増大

図 4 に，2001 年における魚介類の需給の状況が示されている。これによると，魚介類（海藻類は含まない）の国内消費への仕向量（原魚換算ベース）は 1.2 万トン，このうち食用仕向量は約 8 割で，国民 1 人当たりの純

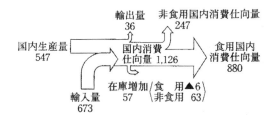

図4 魚介類の需給の現状（2001年）（単位:万トン）輸出量 非食用国内消費仕向量
 （注）数値は，原魚換算したものであり，鯨類及び海藻類を含まない。
 （資料）農林水産省「食料需給表」
 （出所）2002年度「水産白書」

食糧ベースでみると，38.7kgである。総供給量のうち国内生産量（日本漁業による生産量）は547万トン，輸入量は673万トンで，輸入量が生産量を上回っている。日本は，完全に水産物の輸入国になった。食用魚介類の自給率は，1964年には113%であった。つまり食用魚介類を輸出していたのである。自給率は，1975年に100%となり，その後は低下し続け，2001年には53%になってしまった。魚介類の半分近くを，輸入に依存するようになったのである（図5）。短期間におけるこのような大きな変化に驚かされる。問題は，自給率の変化の速度である。魚介類の自給率の低下率は，1965〜75年の10年間は年率1%であった。それが，1975〜85年は年率1.4%，1985〜2000年は年率2.2%で，歩度を速めている。

このようになった原因は，どこにあるのだろうか。それは，魚介類の国内生産量の変化と国民の需要の変化との間のギャップの拡大による。図6に見るように，家庭の生鮮・塩干魚介類の購入量は，1965年にはアジ・サバ・イカの三種類で全体の29%を占めていたが，2001年には14%と半分以下になり，代わってマグロ，サケ，ブリ，エビ，カニなどが増加し，消費の内容が多様化した。

他方供給面から見ると，たとえばマグロ類では，国内生産量は1965年43万トン，1985年39万トン，1995年33万トン，2001年29万トンと減少している。これは，過側漁獲による資源の減少および国家管轄権拡大の結

2. 研究の軌跡

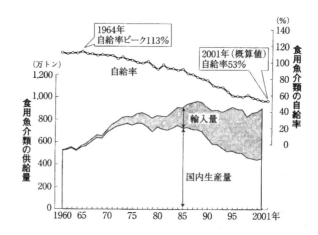

図5 食用魚介類の自給率等の推移
（資料）農林水産省「食料需給表」
（出所）2002年度「水産白書」

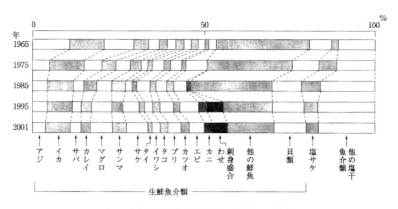

図6 生鮮・塩干魚介類購入量の構成比の推移
（資料）総務省「家計調査年報」
（出所）2002年度「水産白書」

果としての外国の200カイリ水域からの締め出しによる漁獲減の2つの理由による。他方，購入量に占めるマグロ類の割合は，1965-2001年の36年間でほぼ2倍となっており（図6），増加量が輸入によってまかなわれているのである。

第2章　日本漁業をめぐる論考

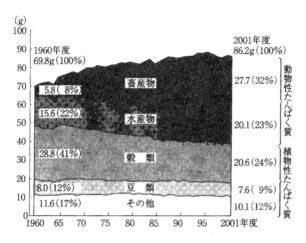

図7　国民1人・1日当たり供給たんぱく質の変化
（出所）2002年度「水産白書」

　日本人の水産物からのたんぱく質の摂取量は増加しており（図7），1960年には15.6gであったが，2001年には20.1gとなって，22％増加している。この間にたんぱく質総摂取量は69.8gから86.2gへと24％増加しており，畜産物からの摂取量の増加が穀類からの摂取量の減少を大きく上回っているが，水産物の構成割合は22〜23％と安定しており，日本国民の水産物需要は継続して増大しているといえる。

増大する水産物需要と対照的な漁業の衰退

　日本の産業構造が大きく変化し，就業者数からみても，一次産業における減少が続いている。農業の就業者数は，1980年の950万人から2000年には299万人へと，45.7％も減少した。漁業の場合には同じ期間に46万人から26万人へと43.1％減少し，全体としては農業並みである（図2）。ところが10年きざみでみると，事情が異なってくる。80年から90年，90年から2000年と分けて見ると，減少率は，農業就業者数では80〜90年が

2. 研究の軌跡

29.1%減，90 〜 2000 年が 22.4%減と減少速度が鈍化している。ところが漁業就業者数の場合には，減少率は，80 〜 90 年が 18.8%減，90 〜 2000 年が 29.9%減で，急速に下げ足を速めている。すでに述べたように，日本国民の水産物需要は増大しているのに（図7），漁業は衰退しているのである。どうして，このようなことが起こるのであろうか。

　図 8-1 に，漁家の漁業依存度（漁業所得 / 漁家所得）の経年変化を示す。漁業依存度は 1970 年代の初めにもっとも高く 70%に近づいたが，1980 年代に入って急速に低下し，1990 年代には 50%を切り，さらに低下し続けている。つまり，漁家の主要な所得は漁業以外から得られ，第 2 種兼業の状態になっているのである。漁業では生活できないのである。ここに，日本漁業の崩壊過程を見ることができる。

　漁業衰退のもう一つの指標は，世帯員 1 人当たりの「漁家世帯所得 / 全国勤労者世帯所得」の推移である（図 8-2。先に述べたように，戦後漁村は過剰就業の状態であった。他方，日本経済は，1955 年から 1970 年にかけて，世界に例のない高度成長を遂げた。この間の他の先進諸国の年平均名目経済成長率は 6 〜 10%であったが，日本では 15%に達した。GNP は他の先進諸国を追い抜いて，日本は米国に次ぐ「経済大国」になった。1957-1962 年についていえば，鉱工業生産指数（産業総合）と国内実質国民所得の伸びは，それぞれ年率にして 14%と 11%に達している。1957 年以降における漁業の生産指数の伸びは年率 5%であり，鉱工業に比べればはるかに低いが，漁業の実質国民所得では年率 9%の伸びを示し，国民所得全体の伸びにかなり近い。

　このような中で，漁村労働力は他産業に急速に流出し，漁業就業者数は急速に減少する（図 2）。それに対して，世帯員 1 人当たりの漁家世帯所得 / 全国勤労者世帯所得は大きく上昇する（図 8-2）。1970 年代後半は漁家所得が相対的にもっとも高かった時代で，上記の比は 1.0 を超えていた。しかし，1980 年代に入ってからこの値は低下し，1981 〜 90 年の平均は 0.927，1991 〜 2000 年は 0.926 で，漁家世帯所得は全国勤労者世帯所得を大きく下回っている。

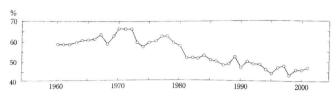

図8-1 漁家の漁業依存度（漁業所得/漁家所得）の推移

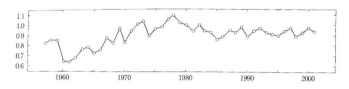

図8-2 世帯員一人当たりの漁家世帯所得/全勤労者世帯所得の推移
（資料）1963-2000年度「漁業白書」，2001-2002年度「水産白書」

日本の漁業政策

　太平洋戦争後，漁船の建造が復興金融公庫等を通じる多額の財政資金のてこ入れによって促進された。そして1952年の講和条約発効とともに，"沿岸から沖合へ，沖合から遠洋へ"のスローガンの下で，遠洋漁業が急速な展開を遂げる。当時の沿岸，沖合漁業については，"沿岸漁業においては，民主化が第1の課題として取り上げられ，従来の漁業会は非民主的な組織として解散させられ，漁業権を漁業協同組合に免許し，漁業権の賃貸を禁じて，漁場地主を排除した。沖合漁業については，原則として自由漁業として扱うことになったが，実際には許可制が敷かれた"（1963年度『漁業白書』）のである。

　すでに述べたように，1950年代半ばから日本の経済は高度成長を遂げたが，漁業の生産性，所得水準は他産業に比べてひじょうに低かった（図8）。このような事態に対応して，政府はそれまでのような"零細な漁業経営を維持，再生産していく"という方針を転換して，沿岸漁業に関しては浅海養殖業の振興と漁業経営の合理化を中心にして，また中小漁業に関し

2．研究の軌跡

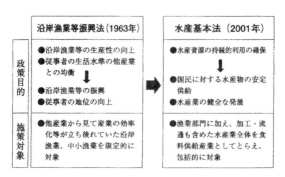

図9　沿岸漁業等振興法（1963）から水産基本法（2001）への政策目的・施策対象の変化
　　　（出所）2001年度「水産白書」

ては，流通加工対策および労働対策の強化によって経営構造の近代化を図り，漁村における潜在的過剰人口の解消を図るという政策がとられた。そのため政府は，1959年に農林漁業基本問題調査会を設置し，答申が1960年10月に出された。そして1963年に，「沿岸漁業等振興法」（図9）が制定された。経済の高度成長の結果他産業への人目の流出が急速に生じて，1970年代の初めに漁業就業者数は戦前レベルの55万人に減少し，1人当たりの漁業世帯所得／勤労者世帯所得は1.0を上回ることになる（図8）。ここでぶつかるのが，過剰漁獲の壁である。1975年度『漁業白書』は，"マグロは資源利用が万限状態[4]にあり，北太平洋のスケトウダラをはじめ，南方トロール資源についても，資源状態は悪化しており，総じて，利用価値の高い魚ほど楽観を許さないものが多い"と述べ，沿岸漁業についても，需要の強い魚種に漁獲が集中し，中高級魚の漁獲量が減少している"と述べている。

　前節で述べたように，1970年代には日本漁業はもっともよい状態にあった。漁業就業者数は45～55万人とほぼ安定しており，中・大型漁業就業者数も安定している。また年齢構成も60歳以上は20％以下である（図2）。ところが，1980年代に入ると，急激な変調が生じている。この変調は，漁業が多くの生産者にとって第2種兼業と化し，漁業が漁業でなくな

る過程に入ったと言えるような，深刻な変調である。輸入量が急速に増加し始め，自給率が100%を切り，とめどもなく低下していくのも，80年代に入ってからである。このような状況は，どのようにして生じたのであろうか。

第1に，高度経済成長の終焉である。1971年のドルショックと1973年のオイルショックは，高度経済成長を終わらせた。世界の先進諸国の成長率は，1960年代と比べて，1973年以降は，軒並みに低下した。福祉国家化と政府の政策介入を特徴とする現代資本主義の時代は終わり，経済活動のすべてを市場による調整に委ねる，ジョージ・ソロスの名づけた「市場原理主義」が力を得る時代が到来した（三和良一『概説日本経済史　近現代第2版』2002，東京大学出版会）。

元青山学院大学経済学部教授の三和は，次のように述べている。"そもそも資本主義という経済システムは，環境問題や資源問題を処理する機構を内蔵していない。資本王義の再生産機構の機軸は市場である。市場の欠陥を補うために20世紀資本主義の時代には政府が政策的な介入を強めたが，ふたたび，市場の役割が重視され，「市場原理生義」の前に，政府は経済政策面での活動を縮小しつつある"。とめどもない水産物輸入は，このことをよく示している。

先に示したように，日本漁業の生産額は大幅減，輸入韻は大幅増で，2000年には両者はほぼ同額となった。日本国民の生命と健康を維持すべき漁業生産は，単なる商品生産として，世界市場の前に投げ出されたのである。第2に指摘しなければならないのは，いびつな財政支出である。ある産業に対してどのような行政施策が行われているかを見るもっともよい目安は，予算である。『漁業白書』の中に水産関係予算が掲載されているが，この中に，「漁業生産（または水産）基盤の整備」という項目がある。この内容は，(1) 漁港建造・修築費と (2) 沿岸漁業整備開発費の二つの項目で大部分を占める。沿岸漁業整備開発費の内容は，魚礁設置，投石，離岸堤，干潟の造成などである。1999年度の場合，(1) が2337億円，(2) が681億円（このうち魚礁設置費が285億円），計3018億円である。

2．研究の軌跡

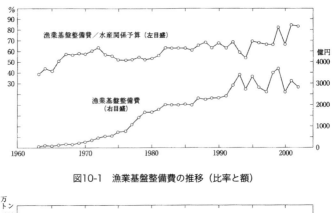

図10-1　漁業基盤整備費の推移（比率と額）

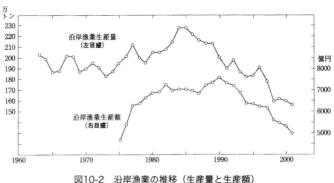

図10-2　沿岸漁業の推移（生産量と生産額）
（資料）1963-2000年度「漁業白書」，2001-2002年度「水産白書」

要するに大型公共工事費である。この二者をまとめて，漁港・魚礁予算とよぼう。1980年以降は企業物価指数（日本銀行の卸売物価指数は2002年12月に企業物価指数と名称を変更した）は低下傾向にあるので（『統計で見る日本2004』），漁港・魚礁予算（漁業基盤整備費）の推移を絶対額で議論できるが，この予算は1980年度以降急速に増え続け，1992年度以降は2500〜3500億円という巨額のレベルになっている（図10-1）。

さらに問題なのは，漁港・魚礁予算が水産関係予算の中に占める比率である。この比率は，1967〜81年度には50％台であったが，1982年度以後は60％台に乗って増大し続け，1999年度からは80％台に乗るようになっ

294

第2章　日本漁業をめぐる論考

た。水産関係予算の大部分が構造物の建造・設置予算になってしまい，政策的に費える予算はわずかで公共事業に特化した財政構造になってしまった。これでは，ろくな水産行政ができるわけがない。

　このような予算のもたらした費用対効果は，どうであろうか。図 10-2 に，沿岸漁業の漁獲量と漁獲金額の経年変動を示す。沿岸漁業の漁獲量は 1963-79 年には安定していて，180 ～ 200 万トンのレベルであったが，1980 年代に入ってから増加し始め，1984/84 年には 230 万トン近くとなった。この１時的な増加は，長周期・大振幅の資源変動（レジーム・シフト (2)）をするマイワシが資源増大期に入った結果であって（図3），漁港・魚礁効果ではない。マイワシが資源下降期に入って漁獲量が減りだしたのは 1989 年であるが，沿岸漁業の漁獲量はそれより早い 1986 年に減り始め，2001 年には 155 万トンにまで低下した。

　漁獲金額は 1990 年の 8,047 億円をピークとして，2001 年には 5,435 億円に落ち込んだ。

　上記の経過は，逆説的に言えば，漁港を造れば造るほど，魚礁を放り込めば放り込むほど，沿岸漁業が衰退していくことを示している[5]。つまり，漁港建設や魚礁設置のような公共工事が，漁業の振興にとって役に立たないばかりか，構造物の造成に特化した漁業政策が水産関係予算を硬直化させることによって，漁業の発展にとってむしろ桎梏（しっこく）になっていることを示している。

　第3は，漁業政策の転換である。国連海洋法条約は 1994 年に発効したが，その第 61 条には次のように述べられている。

　"沿岸国は自国の EEZ（Exclusive Economic Zone 排他的経済水域[6]）における生物資源の TAC（Total Allowable Catch 許容漁獲量）を決定する。沿岸国は利用可能な最良の科学的根拠を考慮に入れて，EEZ における生物資源の維持が，過剰漁獲によって危険にさらされないことを，適切な保存措置および管理措置を通じて確実にしなければならない。〔生物資源の保存義務〕"

　海洋法条約は日本の漁業政策に大きな影響をもたらした。TAC 法（海

295

2．研究の軌跡

洋生物資源の保存及び管理に関する法律）が 1996 年に制定され，同法に基づく「漁獲可能量」制度が 1997 年度から運用され，その対象魚種はサンマ，スケトウダラ，マイワシ，サバ類，ズワイガニ，スルメイカである。

　そしてさらに，2001 年には水産基本法が制定された。この法律は，国連海洋法条約の発効による 200 カイリ体制への移行，漁業生産の減少，水産物自給率の低下など，水産をめぐる状況の大きな変化を背景に，1963 年に制定された沿岸漁業等振興法に代わるものとして制定された。

　図 9 から，振興法から基本法への政策目的と政策対象の変化がよくわかる。すなわち，旧法は漁業の生産性と生産者の生活水準の向上に軸足を置いた漁業振興法であった。しかし，新法は，資源の持続的利用と水産物の安定供給に軸足を移した資源管理法である。このような漁業政策の転換は，どういうことを意味しているのだろうか。

　旧法の政策目標は，達成されたのだろうか。答は，否である。すでに述べたように，1980 年代に入ってから，漁家の漁業依存度は漁家とはいえない状態にまで低下し，漁家世帯の所得は，その労働の厳しさにもかかわらず，平均の勤労者世帯の所得を下回っている。漁業従事者の減少と高齢化は，とめどもなく進行している。沿岸漁業の生産量，生産額とも急減している（図 10-2）。漁業の生産性と生産者の生活水準は低落の一途をたどっている。旧法の政策目標とは，逆のことが生じているのである。

　このような状況の下での新法への転換は，なぜ行われたのであろうか。それは，(1) 国連海洋法条約の発効・批准によって海洋生物資源の保存義務が発生したこと，(2) 経済活動のすべてを市場の調整に委ねる市場原理主義の時代に入ったことの二つが，このような転換の引き金になったのである。新法の安定供給とは，国内生産と水産物輸入を適切に組み合わせるというものであり，建前としては自給率の向上が謳われているが，現実には水産関係予算の中で漁業基盤整備費の比率が増大するのみで，自給率向上のための施策はなんらとられず，グローバルな市場経済の中で歯止めのない輸入の増大が進行している。

　鳴り物入りで喧伝（けんでん）された TAC にしても，近年の漁穫実績

第2章　日本漁業をめぐる論考

を大きく上回る量が設定されていて，漁種規制効果はほとんどなく，さらに悪いことには，TACには量の規制はあるが質の規制（禁漁区，禁漁期，制限体長，制限年齢など）がまったくないため，0歳魚，1歳魚などの若年魚の漁獲を誘発し，資源に大きなダメージを与えている。たとえば，2001年のサバ類のTACは78万トンであるが，実際に漁獲されたのが32万トンであり，その60％以上が0歳魚で，1歳魚を加えると90％となる（2001年度『水産白書』）。1990年代に入ってから，このような状態が続いており，回復を期待されたサバ資源は低水準に止まっている。

栽培漁業の評価

　経済高度成長期の終期にさしかかって，漁業政策に明示的・実体的な方向性を示す方針が示された。それは，1969年5月30日に閣議決定された「新全国総合開発計画」いわゆる新全総である。新全総は，独占資本本位の高度経済成長政策のために，日本国土を徹底的に再編利用しようとするものであったが，水産業の「主要政策課題」は，「中核的漁港の整備と資源培養型漁業の展開」となっている。つまり，開発政策から見た日本漁業振興の政策的な柱が，「漁港建設」と「資源培養」（栽培漁業ともいう）の二つに特化されたのである。資源培養の内容は，次のようなものである。

　"沿岸漁場について資源培養技術を積極的に活用し1985年において，沿岸性中高級魚約100万トンの生産増を目標に，高能率生産の展開を図る。すなわち，浅海適地をいわば海底農場とし，魚礁の造成，中高級魚介類種苗の放流，移植等を行い，濃密な資源培養あるいは資源組成の高度化を図るとともに，潮通し，海底耕耘，消波施設の設置等の水産土木技術を用いて，海中の立体的利用等による養殖漁場空間の新規拡大を進める。"

　この開発計画について検討してみよう。沿岸漁業の生産量はどうであったであろうか。計画策定前年の1968年における沿岸漁業の生産量は200万トンであった。それが目標年次である1985年には226万トンであった（図10-2）。100万トン生産増という計画はまったく達成できなかったといえ

2．研究の軌跡

よう。

　もう一つ指摘しておかなければならないのは，資源培養計画なるものが，魚礁の設置を中心として，潮通しとか，海底耕耘・消波堤の設置とかをつけ加えた公共土木事業を基盤として組み立てられていることである。漁港建設と魚礁設置，まさに公共工事を中核として水産業の展開を位置づけているのが，新全総であった。推参業における「栽培漁業」政策は，1962年における社団法人瀬戸内海栽培漁業センター設置に始まり，クルマエビ，マダコ，マダイ，サヨリなどの種苗が放流された。この事業が拡大されて，1979年に社団法大日本栽培漁業協会が設立され，また，各地に国営栽培漁業センター，県営栽培漁業センターが設置され，マダイ，ヒラメ，クルマエビ，アワビ，ホタテガイ，ガザミなどが放流された。このような栽培漁業の理念はどのようなものであったのか。瀬戸内海栽培漁業協会（『瀬戸内海栽培漁業の概要』1971）によると，栽培漁業の定義は次のようなものである。"人工的に生産した魚類などの種苗，または天然ものを採捕した種苗を人間の手で減耗のもっとも激しい幼稚魚期に保護，育成，管理して，それらの種苗を適地に大量に放流し，その後は自然の海の中での成長をはかりこれを漁獲するという生産方式である。"

　上述の新全総で述べられている。"資源培養による資源増加"の理論的根拠は何か。それは，"自然には自然の状態では利用できない余剰生産力があり，種苗放流によってそれを利用できる"とするものである（村上子郎「種苗放流による資源の上積みの可能性について，種苗放流による増産の可能性に関するノート」1970）。その理由として，卓越年級群の存　在があげられている。ここで年級群とは，同じ年に生まれた魚のグループをいう。この年級群のバイオマス（尾数）は年々大きく変動するが，バイオマスの大きな年級群を卓越年級群という。環境が資源を受け入れ得る収容力は，卓越年級群のバイオマスによって示され，ある年級群のバイオマスと卓越年級群のバイオマスとの差が余剰生産力となり，それを利用するために　種苗を放流し，そのことによって環境を完全に利用し，生産増が可能となる，とするのが，栽培漁業が成立する理論的根拠である。東京海洋大学の北田

第2章　日本漁業をめぐる論考

によれば，栽培漁業は環境収容力の有効利用技術”である（北田修一『栽培漁業と統計モデル分析』2001，共立出版）。栽培漁業の成功例としてあげられるのは，ホタテガイとシロザケ（サケ）である（北田）。

　ホタテガイでは，漁獲量は 1979 年の 8 万トンから，2000 年には 30 万トンに激増した。これは，北海道オホーツク海沿岸における種苗の地まき放流の成果である。ホタテガイの天然の幼生をコレクターで採取し，育成して満 1 歳で放流するもので，ヒトデなどの捕食者を徹底的に駆除した漁場に放流する。放流漁場を 4 区画に区分し，それぞれの区画を 3 年間禁漁とし，4 年に 1 度の割で全個体を輪採する。これは，生態系を破壊してホタテガイという単 1 種の単 1 年級についての環境収容力を確保した上に成立する，粗放的な養殖である。サイクルは短いが，群馬県嬬恋村におけるキャベツ栽培の手法と同様である。種苗を放流し，後は自然に委ねることを基本とする栽培漁業の成功例とするのは難しい。

　わが国で放流されるサケの回帰率（孵化年から 4 年後の回帰数 / 放流数）はかつては 1 ％以下と低いものであったが，稚魚に給餌して成長させ適期に放流するなどの放流条件の改善によって 1966 年級から 1 ％台に乗るようになる（図 11）。他方，放流数は 1960 年代に入ってから増え始める。回帰率は 1970 年代の初めまでは低下傾向であるが，回帰数は放流数の増加によって増加傾向を示す。回帰率は 1970 年代半ばの年級から上昇し始め，また同じ頃から放流数も急上昇するため，回帰数はめざましく増加する。1982 年級以降は放流数はほぼ 20 億尾で安定しているが，回帰率の上昇にともなって回帰数は増加を続け，1992 年級（1996 年回帰）で回帰率は 4.5 ％，回帰数は 8,800 万尾に達した。回帰率の上昇について水産庁は，放流技術向上の成果と説明した（1999 年度『漁業白書』）。ところが，放流数は 20 億尾前後に維持されていたにもかかわらず，回帰数は 1993 年級（1997 年回帰）から急減し，1996 年級（2000 年回帰）では回帰率は 2.2 ％，回帰数は 4,400 万尾といずれも半減した（図 11）。

　放流技術や放流尾数が安定している条件の下での 1992 年級をピークとする回帰串の急上昇とその後の急低下を，放流技術向上論で説明すること

2. 研究の軌跡

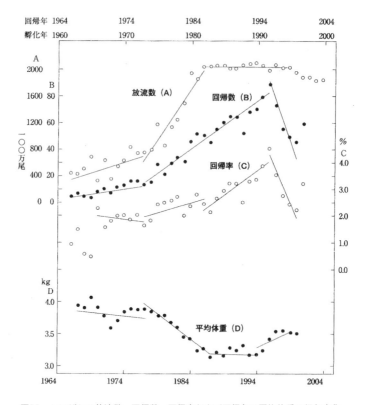

図11 シロザケの放流数，回帰数，回帰率および回帰魚の平均体重の経年変化
（注）1970年代半ばと1990年代初めの年級に回帰率のレジーム・シフトが生じている。回帰率の変動は回帰魚の体重の変動と逆相関している。回帰魚の平均体重はバイオマスと逆相関すると考えられており，また回帰率は海洋生活期の生き残り率である。孵化の翌年に放流される。

はできない。これは，大気・海洋・海洋生態系から構成される地球システムの変動（レジーム・シフト）の結果なのである。環境収容力に余裕があるとする余剰生産力論は，海洋の生物生産力が一定で変動しないと考える立場に立っているもので，1980年代からのレジーム・シフト理論の発展によってその誤りが明確となってきている。

図12は，アワビの放流種苗数と漁獲量の推移を示している。1979年か

第2章　日本漁業をめぐる論考

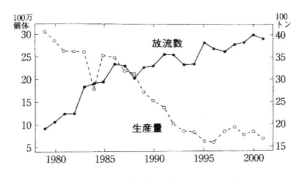

図12　アワビの放流個体数と生産量の推移
(資料) 漁業養殖業生産統計年報,
　　　水産庁・社団法人日本栽培漁業協会「栽培漁業種苗生産・入手・放流実績(全国)」

ら2001年までの23年間に放流数は3倍となったが、漁獲量は半分以下に落ち込んだ。放流すればするほど生産量が低下するという皮肉な結果になっている。この理由はよく分からないが、いずれにせよ放流効果は認められない。

　栽培漁業の名の下に行われたいくつかの個別の成功例を否定するわけではないが、問題の中心点は、1960年代から多大の国費や県費を投入して推進された、国策としての栽培漁業政策が、全体として沿岸漁業の振興に役立ったかどうかの評価である。答えは否である。政策として成功したか否かは、数字で示されなければならない。沿岸漁業の生産量は、2001年には155万トンにまで落ち込んだ(図10-2)。1969年の新全総で立てられた政策目標である300万トンの半分である。

　このような栽培漁業政策の失敗の中で、社団法人日本栽培漁業協会は、2003年に独立行政法人水産総合研究センターに吸収合併された。

漁業政策の課題

　これまでに述べてきた日本漁業の問題点を要約的に整理すると、次のよ

301

2．研究の軌跡

うになる。

(1) 日本国民の水産物に対する需要が増大しているにもかかわらず，国内生産が低下して，自給率はとめどもなく低落している。需要と供給のギャップが拡大し，輸入量が増え続けている。この傾向は80年代に入ってからとくに顕著となる。

(2) 漁業人口の減少と高齢化には歯止めがかからず，担い手の面からも日本漁業は崩壊の淵にさしかかっている。この傾向もとくに80年代に入ってから著しい。

(3) 漁家の漁業依存度は低下し続け，1980年代後半からは50%を切るようになった。1人当たりの漁家世帯の所得の全勤労者世帯の所得に対する比は，80年代以降0.9近くに低迷している。

(4) 1980年代に入ってからの漁業基盤整備費（漁港建設費，魚礁設置費など）の伸びは著しく，1980年度の1646億円から1999年度には3682億円になった。20年間に2.2倍である。金額とともに問題なのは，水産基盤整備費が水産関係予算の中に占める比率であり，1980年度には53%であったのが2001年度には83%にまで上昇した。いまや，水産関係予算の大部分は，公共工事費なのである。政策的に費える予算はきわめて少ない。

(5) このような中で，2001年における水産基本法の制定によって，漁業の政策目標は，「漁業就業者の生活水準の向上」から「国民への水産物の安定供給」へ切り替わった。安定生産ではなく，安定供給である。政策の性格が，「漁業就業者対応」から「水産物市場対応」へと変化したのである。

このような状況の下で，日本漁業の崩壊を食い止めるための政策的課題は，次のようなものでなければならない。

(1) 漁業を国民の生活と健康を守る基幹産業として位置づけ，漁業政策の目標を，「漁業生産条件の整備と自給率の向上」に転換する。

(2) 漁業の担い手の増加を図る。そのためには，漁業就業者が漁業だけで生活できる社会的経済的条件を作り出し，そのための施策を講じな

第 2 章　日本漁業をめぐる論考

ければならない。

(3) 水産物の輸入量を減らして自給率を向上させる。そのためには，関税措置，生産者に対する価格補償制度が必要である。

(4) 漁業基盤整備費という名の大型公共事業費（漁港建設・魚礁投入）に特化した現在のいびつな財政構造にメスを入れ，水産関係予算の中の漁業基盤整備費を大きく減額して，正しい意味の漁業振興に役立つ，政策的に費える予算を大幅に増加させる。

＊後記－この論文では，紙面の制約もあり，海面養殖業については触れていない。稿を改めて，述べたい。

注
(1) 太平洋戦争敗戦後から講和条約発効（1952 年 4 月 28 日）まで，米国太平洋艦隊司令長官の許可という形で，日本漁業の操業範囲は北西太平洋に限定された。その範囲は，おおむね北緯 24 度以北，北緯 40 度以南，東経 165 度以西で，西は台湾と北海道西沖を結ぶ線以東に線引きされた。マッカーサーとは，当時の連合国最高司令官である。

(2) レジーム・シフト（regime shift）とは，大気－海洋－海洋生態系から構成される地球システムの基本構造（regime）が，数 10 年の時間スケールで転換（shift）することをいう。その存在が，太平洋の 3 つのマイワシ資源（日本周辺，カリフォルニア沖，南米西岸）の同期的大変動とその気候的応答について，1983 年に筆者によって初めて指摘され，その後大気－海洋－海洋生態系について同様の事実が続々と発見され，現在では気候学，海洋学，海洋生態系学の研究の中心テーマの一つとなっている。
　　詳しくは，次の文献を参照のこと。
　「気候－海洋－海洋生態系のレジーム・シフト－実態とメカニズム解明へのアプローチ－」，『月刊海洋 総特集』35 巻 2 号および 3 号 2003. とくに，その中の筆者の論文「レジーム・シフト研究の現在的意義」（2 号）「地球システムの構成部分としての海洋生態系のレジーム・シフト」（3 号）および「海洋生物資源の基本的性格とその管理」『漁業経済研究』47 巻 2 号，2002.

(3) precautionary approach. 予防原則ともいう。この原則は，1987 年に行われた第 2 回北海国際会議で，化学物質について次のように定義された。"きわめて危険な破壊効果をもたらす可能性から北海を守るために，明確な科学的根拠によって因果関係が前もって確認されない場合においても，このような物質の排出を規制するための行動につながる予防的アプローチが必要である"。この概念は，その後漁獲行為を含む環境問題全般に広げられ，地球サミットのリオ宣言（1992）や気候変動枠組条約（1994

2．研究の軌跡

年発効）で定式化された。一方，この原則の問題点は，ゆきすぎた排出規制（漁業の場合には漁　獲設備の削減）の導入を正当化するために，大衆の認識とか実　体のない懐疑を受け入れることである”（Gray JS & M　Bewers, Toward a scientific definition of the precautionary principle, Marine Pollution Bulletin 32, 768-771, 1996）という指摘がある。公海流し網漁業の禁止は，この原則を悪用した典型例である。

（4）安定している資源に対して漁獲努力を強めると，総漁獲量は増えていくが，ある努力量のところでピークに達し，さらに努力を強めると，総漁獲量が減り始めて乱獲状態となる。このピークの状態を万限状態という。

（5）千葉県水産試験場に長年勤めた平本紀久雄氏は，「漁港はまだ必要か」という見出しで，次のように述べている（『イワシ予報官の海辺の食卓』2001，崙書房）。

　“最近とくに気になるのはどこの漁港も大きく立派になったわりに，閑散としていることです。千葉県下の水揚げ統計を眺めてみても，軒並み水揚げ量が減っており，漁船の数も減っているのですから，当然の話でしょう。そういう思いと裏腹にあちこちの浜でまたぞろ漁港づくりが始まっています。全国には大小の漁港が4,000ヵ所もあるといわれています。1つの漁港の平均的な距離を単純に400メートルとすると，合計1,600キロメートルになります。本州の北半分の海岸をコンクリートで覆ってしまうほど長い距離に相当するのです。漁港の造成など海中への敷　設物を投入する海岸工事そのものが，沿岸漁場を荒廃させているのではないか。漁業の振興を図るうえからも漁場破壊につながる漁港造成より，漁獲物に付加価値をつける施策をほどこす方向へ進むべきでは”。

（6）国連海洋法条約で規定された距岸200カイリまでのいわゆる200カイリ水域のことで，距岸12カイリまでの領海は除かれる。天然資源に対する沿岸国の主権的権利が存在する

第2章 日本漁業をめぐる論考

2．世界の水産物需給構造と南北問題（2005）

はじめに

　漁業は人類が摂取している動物性たんぱく質の15%以上を供給してお
り，人類の生命と健康を維持するための重要な食糧産業である。1980年代
に入ってから，世界の水産物の需給構造は大きく変化し，食糧安全保障上
の重要性が大きく増大した。それに伴って，新たな南北問題が発生してい
る。本論文ではこのことについて論ずる。　　`

（注）本論文でいう漁業生産量（Fisheries production）は，漁獲生産量（capture produc-
　　tion）と養殖生産量（aquaculture production)の合計である。統計値の資料と
　　しては，FAO（Food and Agriculture Organization, 国連食糧農業機関）発行
　　のFAO yearbook Fishery statistics, Capture production, Aquaculture Production,
　　Commodities，とくに最新刊の2002年度のもの，および日本の漁業養殖業生
　　産統計年表，『漁業白書』（2000年度からは『水産白書』）を用いた。また，
　　FAO発行のSOFIA 2002（The State of World Fisheries and Aquaculture，世
　　界の漁業・養殖業の現況）を参照した。その他の統計値は，主として『世界
　　国勢図会2004/2005』（矢野恒太記念会）によった。

1．中国の漁業統計の信憑性の検討

　世界の漁業問題を論ずる場合，中国の漁業統計の信憑性の検討が不可欠
である。世界の人口は，1970年の36億9,000万人から2002年には62億
5,000万人へと，この間に69%増加した。他方，世界の漁業生産量は同じ
期間に6,700万トンから1億4600万トンへ増え（図1），増加率は118%で
あった。この数字だけを見ると，漁業生前量の増加率は人口の増加率を大
幅に上回っていることになる。漁業生産量のこの大きな増加は主として中
国によってもたらされたもので，中国の漁業生産量はこの期間に380万ト

305

2．研究の軌跡

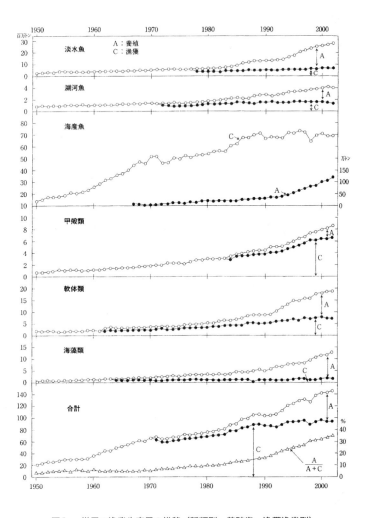

図1　世界の漁業生産量の推移（種類別，養殖業・漁獲漁業別）

第2章　日本漁業をめぐる論考

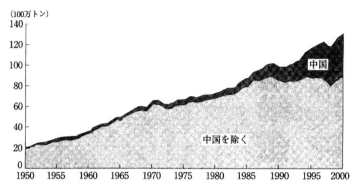

図2　中国を含めた場合と除いた場合の世界の漁業生産量（漁獲＋養殖）の推移
　　（注）海藻類を除く
　　（出所）SOFIA2002

ンから5,340万トンへと，1,305%という信じ難い増加率で（図2），内水面でも海面でも増加している。2002年においては，中国の漁業生産量は世界の生産量の実に36.8%を占めるようになった。

　中国の1970年の漁獲生産量は249万トンであったが，2002年には1,685万トンと6.8倍の増加である（図3）。中国漁船の操業水域は伝統的に黄海・東シナ海・南シナ海で，これが飛躍的に拡大したという情報も無く，このような高い生産量はとてもあり得るとは思われない。

　中国を除くと，漁業生産量はこの期間に6,320万トンから9,260万トンへの増加で，増加率は47%に過ぎず，人口増加率を大きく下回っている。つまり，世界の人々の食糧への漁業生産の寄与の評価が，中国を含めるか否かで，プラスからマイナスへと180度変わってしまうのである。

　中国の漁業生産量の異常な増加が著しい過大推定（Overestimation）であることは，多くの研究者が指摘している[1]。FAO（SOFIA 2002〜）は，"中国の1人当たりの水産物消費量は1972年には4.4kgであったが，1999年には25.1kgとなった。これは過大推定［または過大報告（over reporting）］によるもので，とくに1998年までの10年間に著しい"と述べて，世界の漁

307

2．研究の軌跡

業生産の動向の検討などは，中国の生産量の統計値を除いて行っている。

　この過大推定は水増しによるものであると，中国の青島海洋大学の梁振林教授は述べている[2]。梁教授は，同じく東シナ海から得られる韓国と中国のキグチとタチウオの漁獲量の変化を比べ，また中国漁業による cpue（単位漁獲努力当たり漁獲量）の時間的変化傾向から，水増し率を推定した。水増し率は 1990 年代に入ってから増え始め，1997 年には 40％近くに達したとされる。このような状況が生じたもっとも大きな理由は，計画経済の中で漁獲量の成長率が中央行政機関において年度初めにあらかじめ設定され，年度末にその成長率あるいはそれ以上の成長率が達成されるように生産量統計を操作することによって出先の行政長官が評価されるためであると，梁教授は指摘している。つまり予定成長率に基づいて生産量の水増しが行われているのである。

　このような状況に国内外から多くの疑問が提出され，中国農業部漁業局は軌道修正をせざるを得なくなった。そして，1999 年からは漁獲量のゼロ成長政策に転換した。

　このような変化を数字で示そう。海面漁獲漁業の生産量は 1993 年の 817 万トンから 1998 年には 1,495 万トンへと，5 年間で 80％増加した。ところがその後は年々ゼロ成長で，2002 年には 1431 万トンである。内水面漁獲漁業の生産量は 1993 年の 118 万トンから 1998 年には 228 万トンで，5 年間で 85％の高い成長であった。ところが 2002 年には 225 万トンで，1999 年以後はゼロ成長である。

　このように統計値が恣意的に操作されるのは必ずしも中国に限らないと思われるが，カナダのブリティッシュ・コロンビア大学のワトソン教授とボーリー教授が指摘するように，生産量が大きいために世界漁業の評価に与える影響が大きくて問題になるのである[1]。

　この問題については，後段においても検討する。

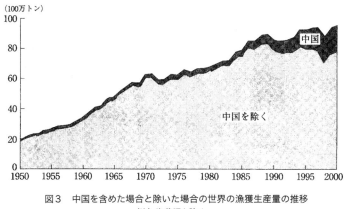

図3　中国を含めた場合と除いた場合の世界の漁獲生産量の推移
　　（注）海藻類を除く
　　（出所）SOFIA2002

2．近年における世界の漁獲生産の停滞と養殖生産の増大

　20世紀後半の50年間の世界の漁獲生産量の推移を図3に示す。

　この図で特徴的なことは，上に述べたような，1980年代に入ってからの中国の生産量の異常な増加である。中国を除く生産量の推移を見ると，1950年の約2,000万トンから急速に増加して，1988年には8,200万トンに達している。しかし，その後は停滞もしくは下降傾向で，2001年には7700万トンに低下している。一方中国の生産量は，1991年の745万トンから2001年には1,679万トンへと，10年間で2.25倍の増加である。

　中国を除く世界の漁獲漁業の生産量の推移と日本の生産量の推移を比べると，2001/1991比で，前者では98％と停滞しているが，日本では58％と落ち込みが目立つ。

　次に養殖生産量を見ると（図1），1950年には64万トンで漁業生産量の3.2％を占めるに過ぎなかったが，この比率は年々増加して2002年には35.2％を占めている。いまや養殖生産量は，動物性食糧生産分野でもっとも高い成長速度を示している。肉類生産量の成長速度は，同じ期間で年率2.8％である。中国を除くと，養殖生産の世界人口1人当たりの食糧への寄

2. 研究の軌跡

与は，1970年の0.6kgから2000年には2.3kgと4倍に増加している。

とくに内水面養殖の生産量の増加速度は，1970-2000年の30年間で，中国では年率11.5%，その他では7.0%，海面養殖では中国では14.0%，その他では5.4%である。この場合にも，1990年以降における中国の生産量は過大推定と考えられている。

中国を除く世界の養殖生産量の推移と日本の養殖生産量の推移を較べると，2001/1991の比で，世界では154%であるのに日本では96%で，停滞が目立つ。

1950年以降の種類別の漁獲生産量と養殖生産量の推移を見ると，とくに1980年代に入ってからの養殖生産量の伸びが著しく，なかでも淡水魚（とくにコイ科），溯河魚（サケマス），軟体類（貝類），海藻類では，漁業生産量の過半を占めるに至っている（図1）。

淡水魚，貝類は中国による生産が圧倒的に多い。サケマスは，主としてノルウェー，チリによる生産である。

陸上における食用動物の飼育の場合には，大部分の生産は限られた数の動物について行われているが，水体において養殖対象となる動物は種類数がひじょうに多いことが特徴で，210種以上にのぼる。これは基本的には水産動物は養殖に向いているからであるが，それとともに，少数の種の大量養殖システムが確立していないことがあげられよう。

以上見たように，近年とくに1990年代に入ってからの世界の漁業生産の特徴は，漁獲漁業の停滞と養殖業の高成長であるが，日本はこの世界の趨勢から下方に大きくはずれている。このような中で，日本人はかつてのような世界一の魚食国民ではなくなってきている。1997年には世界の1人当たりの水産物消費量は，15.9kgであった。この中で，モルジブが153.4kgとトップで，アイスランド，キリバスと続き，日本は第4位60.5kgでほぼポルトガル（58.4kg）と並んでいる。このことは，各国で水産物の消費が大きく伸びていることを示している。

第2章　日本漁業をめぐる論考

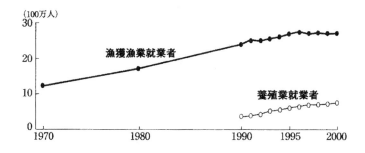

図4　世界の漁獲漁業就業者数と養殖業就業者数の推移
(注) 1990年以前は合計値。フルタイマー，パートタイマー，ときどき働く人の合計。
(出所) SOFIA2002

3．漁業就業人口の推移

　世界の漁業就業者数は増加し続けており（図4），1970年には1,200万人だった就業者数は，2000年には3500万人とほぼ3倍に増加している（SOFIA 2002）。就業者数がもっとも多いのはアジアで，1970年の930万人から2000年には2,950万人へと激増し，世界の漁業就業者数の85％と圧倒的に多い。次に多いのはアフリカで，同じ期間に135万人から259万人に増え，約7％の年増加率である。ヨーロッパでは68万人から82万人へ，南米では49万人から78万人へ，北米・中米では41万人から75万人へと，増加している。

　2000年には世界の食糧生産に携わる一次産業の就業者数は13億人であるが，漁業就業者数はその2.6％で，1980年の2.3％より上昇している。世界の漁業就業者数は1990～2000年の間は年率2.2％で増加したが，養殖業就業者数は7.0％で増加した。このような増加は主としてアジアとくに中国によるもので，アジアでは，養殖業就業者数はこの期間に93％増加した。

　しかし先進国では，漁業就業者数は減少しており，ノルウェーでは1970年に4.3万人いた就業者数は，2000年には2.4万人に減少している。日本では1970年の55万人から2000年には26万人と半分以下に減少した。

311

2. 研究の軌跡

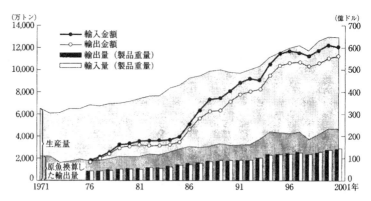

図5　世界の漁業・養殖業生産量と水産物貿易
(注) 図中の生産量及び原魚換算した輸出量には，藻 (草) 類及びほ乳類は含まれていない。
(資料) FAQ「FISHSTAT (Commodities producion and trade 1976-2001)」、及び「Yearook of Fishery Statistecs (Commodities)」から作成
(出所) 2003年度『水産白書』

4. 水産物貿易の特徴

　世界の水産物貿易は，とくに1980年代半ばから拡大を続け，2001年には輸入ベースで600億ドルに達している (図5)。貿易に向けられる品目はさまざまであるが，後に推定するように，原魚換算[3]で漁業生産量の50-60％が国際的に取引きされている。FAO[4]やIRRI[5]によると，75％以上であるという。これは農産物や畜産物に見られない高い値である。水産物の輸入額は，世界貿易の4％に達している。

　水産物の国際貿易量の増加速度は，生産量よりも高く，とくに1980年代半ば以降に高い (図5)。1976 〜 84年には生産量は20％増加したが貿易量は36％増加した。84 〜 93年には26％と51％であった。発展途上国の外貨獲得量は，1980年の37億ドルから2000年には180億ドルに増加し，物価上昇率で修正すると2.5倍となった。途上国の水産物の輸出金額は，農産物すなわちコーヒー，バナナ，生ゴム，茶などよりずっと高いし，また

第2章　日本漁業をめぐる論考

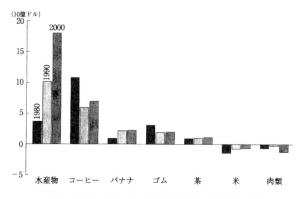

図6　発展途上国による農産品の正味の輸出額の変化
（出所）SOFIA2002

このような農産物の輸出額が1980～2000年にかけて停滞もしくは減少しているのに対して，急速に増加している（図6）。

水産物の主な輸入地域は，日本，北米，EUの三つであり，1999-2001年の平均で，この3地域で世界の輸入金額の3/4，輸入量で1/2を占めている。もっとも多いのは日本で，金額で26%を輸入している（図7）。

輸出全額がもっとも多いのはアジアである。中国は，53億ドルを輸出し35億ドルを輸入している。この輸入のうち国内消費のための輸入は一部で，『2002年中国漁業年鑑』によると，2001年の魚粉を除く水産物輸入量141万トンのうち，2/3は，ロシア，米国，EU，日本などによる委託加工貿易となっており，中国で加工された後，輸出されている。その他のアジアは，106億ドル輸出し，27億ドル輸入している。南米は43億ドル輸出して2億ドル輸入している。アフリカは，輸出27億ドル，輸入6億ドルである。

先進国3地域では，362億ドル輸入して32億ドル輸出しているのに対して，アジア，南米，アフリカの発展途上国は，229億ドル輸出して70億ドル輸入しており，しかも発展途上国の輸入の中には委託加工のための輸入も含まれているのであるから，その対比は歴然としている（図7）。

先進国が輸入しているのはエビ，カニ，ロブスター，サケ・マス，マグロ，タラ，イカ・タコ，ヒラメ・カレイなどである。つまり先進国はコスト

313

2. 研究の軌跡

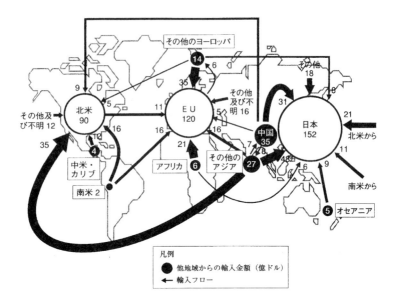

図7　世界の水産物貿易の輸入フローの概要（1999～2001年の平均）

(注) 1) 日本の輸入金額（円）は，1米ドル=113.91 (1999年)，107.77 (2000年)，121.53 (2001年)として米ドルに換算した。
　　2) 図中の円及び付随数字は地域外からの輸入金額（億米ドル）を表す（各地域の輸入金額合計から，地域内からの輸入金額を差し引いて算出）。
　　3) 図中の矢印及び付随数字は輸入先及び輸入金額（億米ドル）を表す。
　　4) 「中国」の輸入金額には，香港や台湾の値が含まれていると考えられる。我が国の輸入先別輸入金額の集計の際もこれらを合計した値とした。
(資料) 「Yearook of Fishery Statistecs (Commodities) 2001―Trade Flow by Region (Imports)―」から作成
　　　日本の輸入先・輸入金額については財務省「貿易統計」から作成
(出所) 2003年度『水産白書』

のかかった高価な品目を輸入している。インドの Trivandrum にある「開発研究センター」のクリエン教授は，これを贅沢消費（luxury consump-tion）とよんでいる。これに対して途上国の輸入品目は，冷凍した多獲性回遊魚，塩・乾・薫製魚である。これを栄養消費（nutritional consumption）という[6]。途上国はコストのかかった高級品を輸出し，コストのかからない低価格の品目を輸入している。

第 2 章　日本漁業をめぐる論考

表 1　世界全体，先進国，途上国別の漁業生産量・輸出量および
　　　輸出量が生産量に占める割合の推移

(単位　100 万トン，%)

	93	94	95	96	97	98	99	00	01	02
世界計										
生産量 A	104	113	117	121	123	118	127	131	131	133
輸出量 B	40	47	46	45	47	40	46	51	51	50
B／A（%）	38.5	42.0	39.0	37.6	38.5	33.9	35.0	38.6	39.3	37.6
先進国										
生産量 A	35	32	34	34	35	33	32	32	32	31
輸出量 B	18	19	19	20	20	20	21	21	22	22
B／A（%）	57.4	58.9	55.2	59.0	59.0	61.0	63.6	65.2	68.4	71.5
途上国										
生産量 A	70	80	83	87	88	85	95	99	98	102
輸出量 B	22	28	27	25	27	20	24	30	29	28
B／A（%）	32.0	35.3	32.4	29.2	30.5	23.3	25.3	29.5	29.8	27.2

(注) 海藻類を除く。輸出量は原魚換算量である。

　表 1 に，世界全体，先進国(developed countries)，途上国（developing countries）別の漁業生産量，輸出量および輸出量が生産量に占める割合（輸出率）の，1993-2002 年の 10 年間の推移が示されている。哺乳類と海藻類は除かれている。輸出量は原魚換算量である。先進国，途上国の区別は，Fishery statistics commodities 2002 の List of countries or areas による。世界計では，生産量の 40% 弱が国際貿易（輸出）に乗っていることになる。先進国では，輸出率は 1993 年の 57.4% から年々増加して，2002 年には 71.5% に述している。しかし途上国では，1994 年の 35.3% から低下傾向で，98 年には 23.3% となったが，その後は上昇傾向である。

　途上国各国の水産物輸出拡大政策の下で，このような先進国と途上国との間の輸出率の増減傾向の違いは不自然で，このことは中国の生産量が水増しされているために生ずると考えられる。つまり，輸出量は国際取引であって水増しできないから，中国の漁業生産量が過大推定されているとい

315

2．研究の軌跡

う状況の下では，中国を含む途上国全体の輸出率は過小推定されることになる。上に述べたように，中国の公称生産量は成長政策の下で1998年まで急上昇し，その後はゼロ成長政策の下で横ばいである。この傾向は，途上国全体の輸出率の推移と逆相関している。

　中国を除いて計算すると，途上国の輸出率は2000年49.1%，2002年45.6%となり，世界計では，2000年55.1%，2002年53.3%となる。このあたりが妥当なところではないだろうか。このように，輸出率がきわめて高くしかもそれが急速に上昇しているのが，水産物の特徴である。このことは，同じく動物たんぱく質の畜産物と較べてみると明らかである。世界の肉類の生産量は，2002年2億4770万トン，2003年2億5353万トン，輸出量はそれぞれ2394万トン，2533万トンで，輸出率は9.6%，10.0%である。ちなみに，穀物（小麦，米，大麦，とうもろこし）では，2002年の世界の生産量は18億8370万トン，輸出量は2億2971万トンで輸出率は12.2%である，水産物の輸出率は肉類，穀類よりはるかに高く，国際貿易に乗る絶対量は肉類よりもはるかに多い。

5．日本の水産物輸出入

　日本は世界最大の水産物輸入国である。しかし，それはごく近年になってからのことである。かつては，日本は水産物の輸出国であった。図8に見るように，1960年代の初めには，日本の全輸出額の6%を輸出していたのである。輸出していたのはカツオ-マグロ缶詰やサバ缶詰などで，金額で世界最大の輸出国であった。その頃から輸入が始まった。輸入額はうなぎ登りに増加し，1996/7年には2兆円に達した。全輸入額に占める割合は，1985年以後4～6%である。水産物輸入額の漁業生産額に対する比もどんどん高くなって，2002年には1を上回るに至った（図8）。輸入額が生産額を追い越したのである。日本は，水産物の生産国から輸入国へ転落してしまった。

　最も多く輸入しているのは，生鮮・冷凍品で，1970年代半ばから全輸入

第2章　日本漁業をめぐる論考

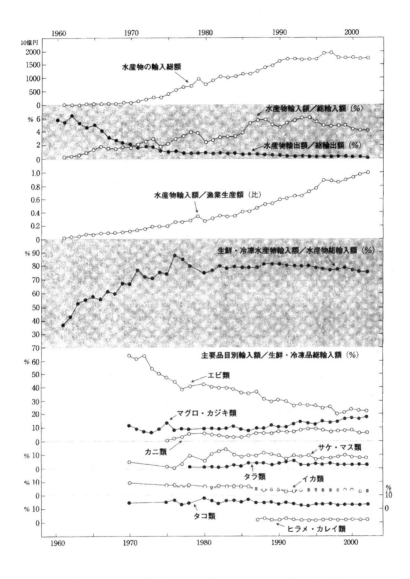

図8　日本の水産物輸出入額，生鮮・冷凍品の品目別輸入額の推移

2．研究の軌跡

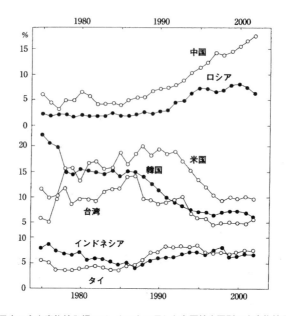

図9　日本の全水産物輸入額のパーセントで示した主要輸出国別の水産物輸入額の推移

金額の 70 〜 80％を占める。品目別に見ると，1970 年代の初めにはエビ類が生鮮・冷凍品の 60％以上を占めていたが，その比率はどんどん低下していまや 20％あまりである。これは図 8 に見るように，他の品目の輸入が増えてきたためである。輸入品目が多様化してきたのである。その中でも，マグロ類の増加が目立ち，いまやエビ類と拮抗するほどになってきた。こういうのが，クリエン教授のいう「贅沢消費」であろう[6]。

　どの国から輸入していたかといえば，1980 年代までは，米国，韓国，台湾などの高所得国・地域（2003 年の国民 1 人当たりの GNI〔国民総所得〕は，それぞれ 3 万 5400 ドル，9,930 ドル，1 万 2,858 ドル）からが多かった（図 9）。80 年代半ば以降は，中国，ロシア，タイ，インドネシアなどの低所得国（1 人当たりの GNI は，それぞれ 960 ドル，2,130 ドル，2,000 ドル，710 ドル）からの輸入増が目立っている。なかでも中国からの輸入の伸長

第2章　日本漁業をめぐる論考

は著しい。世界最大の輸入国である日本への水産物の貿易の流れが，北→
北型から南→北型へシフトしてきたのである。

6．水産物の需給構造

　これまでに述べたことから，世界の現在の水産物の需給構造を次のよう
に整理することができる。

　かつては，水産物の需給は，漁獲漁業による生産物をその国で消費する
という，国内漁獲－消費直結型であった。これが様変わりしたのは，1980
年代に入ってからである。変化は，養殖生産量の急増と貿易の拡大の結果
生じた。養殖生産量はいまや漁業生産量の3分の1を占め，貿易量は漁業
生産量の50%に及んでいる。つまり，世界の水産物の需給は，漁獲生産，
養殖生産，国際貿易の三要素によって決められるようになったのである。

　養殖生産の拡大が需要の増大を産みだし，それが貿易の拡大につながっ
ていった。しかし，貿易の拡大を駆動した根本要因は，他にある。

　1971年のドルショック，1973年のオイルショックによって，それまでの
世界の経済高度成長が終わり，先進諸国の経済成長率は，1975年以降は
軒並みに低下した。福祉国家化と政府の経済介入を特徴としていた現代資
本主義の時代は終わり，経済活動をすべて市場の調整に委ねる「市場原理
主義」(market fundamentalism) の時代が始まった。

　資本主義の再生産機構の基軸は市場であるが，市場の欠陥を補うために
20世紀資本主義の時代には各国政府の政策的な介入が強まっていた。しか
しここにきて市場の役割が強調され，「市場原理主義」の前に，各国政府
の経済政策面での活動は弱まりつつある。これは，イデオロギー的には，
新自由主義によって支えられている[7]。

　市場原理主義の展開を後押ししたのが，一つはインターネット社会の到
来であり，世界が瞬間的に情報を共有でき，企業の受発注業務がグローバ
ル・スケールでリアルタイムに行えるようになった。さらに，1985年のプ
ラザ合意を契機にして，ドル高が是正され，世界の物流すなわち，貿易が

319

2．研究の軌跡

加速された。

7．水産物貿易の拡大と南北問題

　FAO（1996年）の推定によれば，8億人以上の人々が食糧入手が困難な状態にあり，1億8500万人の就学前年齢の児童が深刻な体重不足であり，20億人が鉄の不足，15億人が硫黄不足，4000万人の児童がビタミンA不足に悩んでいる[8]。こうした人々が住んでいる国を，FAOではLIFDCs（low-income food deficit country，低所得食糧欠乏国）と呼んでいる[9]。

　国際貿易によって，食糧として低利用の漁業資源をLIFDCの差し迫った食糧需要と結びつけることができるならば，多くの人々を飢餓状態から解放するのに役立つ。しかし現実には，大量に漁獲されるいわゆる多獲性魚類（南米西側で漁獲されるペルー・アンチョビー，チリ・マイワシ，日本近海で漁獲されるマイワシなど）は，その大部分が魚油と魚粉（家畜の飼料などに用いられる）となって，直接的には人間の食糧としては利用されない。

　表2に，典型例となるいくつかの国について，水産物の輸出入構造を示す。示してある数値は，1999～2002年の4年間の平均値である。表2から，次のことが読み取れる。

　(1) 日本，米国，フランスは，三つの水産物大量輸入地域（日本，北米，EU）の代表国として示した。しかし，日本と他の2地域では，I/C（2003年の国民1人当たり輸入額）とI/E（輸入額／輸出額）が大きく異なる。I/Cは，日本が112ドル，米国が35ドル，フランスが53ドルである。I/Eは，日本が18.6，米国が3.2，フランスが2.9である。日本は総額でも1人当たりの額でも世界でもっとも大量に輸入し，消費し，しかも世界の食糧安全保障に対する寄与はひじょうに低い。

　　日本で特徴的なのは，甲殻類（エビ類，カニ類）と軟体類（イカ，タコ，貝類）の大量輸入であり，1人当たりで46ドルである（缶詰含）。米国は20ドル，フランスは19ドルである。

第 2 章　日本漁業をめぐる論考

表 2　国別品目別の水産物輸入 (I) および輸出 (E) 金額 (v:100万ドル) および重量
（q:1000トン）

		日 本		米		フランス		ノルウェー		チ リ		タ イ		中 国		インドネシア		LIFDC	
		I	E	I	E	I	E	I	E	I	E	I	E	I	E	I	E	I	E
総額	v	14340	769	10063	3144	3132	1078	624	3558	50	1826	936	4048	1727	3761	82	1534	3088	10735
魚 生鮮冷凍	q	1953	180	801	742	473	247	318	1559	1	423	727	356	851	977	16	281	2337	2294
	v	6541	373	3318	1913	1383	542	338	2601	1	1169	604	394	814	1453	12	367	1600	2978
魚 塩干燻	q	20	1	30	31	21	7	3	130	–	10	3	26	11	26	–	17	105	116
	v	257	16	153	78	109	50	13	619	–	44	3	32	24	107	–	59	137	263
甲殻類 軟体類	q	753	30	521	149	191	55	21	20	1	15	80	247	294	357	12	143	344	1222
	v	5041	88	4662	716	947	252	46	56	6	109	243	1581	352	845	16	1005	417	5111
魚缶類	q	199	16	265	79	162	51	10	22	8	105	1	424	1	154	1	40	136	598
	v	1363	88	698	237	471	160	25	70	18	97	2	840	3	853	1	88	234	1783
甲殻類 軟体類 缶詰	q	116	5	132	21	36	6	4	21	–	20	7	142	3	118	–	5	5	129
	v	862	147	1179	95	169	32	25	113	–	108	15	1195	4	501	–	15	11	550
魚油	q	57	–	13	95	39	18	221		63	28	6	1	9	–	7		21	12
	v	32	9	19	38	16	10	86	35	22	8	3	1	6	–	5		15	9
魚粉	q	407	14	47	101	77	50	150	112	1	559	101	11	922	4	94	6	1017	96
	v	240	6	27	68	38	36	90	59	3	286	51	6	514	3	47	1	672	40
人口	C	128		294		60		5		16		63		1304		220			
国民1人あたり GNI		34010		35400		22240		38730		4250		2000		960		710			

（注）1999 ～ 2002 の平均値。人口は 100 万人，GNI はドルで，いずれも 2003 年度の値。

（2）先進国の中で特異的なのは，ノルウェー（1 人当たりの 2003 年の GNI 3 万 8,730 ドル）である。1 人当たりの輸出額は 791 ドルで，群を抜いている。これは養殖された大西洋サケ，レインボートラウトによるもので，途上国による輸出とはまったく性格が異なる。これは，水温が周年安定的で，水深が深く，かつ広大な未利用の静水面が確保できる，稚魚育成に必要な豊富な淡水を利用できる，などの有利な自然条件，および生産量の安定性，周年供給能力，品質の安定性と制御性などにおける天然サケとの大きな格差による世界市場における優位性を利用して成立した，国際的な養殖企業による生産で，特定の大規模養殖企業が自国だけでなく他国（チリ）の養殖企業まで買収し，産地を分散しつつ世界におけるマーケットシェアを拡大し続けているのである。国内市場がほとんど無い養殖企業が多国籍化し，需要があっ

2. 研究の軌跡

　　て生産を拡大するのではなくて，生産を拡大することによって需要を
　　拡大し，米加のベニザケや日本のシロザケなどの天然サケの市場を侵
　　食している。図1に見るように，いまや養殖サケの生産は天然サケを
　　上回るまでに成長している[10]。

(3) 途上国で特異的なのはチリ（国民1人当たりの GNI 4,250 ドル）で
　　ある。チリのサケ養殖業は，ノルウェーと似た形で発展している。こ
　　こでは，大西洋サケ，レインボートラウトの他にギンザケを生産して
　　いる。ノルウェーと異なる点は，魚粉の輸出である。これは，世界最
　　大の漁獲量を誇るペルー・アンチョビーによるものである。1人当たり
　　の輸出額は 114 ドルである。

(4) タイは，進んだ途上国型の大量輸出国である。国民1人当たりの輸
　　出額は 64 ドルである。とくに甲殻類と軟体類の輸出が大きく，生鮮・
　　冷凍品とともに加工品（缶詰）を輸出している。

(5) 中国（1人当たりの GNI 960 ドル）の特徴は委託加工型の輸出入
　　で，自国消費のための輸入と自国生産物の輸出については，よく分か
　　らない。

(6) インドネシアは，典型的な途上国型の輸出入である。輸入はひじょ
　　うに少なく，輸出と輸入との差がひじょうに大きいのが特徴である。
　　途上国であるとともに LIFDC であり，1人当たりの GNI は 710 ドル
　　（2003 年）に過ぎない。輸出品は主として甲殻類と軟体類の生鮮・冷
　　凍品で，この点が加工品を多く輸出するタイ（2003 年の1人当たりの
　　GNI 2,000 ドル）との違いである。

(7) このようなインドネシア型の国は主にアジアに集中し，バングラデ
　　シュ・インド・ベトナム・パキスタン・ミャンマーなどである。1人当
　　たりの GNI（2003 年）は 380 ～ 470 ドルである。

(8) これらの最貧の輸出国の対極にあるのが，日本（GNI 3 万 4,010 ド
　　ル），米国（GNI 3 万 5,400 ドル），フランス（GNI 2 万 2,240 ドル）
　　で，貧困な途上国から大量の高級水産物を輸入し，1人当たりの GNI
　　はこれらの途上国の 60 ～ 100 倍である。

第2章　日本漁業をめぐる論考

(9) 結論として言えることは，水産物の貿易は食糧安全保障には結びついておらず，貧しい国から富める国への高級水産物の流れが加速している。

クリエン教授は，次のように述べている[6]。

"このことは，貿易を駆動する力学と食糧安全保障を規定するパラメタとの間に基本的な矛盾が存在するためである。貿易は有効需要（effective demand）（すなわち購買力に裏打ちされた需要）に応答する場合にのみ発生する。／貿易は，可能な価格と利潤の量だけ発生する。このことは，相対的に富んだ消費者による高価な生産物の大量消費によってもっとも効果的に達成される。エビ，ロブスター，クロマグロなどが，このような，もうけの多い，付加価値の高い国際貿易のアイコン（象徴）であり，贅沢消費である。／しかし，発展途上国の栄養不良の人々の真の必要性は，通常有効置要によって裏打ちされていない。最低価格のカタクチイワシ，マイワシ，ニシンなどが，食糧安全保障のアイコン（象徴）である。栄養消費のための貿易が必要である。"

先進国と途上国の水産物利用のちがいを見よう。

近年，生鮮冷凍品のシェアが増大し，たとえば日本では国民の嗜好は塩サケから生サケに移行している。生鮮冷凍品は2000年には先進国では漁業生産量の40%に達しているか，途上国では12%に過ぎない。

先進国では1人当たりの水産物供給量は1961年には19.9kgであったが，LIFDCでは，この5分の1程度であった。1999年にはこの値は大きく伸び，先進国では28.9kgとなり，LIFDCではこの2分の1程度まで増加したとされるが，これは中国の水増し統計に大きく影響されているためで，大きな格差はほとんど解消されていないと考えられる。

1999年には，世界で9,550万トンの水産物が消費されたが，アフリカではわずかに620万トン，1人当たりでは8kgである。総量の3分の2がアジアで消費されている。1人当たりの消費量は13.7kgであり，中国に限ると25.1kgであった。日本では，2002年に68.4kgである。

1996年にローマで開催された国連の「世界食糧サミット」は，食糧安全

323

2．研究の軌跡

保障を次のように定義した。"食糧安全保障は，活動的で健康的な生活のための食物の必要量と嗜好を満たすために，十分で，安全で，栄養価の高い食物を，すべての人がいつでも，物質的および経済的に得ることができる場合に存在する。" そして各国の首脳たちはサミット後に，"貿易は，食糧安全保障問題解決の鍵（key element）である"とする「ローマ宣言」を発表した。そして，そのための行動計画（action programme）が作られた。しかし，その後世界の栄養不良の人々の数は減っていないどころか，増加している。

UNFPA（国連人口基金）は，2004 年 9 月 15 日に『04 年人口白書』を発表した。白書の推計によると，地球人口は 63 億 7700 万人で，5 人に 2 人に当たる 28 億人が 1 日 2 ドル以下で，かろうじて生きている"という（「朝日新聞」2004 年 10 月 14 日付）。

FAO は 2004 年 12 月 8 日に「世界の食糧不安」と題する年次報告を発表し，世界で毎年 500 万人以上の子どもが飢えて死亡していること，世界で飢えに苦しむ人の数は 2000 〜 2002 年に約 8 億 5200 万人で 90 年代に比べて約 1800 万人増加したことを指摘し，国際社会は「飢えとの闘い」にほとんど努力していないと，強い不満を表明した（「朝日新聞」2004 年 12 月 9 日付）。貿易の発展が貧しい人々にもたらした困難の一つの例を示そう。アフリカ最大の湖ビクトリア湖のケニア側の地域では，住民のたんぱく源であった Nile perch が，輸出用の魚粉の原料になってしまい，地域共同体から奪われてしまったのである [11]。

グローバリゼーションの進展にともなって，水産物の国際貿易の構造はますます集中化し，少数の多国籍企業に集中しつつある。米国の有名な投資家ジョージ・ソロスによれば，"グローバリゼーションとは，グローバルな金融市場が発展し，多国籍企業が成長し，それらが各国経済に対する支配を強めていくこと"である [12]。途上国で急速に増加しているのは，取引される水産物の金額ではなくて，量である。

水産物の国際貿易は，アグリビジネスと類比される [10]。アグリビジネスとは，巨大な商社が，世界の農産物（とくに穀物と大豆），畜産物の生

第2章　日本漁業をめぐる論考

産，販売，加工のみならず農業機械・飼料・種子・肥料の生産，販売を支
配することをいう。米国を中心とする巨大穀物商社は，穀物の世界的調整・
販売網を持っているだけでなく，大豆搾油プラントなどもヨーロッパ，ラ
テン・アメリカなどに配置し，多国籍企業として活動している[13]。

　豊田隆は，アグリビジネスに関わる多国籍企業を次のように類型化し
た[14]。

(1) 穀物貿易を担う多国籍穀物メジャー

(2) 熱帯産品を担う多国籍企業

(3) 付加価値型の農産品貿易を担う多国籍企業

このタイプ分けに，水産物貿易をあてはめてみる。

　(1) の類型を担うのは先進国の米国・ＥＵであり，貿易の流れは「北→
南」である。国際的に取引される穀物の量は，生産量の 10%程度である。
このタイプの貿易は，水産物についてはみられない。

　(2) の類型はプランテーション農業によるコーヒー，ココア，砂糖，天
然ゴム，バナナなどの熱帯産品の輸出に関わるもので，貿易比率は (1) より
かなり高い。(1) とは逆に，貿易の流れは「南→北」である。これらの作
物の多くは加工原料であり，農業と食品産業が統合化されて，最終消費さ
れる形態で商品化される[10]。

　途上国からの先進国の水産物輸入額は，1999-2001 年の平均で，総輸入
額の 74%であり，「南→北」のカテゴリーに入る。2000 年の総輸出量は，
製品重量単位で 2,525 万トン，このうち 2,000 万トンが直接の食用，525 万
トンがその他（魚油，魚粉）である。食用のうち 1800 万トンが生鮮，冷
蔵，冷凍であり，全輸出量の 71%を占める。したがって，途上国から先進
国への水産物輸出は，農産物の場合と異なって，非加工の食材輸出型であ
る。

　(3) の類型は付加価値型の農産物貿易を担う多国籍企業である。比較的
高価な嗜好品を担い，牛肉，オレンジ，リンゴなどが代表的産品である。
これは，「北→北」の流れをとる。

325

2．研究の軌跡

　ノルウェー・チリで行われている養殖サケの輸出はこのタイプである。サケ養殖業は資本集約的であり，付加価値型の一次産品の生産である[10]。

結びにかえて

　水産物の貿易問題は，基本的には「南→北」の流れで，南北問題である。この流れは，麦，大豆，飼料穀物，牛肉などを先進国が輸出する農産物の場合と根本的に異なる。水産物貿易の場合には，先進国による途上国の直接の収奪・搾取の構造があり，経済のグローバリゼーションによって維持・拡大されている。

　世紀の変わり目の 2000 年 4 月 10 日に，キューバの首都ハバナで，69 ヵ国が集まって G77[15] の初めての首脳会議が行われた。この会議の背景には，80 年代から懸案になっていた途上国の累積債務のミレニアム棒引き問題，アジアを襲った金融危機と IMF（International Monetary Fund, 国際通貨基金）の構造調整政策による深刻な失業問題があり，また WTO 会議において，弱体な途上国を国際自由貿易に取り込む交渉が急速に進行していたという事情があった。

　この会議のオープニング・スピーチで，キューバのカストロ首相は次のように述べた。

　"過去 20 年間，われわれ第 3 世界は，新自由主義の拡大を目指す単調な講義を何度も聞かされてきた。それは「市場の規制緩和」，「最大限の民営化」，「経済活動からの国家の撤退」ということである。グローバリゼーションは，新自由主義と大国の野心が結びついたものである。それは，各国の主権を侵害し，市場の不公正を煽っている。市場原理主義は，南の国々に甚大な被害を与えてきた。われわれは，貧乏で搾取されるままの後衛部隊として，次の世紀を迎えることには我慢ができない。G77 の国々は，目標を定めて，一致協力しあう時である。[16]"

　この演説に，現在の世界の水産物需給構造を巡る問題点が，簡潔にまとめられていると思う。貿易のグローバリゼーションの下で，水産物につい

326

第2章　日本漁業をめぐる論考

ても，先進国による途上国の収奪・搾取の構造が強まり，また巨大養殖企業の多国籍化か進行していることをこれまでに見てきた。私は本誌の2004年5月号で，「日本漁業　現状・歴史・課題」という小論を書き，その中で，経済のグローバリゼーションの下で，日本漁業の破壊が進行していく状況を述べた。グローバリゼーションは，一方では途上国から水産物を収奪し，他方では先進国の漁業破壊を引き起こしているのである。

注
（1）たとえば，カナダのブリティッシュ・コロンビア大学漁業センターのワトソン教授・ポーリー教授は次のように述べている（Systematic Distortions in World Fisheries Catch Trends, Nature 414, 29 November 2001, 534-536）。"中国の漁獲統計値は説明できないほどの速度で1980年代半ばから1998年まで増え続けたが，国内および国際的な批判を受けて，「ゼロ成長政策」を宣言し，その後は統計値を1998年レベルに凍結した。大漁業国による誤報告は，国際漁業の効果的な管理の障害となる"。"計画経済下で認証された生産目標を上回ろうとする官僚の思惑が，生産量を水増しした報告につながった"。
（2）築振林「中国の漁業と資源管理の現状」『月刊海洋』31（10），653-658p，1999年。
（3）原魚換算とは，内蔵除去，塩蔵，乾燥等，様々な処理・加工がほどこされた形の魚介類の重量を，処理・加工される以前の元の重量に換算することをいう（平成14年度『水産白書』）。wet weightまたはlive weightという。
（4）FAO, Fisheries Trade Flow（1995-1997）1-330（Fisheries information, Data and Statistics Unit, FAO Fisheries Circular No.961, Rome, 2000）
（5）IRRl, in Rice Alnlanac「（ed, Maclean, J.）2nd edn., 31-37（International Rice Research Institute, Los Banos, the Philippines, 1997, 国際イネ研究所）
（6）John Kurien, Does International Trade ln Fishery Production contribute to food security? ArtI/Cle on international Fishery Trade and Food Security, 1998
（7）新自由主義については，小森陽一・二宮厚美・桂敬一・五十嵐仁・庄子正二郎：座談会「現代日本とイデオロギー」『経済』109号，14～53，2004年を参照。
（8）FAO, Food, agriculture and food security: development since the World Food Conference and prospects, 1996
（9）FAOの定義によると，LIFDCには次の二つが含まれる。（1）世界銀行によって，1人当たりのGNPについて低所得（Low income）と分類されるもの。および（2）FAOによって，カロリー量について食物欠乏（Food-deficit）と分類されるもの（FAO Yearbook Fishery Statistics Capture Production Vol. 94 /1, 2002）
（10）佐野雅昭『サケの世界市場－アグリビジネス化する養殖業－』成山堂書店，259p,

327

2．研究の軌跡

2003 年。

(11) FAO Expert Consultation on International Fish Trade and Food Security undertaken by FAO and other agencies, Casablanca, Morocco, 27-30 January 2003

(12) George Soros, George Soros on Globalization, Public Affairs, 191 pp., 2002

(13) 服部信司「アグリビジネス」『経済学辞典』第 3 版，岩波書店，1992 年。

(14) 豊田隆「果汁貿易とアグリビジネス」『農産物貿易とアグリビジネス』筑波書房，1996 年。

(15) グループ 77。1964 年に開催された第 1 回国連環境開発会議（United Nations Conference on Trade and Development, UNCTAD）において結成された南側諸国のグループ。

(16) 石見尚・野村かつ子『WTO―シアトル以後』緑風出版，p.177，2004 年。

第2章　日本漁業をめぐる論考

3．縮小する漁業と水産物消費の減退（2015）

はじめに

　筆者は『経済』誌2004年5月号に「日本漁業 現状・歴史・課題」を書き，1960年から2000年代初頭までの，日本漁業の歩みを概観した。

　それから10年あまり経ち，日本漁業とそれを取り巻く状況は激変した。その間に，漁業の主要な生産基地である東北地方太平洋岸は，2011年3月11日の大津波と東電福島第一原発の事故による放射能汚染に見舞われた。

　かつて世界一を誇った日本漁業はどうなっているのか，国民生活との関係はどうなのかについて，世界の趨勢の中で検討してみたい。

I　生産と消費

1．世界の漁業生産と水産物消費の拡大

　漁業（fisheries）は，漁獲漁業（capture fisheries）と水産養殖（aquaculture）に大別される。図1に，1950〜2012年の世界の漁業総生産量（海洋＋内水面）の推移を示す。80年代後半までは，漁獲漁業の生産量は高い成長率で伸びたが，2000年以降は，9,000万トン前半で停滞している。他方80年代前半から養殖生産量が急速に増加を始めた。漁獲と養殖の合計生産量は，2012年には，1億6,000万トンを超えた。

　2012年の海洋における漁獲漁業総生産量は7971万トンであるが，上位5ヵ国（地域）の生産量を見ると，中国が1387万トンと圧倒的で，ペルー＋チリ667万トン，インドネシア542万トン，米国511万トン，ロシア407万トン，日本361万トンとなって，かつての世界一の日本の凋落ぶりが目立つ。なお，ペルー＋チリの生産量は，フィッシュミール仕向けのアンチョベータ（カタクチイワシの1種）によるものである。

　このように，世界の漁業生産量は，過去50年間一貫して増加し，平均

329

2．研究の軌跡

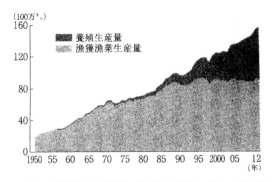

図1　世界の漁獲漁業と養殖業の生産量の推移（1950～2012年）
(出所) FAO (2014)

年増加率は 3.2%で, 世界人口の平均年増加率 1.6%を大きく上回っている。世界の 1 人当たりの水産物年間消費量は, 1960 年代には 9.9kgであったが, 2012 年には 19.2kgで, ほぼ倍加している。このような大きな増加は, 所得の増加, 都市化, 水産物生産量の増大および貿易・物流のグローバル化・効率化によってもたらされた (FAO[国連食糧農業機関], 2014)。

2．日本の漁業生産と消費の縮小

図2に, 日本の部門別生産量の推移を示す。図1に示す世界の傾向と大きく異なっていることに気付くであろう。海洋諸国による EEZ (Exclusive Economic Zone, 200 カイリ排他的経済水域) の設定によって, マグロはえ縄漁業や北洋底引き漁業などの遠洋漁業は, 70 年代に入ってから世界の海からの撤退を余儀なくされた。日本という遠洋漁業国の終焉である。遠洋漁業の終焉による漁獲量減少を一時的に食い止めたのは, 1975-1995 年のレジームシフト[1]によってもたらされた沖合漁業によるマイワシの多獲 (図2) であった。

マイワシが去ってからは, 漁獲漁業生産量は沖合においても沿岸においても低下を続けている。海面養殖業の生産量は 1988 年の 143 万トンをピークにしばらくは横這いであったが, 1996 年以降減少局面に入り, 2012 年

第 2 章　日本漁業をめぐる論考

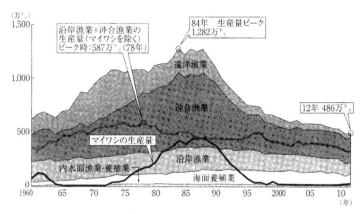

図2　日本の漁獲漁業・養殖業の生産量の推移（1960 〜 2012年）
(出所) 水産庁 (2014)

には，2011 年の大津波の影響もあり 104 万トンに低下した。このように，世界的傾向と逆向きに日本の漁業は縮小を続けているが，このことには，様々な要因がからんでいる。関連するいくつかの要因を示そう（JF 全漁連漁政部，2013）。

　第一の要因は，水産物消費の減退である。年間 1 人当たり魚介類家計支出は，2003 年の 3 万 678 円から 2013 年には 2 万 5,682 円に減少した。魚介類摂取量は 2001 年までは増え続け，94.0g/ 人・日（年間 34.3kg）に達したが，その後減少傾向に転じ，2010 年には 72.5g/ 人・日（年間 26.5kg）に低下した。世界の傾向とは逆向きである。この減少は，肉類摂取量の増加と相補的である（図 3）。

　これには年齢的に変化する嗜好の変化（若いほど水産物摂取の割合が低くなる）とともに魚介類が肉類と較べて割高であるという家計的理由もあり，近年の日本国民の相対的貧困化の一つの指標であるとも言える。

　第二は，魚価の低迷である（図 4）。消費者物価指数は近年横這いであるが，魚価は 2008 年から 5 ％下落している。

　第三は，燃油価格の上昇である。漁業は移動型産業であるとともに，夜

2．研究の軌跡

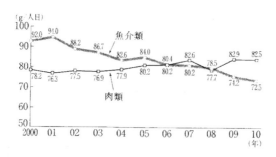

図3　国民1人1日当たり魚介類と肉類の摂取量の推移（2000～2010年）
（資料）厚生労働省『国民栄養調査』(2010～2002年)。『国民健康・栄養調査報告』(2003～2010年)
（出所）水産庁HP

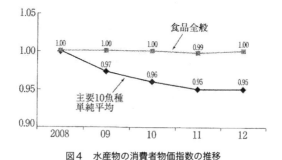

図4　水産物の消費者物価指数の推移
（注）主要10魚種（マグロ，イワシ，カレイ，サバ，アジ，カツオ，サケ，タイ，イカ）
（出所）水産年鑑2012年・2012年消費者物価指数年報

型産業でもあり，燃油多消費産業である。イカ釣り漁業・サンマ棒受網漁業では，照明のために大量の燃油を消費する。近年の円安によって輸入原油価格が暴騰し，漁業の体力を奪ってきた。

　しかし2014年半ばから，米国におけるシェール・ガス・オイルの生産の拡大や世界の景気の低迷，OPEC（石油輸出国機構）の巧妙な価格操作によって，原油の国際価格は大きく低下している。

　第四は，漁業収入の低下である。トン数20トン未満の沿岸漁船漁業の場合，平均年間水揚げ金額は，2008年の1470万円から2011年には，1,329

第 2 章　日本漁業をめぐる論考

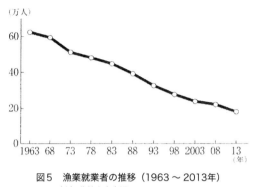

図5　漁業就業者の推移（1963～2013年）
（注）農林水産省調べ
（出所）『東京新聞』2014年11月23日

万円に低下している。年間漁労所得は，沿岸漁船漁家で，227万円（02年）から204万円（12年）へ，海面養殖業漁家で，同期間に602万円から400万円に激減している。

　第五の，そして漁業の力を減殺する要因は，漁船数の減少などの漁業生産力の低下，なかでも漁業従事者の激減である。

3．世界の漁業従事者の大幅な増加と日本における急速な減少
　世界の漁業（漁獲漁業と養殖業）従事者の数は，1995年には3622万人であったが，2012年には，5827万人に激増した。17年間に1.6倍である。とくに養殖業従事者の数の増加が著しく，805万人から1,886万人に増加した。2.3倍である。
　漁業従事者数がもっとも増えたのは中国で，1995年の1143万人から2012年には1444万人，うち養殖業従事者については，267万人から521万人へと，ほぼ倍加である。またインドネシアでも，457万人から609万人へと，漁業従事者は，大きく増えている。このように，アジアにおける増加が著しい。ヨーロッパの漁業国であるアイスランドやノルウェーでは，減少傾向である。

333

2. 研究の軌跡

　先進国の間でもとりわけ日本の漁業従事者の減少は著しく，図5に見られるように，1963年に60万人を超えていた漁業従事者数は2012年には17.4万人と，20万人を切った。それとともに，高齢化が進行している。日本は，漁業従事者数においても，世界と逆向きの方向に進んでいる。

II　水産物の貿易

1. 世界の水産物貿易の拡大

　図6に1976年から2012年に至る世界の漁業生産量と輸出仕向量の推移を示す。

　漁業生産量は一貫して増大しているが，輸出量はそれを上回るペースで伸びており，生産量に占める輸出量のシェアは，1976年には25％であったが，2012年には37％となっている。

　輸出量は2005年までは増加しているが，その後停滞している。この停滞は，友寄（2014）のいう「新自由主義の破綻」と関係しているのかもしれない。水産物貿易は世界経済と強く結びついている。世界経済は09年から低成長の過渡期に入ったようで，その影響を受けている（FAO，2014）。

　水産物は，1979～2007年の新自由主義の時代（友寄，2014）に世界的に拡大した食品貿易品目である。

　水産物が加工され，市場に出され，消費者に届くまでの過程は，大きく変化してきた。水産食品は，最終消費に至るまでに，いくつもの国境を通過する。水産食品は，1番目の国で生産され，2番目の国で加工され，3番目の国で消費される。この過程は，多国籍企業によって担われている。このグローバル化された漁獲漁業と養殖業の新自由主義的な価値連鎖[2]の背後にある駆動力を以下に示す（FAO，2014）。

1．輸送コストとICT（information and communication technology）の革新による情報伝達のコストが劇的に低下したことである。
2．相対的に労賃が低く生産コストが低い国（中国や東南アジア諸国）への加工の外部委託が，比較優位をもたらしている。

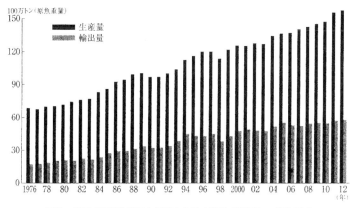

図6　世界の漁業生産量と輸出志向量の推移（1976〜2012年）
(出所) FAO (2014)

3. 漁業産品の消費の増大
4. 貿易自由化政策の広がり
5. 分配とマーケティングの効率化
6. 技術革新の進展（加工，梱包，輸送技術のイノベーション）

上記の駆動力の組み合わせに基づく変化は，多方向であり，複雑であり，また急速である。これらの要素が，水産物をローカルな消費から国際的な市場へ押し広げてきた。現在では，多くの国が貿易に関わっている。2012年には，約200の国から水産物が輸出されている。水産物輸出は，農業産品輸出の約10%を占め，価格ベースで世界の商品貿易の1%を占めている（FAO, 2014）。

ここで，加工輸入の問題に触れておこう。

表に主要な水産物輸出国の輸出金額および主要輸入国の輸入金額を2002年と2012年について示す。

輸出金額は中国がトップで，ノルウェー，タイ，ベトナム，米国が続く。アジアの発展途上国の特徴は，労賃が低いので加工輸入のシェアが高く，原魚を輸入して加工して付加価値をつけて輸出する。2002年→2012

２．研究の軌跡

表　水産物および加工製品輸出入の主な国別金額

(100 万ドル)

		2002 年	2012 年
輸出	中国	4485	18228
	ノルウェー	3569	8912
	タイ	3698	8079
	ベトナム	2037	6278
	米国	3260	5753
	チリ	1867	4386
輸入	日本	13646	17991
	米国	10634	17561
	中国	2198	7441
	スペイン	3853	6428
	フランス	3207	6428

(出所) FAO (2014)

年の伸び率も，中国がトップである。ノルウェーでは，養殖された高級サ
ケであるタイセイヨウサケを輸出している。

　輸入金額は日本と米国がトップで，中国，スペイン，フランスが続く。
このうち中国は加工のための原魚輸入の割合が高く，2002 年→2012 年の
増加率も高い。2002 年には輸入金額は日本がトップであったが，その後の
増加は鈍く，2012 年には，米国に並ばれた。

　全体としては，水産物貿易は，途上国から先進国に向かう流れである。

２．減少する日本の水産物輸入

　2004 年の小著 (川崎，2004) で述べたように，日本の水産物輸入量 (重
量ベース) は 1970 年から急速に増加した。しかし，水産物消費の減退とと
もに 2001 年の 382 万トンをピークにして輸入量は減少に転じ，2013 年に
は 249 万トンに低下した (図 7)。しかし，輸入金額は水産物価格上昇を反
映して増加している (表)。世界の総輸入額に占める日本のシェアは，大き
く低下している。

336

第2章　日本漁業をめぐる論考

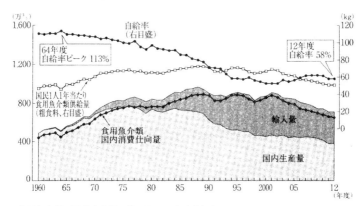

図7　食用魚介類の国内生産量，輸入量，国内消費仕向量，国民1人当たりの供給量および自給率の推移（1960～2012年）（%）
（注）自給率（%）＝国内生産量÷国内消費仕向量
　　　国内消費仕向量＝国内生産量＋輸入量－輸出量±在庫増減量
（出所）水産庁（2014）

III　これまでの整理

　図7に，1960年以降の日本の水産物の生産・輸入・消費量（重量ベース）の推移が整理して示されている。図2と図7を総合して考えると，1990年代後半から2000年代初めにかけて，日本漁業の生産と国民の魚介類消費の，上昇から下降への転換点であることが分かる。

　マイワシの多獲が終わり，国内生産量は本格的な減少期に入った。輸入量も2002年から減少を始め，その結果，食用魚介類国内消費仕向量は，2001年から減り始めた。国民1人当たりの食用魚介類供給量も，2001年から低下傾向である。自給率だけ2000年ごろから上昇しているが，これは供給が増えたからではなく，需要が減ったからである。

　このようにすべての指標からみて魚介類の生産・輸入・消費は，世界の増加傾向とは逆に，縮小の局面に入った。日本漁業は，大企業優先の構造政策の中で，コスト競争力を失ってきた。

　日本列島を取り巻く海は，世界でもっとも生産力の高い海洋の一つであ

2．研究の軌跡

る。しかし，漁業従事者は減少の一途で，世界の大勢と逆向きに，豊かな海の生産力を十分に利用し得ない方向に日本は進んでいる。食料安全保障から見て，日本人の動物タンパク源を輸入と輸入飼料に頼る畜産物への依存を増大する方向（図3）で，よいのであろうか。

　外国に食料を依存する，政治がもたらした漁業の空洞化が，進んでいる。

IV　水産養殖

1．養殖の現状

　図1に示されているように，近年の世界の水産物生産量の増大は，養殖によって支えられているが，日本においては逆に，I章の2節で述べたように養殖生産量の低下が著しい。

　2011年には，東日本大震災の影響で養殖生産量はさらに大きく減少したが，2012年には，2010年の94%に回復した。12年の養殖生産量は107万トンで，うち貝類35万トン，藻類44万トン，魚類25万トン，内水面は3万トンである。

　近年の養殖生産量の低下の中で，魚類の給餌養殖生産量だけは25～26万トンと横這いでシェアを高め，2012年には9,639トンと，クロマグロが初めて統計年報に記載された。

2．水産養殖の課題

　ここで，水産養殖の食料生産における意味について考えてみよう。まず指摘しておかなければならないことは，水産養殖は陸上における畜産・飼育とは原理的に異なる人間の営為であるということである（渡邉，2011）。

3．大畜産動物は牛（牛肉・牛乳）・豚（豚肉）・鶏（鶏肉・鶏卵）であるが，それらの飼育に共通していることは，飼育施設の中で，食物連鎖で最下位の基礎生産者である栽培植物（牧草・トウモロコシなどの穀類・油

粕）を食物連鎖が1段上の1次消費者である草食動物・雑食動物に与え
て，炭水化物を動物タンパクや脂肪に質的に変える過程である。

　海における水産養殖の方式は3種類に分けられる。ノリやワカメなどの
海藻類の養殖は，自然の海で行われ，海水中の栄養塩を利用している基
礎生産者の養殖である。カキやホタテガイなどの貝類の養殖は，これも自
然の海で行われ，海水中のプランクトンや粒状有機物（POM : particulate
organic matter）を利用する動物の養殖である。いずれも，自然の中で自然
の生産に依存している。

　これらと異なるのは，ハマチ（ブリ）・クロマグロなどの，食物連鎖の頂
点に立つ肉食魚（陸上動物で言えば，トラやライオン・猛禽類に当たる）
の給餌養殖で，生態効率[3]はきわめて低い。種苗〔モジャコ（ブリの稚
魚）・ヨコワ（クロマグロの幼魚）〕にしても与える餌（アジ類やサバ類）
にしても，すべて自然の中の野生のものを漁具で捕獲したものである。

　このような給餌養殖は，食物連鎖の中の下位の消費者（小型食用魚）の
動物タンパクを上位の消費者（魚食魚）の動物タンパクへ，量を減らしな
がら移していく過程で，食料生産から言えばマイナスのことをしているこ
とになる。クロマグロ1kgを生産するのに，食用魚15kgを与える。食料安
全保障に立脚して考えれば，このような天然資源の浪費を続けてよいもの
であろうか。

　水産養殖はいびつな方向に進行し，食料生産としての意味が失われかね
ない。

V　東日本大震災と漁業

　2011年3月11日に発生した東日本大震災の大津波とそれによる東京電
力福島第一原子力発電所の事故によって，もっとも大きな被害を受けた産
業は水産業（加工・流通を含む）であり，被害が大きかったのは，岩手・
宮城・福島の3県である。

　北海道から千葉県に至る被害額は1兆2,544億円とされ，319の漁港，

２．研究の軌跡

２万 6,612 の漁船，多くの養殖施設・加工流通施設が破壊された。原発事故による放射能汚染によって，宮城県―福島県―茨城県沖の海洋・海底は強く汚染され，福島県では，いまだに操業ができない状況が続いている。

　その後，漁船や諸施設の復旧にともない，13 年の岩手・宮城・福島 3 県への水揚は，震災前の 1 年間に比べて，水揚量で 70%，金額で 81%であるが，他産業に比べて回復は遅い。

　いまだに続く原発からの汚染水の流出によって，外洋の放射性物質の濃度レベルは，事故前より 1 桁高い状態が続いているが，安倍首相は「状況はコントロールされている」（2014 年 12 月 1 日国会答弁）と述べて，深刻な現状から世界や国民の眼をそらせようとしている。

あとがき

　漁業は唯一の再生可能な天然生物資源を利用する産業であり，そのキーワードは「持続可能性」（sustainability）＝「人と自然の共生」である。

　漁業に，ITQ (Individual Transferable Quota 譲渡可能な個別漁獲割当)を持ち込んで，自然を漁獲枠に分割し，漁獲枠を金融商品化する最近の方向性に対する批判・水産業の 6 次産業化の問題，を含めて，漁業・消費の課題を解明する問題については，別稿に譲りたい（川崎，2011・2013 参照）。

（注）
（1）regime shift: 大気・海洋・海洋生態系から構成される地球表層システムの基本構造
　　（regime）が数十年の時間スケールで転換（shift）すること。川崎（2009・2013）を参
　　照。RS 理論は，自然の変動を否定する MSY（Maximum Sustainable Yield 最大持続
　　生産量）理論の対極にある。
（2）value chain: 企業活動を，仕入れ・製造・出荷・販売などの主要段階と付随する
　　人的資源や全般管理などの補助活動の連鎖ととらえ，消費者ニーズ満足のための価
　　値の付加を各段階が行っているとする戦略概念（『リーダーズ英和辞典』第 3 版，
　　2012）。
（3）ecological efficiency : 食物連鎖の中で，下位の栄養段階から上位の栄養段階へ物質
　　やエネルギーが移行する割合。

第 2 章　日本漁業をめぐる論考

（参考文献）

FAO（2014）The State of World Fisheries and Aquaculture.

濱田武士（2014）「国境漁業の論点と課題」，漁業経済学会『短信』131, 2-3.

JF 全漁連漁政部（2013）「我が国漁業をめぐる厳しい状況」特集，日本漁業存亡の危機『漁協』148, 6 — 9.

川崎 健（2004）日本漁業 現状・歴史・課題，『経済』104, 112-131.

川崎 健（2009）『イワシと気候変動』（岩波新書）, 198.

川崎 健（2011）『水産特区』問題の源流 漁業権の学際的検討から，『経済』194, 63-74.

川崎 健（2013）国連海洋法条約と地球表層科学の論理，『経済』213, 137-147.

Kawasaki T.（2013）『Regime Shift － Fish and Climate Change －』, Tohoku University Press, 162pp.

水産庁「水産物の消費動向」，水産庁 HP

水産庁（2012）『平成 24 年版 水産白書』, p.180.

水産庁（2014）『平成 26 年版 水産白書』, p.217.

友寄英隆（2014）野呂栄太郎とその時代―いま私たちはこの時代から何を学ぶのか，野呂栄太郎没後 80 周年記念シンポジウム（2014 年 11 月 29 日）.

渡邊良朗（2011）自然変動する海洋生物資源の持続的利用，『遺伝』2011 年 9 月号，27-33.

第3章　海洋環境問題と政策問題

1.「水産特区」問題の源流　漁業権の学際的考察から（2011）

はじめに

　3・11 東日本大震災によって，東北太平洋岸の漁業は壊滅的な打撃を受けたが，その復興の過程で，漁業権開放＝水産特区の創設が問題になっている。日本の漁業権の問題は長い歴史を持った問題である。この機会に，沿岸域の生物資源利用の問題を，学際的な視点から考えてみたい。

「水産特区」問題の発生とその源流－構造改革路線の蠢動－

　村井嘉浩宮城県知事は，東日本大震災復興構想会議（菅直人首相の諮問に基づき，被災地域の復興に向けて調査審議する会議。被災 3 県〔岩手，宮城，福島〕知事や大学教授などで構成）に対して，「水産業復興特区」の創設案を 2011 年 5 月 10 日に提出した。

　この案は，「震災により経営基盤が脆弱な個人での漁業の継続は困難で，養殖漁業等の沿岸漁業への民間による参入や資本の導入などが促進されるよう特区を創設」というものである。これまで漁業協同組合が一元的に管理してきた漁業権（区画，定置）を企業・資本にも開放しようというもので，これまでの沿岸漁業の秩序を根本的に変更しようとするものである。

　この提案は，当事者である宮城県漁業協同組合（1 県 1 組合）に対して一言の相談もなしに行なわれた。トップダウンの手法である。これに対して宮城県漁協は強く反発し，5 月 13 日に知事に対して，「我々は企業に隷属するつもりはない。撤回するよう」申し入れた。

342

岩手県の「岩手復興ネット」（復興に向けた基本方針）では，「漁協を核とした漁業，養殖業の円滑な再開」となっていて，漁協中心を掲げており，宮城県とは立場を異にしている。

　他方大手マスコミは，「漁業権開放」の流れに同調している。「日本経済新聞」の 2011 年 4 月 20 日付の社説は，「被災地水産業の再生 企業化も視野に」という見出しである。「朝日新聞」の 5 月 24 日付の社説は，「水産特区構想 新たな漁業のモデルに」という見出しで，どちらも「特区」を後押ししている。

　復興構想会議は 6 月 25 日に答申を提出し，「水産特区」を容認した。

　水産庁は「水産復興マスタープラン・平成 23 年 6 月」を作成し，「構想会議の復興原則を踏まえ」，「法人が漁協に劣後しないで漁業権を取得できる仕組みの具体化」と明記した。

　これに対して全国の漁業者は反発し，7 月 6 日に「漁業者が一体となった復興を目指す緊急全国漁業代表者集会」が東京で開かれ，「水産特区構想によって浜の秩序を崩壊させない」という決議を行なった。

　このような激しい反発の声の中で，平野達男復興担当相は「地域の合意は不可欠」と述べ（7 月 8 日），また 7 月 21 日に発表された「基本方針の骨子」の中では「地元のニーズを前提」と書かれ，漁業者との合意を重視する姿勢を示さざるを得なかった。

　政府は 7 月 29 日に「東日本大震災からの復興の基本方針」を決定したが，「地元漁業者が主体の法人が漁協に劣後しないで漁業権を取得できる特区制度を創設する」と明記されている。

　宮城県は，8 月 22 日の県復興会議で 9 月県議会に提出する「復興計画最終案」を決定したが，その中では「水産業復興特区」創設は検討課題となっている。漁業者の強い反対の声に押され，漁業者と協議し，妥協を図る方針へ譲歩したとみられる。特区制度を実質的に発動させるかどうかは，今後の運動にかかっている，といえよう。

　村井提案は，村井氏の頭に突然閃いたものではない。それには，財界の源流がある。

343

2．研究の軌跡

　それは，経団連など財界4団体のシンクタンクである日本経済調査協議会が2007年2月2日に出した「魚食をまもる水産業の戦略的な抜本改革を急げ」（水産業改革高木委員会緊急提言，委員長・高木勇樹・農林漁業金融公庫総裁，主査・黒倉寿・東京大学教授）である。この中で，「戦後60年の激変した社会的環境変化の中で，漁業者間の調整だけでは水産業の発展ひいては漁村の活性化が困難な状況となっている」として，①養殖業や定置漁業への参入障壁を撤廃する，②漁協組合員の資格要件を見直し，沿岸漁業や養殖業への投資や技術移転を容易にする，と述べられている。沿岸域の企業的開発にとって邪魔になる漁業権を解消し，漁協を弱体化していくのが，狙いなのであろう。

　内閣府の規制改革会議は，「規制改革推進のための第二次答申—規制の集中改革プログラム」を2007年12月25日に発表したが，その中の「③水産業分野」では，高木委員会提言を受けて，「参入規制の緩和」を提言している。それは，「漁業就業者数は戦後109万人であったのが21万人に落ち込んでいる[1]。この状況を解消するためには，「新規参入が不可欠である。しかしながら漁業権の免許に優先順位があり，意欲のある者の参入を阻害している。誰でも対等に参入できる環境を整備する必要がある」というもので，高木委員会提言の丸飲みである。

　この答申に対して，JF全漁連の「漁業制度問題研究会」（委員長・加瀬和俊・東京大学教授）は，論文集を発表して，系統的な批判を展開している[2]。加瀬委員長のまとめは，次のようなものである。

　「提言も答申も養殖漁場・定置漁場への外部企業の参入自由化とそのための障害になる漁協の弱体化をねらったものである。答申には，地域の維持・再生・発展に資するという観点がなく，企業の利益しか見ていない。協同組合は中小・零細業者の相互扶助組織であるから，企業の加入制限があるのは論理的必然である。資本の自由はあっても民主主義のない政治への逆行である」。

　この論文集の中で佐野雅昭・鹿児島大教授が紹介している「ノルウェーのサーモン養殖に見る参入自由化の結末」は興味深い。

第3章　海洋環境問題と政策問題

「1992年に規制緩和が劇的に進められた。それ以前は養殖経営に参画できるのは地域内に居住する漁業者に限定され，規模拡大を制限する厳しい規制が存在した。規制緩和と参入自由化が進められ，状況は一変する。高利回りを期待する投資目的の資本が流入し，規模拡大を図るために養殖経営体の買収が進められる。短期間のうちに産業は寡占化し，資本力のある大手企業のみが生き残る単純な産業組織となった。こうした規制緩和と規模拡大は生産性の向上とコストダウンをもたらし，生産量は劇的に拡大した。かくしてサーモン養殖は，ノルウェーでも有数の輸出産業として発展を遂げた。いまや外資や海外投資家が利潤を追求するために，ノルウェーの海を利用している。そこには，国民の利益も公共性も存在せず，地域産業としての意味を失っている」。

高木委員会は，なかなかしつこい。11年6月3日に高木委員長と小松正之・元水産庁職員が，緊急提言「東日本大震災を新たな水産業の創造と新生に」を行なって，村井知事を応援した。東大教授から元水産庁職員への選手交代であるが，中身に新味はない。

「水産特区」の本質は，小泉「構造改革」の過程で日の目を見なかった積み残しの課題が，震災復興を奇貨として，滞貨一掃とばかり頭をもたげてきたことにある。村井知事の役割はそのための尖兵（せんぺい）なのであろう。

漁業権はどのようにして確立したのか

現行の日本の漁業権は，「都道府県知事から免許されることによって，一定範囲の漁業を排他的独占的に営む権利」である。区画漁業権（一定の区域内で，養殖業を営む権利），定置漁業権（一定期間・一定場所で，漁具を定置して漁業を営む権利），共同漁業権（一定地区の漁民が一定の漁場を共同して利用して漁業を営む権利）の3種があり，免許が優先されるのは，区画漁業権では漁業者，定置漁業権では漁協自営，共同漁業権では適格性を有する漁協である。

2．研究の軌跡

　漁業権の歴史を考えてみよう。江戸時代に入って漁業が盛んになるにつれ，幕府は1741（寛保2）年に「寛保御定」を発令して「磯猟は地付根付次第」とし，磯（沿岸）は地元漁村の総有だが，「沖は入会（いりあい）」（沖漁自由－岡本信男（1984）[3]）という基本原則が打ち立てられた。岡本は水産ジャーナリストである。元水産庁職員の金田禎之によると，「沿岸は，領主に領有され，そのもとで村や漁民による排他的独占的な一村専用漁場や個別独占漁場が形成されたが，沖合は，自由な入会漁場であった」[4]。

　入会という言葉は，2つの意味で使われているようである。明治学院大学教授の熊本一規は，「入会権は，一定の地域に住む住民集団が，山林原野，漁場，用水等を総有的に支配する権利」としている[5]。上記の，漁業専門家の「沖は入会＝沖漁自由」，「自由な入会漁場」という用語法とは，ニュアンスが違う。混乱というよりも，2つの用語法というべきかもしれない。

　明治維新によって，海面が各藩の領有で，他藩の者を締め出していた旧体制が崩壊し，沿岸域は無秩序状態になり，漁民は酷漁，乱獲に走った。ところが1875（明治8）年に明治政府は突如として太政官布告を行なって海面官有を宣言し，従来の権利や慣行を一切否定し，申請に基づいて借区料を徴収するという新漁業制度を強行した。その結果，漁業および漁民の間で漁場の争奪をめぐっての紛争が激化し，1876（明治9）年の太政官達で地方税としての漁業税を課して営業を認めることになったが，「従来の慣習に従い」ということから，幕末以来の漁業秩序は，ほとんどそのまま維持，継承されることになった。地先資源の地域漁業共同体による総有という漁業権は，崩れなかったのである[6]。しかし，旧幕藩体制の崩壊によって，明治初年から半ばにかけて漁場紛争が頻発し，流血の惨事を引き起こした。日本海青森県沖の久六島をめぐる紛争，仁衛門島事件（千葉県），三州打瀬事件（愛知県）などが有名である（岡本（1984）注3）。

　これを解決するために，1893（明治26）年に漁業法案が帝国議会に提出され，さまざまな議論を経て1901（明治34）年にやっと公布され，紛争は沈静化した。この漁業法は，江戸時代からの慣行を国家権力が統一的に実

第3章　海洋環境問題と政策問題

施するという内容となった。しかし，漁業権がひとたび免許されると半永久化・特権化するなどの財産的な性格によって，非民主的な性格が強まって，運用に行き詰まりが生じていた。経営的に有利な漁業権は網元や地主などのボスが独占し，漁民が雇われるようになった。漁業権は借金の担保となり，売買されるようになっていた。

　これを民主化したのが太平洋戦争後の漁業制度の改革で，漁業権は漁業者に優先的に与えられる排他的権利であるが，漁業調整委員会によって数年に一度免許し直されることになった。漁業権は民法上の物権ではあるが，その機能は弱く，貸し付けや売買は禁止された。新しい漁業法は1950年3月1日に施行されたが，それまでに3年を費やした。当時の社会情勢の中で，革新官僚は初めから漁民の側に立っていた。その理念とする漁場主義，漁協主義は，網元や中小資本を背景とする資本主義的な方向と対立してきたが，共同漁業権の浮魚除外などの問題を残しながらも，基本線は貫かれた（岡本（1984）注3）。

　このように，漁業権は時代時代の荒波にもまれながらも，連綿と受け継がれてきた。

漁業権は海と漁業・漁業者をいかに守ってきたのか－漁協の役割－

　共同漁業権は漁協ごとに漁業権を設定するが，そこでは一元的な漁業権管理が行なわれている。このような日本独特の制度が，漁業者に「自分たちの海を自分たちで守る」という意識を育て，漁業秩序維持と資源保護に役立っており，FAO（国連食糧農業機関）などによっても評価されている[7]。漁協は単なる"漁業"組合ではない。しばしば地域住民を統合する中心的な機能を果たしている。

全国の漁協にみる漁場・資源管理の取り組み

　愛媛県西岸の宇和海に臨む遊子（ゆす）（宇和島市）漁協では，海は漁

347

2．研究の軌跡

協組合員の共有財産であり，漁場・資源を自主管理するという共有思想・一元的な自主管理思想のもとに，家族労働を基礎にして区画漁業権（ハマチ養殖業）の平等行使を行ない，寡占化を防いできた。養殖規模を平均化したのである。目標は，都市勤労者並みの所得の実現である。そこでは，スタートは同じで，努力しだいでゴールは異なる，という秩序ある競争が行なわれている。そのため，協調性があり，活力のある生産者組織が出来上がっている[8]。この漁協では，生産活動の他に，販売活動，市民と連携した地域活動など幅広い活動を行なっており，地域の中心的存在である。

茨城県水戸市からさして遠くない沿岸に涸沼（ひぬま）という汽水湖がある。湖と太平洋に注ぐ那珂川を結ぶ涸沼川で，ヤマトシジミ漁業が長年安定して行なわれているが，これは共同漁業権を持つ大涸沼漁協がきちんと漁業管理を行なってきた結果である。2011 年の管理規則によると，1 人 1 日当たりの漁獲量は 100 キログラムまで，網目は 12 ミリ以上，操業時間は 5 時間（7 時〜 12 時），土日祝日は休業などが定められている[9]。

3・11 大震災によって，三陸・常磐沿岸の水産業は甚大な被害を受けた。漁民はこれに屈せず，漁協中心の復興に立ち上がっている。本州最東端に位置する岩手県重茂（おもえ）漁協の例を見よう。

重茂漁協は 2009 年末で正組合員 529 名，全員個人である。主な漁業は，養殖ワカメ，養殖コンブ，サケ定置網である。1 世帯 2 人制で，世帯主と長男が組合員有資格者である。3・11 の大津波によって壊滅的な被害を受け，組合員およびその家族 50 人が死亡・行方不明となった。漁船約 800 隻のうち，756 隻が流出した。収穫期にあったワカメやコンブが施設もろとも流された。しかし，重茂漁協は，早くも 2011 年 4 月 9 日に組合員全員協議会を開いて，「東日本震災復興基本方針」を決議した。この中で発揮された伊藤隆一組合長のリーダーシップは大きい。基本方針は，「重茂漁協存亡の今，組合員は一致団結しよう」という呼びかけから始まる。中心は，共同利用である。①サッパ船（船外機船）の共同利用，②養殖施設の共同利用，③共同漁業権行使である。共同利用の期間は 3 年程度の見込みで，独立操業に戻る[10]。漁業権を持った漁協を中心として，力強い再生の

348

第 3 章　海洋環境問題と政策問題

歩みが始まっている。

漁業権とコモンズ

　日本の漁業権は，「総有の権利」ともいわれる[11]。「総有」とは，「農業
―漁業共同体に属するとみなされる土地（牧場・森林・河川・水流等）を
その構成員が共同体の内部規範により共同利用するとともに，同時に共同
体自身がその構成員の変動を越えて同一性を保ちつつその土地に対し支配
権を持つところの，共同所有形態[12]」，あるいは，「単に多数人の集合にと
どまらない一個の団体が所有の主体であると同時にその構成員が構成員た
る資格において共同に所有の主体であるような共同所有[13]」と定義されて
いる。

　漁業権は，しばしばコモンズ（commons）と対比される。「コモンズと
いう語はヨーロッパの中世に起源を持ち，当時は牧草地と林地は村民の共
同使用（joint use）のために保留される，という慣行があった」と，リバ
プール・ジョン・モアース大学（英）のJ.ボグラー（Vogler, 2000）は述べ
ている[14]。P.M.ウィックマン（Wijkman, 1982）によると，「コモンズとは，
排他的権利を保有する単一の意思決定単位が存在しない資源，a resource to
which no single decision-making unit holds exclusive title」と定義される[15]。
"title"とは"所有権"であるから，コモンズにおいては，資源は「共同使
用」であって，漁業権の場合の「総有（共同所有）」とは異なる。

　ギャレット・ハーディン（Garrett Hardin）の「コモンズの悲劇」という
有名な論文がある[16]。これは，「独立に行為し，自身の自己利益を合理的
に顧慮している多くの個人は，それが誰にとっても長期の利益にならない
ことが明らかな場合でも，結局は共同使用する有限の資源を消尽してし
まう。したがって，資源は個別使用に分割した方がよい」という内容であ
る。熊本一規は，「私有財産と市場経済を至上とする欧米の伝統的価値観
からは，共同所有は否定的に評価されている。ハーディンの論文は，そう
した欧米の伝統的な見解の代表的なものである」（注11の中村・鶴見編

349

2. 研究の軌跡

書）と指摘している。

　漁業権は，漁協ごとに漁業権を設定するという，沿岸漁業における日本独自の総有のあり方で，私は漁業権を，「沿岸の特定の漁業共同体が，その地先の特定の沿岸生物資源を排他的に総有し特定の方法で利用する，法的根拠を伴う，人と自然の共生レジーム」と定義している。海洋生物資源については，「共生」は人工的な牧草地や林地とは異なり特別の意味を持つが，それについて次項で述べる。

　海の生物資源を乱獲しないように，持続的に利用するには，2つのアプローチがある。日本の伝統的アプローチは，投入量規制で入口規制とも言われる。これは漁獲努力（漁船の大きさ，数，漁法，操業時間など）を規制するもので，漁業権漁業（漁獲努力の一元的管理）に典型的に見られる。

　これに対して欧米的アプローチは産出量規制で，漁獲量を規制し出口規制とも言われる。欧米では，市場経済に基づく資本の自由の観点から，参入の自由が基本なのである。漁業資源は資本の活動の対象，利潤獲得の対象に過ぎず，次項で明らかにするような，漁業資源は地球環境であり，人と自然は共生しなければならない，という視点は存在しない。「漁業権開放論」の源流が財界にあるのも，この点から理解できる。

資源管理論としての平衡理論の誤りと漁業権の科学的根拠

　19世紀末以来のヨーロッパの伝統的な「海洋生物資源管理」の考え方の基本は，「人（man，漁獲努力量）による，自然（nature，資源）の支配可能性」であった。それは，生物資源を単なる労働対象とみなしてきた。ゴードン・シェーファー（Gordon-Schaefer）の漁獲努力（fishing effort）に対する総収入（revenue）の図（資源管理図ともいう）は，それを典型的に示している。ゴードンはカナダの経済学者，シェーファーは米国の水産資源学者である。これにみるように，これまで"伝統的な"漁業経済学者と水産資源学者は，変数（変動要因）として横軸に漁獲努力量（漁船数とか

第3章　海洋環境問題と政策問題

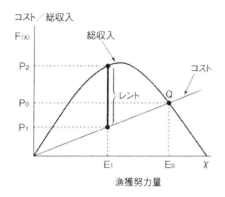

図　Gordon-Schaeterモデル

操業日数）または資源量（漁獲努力量と反比例して変化する）x を置き，関数として縦軸に資源からの生物生産量または漁業生産量（または生産額＝総収入）F(x) を置いた図を描いてきた。

人間が x を動かし，x が変化しない限り，資源からの生産量（生産額）F(x) は変化しない。F(x) は x に対して基本的に放物線を描く。コスト（経費）の増加は x の増加と直線的に比例し，F(x) とコストの差が超過利潤（レント）となる。F(x) 曲線とコスト直線の交点が損益分岐点 Q である。努力量 E_1 で，レントは最大となる。F(x) の変動は常に x の変化によってもたらされ，自然要因は生物生産量の変動には関わらないことになる。

このような資源管理図の基礎となったのは，平衡理論である。平衡理論の特徴は，生物資源を変動する自然から切り離すことである。その出発点は，飼育環境を一定に保つように厳密に管理されたキイロショウジョウバエ実験個体群の個体数増加曲線（logistic 曲線）であり（Raymond Pearl, 1927）[17]，それに基づいて 1931 年に水産資源管理のためのラッセル（Russell[18]）理論が組み立てられ，ゴードン（Gordon）理論（1954）はそれを経済学に転用した[19]。飼育下の昆虫の実験個体群の増加曲線を，生物生産量が大変動する海産魚類の野生個体群に適用することは，およそ科学

351

2．研究の軌跡

の論理からはずれている，と言わなければならない。Logistic 式も，生物の個体数増加の一般式としては，学界では認められていない。

　経済学者の浅子和美・国則守生（1994）は，漁獲努力量 x に対する生物生産量 F(x) の平衡関係が，コモンズのサステイナビリティ（sustainability）であると主張する。そして，この生物生産量が「自然界でのネットの再生産」[20] とされる。しかし，自然を切り捨てた「自然界」など存在するはずがない。このようなコモンズ論＝平衡理論が，世界のそして日本の生物資源管理理論を支配してきた[21]。

　漁業生産の管理に平衡理論を適用するという考え方の根底には，農業生産とのアナロジーで，漁業生産についても収穫逓減の法則が成り立つ，という誤った前提＝漁業生産についての没知識，が漁業経済学者の間にさえある（たとえば長谷川（1985）注 21）。栽培植物を対象とする管理された農業生産や林業生産と，自然の法則によって生物量が数倍から数十倍，場合によっては数百倍も，変動する野生動物を対象とする漁業生産とは，生産のメカニズムが原理的に異なる。漁業においては，収穫逓減の法則は成り立たないのである。

レジーム・シフト理論に基づく持続的利用

　このような中で，1980 年代に入って，海洋生物資源の変動メカニズムについて，理論的な breakthrough（ブレイクスルー＝難問突破）が行なわれた。レジーム・シフト（regime shift）理論の誕生である。1983 年に，太平洋でたがいに遠く離れた黒潮域，カリフォルニア海流域，フンボルト海流域（南米西岸）のマイワシ個体群が，数十年スケールの同期的変動を行なっていることが見いだされ，この変動とグローバルな気候変動との関係が指摘された[22]。この時間スケールでの海洋生態系の変動や魚種交代が，グローバルなスケールのみならず，さまざまな空間スケールで，その後続々と確認された。さらに，熱帯太平洋から北太平洋にかけて，数十年スケールの大気―海洋変動が生じていることが 1980 年代末に見いだされ

第3章　海洋環境問題と政策問題

た。このようにして，海洋生物資源の生物量の変動が，地球規模の気候変動と結びついた。レジーム・シフトの発見によって，大気－海洋－海洋生態系という地球表層システムの一体性が確認され，1990年代末に科学としての，レジーム・シフト理論が確立し，平衡理論の有効性は否定された[23]。

　レジーム・シフトとは，「大気・海洋・海洋生態系から構成される地球表層システムの基本構造（レジーム）が，数十年の時間スケールで転換（シフト）すること」[24]である。地球表層システムは一体で，大気―海洋の相互作用によって気候の数十年スケールの変動が生じ，それによって海洋生態系の数十年スケールの変動が駆動される。そして，生物資源は地球表層システムを構成する海洋生態系の構成部分である。生物資源を対象とする漁獲行為は，地球表層システムの変動メカニズムに対して，システムの外部からかく乱する役割を演じ，生物資源変動に関わる内部要因ではない。漁獲努力の行使は，システムの変動リズムを乱さない範囲で行なわれる必要があり，それが地球環境の保全であり，これを超えることが「乱獲」である。

　平衡理論は科学理論としては効力を失ったが，資源管理基準としては，国連海洋法条約やそれに拘束される各国の国内法の中に，しぶとく生き残っており，その改定が急がれる。

　レジーム・シフトのメカニズムはまだ十分に解明されているとはいえないが，海洋生態系のtrophodynamics仮説[25]によって基本的に説明可能となったと筆者は考えている。レジーム・シフト理論によって，海洋生物資源は単なる経済学上の労働対象ではなくて，大気や海洋と同じく，人類がそれと共生していくべき地球環境であることが科学的に明らかになったのである。このことによって，漁業権も科学的な根拠を与えられたことになる。それは分割されるべきものではなく，一元的に行使されるべきものである。

　漁業は地球環境保全に責任を持つ産業なのである。このことは，国連の生物多様性条約においても，示唆されている（川崎（2009）注23）。漁業権は，地球環境保全の役割を担っている，すぐれた制度である。3・11の大震

353

2．研究の軌跡

災は，人間が自然を支配できるという，西欧的合理主義の思考様式を打ち砕いた。人間は，自然法則にしたがって，自然と共生する中で，自然の恵みを享受していかなければならない。

漁業権を開放しなかったから日本漁業は衰退したのではない
漁業資源の商品化 − ITQ −

　上記の高木委員会緊急提言（2007）は「漁業権の開放」とともに，「ITQ（individual transferable quota，譲渡可能個別漁獲割当）制度の導入」を提案している。ITQ は，「漁業権の開放」から論理必然として派生するもので，魚種ごとに設定された TAC（total allowable catch，許容漁獲量）を資源利用権として，個人もしくは企業に分割し，独立の商品として，他者に譲渡可能，売買可能とする。この提言をまたも丸飲みして，前記の規制改革会議答申（2007）は，次のように述べている。「TAC 設定による漁業の管理方式は，オリンピック方式（早いもの勝ち）と ITQ 方式（資源利用権の分割）に分けられる。わが国の漁業管理方式はオリンピック方式であるが，漁獲競争を激化させるので，ITQ 方式の導入が望ましい」。「漁業権の開放」によって，資源は商品化し，ITQ 制度導入の基盤が造られる。これが「漁業権開放」の究極の狙いである。
　ITQ はすでに 1990 年代から，アイスランドやニュージーランドで導入されている。アイスランドでは，ITQ は商取引やリースの対象となるばかりか，財産として課税され，銀行信用の抵当としても受け入れられる。資源利用権は，土地，労働力，貨幣と同じように擬制の商品となり，漁船から離れて独立の商品として分割可能であり，明確な市場が形成されるようになってきている[26]。
　ITQ は，資源の利用権を分割する，上記のハーディン（注 16 参照）が示した方向であり，地球表層システムの一体性を分断し，商品化してしまう。これは，すべての価値を市場の評価に委ねる市場原理主義の行き着く先であり，地球環境の切り売りである。

第 3 章　海洋環境問題と政策問題

政策的に生み出された漁業衰退

　1947-1950 年の漁業制度改革の議論においても日の目を見なかった主張
（注 3）から，高木委員会緊急提言（2007 年）・規制改革会議第 2 次答申
（2007 年）を経て村井提案（2011 年）へ向かう流れは，「日本漁業の参入閉
鎖性が，漁業の活力を失わせ，日本漁業を衰退に導いてきた」という文脈
に沿ったものである。果たして，そうなのだろうか。

　私は 2004 年に本誌に一文を書いて，太平洋戦争後の日本漁業の軌跡を
分析した [27]。そこで明らかになったことは，80 年前後に，発展から衰退へ
の日本漁業の転換点が見られる，ということである。

　高度経済成長期に入って，1957 年以降における漁業の生産指数の伸び
は，年率 5 ％であり，漁業の実質国民所得では年率 9 ％の伸びを示し，国
民所得全体の伸びにかなり近い。このような中で，漁村労働力は他産業に
急速に流出し，漁業就業者数は急速に減少したが，他方「世帯員 1 人当た
りの漁家世帯所得 / 全国勤労者世帯所得」は大きく上昇する。1970 年代後
半は漁家所得が相対的にもっとも高かった時代で，上記の比は 1.0 を超え
ていた。ところがこの時代には，漁業権は「開放」されていなかったので
ある。

　しかし，1980 年代に入ってからこの値は低下し，1991 ～ 2000 年の平均
は 0.927 で，平均漁家世帯所得は平均勤労者所得を大きく下回ることにな
る。漁家の漁業依存度（漁業所得 / 漁家所得）は 1970 年代の初めにもっ
とも高く 70 ％に近づいたが，1980 年代に入って急速に低下し，1990 年代
には 50 ％を切り，さらに低下を続けている。つまり漁家の主要な所得は漁
業以外から得られ，第二種兼業状態になっているのである。沿岸漁業就業
者数（自営）は，1993 年の 23 万人から 2009 年には 13 万人まで減少した。

　1980 年を境とする日本漁業の発展から衰退への転換はなぜ生じたのであ
ろうか。

　第一に，高度経済成長の終焉である。日本漁業はグローバルな市場原理
主義の前に投げ出されたが，漁業を守る政策はとられてこなかった。

355

2. 研究の軌跡

　第二に，日本のいびつな財政構造の拡大である。大型公共事業費（漁港建造・漁礁設置費）が水産関係予算に占める割合は 1980 年までは 60%以下であったが，急速に増加し，2000 年以後は，80 〜 90%となっている。漁業に直接支出される国費は，細り続けている。立派な大漁港に古ぼけた漁船が数隻係留されているのは，全国至る所に見られる風景である。

　ここでは，この問題に深入りすることは出来ないが，日本漁業の衰退は，政策的に生み出されてきた。日本漁業の振興のためには，誤った漁業政策を転換させることしかない。「漁業権の開放」によって日本漁業が V 字回帰することはないことは明らかである。

（注）
（1）漁業就業者数は，1953 年の 78 万人が最大で，過剰就業状態であった。太平洋戦争以前はほぼ 55 万人で，大きな変化はなかった。川崎（2004）注 27 を参照。
（2）論文集『漁業・漁村の活性化に向けて「規制改革会議第 2 次答申」の問題点と課題』，『漁協』別冊，2008 年 7 月.
（3）岡本信男（1984）『日本漁業通史』，水産社.
（4）金田禎之（2010）『新編 漁業法のここが知りたい』，成山堂書店.
（5）熊本一規（2000）『公共事業はどこが間違っているのか』，まな出版企画.
（6）杉原弘恭（1994）「日本のコモンズ『入会』」，宇沢弘文・茂木愛一郎編『社会的共通資本』，東京大学出版会，101-126.
（7）「朝日新聞」1991 年 6 月 9 日.
（8）古谷和夫（1982）「区画漁業権にも共有思想を貫く」，『漁場管理と漁協』，漁協経営センター，61-177.
（9）二平章 私信（2011 年 7 月 31 日）.
（10）山本辰義（2011）「東日本大震災 重茂漁協の復興計画を見る」，『漁業と漁協』，581，26-31. 重茂漁協（宮古市）の復興への取り組みについては，NHK テレビ 2011 年 9 月 6 日 22 時 -22 時 55 分の「特集ドキュメンタリー 豊饒の海よ蘇れ 岩手日本一のワカメを復活 漁師を率いるリーダー 震災復興の記録」として放映された。
（11）熊本一規（1995）「持続的開発をささえる総有」，中村尚司・鶴見良行編『コモンズの海』，学陽書房，189-207.
（12）川島武宣（1960）『民法（I）』，有斐閣.
（13）広中俊雄（1981）『物権法』，下巻，青林書院新社.
（14）Vogler J.（2000）Global Commons, Second edition, John Wiley and Sons.

第 3 章 海洋環境問題と政策問題

(15) Wijkman P.M. (1982) Managing the Global Commons, International Organization, 36, 511-536.

(16) Hardin G. (1968) The tragedy of commons, Science, 162, 1243-1248.

(17) Pearl R. (1927) The growth of populations, Qart. Rev. Biol. 2, 532-548.

(18) Russell E.S. (1931) Some theoretical considerations on the 'overfishing' problem, J. du Cons., 6, 3-20.

(19) Gordon H.S. (1954) Economic theory of a common property resource: the fishery, Journal of Political Economy, 62, 124-142.

(20) 浅子和美・国則守生 (1994)「コモンズの経済理論」, 宇沢弘文・茂木愛一郎編『社会的共通資本』, 東京大学出版会, 71-100.

(21) 平衡理論に基づく資源管理論についての, 代表的な著作を 2 点示す。両書とも, x 軸に漁獲努力量（または資源量）を置き y 軸に F(x) として資源からの生産量を示す, 放物線の図で溢れている。Clark C.W. (1985) Bioeconomic Modelling and Fisheries Management, John Wiley and Sons（邦訳, 田中昌一監訳 (1988)『生物資源管理論』, 恒星社厚生閣). 長谷川彰 (1985)『漁業管理』, 恒星社厚生閣.

(22) Kawasaki T. (1983) Why do some pelagic fishes have wide fluctuations in their numbers?, FAO Fisheries Report, 291, 1066-1080.

(23) 川崎健・谷口旭・花輪公雄・二平章編 (2007)『レジーム・シフト』, 成山堂書店. 川崎健 (2009)『イワシと気候変動』, 岩波書店.

(24)『広辞苑』第 6 版 (2008), 2987 頁.

(25) 直訳すれば, 「栄養動態」である。海洋における食物連鎖, "植物プランクトン→動物プランクトン→小型魚→大型魚", の各段階を栄養段階（trophic level）というが, 同一種の栄養段階の変動, 段階の間または同じ段階の異なるグループの間の栄養的な関係の働き, エネルギーの流れを扱い, 生態系における生物生産の仕組みを解明する。近年の安定同位体による食物連鎖の研究の進展にともなって発展している新しい研究分野。川崎健 (2013) レジーム・シフトのメカニズムについての trophodynamics 仮説の提案 , 黒潮の資源海洋研究 , 13, 1-9.

(26) Eythorsson E. (1998) Metaphors of property: the commoditization of fishing rights, in Northern Waters, Management Issues and Practice, Fishing News Books, 42-51

(27) 川崎健 (2004)「日本漁業 現状・歴史・課題」,『経済』2004 年 5 月号, 112-131.

357

2．研究の軌跡

2．今日の海洋環境問題（1989）

新しい段階にはいった海洋汚染

　1960年代から1970年代にかけてはわが国はいわゆる「高度経済成長期」で，経済の成長とともに，海洋汚染もたいへんな勢いで「成長」していた。1974年度『海上保安白書』によると，海洋汚染の発生確認件数は，1969年の308件から，1973年には2460件へと急成長した（図1）。このなかでも石油によるものがもっとも多く，1969年の273件から1973年の2060件へと，4年間で実に7.5倍の急増であった。当時は，目をみはるような大事故もつぎつぎに起こっていた。

　一つは，「ジュリアナ号事件」である。1971年11月30日に「ジュリアナ号」（総トン数1万トンあまり）が新潟市のわずか1km沖で座礁して船体が真っ二つに折れ，7,000トン以上の原油が流出した事件である。この事故は付近の水面を強く汚染し，漁業に大きな被害をあたえた。もう一つは水島事故で，1974年12月18日に岡山県倉敷市の三菱石油水島製油所のタンクから4万3000キロリットルの重油が噴出し，そのうち7,500〜9,500キロリットルが海上に流出し，岡山，香川，兵庫，徳島の4県の海岸あるいは河川の逆流域の河岸の延長469kmにわたって汚染し，漁業・養殖業に大きな被害をあたえた事故である。この事故は閉鎖的な海域で生じたものであるだけに，流出油は海岸に漂着，水中に分散あるいは海底に沈降し，長期にわたって生態系に悪影響をおよぼしつづけていると考えられる。

　またこの時期には，赤潮の発生件数の増加も顕著であった。海域の富栄養化にともなって発生する赤潮は，瀬戸内海においては1967年の48件から1974年には298件と急増している（図2）。とくに1972年には大規模な赤潮が発生し，被害額は73億8600万円にたっした。

　1973年は，漁民が公害企業の漁場汚染にたいして強力な反対闘争をおこなった画期的な年であった。5月に，熊本大学医学部が熊本県有明町で

第3章　海洋環境問題と政策問題

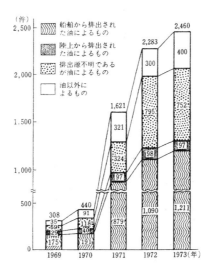

図1　海洋汚染の発生確認件数の推移（1969-1973）
（出所）1974年度『海上保安白書』

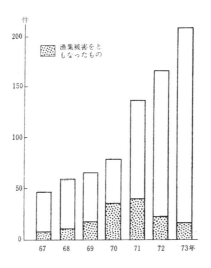

図2　瀬戸内海における赤潮発生件数の推移（1967-1973）
（出所）1974年度『海上保安白書』

2．研究の軌跡

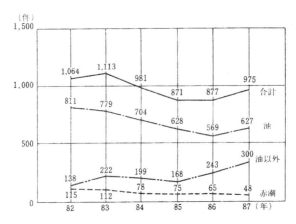

図3　海洋汚染の発生確認件数の推移（1982-1987）
（注）海以外とは，有害液体物質，廃棄物などをいう。
（出所）1988年度『海上保安白書』

第3水俣病患者を発見したと発表した。汚染源は日本合成化学熊本工場および三井東圧化学大牟田工業所であった。この発表を契機に，水銀およびPCBによる環境汚染問題が深刻化した。水産物の汚染問題が消費者の不安をたかめ，需要がいちじるしく減退したため，6月から8月にかけて公害企業にたいする漁民の闘争がいっせいに火を噴いた。漁民は企業の操業停止，水銀ヘドロの回収，損害の補償を要求して，海上封鎖，陸上封鎖をふくむ実力行使をおこなった。

以上のような非常な勢いで海洋汚染が進行した時代から，ほぼ15年が経過した。それでは現状はどうであろうか。まず石油汚染からみると，図3にみるように油による汚染の発生確認件数は，1982年以降減少傾向をしめしている。1987年の主な事故としては，1月14日鹿児島県串木野港沖合において，インド船籍の貨物船，「ビシュバ　アスラグ」（1万1179総トン）が，荒天のため荷崩れを起こして沈没し，残存燃油約435キロリットルの一部が流出して鹿児島県西部に漂着したこと，8月30日にベトナム船籍の貨物船「ソンホン」（7,113総トン）が鹿児島県宝島に乗り上げて，燃料油約387キロリットルが海上に流出したこと，および10月16日にキプ

第 3 章　海洋環境問題と政策問題

ロス船籍の貨物船「エルフセリアⅡ」が徳島県由岐町箆野島東岸に乗り上げて，燃油約 250 キロリットルが流出したことなどで，「ジュリアナ号」のような大事故は減少している。このため，油濁による漁業被害件数や被害額も減少している（図 4）。

　つぎに赤潮の発生件数をみると，図 5 にみるように発生継続期間 5 日以内の短期のものが減少したため全体としては発生件数は減少したが，大きな被害をあたえる発生継続期間 11 日以上の赤潮が増加している。

　図 4 にみるように，1984 年は赤潮による被害額が非常に大きかった年であるが，この年には 6 月下旬に熊野灘で発生した赤潮が範囲をひろげながら 8 月下旬までつづいた。この結果，ハマチなどの養殖魚や天然の貝の死亡などの漁業被害は，三重，和歌山の 2 県にまたがり，1975 年以降最大のものとなった。

　さらに 1987 年には，シャトネラ（黄色鞭毛藻）による赤潮が 7 月下旬に瀬戸内海の播磨灘北部で発生し，南北に拡大しながら 8 月上旬に大増殖し，ついで東方に拡大したのち，紀伊水道を北西部から南部へとひろがった。この赤潮により養殖ハマチが大被害をうけ，史上 4 番目の約 27 億円の被害が生じた（図 4）。シャトネラは表層から水深 15 m 層まで集積，分布することが多いため，ハマチが底層に逃避できるようにハマチ養殖業者は網深 25m の超大型小割生簀を使用していたが，このときのシャトネラの分布は 25 〜 30m の深さまでおよび，これが被害を大きくした。

　赤潮はかつては内湾とか瀬戸内海のような内海で発生していたが，最近は外海で発生したり，あるいは外洋へとひろがったりして広域化し，また期間が長くなっており，逃避技術が以前とはくらべものにならないほど進歩したにもかかわらず，近年被害はむしろ増大している。

　以上みてきたように，日本近海においては 1960 年代後半から 70 年代前半にかけて海洋汚染は多発・激増したが，1980 年代にはいってからは件数が横ばいになった。しかし，その内容は大きく変化した。すなわち，かつての海洋汚染は油濁によるものが主役であったが，近年は赤潮によるものが主役の座を占めてきた。しかも規模が大きくなり，内海から外洋へとひ

361

2. 研究の軌跡

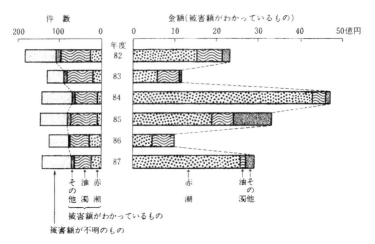

図4　水質汚濁等による突発的漁業被害（海面）の推移（1982-1987）
　　　（出所）1988年度『海上保安白書』

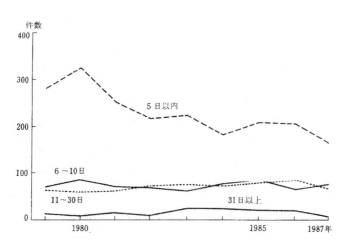

図5　継続期間別赤潮発生件数の推移（1979-1987）
　　　（出所）1988年度『海上保安白書』

第3章　海洋環境問題と政策問題

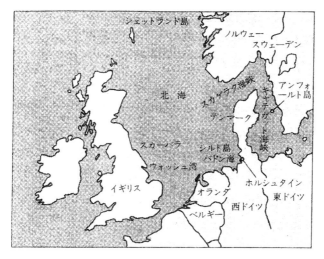

図6　北海周辺の地図
(出所)『NHK地球汚染』2, 1989

ろがっている。つまり表面的にみると，あたかも海洋汚染は克服されたかのようにみえるが，赤潮のような生物的な異常現象はむしろ深化し拡大している。このことは，海洋汚染の性格がいわば量的拡大から質的変化に転換し，海洋における生物生産の深部の本質的な過程に，変化が生じはじめたことをしめしている。

海産哺乳動物にたいする影響の拡大

　1988年の初夏に，ショッキングな事件が起こった。それは，北海（図6）におけるゼニガタアザラシの大量死亡である。この大量死亡は1988年の4月にはじまり，1989年2月までの死亡数が1万7000頭を超え，死亡はいまなおつづいている。死亡水域は，北海をかこむ8ヵ国の沿岸にひろがっている。北海におけるゼニガタアザラシの生息数は約2万頭と推定されているので，85％が死亡したことになる。この原因が北海の汚染である

2. 研究の軌跡

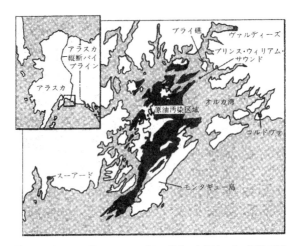

図7　エクソン・ヴァルディーズから流出した原油による汚染区域
デイトン，1989

ことは，いまや定説になっている。北海をとりまく国ぐにの沿岸や北海にそそぐ河川から流入しつづけてきた大量の汚染物質が今回の死亡の原因であることについては，各国の科学者の見解は一致している。

　アザラシは大食漢であり，1頭で1日5〜6キログラムの魚を食べる。しかもアザラシは，生態学的にいうと最高位捕食者である。プランクトンに取り込まれた化学物質は，魚→アザラシと栄養階層が高くなるにつれて，生体内の濃度が高くなる。このことを生物学的濃縮という。この結果，アザラシには大量の化学物質が蓄積される。これがアザラシの免疫系を破壊したのである。このような状態の動物は，細菌やウイルスに感染しやすくなる。アザラシは犬のジステンパー・ウイルスに似たウイルスにつぎつぎに感染し，肺炎にかかって死亡していったのである。ちなみに北海における汚染物質の濃度は，日本近海より一桁高いとされている。

　北海でのアザラシ大量死亡の進行中に，もう一つのショッキングな事件が起こった。エクソン・シッピング社の建造後約2年の100〜200万バーレルの石油を積載する能力のある新鋭スーパー・タンカーのエクソン・ヴァ

ルディーズが，アラスカのヴァルディーズ港から，カリフォルニアのロング・ビーチへむかって，1989年3月24日に出港した。ヴァルディーズ港はアラスカ縦断パイプラインの南端に位置し，米国が消費する石油の1/4を積み出している。エクソン・ヴァルディーズは，出港後まもなく，約40km行ったところで，ブライ礁という暗礁に乗り上げた（図7）。ヴァルディーズの石油タンクのうち8つに穴があき，23万2000バーレルの原油が，プリンス・ウィリアム・サウンドに流出した。これは米国における最大の石油流出事故であり，エクソン・シッピッグ社は，これに10分対応できなかった。いわば，流出油を除去する現在の技術の限界を超えた事故であったといえる。流出油は時速13kmで移動し，プリンス・ウィリアム・サウンドを広範に汚染しはじめた。さらに心配なのは，図7にみるように，もし原油がこのサウンド（入り江）からアラスカ湾にでていけば，反時計回りのアラスカ海流にのって，3年間も沿岸を汚染しつづけることになることであった（図8）。

　このプリンス・ウィリアム・サウンドは，地球上でもっとも傷められていないが，もっともこわれやすい生態系に属している。この水域は，海産哺乳動物の楽園であった。この水域には，多数のラッコ，アザラシ，アシカが生息している。

　ラッコは，他の海産哺乳動物と異なって，体内の熱が失われるのをふせぐ皮下脂肪層がない。ラッコの皮膚には短い下毛が密生しているが，それとともに長い保護毛が生えていて，下毛の生えている内層を保護している。この内層は空気を保持していて，これによって体内の熱が失われるのをふせぎ，またラッコに浮力をあたえている。したがって，保護毛が汚れると綿毛の下毛がぬれて，断熱能力と浮力が失われる。保護毛が汚れた場合には，この「防水上着」を早く手入れしてきれいにしないと，ラッコは大量の油を飲み込んで昏睡状態におちいって溺れてしまう。

　他の魚食性の海産哺乳類は，汚染域から離れることができるが，ラッコは長距離を泳げないので，岸近くを離れられない。ラッコは海底にもぐって食物をもとめるが。12mよりは深くもぐることができず，1日に体重の15

2. 研究の軌跡

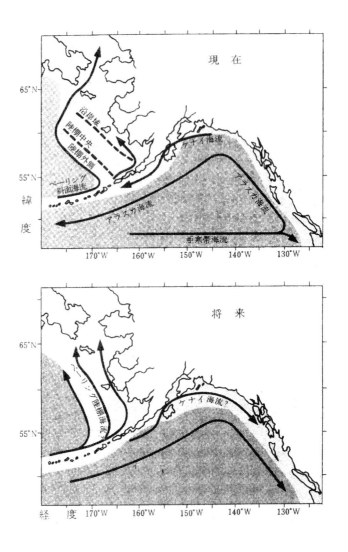

図8 北太平洋北部における現在の循環と持続的な大気温暖化のシナリオのもとで北太平洋の気圧の中心が北へ移動した場合の将来予想される海流のパターン
シブレーら，1985

第3章　海洋環境問題と政策問題

〜20％という高い食物要求を満たすためにも，外海にはでていけない。

　原油は数十万の化合物の混合物であるが，化学的には四つのグループ
に大別される。すなわち，ヘクサンとオクタンのように炭素原子の長い鎖
を中心にしてつくられる（飽和）脂肪族炭化水素，ベンゼンやトルエンの
ように炭素原子の環を中心にしてつくられる芳香族炭化水素，エチルアル
コールのように分子内に弱い正と負の電荷をおびた対になった酸素および
水素原子をふくむ有極性化合物，およびベンゾチオフェンのようなひじょ
うに分子の大きな硫黄化合物，である。このなかでも，炭化水素，とくに
芳香族炭化水素が，海産哺乳動物にとってもっとも有害であるらしい。
脂肪族炭化水素は，海産哺乳類の肺に染み込んで「化学肺炎」を引き起こ
した。トルエンの匂いは動物たちに一種の「幸福感」をもたらし，動物た
ちをおびきよせる。芳香族炭化水素は動物たちの骨髄を侵し，免疫系を破
壊する。したがって，白血病やウイルス病が発生する可能性がある。解剖
してみると，肝臓，脳，心臓，中枢神経系に疾患がみられる。また，これ
らの化合物がＤＮＡ（デオキシリボ核酸）に作用して，遺伝的な悪影響を
もたらす。

　以上みたように，化学物質による海洋環境の継続的で大規模な汚染が，
海産哺乳動物にたいして深刻な打撃をあたえつつあるのが，最近の海洋汚
染の一つの特徴であるといえよう。このことは，私たち人類の未来にたい
しても，深刻な問題を提起しているといわなければならない。

大気の温暖化は海になにをもたらすか

　図9にみられるように，地上気温は1880年いらい傾向的に上昇してお
り，2030年には，1980年レベルより3±3度上昇すると見込まれている。
産業革命時いらいの石炭，石油，天然ガスなどの化石燃料の燃焼，森林の
伐採，砂漠化などによって，大気中のCO_2（二酸化炭素）およびメタン，
クロロフルオロカーボン，酸化窒素，対流圏オゾンなどのいわゆる温室効
果気体が増加し，これらが地球から宇宙空間へむかって放射される長波長

367

2. 研究の軌跡

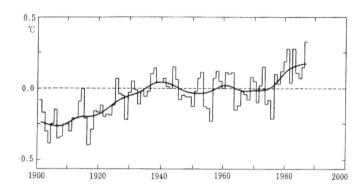

図9　全球的平均気温の偏差（1901-1987）（ジョーンズら，1988）

の熱線をとらえるために気温が上昇する。

このような気温の上昇が海洋にたいしてどのような影響をおよぼすかを考えるために，大気と海洋のあいだの物質交換，エネルギー交換の仕組みを考えてみよう。図10は，大気，海洋，陸地，雪氷，生物圏をふくむ気候系をしめしたものである。この図から，大気と海洋がいかに大きな相互作用をおこなっているかがわかる。まず海洋が大気にあたえる影響について考えてみる。気象の変化は，太陽から受け取るエネルギーが地球上の場所によってアンバランスであるため，これを調整するためのエネルギーの移動によってもたらされるが，低緯度水域から高緯度水域への熱の輸送の半分は，海流によっておこなわれる。化石燃料からのCO_2の放出の1/2は，海洋によって取り込まれる。つぎに大気が海洋にあたえる影響を考えると，海洋の大循環（海流）の起動力は，とくに赤道域における風の応力である。また気温の変化が水温に影響をあたえ，また海面の水位に影響する。

まず水温の変化について考えてみよう。海洋のある1点においては，もちろん気温と水温とは等しくない。しかしながら，半球的あるいは全球的規模における平均値でいえば，この両者はよく一致する，とされている。

第3章　海洋環境問題と政策問題

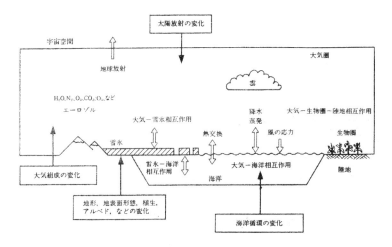

図10　大気，海洋，雪氷，陸地，生物圏をふくむ気候系
気候および気候変化にかかわる物理的過程のいくつかの例を示す。
（出所）『米国全球的大気研究委員会報告』1975

　図9はこのような考え方から地上気温と表面水温をくみあわせてえがかれたものである。
　ところで近年，人工衛星から地球の表面の温度を観測する研究がさかんになってきた。A.E.ストロング（1989年）は，1982～1988年について平均表面水温の変化をしらべたが，それによると，全球では1年当たり0.12度，北半球では0.16度，南半球では0.1度上昇している（図11）。
　大洋別にみると，1年当たりで北太平洋0.17度，南太平洋0.13度，北大西洋0.21度，南大西洋0.13度，インド洋0.05度の昇温である。全球の表面水温の上昇速度は，図9の地表全体の昇温速度の約2倍である。この理由の一つに，図9の計算にもちいられた船舶やブイによる観測値の全海洋におけるカバー度が低く，90％以上が北緯20度と40度のあいだのものであることがあげられる。また，その面積が北半球では南半球のほとんど2倍である陸地の気温の上昇速度が，海洋よりも遅いのではないかということがあげられる。このように人工衛星の観測によると，全球の平均表面水

369

2. 研究の軌跡

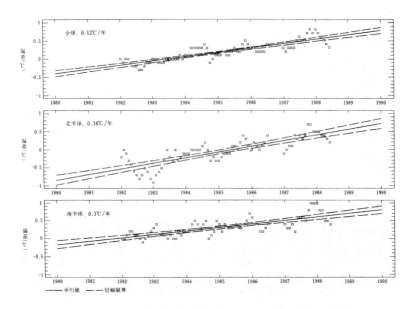

図11　人工衛星から観測した月別表面水温の平均偏差 (1982-1988)

温は，1982年から88年までの6年間に，実に0.72度も上昇しているのである。

　このような昇温の結果，もっとも懸念されるのは海面の水位の上昇である。水位の上昇は二つの過程をつうじておこなわれる。一つは海水の膨張であり，もう一つは氷床や氷河の融解による海水の量の増加である。大循環モデル (GCM) のシミュレーションによると，CO_2 や他の温室効果気体の大気への負荷の増大から予想される気候温暖化は極の緯度帯で強く生ずるので，水位上昇はこの気候変化の最初の兆候と考えられる。

　まず膨張による水位上昇であるが，ウィグレーら (1987年) の計算によると，1880年から1985年までの温室効果気体による温度膨張が水位の上昇におよぼした寄与は，2〜5cmである。1985〜2025年のあいだに温室効果によって気温が0.6〜1.0度上昇するとすれば，温度膨張によって4

～8 cm 海面が上昇する。

　つぎに，それでは実際に水位がどれだけ上昇したかについての研究をしめそう。ペルティヤーら（1989年）によると，世界中の観測点に設置された検潮儀に記録された海面水位は，過去100年間に明らかに10〜20cm上昇しており，そのうち海水の温度膨張に帰せられるのは，25％以下であり，その他は陸地の氷の融解によるものである。しかし問題は，観測された水位上昇速度の地理的バラツキが大きいことである。これは，最近の大きな退氷（氷河の後退）は6000年以上もまえに完了したけれども，その後アイソスタシーによる氷河面の起伏の調整がつづいているためである。アイソスタシーというのは，地表付近の密度分布が地表の起伏を補償する関係になっていて，地下のある深さの面ではそれより上の質量がどこでも同じで，圧力が等しく，全体として均衡をたもっている（岩波『理化学辞典』第4版，1987年），というメカニズムである。このアイソスタシーによる調整がまだつづいているのは，地球のマントルの粘性が高いため，退氷後の重力の平衡の回復に時間がかかるためである。

　この影響を取り除いたところ，検潮儀の記録の地理的なバラツキは大きく取り除かれ，過去100年間で年当たり2.4プラスマイナス0.9 mmという，全球的に一貫した水位上昇がえられた。これは明らかに，全球的な気候温暖化のシグナルである。

　ところで，大気の温暖化の結果としての将来の平均水位の上昇には，いくつかの推定がある。米国NRC（国家研究評議会）によると，来世紀には70cm上昇する。米国EPA（環境保護庁）によると，2075年の水位は，現在より91〜136cm（最大幅は38〜212cm）高い。ホフマンら（1983年）によると，2075年には，76〜230cm上昇する。バースら（1984年）によると，2100年における上昇は，1.22mである。

　このような状況に対応して，米国ではいろいろな研究がおこなわれ，また対策が考えられている。その一つの例として，サウス・カロライナ州のチャールストン市の例を紹介しよう（ダヴィッドソンら，1988年）。チャールストンは，大西洋に臨む都市である。人口50万人のこの都市は，アシュレ

2. 研究の軌跡

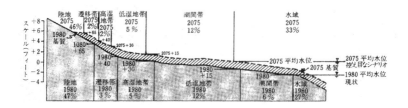

図12 米国サウス・カロライナ州チャールストンにおいて海面水位の上昇が堆積速度
（5 mm/年）を超えた場合の海岸線の断面に沿った地帯区分の変化の概念図
米国環境保護庁ま控え目なシナリオで1980年と2075年を比較した場合

イ川とクーパー川の合流点の半島上に位置し，かつては沼沢地であったところを19世紀と20世紀のはじめに埋め立ててつくられたため，建造物の1/3以上は，平均水位より5フィート（1.5 m）以内のところに建てられている。

　地球規模の水位上昇が生じた場合には，洪水，侵食，海水の侵入が生ずる。とくに埋め立て地では満潮のときには水びたしになり，ハリケーンなどのときには洪水の被害をうけやすくなり，都市機能はそこなわれやすくなる。海岸線が後退し，科学者の計算によると，この地域では海面が1フィート上昇すると，数百フィート侵食される。控え目なシナリオで1980年と2075年のあいだに平均水位が2フィートあまり上昇した場合の，チャールストンの沿岸部における地帯区分の変化の予測を図12にしめす。この水域では，一方では河川による土砂の堆積も進行しており，それを考慮に入れても海岸線が後退し，地帯区分がすっかり変わってくる。

　もう一つの例として，ルイジアナ州の場合についてのべよう（マーク，1988年）。ルイジアナ州はメキシコ湾に面していて，その南部はミシシッピー川からの堆積物でできた
広大な湿地帯でおおわれている。このデルタ地帯はその形成期のピークをすぎて，現在は自然衰退期にはいって，沈下と侵食が進行しており，失われている面積は，現在では毎年50平方マイル以上になっている。これに地球温暖化による水位の上昇がくわわれば，2040年にはメキシコ湾は内陸部

第3章　海洋環境問題と政策問題

へ53kmはいりこむと見積もられている。

それにともなってつぎの諸点のように影響があらわれるであろう。(1) 陸地それ自体が失われる，(2) 野生生物とそのすみかが失われる，(3) 鉱物が水面下に没する，(4) 都市の水道に塩水が侵入する，(5) ハリケーンによる被害が大きくなる，などである。重要なことは，失われる土地は湿地帯であり，湿地帯というのは生物生産力のもっとも高い環境の一つである。ルイジアナ州南部の650万エーカーの沿岸湿地帯は，米国の沼沢地生態系の40%を占め，米国の漁業生産の28%，年間2億2000万ドルの生産がここであげられている。ミシシッピー川に飛んでくる渡り鳥の66%が，ここで冬を越す。

重要な生産物はアメリカガキで，20万エーカーで養殖がおこなわれ，毎年400トン，300〜400万ドルが生産されている。ここに塩分の高い海水が侵入して，とくに低塩分が必要な種ガキの生産をおびやかす。クルマエビの生産額は一億ドル以上でもっとも重要な生産物であるが，これも高塩分のためにだめになる。

これに対する地方自治体の対応は，つぎのようなものである。沿岸域の郡別に，水びたしになるまでにあと何年のこっているかというリストがつくられた。もっとも危ないのはプラクマインズ郡とテリボン郡で，100年以下である。とくにプラクマインズ郡は50年以下で，沿岸防衛計画がつくられた。この郡は，ニュー・オーリーンズのすぐ下流に位置している。新しい湿地帯をつくるために，ミシシッピー川の流れの向きを変えて，土砂の堆積を誘導しようという計画が推進されている。さらに，湿地をまもるために，海側に締め切り堤防をつくることが計画されている。

海水面の上昇によって，致命的な打撃をうけるのはバングラデシュである。図13にみるように，50cmの水位上昇で沿岸部が大きく失われ，2〜2.5mの上昇で，首都ダッカをはじめ，内陸部も大きく失われる。

大気の温暖化は，また気圧配置の変化をもたらし，その結果海流のパターンが変化する可能性がある。現在ではアラスカ湾においては，アリューシャン低気圧にともなう反時計回りの風の応力と海岸線による強制

373

2. 研究の軌跡

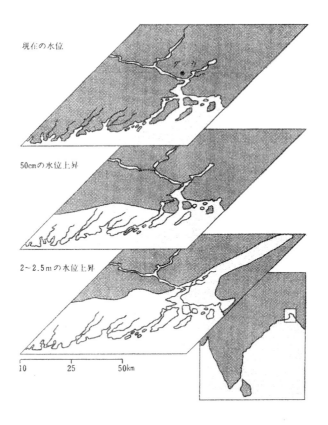

図13 バングラディシュにおける海面水位の上位による水没地域の変化
UNEP/GEMS『環境図書』No.1, 1987

によって，図8にしめすように，反時計回りのアラスカ海流が卓越している。大気が温暖化するとアリューシャン低気圧が北へ移動すると予想されているが，それにともなって南西の風の応力がつよまり，そのためこの海流系が逆向きになるか，あるいは非常に弱くなる可能性がある（図8）。その結果，この水域に分布するスケトウダラ，ニシン，エビ，カレイなどの分布や生態に大きな変化が生ずる可能性がある（シブレーら，1985年）。

第 3 章 海洋環境問題と政策問題

地球的規模の環境問題にたいする対応

　以上みてきたように，近年の海洋環境問題は，一水域や一国の範囲を越えて広域化し，さらに全地球的規模にひろがりつつあるのが特徴である。環境汚染物質ははじめのうちは発生源付近の水域に被害をあたえていたが，汚染物質がしだいに蓄積されていくなかで被害も広域化し，地球的規模にひろがってきたのである。このようにして環境問題は，いまや全地球的課題，共通の全人類的課題になってきたのである。

　一連の経過と事実は，生産活動の結果排出される汚染物質を，大気をふくむ地球環境という一定の容量のなかで収容し処理することが困難になりつつあることをしめしている。この点の認識があいまいであってはならないと思う。地球温暖化の問題についても，さまざまな疑問が提出されている。すなわち，CO_2をはじめとする温室効果気体が大気中で増加しているということは，何人も否定しえない事実である。他方図 9 にみられるように，全球的な平均気温が上昇しつづけていることも事実であるが，それが温室効果気体の影響によるものかどうかについては，自然原因説をふくめて，いろいろと異論のあるところである。しかし，いろいろな形の環境汚染が現実に広域化しているのは，客観的な事実である。成層圏のオゾン層の破壊しかり，酸性雨問題またしかりである。したがって，大気中における温室効果気体の増加によって気温が上昇するということは，非常に蓋然性の高いことなのである。

　このような地球規模の環境問題に対応するためには，その原因者を明確にする必要があろう。地球温暖化の問題についていえば，産業革命時いらいエネルギーをつくるために化石燃料を使用しつづけてきた先進資本主義諸国の責任は，もっとも大きい。しかしながら，後発とはいえ大きな経済成長をとげてきた社会主義国ソ連も，責任をまぬがれることはできない。

　さらに近年は，中国やポーランドのような社会主義諸国による大気汚染も，みすごすことはできない。近年酸性雨による森林，湖沼の被害がめだっているが，これらの国は，硫黄酸化物や窒素酸化物を取り除かないで

375

2．研究の軌跡

大気中に大量に排出している。

　しかしながら，環境を破壊しながら大量生産をおこない，世界の富の大部分を蓄積してきた先進諸国に，中進国，発展途上国にたいする経済的，技術的援助をふくめて，地球的規模の環境汚染問題に対応し，それを解決するための政治的，経済的，道義的責任をはたす義務があることは明らかである。

　1988年6月27日〜30日にカナダのトロントで開催された世界会議「変化する大気：地球の安全保障を目指して」でだされた「声明」にも，「工業先進諸国は温室効果気体の主要な発生源であるから，気候変化が提起する諸問題に対応する手段を講ずることについて，世界の共同社会に対して主要な責任を負っている」とのべられている。

日本政府の環境政策

　地球規模の環境問題が国際政治の主要な問題としてクローズアップしてきたなかで，政府・自民党もさまざまな動きをみせている。日本政府はUNEP（国連環境計画）と共催で本年9月に「地球環境保全推進本部東京会議」を開催し，「世界に貢献する日本」をアピールしようとしている。自民党では，政務調査会の全部会から代表がくわわり，「地球環境問題小委員会」が発足した。環境庁は，事務次官を本部長にして，「地球環境保全推進本部」を設置した。政府は，1989年7月14日からフランスでおこなわれたアルシュ・サミットを念頭において，6月30日に「地球環境保全に関する関係閣僚会議」の初会合をおこない，「地球環境保全問題担当」として環境庁長官を指名することをきめた。

　しかしながら政府や自民党の地球的規模の環境問題に対する姿勢は，このような打ち上げ花火的な対外PRによって評価すべきものではない。地球的規模の環境問題は，それぞれの国の国内での汚物質の長年にわたる排出の相加的な結果としてあらわれてきたものであるから，それぞれの国の政府が国内においてどのような環境政策をとってきたかで評価されなけ

ればならない。

　わが国の環境行政は，近年後退に後退をかさねている。その出発点はなんといっても 1978 年 7 月である。このときに環境庁は，重大な 2 つの決定をおこなった。一つは NO$_2$（二酸化窒素）の環境基準を，それまでの平均値 0.02 PPM から，0.04 〜 0.06 PPM に大幅緩和したことである。もう一つは，事務次官通達をだして，「水俣病の認定を医学的にみて蓋然性の高い場合に限定し，死亡者などのように所要の検診資料が得られない場合には認定できない」としたことである。これは，「疑わしきは認定せよ」とした 1971 年 8 月の事務次官通達からのいちじるしい後退であった。この時期は，チッソの経営状態が悪くなり，他方，水俣病患者にたいする補償金支払いが増加したため，その原資に充当するための県債を，熊本県が発行しはじめた時期に一致する。

　それから 10 年後の 1988 年 3 月に，「公害は終わった」として公害健康被害補償法が改正され，全国 41 の公害指定地域の指定が解除された。これによって補償のための年間 1000 億円の企業からの拠出金はなくなり，企業は 1 回だけ 500 億円をだして環境改善のための基金とすることになったのである。

　以上の環境行政の後退の結果はどうであろうか。東京都と神奈川県は，1988 年 8 月 25 日に 1987 年度の大気汚染状況の測定結果を発表したが，複合汚染の元凶とされている NO$_2$ について，前記の 0.06PPM の環境基準すら達成できない測定局が大幅に増加し，大気汚染が深刻化していることをしめした。すなわち東京では，一般環境測定局 23 局中 19 局（前年度は 7 局），自動車排ガス測定局 26 局のすべて（前年度は 21 局）が基準以上で，後者の年平均値は 10 年前のピーク時に逆戻りした。大阪においても未達成局が大幅に増加し，過去 10 年間で最悪であった。

　もう一つは，水俣病をめぐる最近の情勢である。水俣病被害者・弁護団全国連絡会議は，1989 年 4 月 10 日に，内閣総理大臣にたいして抗議文を提出した。IPCS（国連化学物質安全計画。WHO「世界保健機関」，ILO「国際労働機構」，および UNEP によって構成され，1980 年に設立された

2. 研究の軌跡

機構）は，有機水銀の環境基準をきびしくするために，「メチル水銀の環境保健新クライテリア」を作成する作業をおこなっているが，環境庁がそれを阻止するために研究班を組織し，対策を練っていることにかんするものである。すなわち，環境庁が1988年度の「メチル水銀の環境保健クライテリアに係わる調査研究」の予算化にあたって大蔵省に提出した内部文書によると，上記のクライテリア素案が「より厳しい環境保健基準を指向し，我が国の水俣病訴訟の争点の一つとなっている遅発性水俣病を認める内容となっている」，「このままでは我が国のメチル水銀の環境保健基準や水俣湾へドロ除去基準の見直し，更には子供の精神運動発達遅滞をタテに取った新たな補償問題の発生，現行訴訟への影響など行政への甚大な影響が懸念される」ので，「その内容をより妥当な方向へ導いていく体制を整える」としている。

抗議文はそのなかで，「日本政府は，今秋『地球環境保全世界会議』を東京で開催し，『環境問題で世界に貢献する日本』を宣伝しようとしているが，その『貢献』とは国内での公害隠しの上にたって諸外国への公害輸出と諸国民の健康破壊をもたらすものである。日本政府がいまなすべきことは，これまでの公害被害者切り捨ての公害環境行政を猛省し，国内における公害の根絶をはかることであって，そのことが地球的規模での環境汚染の阻止という人類的課題に貢献することになる」とのべている。

大企業サイドに立っているわが国の環境行政を根本的なところで転換させることが，まさに焦眉の急であろう。

むすび

地球的規模の環境問題にどのように対応するかということは，まさに全人類的課題である。1973年にはじまったいわゆる「石油危機」の頃には，エネルギー問題が人類の行く手に立ちはだかる最大問題であるというような議論が多かったが，実はそうではなくて，「環境問題」の解決こそが重要課題であることが明白になってきた。人類は，大地のなかにとじこめら

378

第 3 章　海洋環境問題と政策問題

れていた化石燃料を掘り出して影響物質を環境に放出し，あるいは新し
い化学合成物質をつくりだして，それを環境にばらまいてきた。それが地
球環境という一定容量内におさまりきれなくなったのである。これをどの
ように解決するかは新しい理論的な課題の一つであって，科学者の責任
は大きい。最近は経済成長と環境問題の関連において，国際会議などで
sustainable development ということがよくいわれ，「持続可能な成長」などと
日本語に訳されているが，これも理論的に十分解明された言葉ではない。
進歩的な科学者の新しい理論的な課題への挑戦を強く期待したい。

参考文献
『漁業白書』1974, 86, 88 年度
『海上保安白書』1974, 88 年度
宇沢弘文『世界』1989 年 1 月号
『NHK 地球汚染』2, 1989 年
Nature, Science, New Scientists, 1988—1989.
Glantz M.H. (ed.) : Societal Responses to Regional Climatic Change (1988).

2．研究の軌跡

3．巨大防潮堤は何を守るのか（2014）

1．3・11大震災と三陸―常磐沿岸

　三陸―常磐沿岸は，これまでにも大地震・大津波にたびたび襲われてきた。明治以降においては，1896年の明治三陸地震・津波（死者・行方不明者2万2000人），1933年の昭和三陸地震・津波（死者・行方不明者3000人）が挙げられる。記録上とくに大きかったのは，869年の貞観（じょうがん）地震で，マグニチュード8.3～8.6とされている。

　2011年3月11日に仙台湾東130kmの海底を震源とするマグニチュード9.0の巨大地震が発生し，それによる巨大津波が三陸～常磐沿岸に押し寄せ，地震による激震と地盤沈下，津波による掃地・掃海効果は，沿岸社会と海洋生態系にきわめて大きな影響をもたらした。

　被災地域は，世界有数の大漁場を控える沿岸域である。金華山以北はリアス式の三陸海岸で，石巻，女川，気仙沼，大船渡，釜石，八戸などの大きな漁港が位置し，その間の陥入した浦ごとに，小さな漁港が連続している一大沖合・沿岸漁業地域である。湾奥が狭く山が迫る地形上，海水は盛り上がって陸地奥深く侵入し，岩手県中部では遡上高が37mに達したところもあり（図1），それより低い場所にあった構造物，漁船，養殖施設は，ほとんどが流出した。金華山以南の仙台湾・常磐沿岸は，平坦な後背地が広がり，北部にある塩釜を除くと，大きくない漁港が点在しているが，津波は陸地奥深く達し，名取市閖上（ゆりあげ）地区は壊滅的な被害を受けた。今回の津波は，常磐地方を襲ったのが特徴である。

　岩手，宮城，福島の3県の海岸線延長は約1,700kmであり，そのうち約300kmに防潮堤（海岸堤防）が設置されていたが，約190kmが全半壊した。津波は防潮堤を越え，あるいはそれを破壊して内陸に侵入した。「死者・行方不明者数/浸水域人口」（図2）は，リアス式の三陸沿岸の陸前高田市・釜石市，大槌町，山田町，利府町，女川町，南三陸町でもっとも

380

第3章　海洋環境問題と政策問題

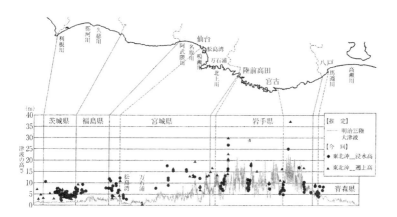

図1　明治三陸地震の推定津波高と3・11の津波高の比較
（出所）中央防災会議資料。2011年4月27日

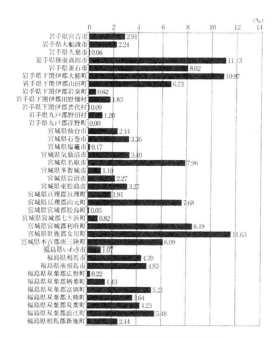

図2　死者・行方不明者数／浸水域人口
（出所）吉野正敏「地球環境問題としての津波被害について」「地球環境」18巻, 2013年

2．研究の軌跡

高く，次いで平坦な常磐沿岸の名取市，山元町，相馬市，南相馬市，富岡町，大熊町，双葉町，浪江町で高かった。

2．復興計画作成の背景—米国による新自由主義的関与—

3・11 大震災の直後に展開されたのは，米軍と自衛隊共同の「トモダチ作戦」（Operation Tomodachi）であった。

この「人道支援・災害救援」の取り組みは，2000 年以降アジア太平洋地域での米軍を軸とした多国間の共同軍事作戦の一環として取り入れられたものである。2004 年のスマトラ沖津波，2005 年のパキスタン地震，2006 年のジャワ中部地震・津波などで，米軍など多国籍軍が連携して対応した。

3・11 ではピーク時には米軍 2 万人，自衛隊 10 万人が投入され，朝鮮戦争以後最大の作戦が敢行された。日米は統合任務部隊を創設するが，米軍の対応は主権国家への対応とは考えられないほど，高圧的であったとされる [1]。

このような大規模作戦と併行して，アメリカの保守系シンクタンク CSIS（Center for Strategic and International Studies, 戦略国際問題研究所）が直ちに活動を開始した。CSIS はグローバルなシンクタンクで，この「戦略」と「国際」という語に注意を払われたい。それは，アメリカ陸軍・海軍直系の軍事戦略研究所でもある。CSIS は，ヘンリー・キッシンジャー元国務長官，マイケル・グリーン，リチャード・アーミテージ元国務副長官などの著名なジャパン・ハンドラーが所属している大型シンクタンクで，小泉進次郎や渡部恒雄が一時籍を置いた。CSIS は日本と縁が深く，防衛省・公安調査庁・内閣官房・内閣調査室の職員も客員研究員となっており，麻生太郎・安倍晋三もしばし訪れている。CSIS はイラク戦争にも関与し，イラク「復興」においては，リポート「より賢い平和」（A Wiser Peace）を作成し，時の国防長官ロナルド・ラムズフェルドに提出した [2]。

3・11 の直後，CSIS は「アメリカは日本の震災復興に多大の利害を保持している」という認識から，日本経団連などの日本財界と「復興」につい

第 3 章　海洋環境問題と政策問題

ての協議を開始した。そして早くも 2011 年 4 月 11 日には，CSIS は「東日本大震災からの復興構想に関するタスクフォース」の設立を発表し，4月 20 日には最初の全体会議を開き，5 つのワーキンググループが設置された。5 月 24 日には，マイケル・グリーンは「危機はチャンス：3・11 以後の日本」（Crisis as Opportunity, The future of Japan after 3・11）という文書を発表している。そして 6 月 11 日にはリチャード・アーミテージがタスクフォース・メンバーを引き連れて来日し，財界人・政治家・官僚・専門家・東北関係者などと協議している[(3)]。

3．「創造的復興」と災害資本主義

　このような CSIS による新自由主義的な地ならしの後に，6 月 25 日，復興構想会議から「復興への提言－悲惨のなかの希望－」が答申され，これをもとに，日本の復興対策本部の「復興基本方針」が 7 月 29 日に策定された。

　この日米合作の大震災対応計画の基本理念は，復旧ではなく「復興」である。経済同友会は，早くも 4 月 6 日に緊急アピールを出して，「新しい日本創生」のための新自由主義的構造改革を目指す将来の道州制の先行モデル構想を出しているが，これには同年 1 月 11 日に出された「2020 年の日本創生─若者が輝き，世界が期待する国へ」という報告書が基盤として用意されていた[(1)]。大震災が起こって，チャンス到来というわけである。

　そして 4 月 11 日に菅内閣が，「東日本大震災復興構想会議の開催について」と題する閣議決定を行った。この中で，「未曽有の被害をもたらした東日本大震災の復興に当たっては，単なる復旧ではなく，未来に向けての創造的復興を目指していく」と述べている。

　この「創造的復興」という言葉は，1995 年の阪神・淡路大震災の際に貝原俊民兵庫県知事が，震災復興のメインスローガンとして使った言葉である。当時頭をもたげてきた新自由主義経済思潮に乗って，産業構造を近代化するために空港や高速道路の建設を，災害「復興」をチャンスとして，

383

2. 研究の軌跡

先行させようとしたのである。これは，カナダのジャーナリスト　ナオミ・クラインが名付けた「ショック・ドクトリン－災害資本主義」に他ならない。災害資本主義は，戦争や天災に便乗して一気に新自由主義的な構造改革を行い，無国籍企業に利潤をもたらす手法で，ノーベル賞経済学者ミルトン・フリードマンが理論的根拠を与えた[4]。

　具体的に，復興費から見よう。復興費の総額16.2兆円のうち，①復旧・復興事業に10.8兆円，②将来の防災事業1.6兆円，③通常事業3.8兆円で，3分の1は復旧・復興とは関係のない事業に使われている。すでに予定されていた神戸空港の建設も関西空港のための埋め立てにも，震災復興予算が使われている。多くの資金が産業振興のためのハコモノやインフラ整備に使われ，被災者の生活支援に回らず，被災者・被災地が零落していくという構造である[5]。兵庫県が推計したところ，阪神・淡路大震災後2年間に集中した復興需要14.4兆円（うち公共投資3割）の90％が被災地以外に流出した。被災地外の企業が復興利得の大部分を持ち去ったことになる[6]。そして，鳴り物入りで宣伝された神戸空港や新長田開発ビルの経営は，悲惨な状態になっている[7]。

　東日本大震災についても，同じことがまたもや行われている。政府の復興構想7原則の一つは「日本経済の復興なくして被災地域の真の復興はない」というものであり，これが2011年6月に制定された復興基本法の「単なる災害復旧にとどまらない活力ある日本の再生」という文言につながる。これによって，被災地以外での，あるいは直接復興に関わらない事業での，復興予算の「流用」が可能となった[5]。要するに，震災を奇貨として，新自由主義的な構造改革を推進しようというわけである。

　実際に，被災地で分野別に大きな復興格差が生じている。2013年9月は「集中復興期間5年」の折り返し点にあたる。創造的復興のために費用が注入された鉄道は，運行区間の変更などを含む路線以外はほぼ完全に復旧した。道路（橋を含む）は，岩手県で94％（2013年8月末），宮城県で62％（7月末），福島県で78％（8月7日）が復旧した[8]。被災直後には大幅に落ち込んだ被災地域の鉱工業生産指数は急速に回復し，2011年12月

第3章 海洋環境問題と政策問題

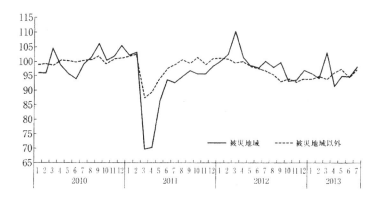

図3　地域別鉱工業生産指数の推移
(出所)「経済産業省経済解析室：震災に係わる地域別鉱工業指数の試算値について
(平成25年7月分確報)」2013年9月13日

にはほぼ元通りとなった（図3）。これに対して民生分野では，住宅は岩手県4％（8月末），宮城県1％（8月末），福島県2％（8月末）で，ほとんど復旧していない。福島県内の除染作業は，遅々として進んでいない[8]。

行われているのは，上述のような「復旧」だけではない。水産庁の「水産復興マスタープラン」（2011年6月）の沿岸漁業の復興基本方針は，

① 生産基盤の共同化・集約化
② 資本が漁協に劣後しないで漁業権を取得できる仕組みを作る（水産業復興特区）
③ 漁港の機能の集約・役割分担

となっている。大震災に便乗して，資本に都合のいいように，沿岸漁業の構造改革を行えるモデル地域を作ろうというのである。なかでも問題なのは，②と③である。

②については，財界の長年の悲願である漁業権の弱体化である。漁業権は漁業協同組合が優先的に免許され，沿岸の一定区域において漁業や養殖を一元的に管理する権利で，江戸時代から続く日本独自の慣習的な制度を，明治時代に法制化したものである。これは資本の沿岸開発にとって，

385

2．研究の軌跡

ひじょうに邪魔になってきた。そこで，資本も漁協と対等に漁業権を免許される「特区」を震災に便乗して作ろうというもので，その原点は，財界4団体のシンクタンクである日本経済調査協議会が2007年2月に出した「魚食をまもる水産業の戦略的な抜本改革を急げ」という提言である。この提言は，内閣府の規制改革会議が2007年12月に出した「規制改革推進のための第二次答申—規制の集中改革プログラム③水産業分野」の基礎となっている。漁民の反対を押し切って，この特区は宮城県石巻市桃浦に2013年に作られた。これはもともと，村井嘉浩宮城県知事の強引なリーダーシップによるものである。これによって資本の沿岸利用はひじょうに容易になった。詳しくは，筆者の論考を参照されたい[9]。

③について，政府の基本方針では，漁港を三つのパターンに分け，再編整理することになっている。

- （ア）全国的な水産物の生産・流通の拠点漁港：八戸，釜石，大船渡，気仙沼，石巻，塩釜など
- （イ）地域水産業の生産・流通の拠点となる漁港
- （ウ）漁船の係留のための小漁港

三陸沿岸には，リアス式海岸の浦々に小さな漁港が存在し，それを中心に地域共同体が成立している。それを切り捨てて，漁港機能を大漁港に集中しようというのである。沿岸漁業は，ますます寂れていくだろう。そして，資本進出のチャンスが広がる。

4．巨大防潮堤計画

国土交通省によると，「今後の津波，高潮等の発生による被害の発生を防止し，被災地域の復興を支えていくためには，海岸堤防などの海岸構造物の早期の復旧が必要とされる。そのため，広範囲に亘る被害発生地域において，これらの施設の本格復旧が行われていくことになる。復旧施設の中心は，津波，高潮等の外力に対応した海沿いの連続的な構造物となることが想定される」[10]として津波対策の中心は「海沿いの連続的な構造物」

すなわち万里の長城のように連なる防潮堤であるとしている。そして，これを3〜5年以内に復旧させるとしている。つまり，「津波防災の基本は巨大防潮堤」という方針である。建設計画の多くは，復旧ではなく，創造的復興で，巨大防潮堤の新規建設である。たとえば唐桑半島大島側の鮪立地区では，もとのTP（堤防の高さ）1.2mに対して，計画は9.9mである。岩手，宮城，福島の3県あわせて，総延長400km，総事業費8500億円の巨大プロジェクトで，公共事業であるから，大企業にとっては，垂涎（すいぜん）の的である。大震災前の総延長は，300kmであった。

大津波による災害は，災害資本主義の格好の出番である。2004年12月26日に起きたスマトラ沖地震で，スリランカの東海岸は大津波に襲われ，およそ3万5000人の生命が奪われた。手付かずの海の美しさで知られるアルガムベイは，サーファーのメッカである。そこにあった漁村は津波によって一掃され，漁民の家の再建は禁止され，跡地に国際観光ホテルが立ち並んだ。震災以前に国際コンサルタント・グループがスリランカ政府に提出していた「アルガムベイ資源開発計画」を，実行に移すチャンスが到来したのである[4]。

津波の規模（高さ）は，L1とL2に分ける。Lとは，レベルである。L1は数十年から百年に一度の比較的発生頻度の高い津波，すなわち明治三陸津波や昭和三陸津波，L2は数百年から千年に一度発生する，貞観津波，3・11のような津波である。L1に対しては，背後地を完全に防御する。L2に対しては，津波が防潮堤を越えることがあるが，粘り強い構造にして完全には破壊されないようにし，浸水面積を縮小する。

L1防潮堤の建設が基本である。L1防潮堤が存在することを前提として，L2津波による浸水域を推定し，浸水が予想される区域については，住宅，病院，学校，自治体庁舎などの建設を禁止する。ただし，予想浸水深が2m以下の場合には，条件付で建設を認めることがある。事業所や工場などの産業活動用のものは，建設を認める[11]。この方針に従って，各県は「津波防護のための高さ」を決定した。防潮堤の建設は災害復旧の位置づけであるため，発災後5年以内に事業が完了することが義務づけられてお

2．研究の軌跡

り，行政は 2017 年度完了を目指している。

　しかし，住民と自治体の間で合意が進まないところも多く，建設の遅れ
が目立っている。もっとも進んでいる岩手県でも工事完了は 2013 年 7 月末
で 14％に過ぎず，2013 年 8 月に工程を見直し，一部は 2016 年にずれこむ
とした。宮城県ではわずか 1 ％で，入札段階にとどまる所が多い。設計が
遅れ，用地の買収も進んでいない。福島県に至っては，0 ％である。

5．防潮堤と地方自治体と住民－宮城県の場合－

　宮城県の「海岸堤防の基本方針」（要約）は（海岸堤防の整備方針につ
いて，2011 年 12 月 28 日），「海岸堤防は，人命保護に加え，住民財産の保
護，地域の経済活動の安定化，効率的な生産拠点の確保の観点から，数十
年から百数十年に一度程度で発生する津波の高さを想定し，堤防高を決定
する」というものである。

　防潮堤は岩手県境から福島県境まで断続的に設置され，TP は，女川湾
以北では，おおむね 8m 以上で，唐桑半島，気仙沼大島では 11m を越す巨
大なものである。底面積がまた大きい。山が海に迫り，平地部分の少ない
三陸沿岸では，巨大防潮堤設置が住民生活に与える影響は大きい。なかで
も気仙沼湾では，7 ～ 12m の防潮堤が張り巡らされる。もっとも高い小泉
海岸では，TP14.7m，底幅 90m の巨大な防潮堤が海岸から海に流入する津
谷川の両岸にかけて作られる。建設計画の多くは，復旧ではなくて，新規
巨大事業である。誰が工事をするのか。宮城県は復興計画を野村総研に丸
投げし，石巻の巨大防潮堤の受注者は鹿島建設である。鹿島建設は瓦礫処
理の受注者でもあり，二度の大もうけをしている [1]。小泉海岸では，受注
者は大成建設と大林組で，建設費は 230 億円である。ゼネコンがもうけを
分け合っている。

　かつて大きな海水浴場であった気仙沼南部の大谷海岸は，地盤が 0.7 m
沈下して汀線が 50m 後退し砂浜が消滅したが，その後新たな砂浜が形成
された。ここでは高さ 9.8m の防潮堤が計画されているが，高さと底辺幅の

第3章　海洋環境問題と政策問題

比率が1対5であり，底辺幅が40〜50mになる。砂浜はほぼ消滅し，陸から海はまったく見えなくなる。大谷地区振興会連絡協議会は，2012年11月に，大谷海水浴場と自然環境をまもるために，大谷海岸防潮堤計画の停止と見直しを求める要請書を，気仙沼市長に提出した。住民3500人のうち成人1324人が署名した[13]。

　唐桑半島の只越地区では，TP11.3mの堤防を，海岸から流入河川の両側にかけて設置する。幅10mの川の両岸に底辺幅45mの堤防を建設するので，堤防の隙間に川がある状態になる。津波浸水面積（平坦地）約7万㎡に対して堤防底の面積が2万7000㎡であるから，平地の39%が堤防敷地になり，残りの平地は山と堤防に囲まれた，利用価値の低い窪地（つぶれ地）になる。南三陸町の歌津地区も，同じような状況であり，住民は，土地利用や国道再配置，など，まちづくり全体計画について，議論を続けている[13]。

　関西大学などによる「大島未来チーム」が2013年1月に行ったアンケートによると，気仙沼市大島の住民は，防潮堤よりも避難路の整備，緊急放送，食料備蓄を優先すべきだとし，住民が大切にしている景観や小田の浜海水浴場を残すべきだと，9割以上が防潮堤は要らないと回答した[14]。

　防潮堤がこれまで無かった気仙沼市内湾地区の，TP5.2mの防潮堤計画は暗礁に乗り上げている。村井知事は固い。知事は「防潮堤は生命や財産を守るために不可欠である。造らないと，後背地の開発はできない。科学的な根拠がないのに，堤防高を下げるべきではない。国の復興予算があるうちに造らなければ，今後造りたくても造れなくなる」という。これに対して気仙沼商工会議所の白井賢志会頭は，「知事は最初から建設ありき。魅力あるまちづくりを進める上で，防潮堤は要らない。コンクリートの構造物ができれば，この町は死んでしまう」と反論している[15]。

　驚くことは，防潮堤計画に塩釜市浦戸諸島の鷲島，漆島，大森島，馬の背島の四つの無人島が含まれていることである（事業費：21億円）[16]。宮城県は「国土保全」のためというが，それならば日本列島のすべての島の周りに，防潮堤を張り巡らせなければならない。

389

2．研究の軌跡

6．防潮堤による陸と海の分断－防潮堤は何を守るのか－

　三陸沿岸には，河川からの沿岸水があり，その東を対馬暖流が北から流れ，その東側に栄養分豊かな親潮があり，奇跡の海といわれるほど，海の生産力がひじょうに高いところである。そこは古くから日本有数の漁業地帯で，ワカメ，カキ，ホタテガイ，ギンザケの養殖，シロサケの孵化放流・定置網漁業が盛んで，宝の海である。この海は，陸とのつながり，陸から流れ出す河川によって豊かになっている[17]。

　海洋生態学者の田中克は，次のように述べている。「巨大防潮堤の一番の問題は，コンクリートの巨大な塊が陸と海とのつながりを断つことです。打ち込む矢板によって，地下水まで遮断されます。人と人，人と自然，自然と自然が断ち切られてしまいかねない。地域ごとにふさわしい防潮堤。不要という判断もあるはずです。地域住民の意志を踏まえ，市町村自らが決める仕組みを作るべきです」[18]。

津波からの防災には，いろいろな選択肢がある。(1) 遮断 { 防潮堤 }，(2) 高さ { 住居を高台にする }，(3) 迅速退避 { 予測・周知・広報・指示システム }，(4) 退避道路の整備，(5) 防災教育，(6) 防災訓練，(7) 災害に強い地域づくり・街づくり，など，およびこれらの組み合わせ。防潮堤は選択肢の一つである。

　岩手県大船渡市の吉浜地区は，「奇跡の集落」と呼ばれる。ここは，海に向かって開く扇状地で，津波の直撃を受けやすく，明治三陸大津波（1896 年）では，沿岸集落は壊滅し，住民の 2 割にあたる 200 人を失った。その後，村長のリーダーシップで住居と道路を高台に移し，浸水地域は水田とした。3・11 大津波による人的被害は，行方不明者 1 名であった。この教訓を，児童演劇で継承している[19]。

　最大の問題は，防潮堤計画が，住民の意思ではなく，資本の論理によって強行されつつあることである。住民の要望はほとんど無視され，2011 年に示された計画はほとんど修正されておらず，問答無用で事態が進んでいる[13]。

第3章　海洋環境問題と政策問題

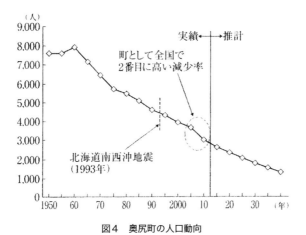

図4　奥尻町の人口動向
（出所）岡田豊「津波防災から20年の奥尻町の苦境－多額の公的資金による安全・安心の街づくりの限界－」『みずほリサーチ』2013年9月

　1993年の北海道南西沖地震によって，奥尻島は最高30mに達する巨大な津波によって被災したが，被害額700億円を上回る752億円の復旧・復興予算が投じられた。なかでも防潮堤建設に211億円という巨額の事業費が使われ，最高10m以上，総延長14kmの防潮堤が万里の長城のように島を取り囲み，陸からは海が見えなくなった。基幹産業は漁業と観光業であるが，風光明媚な海岸線が一変したため，観光業に少なからぬ打撃を与えた。働き場のない島から若者が去り，被災時の人口4700人は全国有数の速度で減少し，いまや3000人を切った。2040年には，1500人を下回ると予想されている[20]（図4）。コンクリートの寿命は40年であり，防潮堤の保守管理も困難になってくる。人気のない島の周りに巨大防潮堤が廃墟のように連なる姿が見えてくる。
　三陸＝常磐沿岸の今後を見据えて，防潮堤以外の選択も含めて，知恵を出し合わなければならない。資本と政府が押しつけてくる巨大防潮堤にどう対処するかは，科学的な将来展望に基づいた，地域の民主主義の問題なのである。

2．研究の軌跡

注

（1）渡辺治・木下ちがや：「震災『復興』と構造改革」，『現代思想』，2012 年 3 月号．

（2）CSIS: ウィキペディア HP.

（3）平野健：「CSIS と震災復興構想」，『現代思想』，2012 年 3 月号．

（4）Naomi Klein: The Shock Doctrine － The Rise of Disaster Capitalism －, Metropolitan Books, 2007, 翻訳『ショック・ドクトリン』上・下，岩波書店 , 2011 年．

（5）塩崎賢明：「復興予算は被災地のために」，『世界』，2012 年 12 月号．

（6）岡田知弘：「災害と開発から見た東北史」，『生存の東北史』大月書店，2013 年．

（7）岡田知弘：「創造的復興論の批判的検討」，『現代思想』，2012 年 3 月号．

（8）「集中復興 5 年折り返し」「朝日新聞」，2013 年 9 月 11 日付．

（9）川崎健：「『水産特区』問題の源流－漁業権の批判的考察から－」，『経済』，2011 年 11 月号．

（10）国土交通省：「河川・海岸構造物の復旧における景観配慮の手引き」，2011 年 11 月．

（11）国土交通省：「津波防災地域づくりに関する法律について」，2011 年．

（12）宮城県：「海岸堤防の整備方針について」，2011 年 12 月 28 日．

（13）横山勝英：「津波の海とともに生きる－気仙沼舞根湾での取り組みから見えてきたこと－」，『ACADEMIA 140』，2013 年 6 月．

（14）「『連載』堤防とまちづくり② みんなの海を守りたい」，「三陸新報」2013 年 8 月 14 日付．

（15）「防潮堤計画暗礁 気仙沼内湾地区 高さ 5・2m『港町の風情損なう』」，「河北新報」，2013 年 8 月 20 日付．

（16）「無人島に防潮堤必要 ⁉」，「毎日新聞」宮城県内版 , 2013 年 11 月 9 日付．

（17）宇津木早苗・山本民次・清野聡子（編）：『川と海』築地書館，2008 年．

（18）田中克：「海と生きる人の選択，大切に，『耕論』防潮堤から見える風景」，「朝日新聞」，2013 年 7 月 30 日付．

（19）「教訓生きた『奇跡の集落』」，「朝日新聞」，2013 年 10 月 21 日付．

（20）岡田豊：「津波防災から 20 年の奥尻町の苦境－多額の公的資金による安全・安心の街づくりの限界－」，『みずほリサーチ』，September 2013.

<謝辞>

　本稿を書くにあたり，次の方々のお世話になった。記して感謝する。柳希嘉子，山内繁，菅原昭彦，朝倉真理（気仙沼市），後藤一麿（南三陸町），斉藤晃，遠藤いく子（仙台市）

3. 漁業科学・資源生物学の到達点

1　自然変動する海洋生物資源の合理的利用
2　日本漁業の「ショック・ドクトリン」考
3　資源操作論の限界　沿岸資源管理の歴史に学ぶ

1 自然変動する海洋生物資源の合理的利用

渡　邊　良　朗

1. はじめに

「とる漁業からつくる漁業へ」という標語の下に，1960年代から日本の漁業は大きな転換を目指した。1969年版「つくる漁業」の緒言には，「魚を獲ることばかり考えないで，殖やして獲ることも必要ではないのか。殖やしながら獲れば，資源は永久に循環するし，生産量を増やすことも可能であろう」とある。漁業を，野生の動植物の狩猟や採集という原始的な生産形態から，つくり育てて収穫するという農耕・牧畜的生産形態へと移行させることを指向したのである。

マッカーサーラインによる漁業活動の制約が1952年に撤廃されて以降，日本の漁業は「沿岸から沖合へ，沖合から遠洋へ」と外延的に拡大した。しかし，米国沿岸沖の公海漁業を制限するとした1945年のトルーマン宣言に基づいて，1960年代には漁業専管水域や排他的経済水域の設定が国際的拡がりを見せ，日本の遠洋漁業の将来に影を落とし始めた。このような中，「日本の漁業は，好むと好まざるとにかかわらず，もう一度，日本列島の周辺をみなおさざるをえない」ので，浅海域における「つくる漁業」を積極的に推進して，とる漁業に匹敵する生産量をあげようと考えたのである。1970年代に各沿岸国が相次いで200海里排他的経済水域体制へ移行するという国際情勢の中，1980年代には日本周辺の水産資源を有効利用するための資源培養技術を開発するマリーンランチング（海洋牧場）計画（近海漁業資源の家魚化システムの開発に関する総合研究）が推進された。近海域における漁業生産システムを根本的に転換するための大規模な構造物が構想され，「海洋牧場システムのモデル研究」などの報告書も出された。

それから四半世紀が経過した現代において，浅海域の漁業・養殖業生

395

3．漁業科学・資源生物学の到達点

産はどうなっているのだろうか。海洋牧場で農耕・牧畜的な生産が行われるようになったのであろうか。本小論では，世界と日本の海面漁業・養殖業生産高の推移と内訳を概観することで，海域における漁業・養殖業生産が陸域における農耕・牧畜的生産と大きく異なることを認識し，そのような差異が海洋動物の生物的特性に基礎づけられていることを確認したうえで，海洋生物資源の生物的特性に適合する資源の持続的利用を考える。

2．世界と日本の海面漁業・養殖業生産

　まず世界の生産高の推移を見てみよう。国連食糧農業機関（FAO）の統計によると，2014 年における世界の海面漁業生産高（capture production）は 8,275 万トン（全海面生産高の 64%），海面養殖業生産高（aquaculture production）は 4,746 万トン（同 36%）で，人類は合計 1 億 3020 万トンの海洋動植物を資源として利用した。図 1 に示したように，1960 年以降，海面漁業生産高は急速に増加したが，1970 年から増加速度が緩やかになり，1990 年以降は 8,000 万トン前後で停滞している。一方，海面養殖業生産高は 1960 年にはわずかに 105 万トンであったが，着実に増加して 1992 年に 1,000 万トンを超えた。20 世紀末からの増加は目覚ましく，2010 年に 4,000 万トンを超えて現在も急増を続けている。

　漁業・養殖業生産統計年報によると，2014 年における日本の生産高は，海面漁業が 374 万トン（全海面生産高の 79%），海面養殖業は 99 万トン（同 21%）であった。1960 年以降，海面漁業生産高は急増して 1980 年代には 1000 万トンを超えた。しかし，1984 年の 1,150 万トンを最盛期として急減に転じて 1990 年には 1,000 万トンを割りこみ，2014 年には 1960 年の水準を大きく下回った（図 2）。海面養殖業生産高を見ると，1960 年代から 1990 年代まで着実に増加したが，1994 年の 134 万トンを最盛期としてその後は漸減し，2010 年以降は 90 〜 110 万トンの間で推移している。

　停滞する漁業生産と急増する養殖業生産，世界の海面生産高に占める養殖業生産高の割合は 36% を超え，生産の中心が漁業から養殖業へと入れ

1　自然変動する海洋生物資源の合理的利用

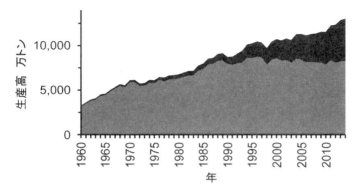

図1　世界の海面漁業（灰色）と海面養殖業（黒色）の生産高の推移
(FAO Fishstatによる)

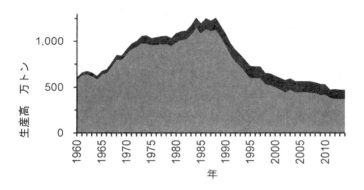

図2　日本の海面漁業（灰色）と海面養殖業（黒色）生産高の推移
（漁業・養殖業生産統計年報による）

替わりつつあるかに見える。世上では「これからは養殖の時代だ」という論調も目立つ。日本では漁業生産が急減する一方，養殖対象種としてのクロマグロやウナギ資源に関する研究が盛んである。つくる漁業への移行が進み，水産業は農業・牧畜的な生産の時代に入るのであろうか。

3．漁業科学・資源生物学の到達点

3．海の生産力に依存する海面漁業・養殖業生産

　海面漁業・養殖業生産高の内訳を見てみよう。2014 年の世界の漁業生産高中で魚類が 81％を占めた。続いて軟体動物と甲殻類が 8％で藻類は 1％であった。これらはいずれも，海洋が作り出した野生の動植物を対象としており，狩猟・採集的な生産である。一方，世界の養殖業生産高の内訳を見ると，藻類が 55％で過半を占める。次いで二枚貝類が 33％，魚類は 10％，甲殻類は 1％を占めた（図 3）。藻類養殖（紅藻類，褐藻類）は，内湾域に設置した養殖施設で生育した植物体を収穫するもので，海洋を循環する栄養塩を吸収して有機物合成を行った植物体の生産高である。また二枚貝類（アサリ，カキ，イガイ，ホタテガイ）は浅海域に設置した施設などで海洋の植物プランクトンや粒状有機物を餌として育つ。このようにみると，養殖業生産高のうちの藻類と二枚貝類を合わせた 88％は海洋の栄養塩循環と生物生産力に依存していることがわかる。漁業生産高と併せると，2014 年の世界の海面生産高 1 億 ,3020 万トンの 96％は，天然の海洋の物質循環と生物生産力に依存しており，施肥や給餌を基本として人間が管理する農業や畜産業とは異なっていることがわかる。

　日本においても，養殖業生産高が全海面生産高中に占める割合が 2001 年以降約 20％と高まっている。2014 年の海面漁業生産高のうち魚類は 77％，軟体動物が 18％を占め，藻類は 2％であった。一方養殖業生産高の内訳は，藻類 38％，二枚貝類 37％，魚類 24％であった。日本においても，藻類（ノリ，ワカメ，コンブ）と二枚貝類（ホタテガイ，カキ）が多くを占め，魚類の給餌養殖業は 1 ／ 4 を占めるに止まっている（図 3）。世界の生産とほぼ同様に，日本の海面漁業・養殖業生産においても全生産高 473 万トンの 95％が天然の海洋の物質循環と生物生産力に依存しているのである。内湾に設置された生簀に稚魚を収容し，給餌によって市場サイズに養成して出荷する畜産業的な魚類養殖業は，全海面生産高の 5％を占めるのみである。

　さらに，魚類給餌養殖業の実態を日本の魚類養殖で見てみよう。2014 年

1　自然変動する海洋生物資源の合理的利用

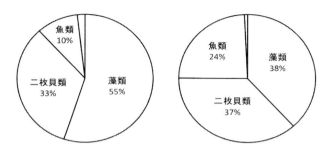

図3　世界（4746万トン、左）と日本（99万トン、右）の海面養殖業生産高の内訳
（FAO Fishstatと漁業・養殖業生産統計年報による）

の日本の魚類養殖業生産高の57%はブリ類（13.5万トン）である。ブリ養殖業では，モジャコと呼ばれる体重5～10 gの稚魚を天然海域で採捕して生簀に収容し，1年半から2年間養成して3～7 kgの養殖ブリやハマチとして出荷する。ブリの人工種苗生産は長年試みられてきたが，ブリ養殖に必要な数千万尾を供給するには至っていない。養殖用種苗のほとんどは冬から春にかけて東シナ海を中心とした黒潮系の暖水域で生まれる野生の稚魚である。クロマグロ養殖業は，近年急増して2013年以降1万トンを超える生産高となっている。クロマグロ養殖でも養殖種苗のほとんどはヨコワと呼ばれる天然の稚魚である。長崎沖や土佐湾で体重数百グラムの天然ヨコワを採捕して生簀に収容し，2～3年間で30～50 kgに養成して出荷するのがクロマグロ養殖業である。「クロマグロの完全養殖」に成功したと喧伝されるが，養殖用のヨコワを大量生産する技術は未開発であり，クロマグロ養殖は野生の稚魚に依存している。給餌による生産という点ではブリやクロマグロの養殖業は畜産業生産的に見えるが，種苗のほとんどを野生の稚魚に依存している点で魚類給餌養殖業も，海洋の生物生産力に依存しているのである。

　はじめにで述べたように，1960年代から日本の沿岸漁業・養殖業生産は農耕・牧畜的な生産システムを目指してきた。しかし，それから半世紀を過ぎた現在でも，漁業・養殖業生産はほぼ100%天然の海に依存している

3．漁業科学・資源生物学の到達点

のである。陸域で行われる農業と畜産業は，生産過程のほとんどすべてを人間の管理下においている。野菜の種子や苗は品種改良を経て作り出された人工種苗で，その後の生育過程も人為的に管理され，野生の世界からは完全に切り離された生産である。畜産業においても，品種改良によって人為的に作り出された家畜の繁殖と成育の全生活史は人間によって管理されている。野生のウリ坊を捕獲して生産するような畜産業は存在しない。これに対して海域で行われる漁業・養殖業生産では，そのほとんどを天然の海洋の物質循環と生物生産力に依存しており，陸域の農業・畜産業とは生産システムが基本的に異なっているのである。では21世紀の現代でも，海面漁業・養殖業が農業・畜産業的な生産形態に移行できないでいるのはなぜであろうか。それは，生産の対象となる海洋生物が，陸上の生物とその特性において大きく異なっているからである。そのために，陸域における農業・畜産業的な生物生産の論理が，海域における漁業・養殖業に適用できないということによる。

4．海洋動物の特性

　海面漁業・養殖業の対象となる海洋動物は，生物特性において陸上の動物とどのように異なっているのだろうか。海洋動物は成体の体サイズに比して著しく小型の卵を多数産出する小卵多産という特性を持つ。卵生の陸上動物である鳥類では，成鳥の大きさと卵の大きさが比例する。アホウドリの卵は大きくハチドリの卵は小さい。卵の大きさが成体サイズに比例する一方，産卵数は種類を問わず1桁で大きく違わない。これに対して海産魚類では，卵の大きさは魚種を問わず1.0 mm前後とほぼ一定しており，卵サイズは成体サイズと比例しない。他方で産卵数は成体サイズが大きいほど多い。マイワシは数万，マサバは数十万，マダイは数百万，ブリは約千万，クロマグロは数千万の卵を産むのである。大型の魚種ほど多くの卵を産むのは，卵巣の大きさが体サイズに比例するからである。クロマグロの大きな卵巣の中には夥しい数の小さな卵が詰まっている。海産魚類で

は，卵の大きさではなく産卵数が成体サイズに比例するのである。

海産魚類の著しい多産は，生活史初期における高い死亡率と密接に関係している。海産魚類の多くは卵を海水中へばらばらに放出する。分離浮遊卵と呼ばれるこのような小型の卵や孵化した仔魚は海洋表層を浮遊するプランクトンである。甲殻類や魚類などの外敵による捕食によって1日当たり数％から数十％に達する高い死亡率を経験し，孵化30日間後の生残率は数％〜数百分の一％と著しく低い。夥しい数の卵が産み出され，そのほとんどが死亡する結果，生き残って資源へ育つ新規加入量はごくわずかという「小卵多産と多死」が，海産魚類の第1の特徴である。多死の結果として得られる生残率は数万分の一から数百万分の一という小さな数字になり，それがわずかに年変動すると新規加入個体の数，すなわち次世代の子の数が大きく変動することになる。多産多死は必然的に大きな個体数変動となって現れる。

海洋動物の特徴の第2は「幼生の輸送・分散」である。産み出されたばかりの分離浮遊卵や孵出した幼生（仔魚）は，産出された位置に集中して高密度に分布するが，産出の瞬間から拡散によって分布範囲を同心円状に拡大しつつ，海流，潮汐流，吹送流などによって分布の中心が下流へと移流する。卵や幼生は移流と拡散によって輸送・分散され，産出された位置から数十〜数百キロメートルも離れた場所へ移動しつつ成長発達する。幼生の広範囲への輸送・分散は，陸生動物では全く見られない海洋動物の特性だ。幼生が生き残って成長できるかどうかは，流れによって運ばれてたどり着いた海の環境に依存する。それが多死の原因となり，大きな個体数変動の要因となる。

「非限定成長」が第3の特性である。海産魚類では成体サイズに関わらず卵の直径が1.0 mm前後で，それから孵化した仔魚も体長3.0 mm前後と小さい。直径1.0 mmの卵の重さは約0.5 mgであり，例えば体重500 gのマサバ成魚は卵として産み出されて以降に生物量を100万倍に増加させたことになる。また，体重100 kgのクロマグロは卵重量の約2億倍に成長するのである。海産魚類はある個体が産み出されて以降に驚くべき成長を

遂げるのだ。このような成長を可能にするのが「非限定成長」，即ち成体になって以降も成長し続けるという特性である。陸上動物の多くは，繁殖を開始すると摂取エネルギーを個体維持と繁殖に用いるようになり，体成長は停止する。鳥類や哺乳類は種によって成体の体サイズがほぼ決まっているし，昆虫類では変態後の成虫が成長することはない。魚類を初めとして多くの海洋動物が非限定成長を遂げることは，繁殖開始後も成長にエネルギーを配分し続けることに利点があるためだろう。海水に対してほぼ中立の体比重を持つ海産動物では，体重増加が体の支持や運動上の負担増加にならない。体サイズの大型化は配偶子量を増大させ，運動能力を高め，繁殖や餌の獲得における種内の競争に有利にはたらくだろう。

　海洋動物の特性をまとめると，小型の卵を多産し，海水の流動にのせて広い範囲に子を分散させ，高率の初期死亡過程を生き残ったわずかの個体が著しい成長を遂げて次世代を形成する，ということになる。ばらまかれた各個体の生き残る確率は著しく低いが，大量にばらまくことで個体群として次世代の個体数が皆無になる確率は低いと考えられる一方で，低い生残確率を持つ個体の寄せ集めに次世代を依存するために，当たり年とはずれ年が生じることが避けられない。個体の成長倍率（卵に対する成体の生物量の倍率）に世代間の大きな差はないので，海産動物個体群の生物量変動は，新規加入数の変動によって引き起こされることになる。

5．自然変動する海洋生物資源

　海洋生態系において，大きな生物量を形成する種は重要な資源として人間に利用される。ニシン亜目，サバ科，タラ科の3分類群は世界の海洋において大量に利用される重要な資源である。マイワシ属，カタクチイワシ属，ニシン属などを含むニシン亜目魚類の 2014 年における漁獲高 1,522 万トンは，世界の魚類漁獲高の 23%を占めた。サバ属，カツオ属，マグロ属などを含むサバ科魚類は 766 万トン（カジキ亜目魚類を含む）で 11%を占め，マダラ属などのタラ科魚類は 865 万トン（メルルーサ科を含む）で

1　自然変動する海洋生物資源の合理的利用

13%を占めた。

　高い資源量を誇るこれらの資源を魚種別にみると，その漁獲量が大きく年変動することがわかる。まず，南米太平洋岸フンボルト海流域のカタクチイワシ属魚類のアンチョベータを見てみよう。アンチョベータは1950年代に資源として開発され，1960年代に漁獲高が急増して1970年にチリ，ペルー，エクアドルによる漁獲量が1,306万トンという単一魚種で世界最高の漁獲高を記録した大資源だ。しかし，その3年後の1973年には170万トンへと急減し，1980年代には著しく低水準となった。1980年代末からは再び増加し，2000年代には300〜1,120万トンの間で増減している（図4）。アンチョベータの漁獲量は1960年以降に100倍以上の幅で変動した。

　日本の太平洋岸で産卵する太平洋系群のマサバ漁獲量も変動が大きい。旋網がサバ漁に参入して以降の漁獲量を見ると，1960年代半ばから急増して1978年には147万トンの最高値に達した。しかし1980年代に急減して1991年には2万トンと著しく低水準となった。1990年代中盤に40万トン台まで回復した後に，近年は10〜30万トンの間を変動している（図4）。半世紀の間に，太平洋系群マサバの漁獲量は約60倍の幅で変動したことがわかる。

　タラ科魚類として，カナダ大西洋岸におけるマダラの漁獲量変動をみると，1970年代初めまでは30万トンの水準で推移し，1982，1983年には50万トンを超えたが，1990年代に急減して1995年には1.2万トンと最高時の1/40以下となった。禁漁などの厳しい資源保護策がとられたが回復せず，2010年以降の漁獲量は1万トン台を低迷している（図4）。このようにカナダ大西洋岸のマダラ漁獲量は約50倍の幅で変動した。

　世界的に漁獲量が多い分類群の中から変動幅の大きい3魚種の事例を見たが，このように大きな変動の原因をどのように考えたらよいだろうか。古くから漁獲量変動，したがって資源量変動の原因として2つの要因が考えられてきた。一つは人間による漁獲であり，他の一つは自然的な環境変動の影響である。日本のマイワシ太平洋系群の1980年代末からの漁獲量減少は，自然的な要因によって1988年以降に稚魚の生残率が著しく低下した

403

3. 漁業科学・資源生物学の到達点

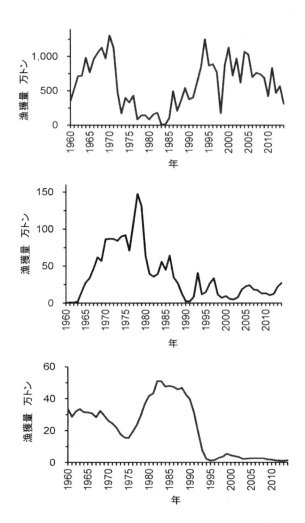

図4 南米太平洋岸のアンチョベータ（上）、日本のマサバ太平洋系群（中）、カナダ大西洋岸のマダラ（下）の漁獲量の推移
（FAO Fishstatと我が国周辺水域の漁業資源評価による）

1　自然変動する海洋生物資源の合理的利用

ことにその原因があったことが明らかとなった（Watanabe et al 1995）。アンチョベータ資源の 1970 年以降の資源減少の原因は，過剰漁獲とエルニーニョによって説明されてきたが，2009 年 11 月に行われたシンポジウムで，長年アンチョベータの研究を行っているドイツの J. Alheit は，1973 年のエルニーニョより前の 1971 年からアンチョベータ資源は減少を開始し（1970 〜 1973 年の漁獲量は 1,306，1124，482，170 万トン），エルニーニョ以外の何らかの自然的な要因によってアンチョベータ資源が激減したと述べた（Alheit 2010）。

　資源量の減少は漁業経営上の大きな問題で，その原因については盛んな論議が行われてきたが，他方で資源量増加の原因を考えてみるのも重要だ。マイワシ太平洋系群は，高水準の 1972 年級群の出現から資源量急増を開始した。1973 年から漁獲量が急増し（図 5），1980 年代半ばには 7 月〜 10 月の 4 か月間の漁期に釧路港へ 100 万トン以上が水揚げされた。漁業を規制するどころか，24 ヵ統の旋網船団がフル操業して，釧路沖の海域でマイワシを獲り続けたにもかかわらず，1980 年代には高水準の新規加入量が連続したのである。このような資源量の急増は，親魚資源を保護することによって実現したのでないことは明らかだ。人為的な漁業制限によってではなく，何らかの自然的要因によって高水準の再生産が続き，制限のない大量漁獲にもかかわらず資源量が急増したのである。同様に，1970 年に 1300 万トンを超える漁獲量を達成するまで増加したアンチョベータ資源でも，1960 年代に漁業活動が規制されたことはなく，1965 〜 1969 年に 768 〜 1127 万トンもの大量漁獲が続いたにもかかわらず，1970 年には 1300 万トンを超える漁獲量に達したのである（図 4）。マイワシの場合もアンチョベータの場合も，資源量増加の原因を漁業活動の制限に求めることはできない。何らかの自然的要因が資源量増加の原因と考えるべきだろう。反対に，カナダ大西洋岸のマダラ資源では，1980 年代の資源減少の対策として 1990 年代から強力な漁獲制限が行われてきたが，それにもかかわらず資源は一向に増加の傾向を見せない。資源が低水準を継続し続けているのは，漁獲の圧力ではなく，資源の自然的な再生産の不調をその原因と

405

3．漁業科学・資源生物学の到達点

考えるべきだろう。海洋生態系の一部を構成するこれらの資源生物は，陸上動物とは異なる生物学的特性を基礎として大規模な自然変動をくりかえしており，漁業活動の制御による人為操作を許さないのである。

日本周辺海域のマイワシと南米太平洋岸のチリマイワシの漁獲量変動様式は極めて類似している（図5）。1960年以降半世紀の変動過程を見ると，日本，ロシア（ソ連），韓国によるマイワシ漁獲量は1960年代まで低水準であったが，1970年代に入って急増を開始し，1987年に532万トンに達した後に急減して，2005年には1980年代の約0.5％の水準に減少して，2011年以降10～20万トンの水準にある。1960年代のチリ，ペルー，エクアドルによるチリマイワシ漁獲量は1万トン以下であったが，1970年代に入って急増を続けて，1985年には649万トンに達した。1990年代には激減して2004年以降は1万トン以下の水準となり，2010年以降の漁獲量は100～1000トンの間にある（図5）。1980年代後半から，日本周辺海域や南米太平洋岸を含む世界の各海域において，イワシ類の漁獲量変動傾向がこのように類似していることについての認識が広まった。その嚆矢は，コスタリカで行われた国連食糧農業機関主催の専門家会議における川崎健の報告「浮魚資源はなぜ大きな個体数変動を行うのか？」であった。同期的な資源量変動に関するこの報告以降の議論の発展と，レジームシフトという認識の形成過程は，本書の主題である。

海の科学である海洋学はいくつかの分野から構成される。物理量に着目してその分布や変動から海洋を理解しようとする物理海洋学（physical oceanography），化学物質の分布や量的変動から海洋を理解しようとする化学海洋学（chemical oceanography），海洋生物の分布や現存量の変動から海洋を理解しようとする生物海洋学（biological oceanography）などと並んで，水産海洋学（fisheries oceanography）は水産業という人間の営みから海洋を理解しようとする科学として，海洋学の一部を構成する。1950年代からの漁場形成の科学によって，資源生物の空間分布や移動回遊から海洋の構造を知ることに成功した水産海洋学は，1980年代以降，世界の海洋における魚類の漁獲量変動様式から海洋生態系のレジームシフトという新たな

406

1 自然変動する海洋生物資源の合理的利用

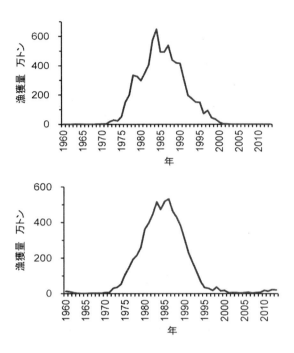

図5 南米太平洋岸(上)と日本周辺海域(下)におけるマイワシ漁獲量の推移
(FAO Fishstatによる)

認識を形成するに至った。陸上動物とは異なる生物学的特性を持つ海洋動物の資源量変動様式を究明することで、生命が誕生した海洋生態系における生物の数量変動のしくみに関する新しい考え方を提示することが、水産海洋学の21世紀の課題である。

6. 自然変動する海洋生物資源の合理的利用

海洋生態系の自然変動に伴って、大規模な量的変動を見せる海洋生物資源の合理的な利用法をどのように考えたらよいであろうか。魚類の資源量は卓越年級群の発生によって左右される。卓越年級群とは、平均的な年

3．漁業科学・資源生物学の到達点

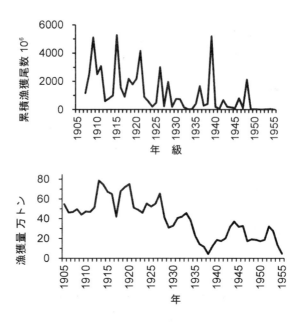

図6　北海道春ニシンの年級群別累積漁獲尾数（上）と漁獲年別漁獲量（下）の推移
（花村 1963）

級群の水準を超える量的に大きな年級群のことである。20世紀前半に多獲された北海道春ニシン資源ではとくに年級群水準の変動が大きかった（図6）。1907〜1926年の30年級群中で，累積漁獲尾数30億尾を超える卓越年級群が5回発生して，この年代には高い資源量水準が継続した。1930年以降，1939年級群は大きな卓越年級群であったが，それ以外に卓越年級群の発生がないままに資源量が減少し，春ニシンは1950年代半ばに北海道沿岸の産卵場から姿を消した。1907〜1950年級群の総漁獲尾数の約半分が，44年間で6回発生した卓越年級群によって占められた。このように，卓越年級群の発生によって資源量が変動し，発生の頻度が高い年代には大きな資源量が形成されるのである。

　一方，同じニシン科魚類の中でウルメイワシは，日本における1960年以

1 自然変動する海洋生物資源の合理的利用

降の漁獲量が 2.4 〜 8.9 万トンで安定している。漁獲量の多くが当歳魚と 1
歳魚で占められるウルメイワシ資源では，卓越年級群が発生するとそれが
直ちに漁獲量の急増となって現れるはずであるが，春ニシンと比べて漁獲
量が低水準で安定していることは，ウルメイワシ資源に卓越年級群の発生
がないことを表している。

　国際標準の水産資源管理は，最大持続生産量（Maximum Sustainable
Yield, MSY）を安定的に達成することを目標としている。ウルメイワシのよ
うに卓越年級群の発生がなく，加入量が安定している資源を対象とする時
に MSY の考え方による資源の管理が可能かもしれない。しかし，卓越年
級群の発生によって高水準の資源量が形成されるニシン科魚類やタラ科魚
類では，既にみたように必然的に資源量の変動が大きい。このような特性
を持つニシン科やタラ科の資源の合理的利用の考え方として，資源の安定
化を目標とする MSY は使えない。

　卓越年級群の発生によって量的に大きく変動する資源では，MSY に代
わるどのような合理的利用の考え方が可能であろうか。資源量の将来動向
を予測できれば，予測に基づいて資源利用方策を考えることができる。海
洋生物資源の量的変動は，繁殖による資源再生産の成否，特に大量に産み
出される卵仔魚の生残の成否にかかっていることは魚類資源学の基本的理
解である。しかし，卵仔魚や幼生の生残率を決定する生態学的な仕組みは
未だ解明されていない。

　生物資源の繁殖生態や初期生態の研究の進展によって，再生産の成否
の予測が可能になるであろうか。ある親魚資源が，自らが産み出す卵仔魚
が経験する生残率を予測して繁殖投資を調節するという事例の報告はな
い。産卵期前に経験した環境が悪い場合に親魚が産卵を行わない，即ちあ
る年の産卵をスキップするというマダラなどの例や（Rideout and Tomkiewicz
2011），産卵期中に経験する環境によって産卵の継続や中止を決めるという
カタクチイワシの例（檀田 1992）はある。それらは経験した環境に依存す
る親魚の栄養状態変動に応答する現象である。しかし，産卵期の環境から
卵仔魚が経験するであろう数か月先までの環境を見越して，親魚が産卵活

3．漁業科学・資源生物学の到達点

動を調節するという例はないようだ。数億年の進化の歴史を持つ魚類にして，子が経験する環境を予測し，それに応じて繁殖へのエネルギー投資量を調節して，生涯繁殖成功度を高めるという能力を進化させた種が存在しないとすると，そのような繁殖戦略は海洋動物にとって不可能であったのだろう。魚類が数億年の進化の歴史で発達させることができなかった能力を，人間が百年余りの研究で開発するという試みは成功しないと考える方が合理的だ。つまり産卵期に得られるデータから，親と子の量的な関係に依拠して加入量を予測しようとする「……の加入量予測法に関する研究」は，成り立たないと考えるべきだろう。

　天然資源の動向予測が不可能ということになれば，現に資源へと加入してくる量をできるだけ早期に診断して，それを基礎とした利用方法を考えるのが実際的な方法だ。例えば冬から春に産卵するマイワシでは，その年の11月から翌年の3月ころまで常磐・房総沖で漁獲される満1歳になる未成魚の資源量が，加入量の指標として有効であることが知られている。また，中央水産研究所の調査では，晩夏の千島列島沖における当歳魚の分布密度は，当該年のマイワシの加入量水準を指標することがわかってきた。これは，春に発生した群が成長して資源へ加入する量が，半年後の秋にはほぼ決定していることを意味している。どの時期にどの海域で魚群分布密度データを収集すると資源への加入量の指標が得られるかを，魚種ごとに詳しく調べて定式化することが重要である。定式化された方法に従って調査データを積み重ね，期待できる新規加入量の水準がわかれば，それをどのように利用するのが最善かを考えて，漁業を管理すればよい。それが，卓越年級群の発生によって変動する資源を持続的に利用する合理的な考え方といえるだろう。

　卓越年級群の発生によって予測不能に変動する天然資源を対象とする「とる漁業」では，早期の加入量診断を基に利用方策を考えることが合理的であることがわかった。一方「つくる漁業」としての人為的な資源増殖の可能性はどうか。卵仔魚期を水槽内で飼育管理して生産した稚魚の大量放流が，1960年代以降行われてきた。多死が起こる卵仔魚期を人為的に管

1 自然変動する海洋生物資源の合理的利用

理して，自然変動する加入量水準を安定化させる試みであった。マダイ，ヒラメ，トラフグ，エゾアワビなど多くの魚介類が対象とされたが，サケのように河川における資源再生産過程を人間による孵化放流に置き換えることに成功した例を除いて，ほとんどの資源増殖事業は成功しなかった。それは，陸上施設で大量に生産され放流される稚魚数も，天然海域で生まれる稚魚数に比べると桁違いに少なかったために，人工的な資源の嵩上げができなかった，即ち資源の自然変動を人為的に改変することができなかったからである。

　ではもう一つの「つくる漁業」である養殖業はどうだろう。陸上施設で人工的に育てた稚魚を種苗として給餌養殖業が行われているのは，マダイ（2014年生産高6.2万トン）・フグ類（0.5万トン）・ヒラメ（0.3万トン）・ギンザケ（1.3万トン）などで，いずれも浅海域や陸水域で産卵する魚種である。それらの合計生産高は海面漁業・養殖業生産高の2％を超えない。ブリ（13.5万トン）・クロマグロ（1.4万トン）・ウナギ（1.8万トン）などのような外洋域で産卵する種の人工種苗生産は成功していない。それは，外洋域を産卵場とする魚種が著しく多産多死であり，かつ卵仔魚が輸送・分散過程で経験する外洋域の環境を人工的に作り出すことが困難であること，即ち外洋域で生起する生物現象を水槽内で再現することの困難さによる。また将来，外洋域で産卵する種の種苗生産技術が開発される時が来たとしても，種苗生産に必要な経費を考えると，結局は自然の再生産を保全してそれに依存する方が合理的という結果になるであろう。

　我々は1960年代以降ずっと，人為的な操作によって資源を安定化させて利用すること，人為環境下で安定的に生産することを目標としてきた。しかし，天然資源の管理でこれに成功した事例はなく，給餌養殖業は天然資源への依存から脱することができない。これまで半世紀の「とる漁業からつくる漁業へ」の経験を踏まえると，人為的操作による農耕・牧畜的な生産を指向するこれまでの考え方を脱して，水産業は天然資源の自然変動に適応的な利用を考えるべきだろう。それが海洋生物資源を持続的に利用

3．漁業科学・資源生物学の到達点

する唯一の方法である。

文献

Alheit J. (2010) フンボルト海流生態系におけるレジームシフト．月刊海洋 477，414-420.

花村宣彦 (1963) 北海道の春ニシン（*Clupea pallasii.* CUVIER et VALENNE）の漁況予測に関する研究．北海道区水産研究所研究報告 26, 1-66.

Rideout R.M., Tomkiewicz J. (2011) Skipped spawning in fishes: More common than you might think. Marine and Coastal Fisheries, Dynamics, Management,and Ecosystem Science 3, 176-189.

靏田義成 (1992) カタクチイワシの成熟・産卵と再生産力の調節に関する研究．水産工学研究所研究報告 13, 168-192.

Watanabe Y., Zenitani H., Kimura R. (1995). Population decline of the Japanese sardine *Sardinops melanostictus* owing to recruitment failures. Canadian Journal of Fisheries and Aquatic Sciences, 52, 1609-1616.

2 日本漁業の「ショック・ドクトリン」考

大海原　宏

1．はじめに

　2011 年 3 月 11 日の東日本大震災により岩手，宮城，福島 3 県の漁業・漁村は甚大な被害を蒙った。これに加えて，福島原発のメルトダウン，水素爆発による放射能の拡散で故郷を失う人々が多数にのぼった。

　このような世紀の大災害に直面した方々は，震災直後から復興・再生を目指して立ち上がり，これを支援する人々も多数にのぼった。
他方では，大震災からの「創造的復興」という名のもとでの議論も活発に行われた。

　そのなかで，ひときわ目立ったのが，この大震災を利用し，被災地に大規模な民営化路線を導入しようとした，いわゆる「惨事便乗型」の復興論であった。

　それは，古川美穂が著書『東北ショック・ドクトリン』[1] で明らかにしているように，「現地の真のニーズとは異なり，…その多くは「上から・外からのプランであり」中身をよく見ると，「浮かび上がるキーワード」は「実験」というものであった。

　また，この未曾有の災害を利用しようとしている人たちが唱えているのは，「もっぱら経済で，それも本来の意味での経世済民ではなく，市場重視で，地域の歴史を踏まえた暮らしや幸せという単純だが大切な視点が抜け落ちている」ものであった。

　そこで，本稿では漁業・漁村の問題についてはどうであったか，すなわち，「日本漁業のショック・ドクトリン」がどのようにして提起され，誰によって喧伝されたか，このことを，まず確かめてみることとする。

2．日本漁業の「ショック・ドクトリン」
　　－「原典」とその「喧伝書」－

　まず，日本漁業の「ショック・ドクトリン」の源流をたどると，3.11 大震災の三ヶ月後の 2011 年 6 月 3 日公表の社団法人日本経済調査協議会の『緊急提言』「東日本大震災を新たな水産業の創造と新生に」[2] の存在に気付く。

　そして，この『緊急提言』には，2007 年 7 月に同協議会が公表した『魚食をまもる水産業の戦略的な抜本改革を急げ』[3] という原典があることが確認できる。当時の「規制改革会議」にその主張の一部を取り込ませた『提言』である。

　『緊急提言』の公表をうけて，かねてからこの論調を支持してきたマスメディアは，「提言」策定作業に協力してきた「論客」―構造改革推進論者や北欧の漁業事情に通ずるビジネスマン―に自説を述べ，「提言」内容を喧伝する著書の刊行を促した。『緊急提言』公表後の 1 ヵ年もたたない間に次の 3 点が出版された。

① 　2011 年 10 月 17 日刊，小松正之『海は誰のものか－東日本大震災と日本の水産業新生プラン－』㈱マガジンランド [4]
② 　2011 年 9 月 10 日刊，勝川俊雄『日本の魚は大丈夫か－漁業は三陸から生まれ変わる－』NHK 出版 [5]
③ 　2012 年 5 月 23 日刊，片野歩『日本の水産業は復活できる！－水産資源争奪戦をどう闘うか－』日本経済新聞出版社 [6]

　これに続いて，これらの著書の「視点・論点」をベースとする新聞記者や「学者」の追随的な外国漁業礼賛，日本漁業批判－時にはバッシング（手厳しい非難）－記事が出た [7,8]。

3.「原典」とその「喧伝書」の論旨

前記の「日本漁業の『ショック・ドクトリン』の「原典」とその「喧伝書」の論旨はどのようなものであったか，その概要をみると以下の通りである。

(1)「原典」-「日経調」の『緊急提言』

本提言の主旨は，「水産業新生プラン」を３つのステップで５年程度を目途にスピード感をもって実行せよというものである。

第１ステップ（１年目）：緊急対策

現状把握（調査），当面の生活確保，復旧対策実施，国・県による基本的枠組みの策定，県，市町村，地域グループによる水産業新生プランの検討。

第２ステップ（１～２年目）："新しい発想"水産業新生プランの策定とプラン実行体制の構築。

第３ステップ（２～３年目以降５年程度）：水産業新生プランの実行。

①産業拠点の一体的整備，職住地区分離，高台への移転など。

②水産資源の国民共有の財産化。

③個別漁獲割当 IQ/ 譲渡性 IQ（ITQ 制度）の導入および加工振興枠の設定。

④漁業権の解放と漁業協同組合組織のあり方の見直し。

⑤放射能汚染の情報開示と水産物流通の近代化。

この目玉となるのが，IQ/ITQ 制の導入と漁業権漁場利用の民営化の推進である。

まず，IQ/ITQ 制に係わる文言を拾ってみると，次の通りである。

①主要漁港の加工枠（水揚げの義務付け）に向けた IQ/ITQ の導入

②資源悪化魚種の漁獲能力削減と資源回復を図るための TAC の設定，ITQ の導入，漁業許可数の削減。

③沿岸の漁業権漁業資源及び 200 海里内の水産資源の ITQ 化，海洋生

3．漁業科学・資源生物学の到達点

物資源に資産価値の付与。

④特定区画漁業権の個人への「許可」発給と譲渡可能（ITQ）とする。

⑤漁船漁業の共同化・会社化。小型漁船の共同所有化。これら漁業の資源管理の IQ/ITQ 化と経営の一元管理。

⑥加えて，外国資本の投資を許容し，積極的に招致するという。

漁業権漁業・養殖業−定置漁業，特定区画漁業権漁業−の免許は「従前にとわられず」投資者，漁業者，加工業者，小売業者，大手漁業会社，またはそれらの共同体を対象とし，これらの権利は「譲渡可能（ITQ）」とする」という。

ここに示された「提言」は，漁場利用の徹底した私有化を指向するものである。

(2)「喧伝書」の論旨

前述したように，「日本漁業のショック・ドクトリン」，日本経済調査協議会の『緊急提言』が公表されたのを機に，これを喧伝する役回りを担った書籍が相次いで出版された。

前記の3点がその代表格である。ここではその論旨の概要をたどり，その「役所（やくどころ）」を確かめることとする。

①小松正之『海は誰のものか−東日本大震災と日本の水産業新生プラン−』

小松氏は，『国際マグロ裁判』『日本人とクジラ』等の著書があるように，これら漁業の　国際交渉において，日本国代表としての「タフ・ネゴシエーター」として著名な行政官として知られている。

近年では，『日経調』高木委員会の主要メンバーで，「漁業構造改革」推進論者としてその名を馳せている。

此度の『緊急提言』をとりまとめるに当っては「委員代表」として提言作成の陣頭に立ったものとみられる。それだけに本書の論旨と『緊急提言』の「論旨」は共通性があるとみてよい。

そこで，本書での氏の主張の骨子をたどってみると，その骨子は「原典」の『緊急提言』とほぼ同じである。①漁業生産量が最盛期に比して半減し，いまも減少傾向が続くことを理由とした「日本漁業衰退論」，②漁業権漁場の漁協主導の管理方式への批判・バッシング，③漁船漁業の「乱獲」体質批判，④漁業政策の補助金漬け体質批判などである。

そして，漁業政策の転換策として，ニュージーランドや北欧の漁業管理方式，とりわけ IQ/ITQ（IVQ）制の導入が推奨される。

氏の論点は行政官としての現地視察を基礎とした政策論で，しかも始めに結論ありきの論述が多い傾向がある。逆に言えば実証性が乏しい。それゆえ，「クリティカル・シンキング」（批判的考察）[9] を試みると納得が行かないところが多く出てくる。

②勝川俊雄『日本の魚は大丈夫か－漁業は三陸から生まれ変わる－』

著者は「水産資源学の専門家で，未来の食卓の魚を守るのが私の役目」だと言っている。

その魚を生産する漁業は日本の衰退産業の代表格であり，この産業が生まれ変わることは日本全体が変わる一つのきっかけになると考えている。そういう意味では，三陸漁業の復興は，日本漁業の復興，さらには，日本の復興にもつながる重要課題だとして，漁業改革に取り組む意義を強調している。

著者と『緊急提言』を発した高木委員会との関係は，続いて出版された『漁業という日本の問題』NTT出版（2014年4月19日）で次のように説明している[10]。

著者は2006年，独自にブログを開設し，これを拠点として日本の漁業政策の批判を展開しているうちに，日本漁業を改革しようという動きが「財界」から出てきて，高木委員会が2007年2月に『緊急提言』を公開したのをインターネットで知った。『提言』の日本漁業に対する危機感は筆者（勝川）としても共感できるものでした。そして，同年5月筆者（勝川）は高木委員会に講師として招かれて，資源管理の基本的な考え方をレク

3．漁業科学・資源生物学の到達点

チャーした。そこで話した「資源管理で持続的に利益の出せる漁業」とい
う主張は高木委員会提言の一つの核になったと自負しているという。

　そこで，「漁業管理の先進国の改革モデル」に学び，「儲かる漁業の方
程式」を提示することに務める。現地調査で確認したというノルウェー，
ニュージーランドの漁業管理の仕組みの礼賛がこれである。

　しかし，その記述をよく見ると，経済調査マンとしては必須の関係資料
の収集とその分析という手順を欠き，実証性が乏しい。その結果，事実誤
認と覚しき記述も眼につく。

　そして，近年，各方面で日本の制度の仕組みやあり方を批判するとき，
「ノルウェーでは〜」，「ニュージーランドでは〜」「アメリカでは〜」等，
「これらの諸国の事例を環境条件に関係なく善であると見做し，礼賛する
「ではのかみ」(11) としての振舞いが目立つ。

③片野歩『日本の水産業は復活できる！−水産資源争奪戦をどう闘うか−』
　著者は某水産大手企業の社員で「ノルウェーをはじめとする北欧各国の
現地と市場に 1990 年以降 20 年以上にわたり毎年訪れ，多くの買付け交渉
に携わる」キャリアを持つ。

　本書執筆の契機は 2009 年内閣府主催（規制改革推進室）の講演会で，
ノルウェーの水産資源管理に関して講演，これを機に八田達夫教授共著の
『日本の農林水産業』にケース・スタディ・事例研究 2「ノルウェーの水産
資源管理改革−マサバを中心として」を寄稿。

　2011 年東日本大震災，日経調『緊急提言』公表などの情勢のもと日本経
済新聞出版社から単著刊行の誘いがあったのだという。

　著者は引き続いて株式会社「ウェッジ」のインターネットサイト『WEDGE
infinity』連載の「日本漁業は崖っぷち」を加筆・改稿して，2013 年『魚は
どこに消えた？−崖っぷち，日本の水産業を救う』㈱ウェッジを刊行して
いる。(12)

　これらの著書を一覧すれば判るように，著者の「視点」「論点」は前 2
者（小松・勝川）の著書と「瓜二つ」である。

418

そこで，日本の水産業を成長産業に復活するために三つのポイントを提示する。

①個別割当制度（IQ, ITQ, IVQ）の導入，②輸出産業への転換，すなわち，世界の水産物取引は年々拡大しているので，国際市場で競争力のある水産加工品の生産と市場の確保，③ノルウェーや EU の漁業政策の仕組みを日本国内においても構築し，労働環境を改善し，若者の就業を促すこと，これである。

一言でいえば，ノルウェー型の漁業構造を構築せよという提案である。現場に通じているという「経験」が売りで，厳密な国際比較論にもとづく検証に欠ける。

4.「モデル国」の識者・メディアの所見

「ではのかみ」のキャンペーンに惑わされない方法は，研究者であれば学術誌によって先行研究に目を通すことである。今ではネットでこれを得ることができる。新聞・雑誌を情報源とする場合は「モデル国」の識者やマスメディアの所見に耳目を傾ける方法がある。

そこでここでは「業界誌」等によりニュージーランドの識者の所見，米国の雑誌「日本版」の「ルポ」により実態を確かめてみることとする。

(1) ニュージーランド ITQ について

ニュージーランドの ITQ 制導入は国家の財政破綻を克服する構造政策の一環として，かなり強権的に実施された。

この過程を 2001 年来日し，郵政研究所公開セミナーで「ニュージーランドの構造改革」について講演したジェーン・ケルシー教授（オークランド大学法学部）はつぎのように語っている[13]。

「20 世紀の殆どの部分，非常に強力な公共投資があり，そして，福祉国家を目指す国家運営をしてきたが，1984 年ラジカルな一方的な抜本的構造

3．漁業科学・資源生物学の到達点

改革の動きがありました。1984 年から 1990 年にかけては，中道左派政権－労働党政権がその任に当たり，1990 年から 9 年間はより保守的な政権となり，国民党がその構造改革に当たりました。」

「この時，政策の設計，実施に当たったのは，経済官庁の人達，それから特に財務省の人達でした」「政治的なリーダーシップが与えられたのは，往々にして“神風特攻型”の政治家達でした。この人達の考えによりますと，政治的なコストがどんなものであっても，とにかく改革・変化を実行することにコミットした人達でした。」「いわゆる“電撃作戦”とよばれるようなやり方であり……あらゆる分野でなるべく手早く，数多く変化を導入しようとするものでした」そして，「どのような異論を唱えることも難しいプロセスだったのです。」

「このような状況が顕著だったのは 1984 年から 1988 年にかけてと，1990 年から 1993 年にかけてでした。」

「この構造改革には 5 つのポイントがありました。①金融引締め，②国家の役割を減少させる公社化，民営化，③市場の自由化，④労働市場の規制緩和，⑤財政引締です」

「ここで主眼となっていましたのは，経済的な目的オンリーであり，社会的な問題であるとか社会的な懸念とか，そういったものが政策的に代替案として上がってくることは許されませんでした」

これがニュージーランドの構造改革推進時点での政治情勢であった。

漁業の構造改革がどのように進められたかについては，元ニュージーランド漁業省勤務で「ITQ を導入した際にその仕掛け人のような立場の人物であった」というスタン・クロサー氏が次のように語っている。[14]

「漁業管理の目的は，通常，経済目的，環境目的，社会目的の 3 つをバランスよく組み合わせることが重要だという議論が OECD 水産委員会でなされているが，ニュージーランドの商業的漁業管理では，漁業管理の目的は経済と環境のみであり，社会的目的はあえて排除している。社会面を満足させるような漁業管理を行えば，経済と環境を妥協させる必要があるため何も出来ない可能性がある。したがって，漁業がもたらす社会的貢献へ

の配慮はあえて切り捨て，社会保障支払いという別の仕組みでバランスさせることにしている」という。

大西学によると，1983 年漁業法施行以降，これまでの資源保護重視の立場から，経済合理性も取り入れた漁業管理へと移行し，1986 年漁業法すなわち ITQ 制度導入に至る道筋が作られていった。さらに ITQ 制度を沿岸漁業まで拡大するための制度変更が円滑に行われるように……，1983 年から 1984 年にかけて，いくつかの兼業漁業者のライセンスを剥奪し，漁業者の特定を進めた[15]という。

このこともあってか，さきのスタン・クロサー氏は「社会的背景が異なる別の国で，ニュージーと同じ政策を導入することが適当かどうかは，その国の国内で議論を尽くし判断すべき問題であろう」と述べている。[16]

(2) 米国のメディアの「ルポ」

アメリカ政府が鳴り物入りで導入した「キャッチ・シェア」について，その実情が政策目的に反していることを「News Week（日本版）」(2014.8.26) は，「外国企業を潤す米国の海原」と報じた。[17]

このレポートをみる前に，勝川俊雄のこの件に関するコメントを見ておこう。

「勝川俊雄ブログ − 2014.5.19 −」の書き込みがこれである。[18]「米国漁業は個別漁業枠で生れ変った。2002 年に米国政府は失敗を認めて ITQ モラトリアムを撤回し，Catch share プログラム（ITQ に近い漁業制度）を主要漁業に導入した。その後，漁獲量はほぼ横ばいながら付加価値が付く漁業に転換し，順調に生産金額を伸ばしている」としたうえで，彼は次のような自らのアクション・プログラムを明らかにしている。

「現在，日本政府は「日本再興戦略 Japan is back」をとりまとめている最中である。日本再興戦略に「個別漁獲枠制度を導入し，漁業を成長戦略に転換する」という方針を盛り込むよう，あらゆるルートを使って働きかけている……」

3．漁業科学・資源生物学の到達点

しかし，「News Week」の所見は次のようなものであった。

「米国は4年前に，持続可能な漁業を目指す「キャッチ・シェア」と呼ばれる政策を導入した。漁獲量の上限を定め，特定の漁業者や加工業者，協同組合などに独占的な漁場使用を認め，それぞれに漁獲量を配分する資源管理システムだ」

「この制度には長所がたくさんある。漁獲量を制限すれば激減した水産資源は回復する。漁獲量は割当てられているから，早い者勝ちの危険操業はなくなる」

しかし，見方を変えれば，キャッチ・シェアは漁業の「民営化」を意味する。「キャッチ・シェア」の導入で漁場へのアクセス権は売買自由な商品となった。

漁民はこの権利を手放すことなく，資源回復を待ち，ずっと海を守り続けるだろうと期待した。しかし「現実は違った。漁業権の価値に気づいた豊かな投資家が値段を釣り上げ途方もない価格で落札していった」

「確かに投資目的の漁業権取得は禁じる法律はあるが……取り締まりは不可能に近い。……外国勢が米国の漁業権を入手することを禁じる法律もあるが，そこにも抜け道がある。

漁業権を持っているのはCEOを含む取締役の大多数が米国籍をもつ米国籍の会社に限られるが，その会社を外国企業が買収するのは自由だ」というように，米国の天然資源に対する権利を外国に売れば食物の供給をコントロールできなくなるという懸念や投資会社に漁業権が集中し，漁師が農業における小作人のような立場になり今より低い収益しかあげられなくなる懸念，さらには，ヘッジファンドと証券会社が米国の水産資源を支配する未来を示唆しているのではないかという危惧がのべられている。

この「ルポ」は米国の「キャッチ・シェア」制度礼賛者への忠告とも読み取れる。

5．永野らの「ベルーアンチョベータ資源管理」礼賛
　　−遅れてきた「ではのかみ」−

(1) 2つの学会（誌）報告

　永野一郎らは「日本海洋政策学会第5回年次大会」(2013.12.7) で「水産資源の持続的利用のための海外資源管理の紹介−ベルーアンチョベータ商業漁業の資源管理実践例」と題して報告し[19]，同じ内容と覚しい「ベルーアンチョベータ資源管理」と題する論稿を同じメンバー共著で『日本水産学会誌』76 (6) (2013) の「話題」に投稿している。[20]

　その概要を『日本水産学会誌』「話題」によって記すと次の通りである。

　まず，初めに著者らの言わんとするところを先取りして要約すると，「ベルー政府が2009年より実施したアンチョベータ漁業のIVQ制により，量より質を重視する漁業となり魚価が2倍以上に，加工製品（ミール・魚油）の品質も向上した」，「この成功事例は日本の資源管理にも応用できる」というものである。このような見解を持つに至ったい経緯を著者らは次のように説明している。

　①ベルーのアンチョベータ漁業はミール産業の発展により1960年代に急成長したが，1972年5月〜1973年3月，1982年4月〜1983年8月の2度の強いエルニーニョに見舞われ，資源が崩壊し，1980年代末まで低迷状態が続いた。

　②1990年代に入って海洋環境が好転し，漁獲量の回復が見られた。この間に1997年4月〜1998年5月に非常に大きいエルニーニョにより漁獲量が急減したがすぐ回復した。

　③これは幼魚を保護する仕組みに加えて，産卵親魚の維持にも取り組んできたことにより資源の長期低迷の可能性を低減させたものとみられる。

　④資源回復後，漁獲量は比較的安定。しかし，漁獲の過当競争が激化し，−操業隻数の増加，年間操業日数の減少−，漁船や加工場への過

3．漁業科学・資源生物学の到達点

剰投資により，アンチョベータ産業が疲弊した。

⑤この再建のため，2008年6月，政府によるIVQ制導入の決定，2009年からの実施により過当競争が終結。

⑥2012年のエルニーニョによる漁獲割当削減も難なく克服，アンチョベータの資源保全と漁業の持続的発展の目処が立つ。

⑦以上のペルー漁業の漁業改革の歴史や漁業管理の取り組みは日本漁業の参考になる。

⑧また商業漁業（大型船）と零細漁業との間で，操業海域や漁獲物販売方法などの区分策も零細な沿岸漁業経営が多数を占める日本の参考になる。

というのがこれである。

(2) 永野らの報告の検証

①資源管理への取り組み（幼魚の保護・産卵親魚維持）の有効性

『日本水産学会誌』（話題）2013年でペルー政府の取り組みに高い評価を与えたが，「2014年には産卵親魚の資源量が145万トン程度まで減少したことが調査で明らかとなり，2014年12月及び2015年1月の操業は中止」となった。[21] 2013年末頃から発生したエルニーニョ現象によるものとみられる。

エルニーニョ現象は2015年も続き，「過去最大級といわれる1997～98年のエルニーニョに匹敵するのではないかといわれ，これが2016年春まで続くとの見方が多い」[22]という。

2015年冬漁（11月17日～翌年1月末）の漁獲枠は111万トンに設定され，通年では約370万トンと例年より100万トン強少ない。[23]

このような状況を2014年度『水産白書』は「IQ制度の導入にかかわらず資源量は依然として不安定です」と述べる。

加えて，川崎健・片山知史が『日本水産学会誌』80(5)，2014年「話題」で指摘しているように，「レジーム・シフト」到来の可能性を予測しな

けらばならない。[24] 永野らのように，ペルー政府の資源管理活動の成果を
安直に認めこれを礼賛するのは危い。

②世界銀行主導の IVQ 導入の狙い

　ペルー政府は世界銀行からの融資の受入れと「キャッチ・シェア」の導
入勧告などがあり，2008 年 6 月，商業的漁業の 2009 年漁期から IVQ 制の
導入を決定した。

　前述の通り，海洋環境の好転，漁獲量の回復後，漁業生産やミール加工
の各分野で過当競争が激化し，深刻な状態を招いていた。

　例えば，2000 年代初頭の漁船勢力は適正水準の 1.35 ～ 2.0 倍，陸上加
工施設は同じく 3 ～ 5 倍，稼働漁船数は 350 隻から 1250 隻，操業日数は
2000 年の 230 日から 2007 年 50 日となっていた。[25]

　これらは，1990 年～ 2000 年，フジモリ政権下で新自由主義的政策が実
施され，漁業・加工業の前政権の規制策からの自由化・近代化が急速に進
められた結果であった。[26]

　IVQ 制の運用に係る漁船勢力とその所有関係（集中化）についてみると
以下の通りである。

　2000 年初頭のアンチョベータまき網漁船は大型鋼船 608 隻（魚槽容積
120㎥以上 - 100 ～ 800 トン），木造漁船 - 通称バイキング - 592 隻（魚槽
容積 30 ～ 119㎥ - 32.5 ～ 100 トン），合計 1200 隻。

　以上の 2 階層が TAC-IVQ 対象船である。その TAC 配分は前者 60%，
後者 40%[27] である。（別資料によると 80%，20%とある）[28]

　このほか，TAC-IVQ 対象外の小型船（10 ～ 32.5㎥），零細漁船（10㎥
以下）があり，これらの漁船の操業海域は距岸 10 マイル以内，漁獲物供
給は国内食用向けに限定，ミール工場への販売は禁止（図1）されている。

　次いで，漁業生産と加工の集中（寡占）状況を見ると，表 1 の通りであ
る。表 1 の注記によるとトップ 10 企業の集中度は大型鋼船船腹の 58%，
ミール加工場の生産能力の 60%とある。

　別の資料によると，IVQ 制実施 2 年前のアンチョベータ生産の集中度は

3．漁業科学・資源生物学の到達点

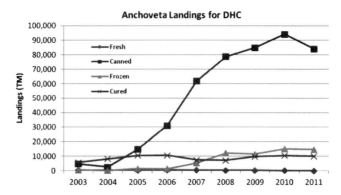

図1　アンチョベータの食用向水揚げ量 (Total landings destined for production of DHC products form 2003 to 2011 (PRODUCE)).
(出所) Callaux M. ほか Assessing management strategies of the artisanal sector of the Peruvian anchoveta fishery. (2013) DHC: Direct Human Consumption
(注)「IVQ導入前後で1トン当りの原魚価格を比較すると、魚粉や魚油となるアンチョベータの価格は90ドルから300ドルに上昇したが、食用原魚の価格は100－160ドルと変化せず、原魚価格が逆転している。」永野ら「ペルーアンチョベータの資源管理」日本水産学会誌76(6),2013.

表1　ペルー・アンチョビー漁業・加工生産能力－2007年－

企業名	漁船 隻数	漁船能力 積荷能力 (㎥)	割合 (%)	加工工場 加工処理能力 生産能力 (トン/1時間)	割合 (%)
Tasa	73	24,929	11.9	1,484	16.7
Austral	37	13,932	6.6	597	6.7
Haydux	30	12,474	5.9	590	6.6
Copeinca	37	11,151	5.3	552	6.2
Chinese Fishery Group	27	7,588	3.8	435	4.9
Diamante	26	8,759	4.2	425	4.8
Pacifico Centro	17	4,664	2.2	416	4.7
Exalmar	26	7,961	3.6	375	4.2
Polar/Malla/Cantabria	25	9,309	4.4	－	－
Pesquera el Angel	－	－	－	355	4.0
Fish Protein	10	3,680	1.8	－	－
Garrido	－	－	－	170	1.9
Others	353	73,33	35.0	3,505	39.4
Wood fleet	n/a	32,209	15.3	－	－
Total		210,000	100	8,904	100

注記によると、トップ10企業が「大型鋼船船腹の58%、ミール加工工場生産能力の60%を占める」と記載されている。

(出所)「Copeinca ASA－Press Conference Oslo Bors」January, 2007, 'Copeinca' HP

上位 7 企業体で 2008 年 74%, 2009 年 78%であったという。[29]

　このことから読み取れるアンチョベータ生産への IVQ 制の導入は次のような意味を持つのではないか。

　すなわち, アンチョベータ生産の寡占体制をそのままにして, TAC 制（全体の供給量の決定－制限－）のもと, 一定の比率を個別企業に割当てるということは, 言い換えれば一種の「割当カルテル」類似の方式の行政的実施ということではないか。[30] そうすると, アンチョベータ漁業とミール・魚油生産の垂直統合している寡占企業グループ（上位企業）の「寡占体制」が強固で安定的となるということこれである。

(3) 永野らの提言の虚妄性

　遅れて「日本漁業の「ショック・ドクトリン」喧伝の仲間入りした永野ら [31]『日本水産学会誌』（話題）では「ペルー漁業がこれまで経験した漁業改革の歴史や取組」, 「漁業規模で漁場や漁獲物の販路を区別する」ペルーの方式は, 日本漁業においても参考になり, 検討の余地があるとし, いわば「ペルーアンチョベータ資源管理」に学べと提言している。

　しかし, この「提言」は「クリティカル・シンキング」の方法で検討するまでもなく如何わしい。

　日本漁業の歴史や制度, 経済構造について, 何程の知識があるか怪しいし, ペルー漁業の歴史や経済政策, 社会構造などについても, 例えば, フジモリ大統領の新自由主義的政策の実施, そこでの外国資本の導入, アンチョベータ産業の多国籍企業による寡占化, 現地漁民（自国漁業者）の行政的区別などの事実認識に疑問があるからである。このため, 「提言」の虚妄性の疑いが拭えないのである。

3．漁業科学・資源生物学の到達点

6．マスメディアの追随

　日本経済調査協議会の『緊急提言』にマスメディアの一部が追随し，その喧伝に一役買った。その代表が有力経済紙『日本経済新聞』である。このほかでは，JR 東海の機関紙として位置づけられている『Wedge』，水産業界紙『日刊みなと新聞』が目立つ。

　これらのメディアの記事の特徴は読者の眼を引くために，日本漁業・漁協バッシング（手厳しい非難）を伴っていることである。

　その典型例が『日経』連載記事（2012 年 12 月 19 日〜 22 日）「北欧に見る漁場浮揚」である。この連載記事の特徴は，一貫して「日本漁業は劣等生」，「北欧漁業は優等生」という論調で，『緊急提言』の主導者・喧伝書の「視点」・「論点」に沿った記事となっている。

　例えば「漁獲量，生産額ともジリ貧で担い手の高齢化が進む日本漁業」，「漁業を成長産業への変えた北欧」（第 1 回），「補助金を受け取る日本」，「税金を多く払う北欧」（第 2 回），「豊漁貧乏の日本」，「必要な分を必要な所へのノルウェー」（第 3 回），「個別割り当て（IQ）が成長産業に変えた北欧」，「これを導入しない日本」（第 4 回）と言う如くである。

　さらに，日本漁業の現状，特に震災直後の日本漁業の実情について意図的とみられる偏向記事があった。例えば，この年（2012 年）の夏，2 年ぶりに復活した宮城県の養殖ギンザケがこれまでの最安値，平均 248 円 /kg での採算割れ取引となったことについて，「損の大半は国が補填してくれるので，出荷者にも買い手にも適正価格という概念が薄かった」と考える関係者は多いという。

　しかし，この年の値崩れはペルー産サケの国際市場への大量放出による国際市場の値動きが混乱したためであった。実際，翌 2013 年には 376 円 /kg，2014 年には 544 円 /kg と回復したのである（『日刊水産経済新聞』2015 年 8 月 5 日）。

　このほかにも事実を曲解したルポもあった[32]。

　雑誌『Wedge』2014 年 8 月号の「魚を獲り尽す日本人」では『緊急提

言』喧伝グループが集まり，「乱獲により資源を枯渇させ，補助金漬けになっている漁業」を見直せと主張し，彼らのお題目である「資源管理で漁業は成長産業になる」と唱えている。

これらの記事と，前述の「ニューズウィーク（日本版）」（2014年8月26日）「地球を壊す海の病」という記事を比較すると，マスメディアに求められる「客観性」「実証性」において格段の差があることがよく分かる。

7．おわりに

最後に，日本漁業の「ショック・ドクトリン」の喧伝の中核を担ったもの達が近年どんな役割を演じようとしているかに注目しておきたい。

それは，一言でいえば「ショック・ドクトリン」の「ロビイスト」[33]としての活動への傾斜が認められるということである。

雑誌『Wedge』2014年8月号での勝川俊雄の発言がこのことをよく説明している。いわく，「海外には政治主導で漁業改革に成功した事例が沢山ある。日本でもその気運が高まってきている」と政治家グループに接近し，その講師役を勤め，日本漁業の再生のための個別漁獲枠（IQ制）導入を柱とする「提言」をまとめたという。

この仲間に片野が加わり，遅れてきた「ではのかみ」永野が加わった。

これに対して，筆者は佐竹五六の「政策論の作法」に耳を傾けたい。[34,35]政策論に必須の論理的思考を確かにするためである。

すなわち，「事実の確認と因果関係の分析を目的とする学問の世界において，データと原典による論理の裏付けが求められるように，政策論においても，前提となる事実認識とその評価視点，現状を規定する様々な要因の分析，政策手段などによるその操作可能性，これに伴う社会的フリクションとその評価，政策選択の制約条件などが明らかにされる」ことが必須であるからである。

「政策論」が広く討議され，その成果を社会的に共有するにはこうした努力が不可欠とおもう。

3．漁業科学・資源生物学の到達点

参考文献

1. ナオミ・クライン（幾島幸子・村上由見子訳）『ショック・ドクトリン－惨事便乗型資本主義の正体を暴く－』上・下，岩波書店，2011 年 9 月 9 日

2. （社）日本経済調査協議会「緊急提言　東日本大震災を新たな水産業の創造と新生に」2011 年 6 月

3. （社）日本経済調査協議会「魚食をまもる水産業の戦略的な抜本改革を急げ」2007 年 7 月

4. 小松正之『海は誰のものか－東日本大震災と日本の水産業新生プラン－』㈱マガジンランド，2011 年 10 月 17 日

5. 勝川俊雄『日本の魚は大丈夫か－漁業は三陸から生まれ変わる－』NHK 出版，2011 年 9 月 10 日

6. 片野歩『日本の水産業は復活できる！－水産資源争奪戦をどう闘うか－』日本経済新聞出版社，2012 年 5 月 23 日

7. 日本経済新聞「北欧にみる漁業浮揚 (1) ～ (4)」2012 年 12 月 19 ～ 22 日．

8. 震災復興－ノルウェー水産業視察チーム「震災復興からの復興をめざし，世界に誇れる水産業を構築するための提言」2012 年 11 月 9 日

9. 山田剛史・林創『大学生のためのリサーチリテラシー入門』ミネルヴァ書房，2013 年

10. 勝川俊雄『漁業という日本の問題』NTT 出版，2014 年 4 月 19 日

11. 「「アメリカでは～」「欧州では～」など，欧米の事例を「環境条件に関係なく善であると見做し，日本にも強要しようとする知恵なき者どもを「ではのかみ」と呼ぶ」三橋貴明『亡国の農協改革－日本の食料安保の解体を許すな－』飛鳥新社，2015 年 9 月 28 日

12. 片野歩『魚はどこに消えた？－崖っぷち，日本の水産業を救う』ウェッジ，2013 年 8 月 30 日

13. 郵政研究所公開セミナー講演「ニュージーランドの構造改革－種々の論点とその結果」2001 年 11 月 29 日　http://homepage2.nifty.com/usui-postoffice/sub2-2.htm

14. 八木信行「漁業管理としての ITQ 検証（国際シンポからの報告②）－漁獲枠配分の光と影」第Ｖ題，前職・ニュージーランド＝NZ 漁業省スタン・クローザーズ発言．日刊水産経済新聞，2009 年 10 月 14 日

15. 大西学「許可証取引制度の漁業資源管理への適用に関する実証的研究」2004 年度立命館大学博士（政策科学）論文，p24.

16. 八木信行「前掲報告」

17. ニューズウィーク日本版「地球を壊す海の病」2014 年 8 月 26 日

18. 大海原宏「「資源管理のあり方」をめぐって－「クリティカル・シンキング」の試み－」海洋水産エンジニアリング．2015；120：47-50.

2 日本漁業の「ショック・ドクトリン」考

19. 永野一郎・柴田泰宙・松田祐之「水産資源の持続的利用のための海外資源管理の紹介－ペルーアンチョベータ商業漁業の資源管理実践例」（日本海洋政策学会第五回年次大会）2013 年 12 月 7 日

20. 永野一郎・柴田泰宙・松田祐之「ペルーアンチョベータの資源管理」日本水産学会誌 . 2013; 79: 1061-1065.

21. 水産庁『2014 年度 水産白書』2015 年 6 月

22. 「日本経済新聞」2015 年 7 月 10 日

23. 「日本経済新聞」2015 年 11 月 7 日

24. 川崎 健, 片山知史「ペルーアンチョビー資源変動の地球表層科学的理解」日本水産学会誌 80, 5, 854-857, 2014.

25. Jeff Young and Kees Lankester, Peruvian Anchoveta Northern-Central Stock Individual Vessel Quota Program, Environmental Defense Fund., 2013.

26. Wikipedia ペルーの歴史, https://ja.wikipedia.org/wiki/ （2016 年 1 月 12 日）

27. Martin Aranda, Developments on fisheries management in Peru: The new individual vessel quota system for the anchoveta fishery, Fisheries Research, 96, 2–3, 308–312, 2009.

28. Elsa Galarza, Individual Quotas for Anchoveta Fishery in Perú, First year of implementation, Universidad del Pacífico.

29. Elsa Galarza (ibid).

30. 経営学研究グループ『新版経営学－企業と経営の理論－』亜紀書房, 1976 年 .

31. 『Wedge』26, 8, 2014 年 8 月

32. 片山知史・大海原宏「ノルウェー型漁業管理は日本漁業の救世主となり得るのか－出口管理に依存する資源管理の問題点－」日本水産学会誌 . 2015; 81: 327-331.

33. 「ロビイスト」とは「圧力団体の代理人として, 政党や議員や官僚, さらには世論に働きかけて, その団体に有利な政治的決定を行わせようとする者」『広辞苑』第 6 版 .

34. 佐竹五六「政策論の作法－政策は如何にして策定されるべきか－」創造書房, 1999 年

35. 佐竹五六「政策と政党, Ⅰ政策形成過程の分析」『現代日本政党論』北村公彦ほか編, 第一法規 . 2004 年

3 資源操作論の限界　沿岸資源管理の歴史に学ぶ

片　山　知　史

はじめに

　漁業資源の特徴は，変動性と復元性に尽きると考える。しかも漁獲対象（ほとんどの養殖魚も）は野生生物であり，飼育や繁殖に人の手を必要としない。漁業は，更新可能な天然資源を復元力を利用する究極持続的食料生産システムであるといえる。

　一方，しかも変動性，復元性に加え，対象資源が無主物であることが競争や乱獲の原因となる。先取り競争は，どうしても生じてしまう。なので，漁業・漁獲を調整して資源を管理するという発想は至極当然である。教科書的ではあるが，資源と漁業との関係は，ラッセルの方程式，ロジスティクス繁殖曲線，シェーファーのプロダクションモデルで理解できる。ロジスティック式を用いた場合，余剰生産量 P の最大値は資源量が環境収容力の半分の時に得られ，余剰生産量（自然増加量）の分を漁獲すると持続的に最大の漁獲量 (MSY) が得られる。平衡状態ならこのとおりである。余剰生産以上に漁獲しなければ，資源量は一定となる。しかし，先取り競争や，もし競争がないとしても漁業の強さと資源の量や分布のミスマッチが生じれば，獲り過ぎとなる。

　乱獲は「資源の再生産や成長の能力を超えて漁獲を行うこと」と定義される（和田 2002a）。若齢もしくは小型の個体への漁獲および強い漁獲圧によって，個体成長によって資源量が増加せずに逆に減少してしまう状態を「成長乱獲」(growth overfishing)。大きくなる前に獲ってしまうことである。一方，漁獲により，以後の加入量を著しく減少させるような水準にまで産卵親魚量を取り減らした状態が「加入乱獲」(recruitment overfishing)。これは親不足＝卵不足を意味する。漁業管理方策として，加入当たり最大漁獲量を得るための小型魚保護や最大持続生産量を得るため

の産卵親魚量の確保を目的として，以下のような方策・規制が用いられる。

「インプットコントロール」（投入量規制）：漁船の隻数や馬力数の制限等によって漁獲圧力（資源に対する漁獲の圧力）を入口で制限。

「テクニカルコントロール」（技術的規制）：産卵期を禁漁にしたり，網目の大きさを規制することで，漁獲の効率性を制限し，産卵親魚や小型魚を保護。

「アウトプットコントロール」（産出量規制）：漁獲可能量（TAC）の設定などにより漁獲量を制限し，漁獲圧力を出口で規制。

沖合漁業，遠洋漁業は，小型魚保護にしても産卵親魚量確保にしても，漁獲の仕方以外にコントロールする術はない（多獲性魚類の資源管理問題は，他の編著が論述する）。しかし，沿岸資源に対しては，漁獲行為以外にも，種苗放流や漁場造成といった「増殖方策」が「資源管理」の方策になり得る。そして現在も，積極的資源培養策として，沿岸資源の資源管理の一般的な方策として位置付けられている。問題なのは，これらの増殖方策は多大な予算を要する事業を伴うことである。川崎（1972）が述べているように，水産予算の大半は，漁港整備であり，種苗生産施設の維持であり，漁礁整備である。一方，資源管理自身は，補償を伴わなければ，予算は不要である。さらに，このような積極的資源培養策の考え方，そして実際に資源を増やすことができたのか，といった論点議論を通じて，以下に沿岸資源に絞って「資源操作論」の限界を論じる。そして沿岸資源管理施策の問題点について述べる。

1　資源操作論，資源培養論について

本選書に収録されている，「川崎健（1973）水産資源の培養と環境の問題　沿岸海洋研究ノート10 (2) 75-85」を起点に論を進めたい。

本論文のまえがきにおいて，「資源培養」という言葉が，1969年の「新全国総合開発計画」における水産業における主要計画課題に「中核的漁港の整備と資源培養型漁業の展開」が明記され，「資源培養」という言葉

3．漁業科学・資源生物学の到達点

がにわかに流行し始めた，と書かれている。しかも，「資源培養」＝「栽培漁業」が最も先端的な技術体系であり，「人類は食糧獲得の歴史において新しい段階に入った」と位置付けられたこと（前波 1969）が紹介されている。狩猟的な獲る漁業から抜け出した革新的生産技術であるという，非常に前向きなものとして積極的に扱われていた当時の状況が窺い知れる。

本論文では，「資源培養」＝「栽培漁業」に対して，自然科学的な側面から客観的に考えるため，成功例として「サケ」，失敗例として「ニシン」が例示され，ニシン資源の増減は広範な環境条件の変化に起因する（Motoda et al., 1963）ので，ニシン資源の回復は環境条件の回復を待つ以外にはないのであって，種苗をいくら放流しても仕方がない」と結論付けている。

そして「栽培漁業」の理念を「余剰生産力（これは Shaefer の個体群レベルのことではなく，海洋域において自然の状態では利用できない「潜在生産力」を指す）」の有無を論議している。そして瀬戸内海の沿岸漁業の魚種別漁獲量の変遷を引きながら，「種苗放流が成功するかどうかは，種苗と環境との関係によってきまる」「個体数減少の原因を明らかにしないで種苗を放流してみても，科学的な意味での資源の回復はできない」と結論づけている。既にこの 1973 年段階で，「資源培養」「栽培漁業」に対する，一定の結論が示されたといえる。しかし，その後も行政施策として連綿として続いた。しかも「積極的資源培養」として資源管理方策の一つとして位置付けられた。その経緯を次に概観する。

3　資源操作論の限界　沿岸資源管理の歴史に学ぶ

2　栽培漁業

「豊かな海づくり推進協会」の 50 年史に，栽培漁業の歴史が詳述されている。

2-1　栽培漁業の起点

　栽培漁業という用語は，1962 年水産庁が大蔵省に提出された予算書において「瀬戸内海栽培漁業センター」と記載されて誕生した。当時，沿岸漁業の漁獲量が頭打ちになりつつある一方で，ハマチ養殖が既に盛んに生産されていた。そこで，減少傾向にある魚種の資源量，漁獲量を人為的に回復，増大させるために，混獲された幼稚仔魚の移植放流ないしは人工孵化飼育放流などの増殖手段を講ずるための新しい仕組みを，国，県，漁業者の共同事業で作ろうとする構想が，1962 年度の新規予算に盛り込まれたのである。そして，瀬戸内海栽培漁業協会が発足し，東部と中部の二箇所のセンター（伯方島：愛媛，屋島：香川）が開設されることになった。その後 5 年のうちに，上浦（大分），玉野（岡山），志布志（鹿児島）ができることになる。栽培漁業の基盤が築かれ，全国各県に栽培センターが作られることにつながっていく。

　栽培協会の事業内容は，
・瀬戸内海における重要魚介類種苗の大量生産と府県配布
・種苗受入施設の設置管理と種苗の中間育成お呼び放流
・漁民研修　であった。

　当初の天然採取種苗および人工孵化種苗は，ハギ類，マアナゴ，アオリイカ，ヒガンフグ，サヨリ，マダコ（1963 年），キュウセン，モジャコ，コウイカ，マダコ，トラフグ，ニジマス，クルマエビ（1964 年）であった。いわゆる直接効果（放流個体の回収）を主目的とするサケやホタテガイとは異なり，放流個体から生まれた次世代が加わった再生産効果による間接的にも資源量を増大させることを目的していたことが伺われる。「人の手による資源の増大」である。

435

3．漁業科学・資源生物学の到達点

　ちなみに，サケは基本的にすべて捕獲し，再生産は人工孵化によって行う。既に 1880 年代から徐々に放流が行われていたが，ふ化場が開設され本格化したのは 1952 年とされる。ホタテガイについては，オホーツク海沿岸域を中心とした地まき放流が，1975 年頃から大規模に行われている。

2-2　栽培漁業に関する基本施策

　沿岸漁場整備開発法（沿整法）が 1983 年に改正され，栽培漁業の推進体制が制度的に整備された。改正によって「水産動物の種苗の生産及び放流並びに水産動物の育成を計画的かつ効率的に推進するための措置」が目的に加えられた。これを受けて国は，栽培漁業基本方針が 1984 年に策定。その後は約 5 年毎に見直し・更新されていく。

　栽培漁業第一次基本方針（1984）においては，対象水域，魚種を需給の動向を勘案しつつ，種類を出来る限り限定して，その大量生産を効率的に推進が第一指針として掲げられている。まだ「資源増大」の考え方は記載されていない。1988 年の第二次基本方針もほぼ同様である。第三次（1994年）には，育成場造成や小型魚保護といった「放流後」の管理について言及されている。1998 年の第四次には「合理的な漁獲」，2004 年の第五次には「対象とする水産動物の資源の持続的利用」という文言が加えられ，資源管理と合わせた取り組みが述べられている。すなわち，沿岸漁業資源については，漁業管理主体の資源管理と，種苗放流・漁場造成による栽培漁業が，徐々に一体化していったのである。

　そのことは，水産庁による「栽培漁業」の定義にも表れており，「栽培漁業事業の概況（1981）」においては，「魚介類の種苗を大量に生産し，これを中間育成し適地に放流して，その後は保護を加え，漁場の管理を行いつつ，自然の海での成長にまかせ，その後これを漁獲する」とし，「つくり育てて獲る漁業」の中心と位置づけている。一方，1996 年の水産白書では，「水産資源の維持・増大と漁業生産の向上を図るため，有用水産動物について種苗生産，放流，育成管理などの人為的手段を施して資源を積極的に

3 資源操作論の限界 沿岸資源管理の歴史に学ぶ

培養しつつ，最も合理的に漁獲する漁業のあり方」とし，合理的な漁獲，資源の持続的利用という資源管理と一体化させている。

3 沿岸資源管理について

東京水産振興会－調査研究事業「日本沿岸域における漁業資源の動向と漁業管理体制の実態調査－平成24年度事業報告－」において，．我が国における水産資源管理の施策展開について－海からみた沿岸漁業資源政策の再構築に向けて－（市村隆紀），我が国における漁業管理施策の変遷（馬場　治）という沿岸資源管理施策のレヴューが掲載されている。その内容を整理しながら，施策的な経緯とその特徴を記す。

3-1 資源管理型漁業の誕生と関連施策

1977年に，米国，ソ連，日本の200海里水域が設定され，周辺水域の水産資源の重要性が高まった。そのような状況の中，同年の漁業経済学会大会の特別シンポジウムで「資源管理型漁業」という言葉が初めて用いられた。その後，1978年には大日本水産会が，1979年には全漁連が，資源管理型漁業への転換を謳いその方向性を活動方針として位置づけた。

行政側は1983年，水産庁研究部が「資源管理型漁業への移行について」という文書をまとめ，翌年度から開始される資源管理型漁業推進関連事業の布石を敷いた。その資源管理関連事業は，「沿岸域漁業管理適正化方式開発調査事業（マル管，1984〜89年）」に始まった。漁船数，年間漁獲量，漁具数，目合など，資源経営漁業のモデルによる管理方策の検討するものであった。その後の資源培養管理対策推進事業（資培管，1988〜90年）では，広域型資源（マダイ，ヒラメ，イサキ等）と地先方資源（アワビ，ウニ，ホタテガイ等）に大別し，資源調査，管理手法の検討，管理効果の予測が行われた。初めて栽培漁業と資源管理の一体的な推進が取り入れたという特徴がある。

437

3．漁業科学・資源生物学の到達点

　資源管理型漁業推進総合対策事業（1991-1997 年），複合的資源管理型漁業促進対策事業（1998-1999 年），資源管理体制強化実施推進事業（2000 〜 2002 年）では，資源管理計画の策定とその実施推進が行われた。「自主的な資源管理措置」という考え方と取り組みが根付いたといえる。資源回復計画作成推進事業（2001 〜 2002 年）では，TAE（漁獲努力可能量）による資源管理が導入された。その後，多元的な資源管理型漁業の推進事業（2003 〜 2004 年），強い水産業づくり交付金（2005 〜 2010 年）を経て，現行の資源管理体制推進事業，資源管理指針等推進事業（2011 〜 2015 年）につながっている。これらは，国・県が作成する資源管理指針，漁業者団体が作成する資源管理計画の実施体制を強化するものであるが，共済体制の強化とリンクしたものであり，「資源管理・漁業経営安定対策」という意味合いが濃くなっている。

3-2　資源管理方策の位置付けの変化

　大きな転機は，1996 年の国連海洋法条約の批准と 2001 年の水産基本法制定であろう。

　1994 年に発効した「海洋法に関する国際連合条約（国連海洋法条約）」は，第二次世界大戦までの「広い公海，狭い領海（領海 3 海里主義を原則とした「公海自由の原則」）」から第三次国連海洋法会議（1973-1982 年）を経て，領海，排他的経済水域，大陸棚，公海，深海底を定義したものであり，沿岸国は EEZ および大陸棚の天然資源に主権的権利を有することが明記されたものである。資源管理との関わりで大きな点は，「海洋資源の衡平かつ効呆的な利用，生物資源の保存並びに海洋環境の研究，保護及び保全を促進」するために，沿岸国は資源の最適利用の促進を義務づけられ，自国の漁獲能力と総漁獲可能量（TAC : total allowable catch）を決定することが示されていることである（生物資源の保存・最低利用促進の義務）。水産資源管理に沿岸国の責務が明確化された。

　日本は 1996 年に批准したが，「国連海洋法条約」の基本的考え方は，

3 資源操作論の限界 沿岸資源管理の歴史に学ぶ

2001年に制定された「水産基本法」の中に引き継がれている（それまでは，1963年の沿岸漁業振興法）。

沿岸資源管理との関連事項としては，基本法内に記されている水産基本計画の

第13条 排他的経済水域等における水産資源の適切な保存及び管理を図るため，最大持続生産量を実現することができる水準に水産資源を維持し又は回復させることを旨として，漁獲量及び漁獲努力量の管理その他必要な施策を講ずる

第16条 環境との調和に配慮した水産動植物の増殖及び養殖の推進を図るため，水産動物の種苗の生産及び放流の推進，養殖漁場の改善の促進その他必要な施策を講ずる

第17条 水産動植物の生育環境の保全及び改善を図るため，水質の保全，水産動植物の繁殖地の保護及び整備，森林の保全及び整備その他必要な施策を講ずる

があげられる。

おおむね5年ごとに，基本計画を変更するとされ，最新の水産基本計画（2012年）では，「種苗放流の効果を高めるため，成長した放流種苗を全て漁獲するのではなく，親魚を取り残し，その親魚が卵を産むことにより再生産を確保する「資源造成型栽培漁業」の取組を推進する」と記載されており，種苗放流によって漁獲量のみならず資源量を増加させる方針が示されている。

3-3 資源の積極的培養措置

2章において，栽培漁業基本方針の変遷をみながら，1990年代から栽培漁業と資源管理が一体化して進められてきたことを示した。また資源管理型漁業関連事業として，資培管（1988〜90年）以降，常に資源管理のメニューに栽培漁業が挙がっていることを示した。

2001年の水産基本法でもその方針は貫かれており，種苗放流や漁場造

439

3．漁業科学・資源生物学の到達点

成によって，資源を増やす施策・計画が謳われている。その具体的な内容
として，資源回復計画（2002 ～ 2011 年）を紹介する。これは「資源の回復
を図ることが必要な魚種を対象として，減船や休漁などの漁獲努力量の削
減をはじめ，積極的な資源培養，漁場環境の保全などの措置を総合的に行
い資源の回復を図り，漁業経営の安定や，水産物の安定供給に役立てるこ
とを目的としたマスタープラン（水産庁）」である。広域資源（国が作成）
は 18 種・系群，地先資源（都道府県が作成）は 48 種・系群について資源
回復計画が開始され，資源管理方策の取り組みが強化された。この資源回
復計画の内容を整理すると，広域資源については，資源量 and/or 漁獲量の
維持もしくは増加が回復目標とされ，休漁・禁漁区等の漁獲努力量削減を
その方策としているものが多い。これに対して地先資源については，その
ほとんどが，漁獲量の維持を目標として，小型魚の保護と種苗放流が措置
の内容となっている

　資源解析・資源評価を行う体制がとれるかどうかで，回復目標を資源量
とするか漁獲量とするかが決まってくるという事情があると思われるが，
漁獲量を増やすのと資源量を増やすのは自ずと方策が変わってくる。すな
わち，小型魚に対する漁獲を抑制することで成長乱獲を回避し，加入量
あたり漁獲量を最大に近づければ，漁獲量増加の目標は達成できる。しか
し，資源量を増加させるためには小型魚の保護だけでなく，親魚の取り残
しを通じて，加入量を増やすことが求められる。資源回復計画には，漁獲
量増加と資源量増加という異質な目標が内包されていることを認識する必
要がある。

　いずれにしても，地先資源に対しては，ほとんどの計画において積極的
な資源培養が組み込まれているのである。減った資源を増やすために，種
苗放流が行われている。これが，沿岸資源の資源管理の実情である。

4　資源管理と種苗放流の効果

　平山（1996）は「資源管理型漁業（改訂版）」において，資源管理型漁

業について「この用語については，現在なお，いろいろの意見があり議論が続いている。（中略）それは同じく厳しい批判にさらされながら生き続けている「栽培漁業」という言葉に通じるものがある。栽培漁業の場合は数得て見ると30年余の"風雪の歴史"になるから，管理型漁業がその意義をためされるのはまだこれから，と言うべきなのかもしれない」と述べている。沿岸資源に関わる方々は，「本当に効果があるのだろうか」と薄々は感じているのであろう。しかし，種苗放流や漁業管理の効果については，個々の事例の報告はあるものの，体系化したものはない。本稿においても，体系化には至っていないが，効果の評価に関する2つの視点を提示して，論点の提起を行いたい。

4-1　歴史的検証

4-1-1 資源管理の効果

　沿岸資源においては，小型魚の漁獲や投棄が依然として多い状態である魚種が多い。ヒラメ，トラフグ，ズワイガニ類など，小型魚保護の措置が漁獲量増加の効果を上げていることは，これら資源が成長乱獲状態であったことの傍証である。小型魚の保護は，加入量当たり最大漁獲量を目指した漁業管理として有効であろう。多獲性魚類についても，さば類やクロマグロなど，成長乱獲であることが強く指摘されており，これらの魚種についても小型魚保護が漁獲量増加をもたらすことは間違いないであろう。加入当たり漁獲量を最大にするためのYPR管理は，今後も重要であると考える。

　では加入乱獲についてはどうであろうか。我が国周辺の魚類資源についての資源評価の結果，調査対象の魚種系群のうち，資源水準の50.0％が低位と判断されている（2014年）。しかし，これら資源量が低位に陥っている魚種系群が，加入乱獲による親魚不足が原因かどうかは，即断できない。加入乱獲の指標として％SPRがある。これは，一つの年級群の年齢別死亡，成熟，産卵親魚重量のスケジュールを反映したもので，漁獲がないと

3．漁業科学・資源生物学の到達点

きに資源（年級群）の100％の産卵ポテンシャルが得られることを前提とする（和田，2002b）。漁獲が無かった場合の成熟雌個体重量（最大産卵ポテンシャル）に対する現状の成熟雌個体重量として算出される。％SPRは現状程度の加入量が続いた場合，30以上であることが資源を維持するためには必要であり（Gabriel et al., 1989），20以下では崩壊の可能性が高くなると考えられている（Goodyear, 1993, Mace, 1994）。魚種・系群の％SPRを推定するためには，コホート（年級群）が加入後，年齢を経るにつれて資源量がどのように変化するのかを追跡しなければならず，長年に渡る多くの情報量を要するため，資源評価事業（我が国周辺水域資源調査等推進対策事業）の対象種の一部で示されているに過ぎない。

2008年，2011年，2014年の同事業報告書「我が国周辺水域の漁業資源評価」の調べたところ，30〜33魚種・系群においてFに対する％SPRの曲線が図示されており，Fcurrentから読み取ったが％SPRは，20未満が42〜47％，20以上30未満が24〜33％，30以上が20〜33％であった。％SPRが40以上のものは，キチジを除いてほとんどがサンマ，いわし類等の浮魚である。したがって，％SPRからは，刺網や底びき網が対象にしているような底魚類のほとんどの魚種・系群は，親魚不足の加入乱獲状態であると判断される。そこで，％SPRと資源水準・動向との関係を調べるために，資源評価事業によって判断されている「資源水準・資源動向」との関係を概観すると，％SPRの値に関わらず，水準が高位，中位，低位，また動向が増加，横ばい，低下が散見され，％SPRから判断される乱獲程度と資源水準・資源動向の間に直接的な関係性は認められなかった。

このことは何を意味しているのか。確かに漁獲圧によって，個体群の年齢組成は若齢に偏り，産卵に加わる親魚が少ない魚種系群が多い。特に沿岸底魚は，その傾向が強い。しかし，その親魚の豊度と，資源が増加するか低下するかは，ほとんど関係ないということである。

4-1-2 種苗放流の効果

種苗放流や栽培漁業の歴史的経緯において前述したように，サケとホタ

3 資源操作論の限界 沿岸資源管理の歴史に学ぶ

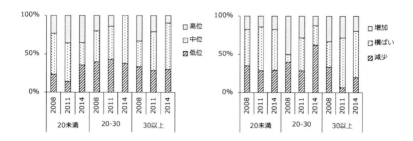

図 「我が国周辺水域の漁業資源評価（2008, 2011, 2014）」における%SPRの範囲（20未満，20以上30未満，30以上）と，資源水準（高位，中位，低位）および資源動向（増加，横ばい，減少）の関係

テガイは，放流した種苗が一定の割合で「回収」され，その漁獲の大半を種苗が占めており，高い直接効果による栽培漁業の「成功例」といえる。サケでは回帰率という値によって，放流した個体がどの程度漁獲で回収されたかが表現される。北海道系サケの回帰率は凡そ2％〜5％である（帰山 2007）。沿岸資源の栽培対象種では，回帰率とは若干異なるものの，放流効果の指標として「資源添加率」が用いられる。これは，放流尾数のうち漁獲加入した個体の割合である。放流から加入までの生残率に相当する。もちろん魚種によっても年や海域によっても大きく異なるが，ヒラメやマダイやトラフグといった比較的漁業に貢献していると考えられている魚種で，ヒラメ中部 2.5 〜 10.1%ヒラメ東北（岩手）2.4 〜 46.4%，マダイ中部 8.5 〜 27.6%，トラフグ伊勢三河湾 4.1 〜 9.1%という値である。その他にも，種苗放流による栽培漁業は，漁獲量増加という効果が多くの魚種・系群で示されている。

相模湾のクロアワビは漁獲物の9割以上が放流された種苗由来の個体である（旭，2012）。しかし，1980年代以降，資源の低迷が継続している。再生産を通じて資源自体の増加に結びついていない。毎年種苗が9割以上ということも，天然加入の少なさを示しているといえる。種苗放流個体は個体群の再生産に寄与しているものの，多くの魚種・系群においては，次世代を増加させるような「資源増大」をもたらしていない。クロアワビのよう

3．漁業科学・資源生物学の到達点

な暖水性アワビのみならず，冷水系アワビのエゾアワビにおいても同様の状態である海域がほとんどである。アワビ類の場合，産卵母貝間の距離が大きいと受精率が著しく低下するという，言わばアリー効果が指摘されている。そのため母貝場を禁漁区にして，天然加入の増加を目指す取り組みが実践されているが，まだ効果的な成果は得られていない。

　魚類においては，同じ神奈川県のマダイが挙げられる。今井（2011）によると，1980年代後半から，全長6〜8cmのマダイ種苗を80-120万尾，東京湾と相模湾に放流している。その後漁獲量も遊漁による釣獲量も2倍以上となった。漁獲・釣獲された個体に占める種苗の割合は25〜78%（平均48%）という極めて高い値となっている。漁獲量の2〜3倍が遊漁で釣られていると試算されており，種苗放流の経済的効果も高いと評価される。

　では，放流個体から生まれた次世代が加わり，その再生産効果によって資源量を増大させる間接効果についてはどうか。DNA分析技術の高度化によって，多くの魚種において種苗が親となり次世代を残していることが証明されている。ならば，個体群において種苗個体が5%混入し，それが親となって再生産を行うならば，指数関数的に資源や漁獲量が増加するはずである。しかし，そのような資源は世界中見当たらない。種内関係なのか種間関係なのか，それとも環境要因が大きく変動するからなのか，その要因は不明であるが，資源が指数関数的に増えていかないことは，（崩壊資源を回復させることは可能であっても），種苗放流や栽培漁業によって資源を増大させたり，資源水準をコントロールすることが不可能であることを歴史的事実が証明しているのである。

4-1-3　評価を反映させる困難さ

　資源管理にしても種苗放流にしても，その評価が正面から行われているかどうか，甚だ疑問である。資源管理も種苗放流も，事業ベースで展開されている場合が多く，「効果が無い」と判断されると，監査の俎上に上がってしまうという意識も生じてしまうであろう。

　前述の資源回復計画ではどうだったのか。様々な管理方策が行われた結

果，広域資源，地先資源の66種・系群は，どのような動向を示したのか，総括が必要である。これまでの資源管理方策は，漁業管理，漁場保全，種苗放流といった個々の方策が個別の事業として切り離されて実施されてきた。また立案→実行という一方向的な事業としての取り組みが少なくない。実行した結果が効果的であったかどうかという検討結果を再び方策立案に還元する「資源診断→管理方策→意思決定→実行→資源診断」という管理サイクルが望まれると考える（中田ら2011）。

　ただし，「負」の意思決定を実行に移すのは，大変な困難を伴う。資源管理については，「そのような資源管理は効果が無い」と判断すると，漁業者に折角根付いた資源管理意識に水を差すので，「継続」となってしまう。無論，資源を大切にしながら利用する考え方は正しいし，獲り控えに害はないものの，無駄な努力になると懸念される。また種苗放流については，各県に設置されている種苗センターの施設や職員のこと，そして種苗生産の技術を維持することの重要性から，全面的な撤退には大きなハードルがある。種苗生産技術は恐らく世界トップ水準である。

4-2　資源変動パターンから

　日本の沿岸資源の資源変動パターンは以下のように整理される。
・卓越年級型：トラフグ，ホッケ，ホッキガイ，タイラギ，トリガイ，（スケトウダラ，マダラ，ニシン，マサバ）
・安定型：岩礁性のカサゴ，フサカサゴ科の魚種やウツボ，イセエビ等，黒潮系広域底魚のマアナゴ，エゾイソアイナメ（チゴダラ），アオメエソ
・短期的変動型：マハゼ，イシカワシラウオ
・中長期的変動型：（長期）スズキ，クロダイ，サワラ，ハタハタ，ハマトビウオ，コウイカ，ガザミ，シラエビ，アワビ類，大陸斜面カレイ類，（中期）マダイ，マコガレイ
・親子関係型：イカナゴ（伊勢三河湾）

3．漁業科学・資源生物学の到達点

　このように日本の沿岸資源の変動パターンを整理してみると，卓越年級型，安定型，短期的変動型，中長期的変動型に入る魚種・系群がほとんどで，親子関係型に属するものは極僅かである。つまり，親子関係（再生産関係）に依存し，子供の量（加入量）は親の量（産卵量）によって決まるという魚種・系群は，少数派なのである（片山 2008）。世界中の主要資源の動態を解析した結果においても，85％以上の資源は，産卵親魚量が加入量を決定せず，環境要因がより強く資源量を左右していると報告されている（Myers et al., 1995）。

　資源の個体数は加入尾数に依存するが，その加入尾数は，まず産卵する親魚の量（卵の量），そして卵や仔稚魚の生き残りの良し悪しによって変動する。もちろん卵の量が 0 ならば，その後の生残条件が良くても，資源は 0 となる。しかし，ある程度の卵の量があった場合，上記のようにほとんどの魚種は，卵や仔稚の生き残りの程度によって，変動するパターンである。逆に言えば，親の量で加入尾数が決定されるパターンは極僅かである。つまり，ある程度の産卵親魚が確保されているという条件下（つまり資源が崩壊していない状態）では，その親魚から生み出される加入量は産卵親魚量にほとんど左右されていない。漁獲量をコントロールしても資源が平衡理論通りに回復しないのは，当然なのである（片山 2013）。Sakuramoto（2012）もマイワシを例に解析し，MSY 管理の問題点を明らかにしている。無論，産卵親魚量および産卵量は，資源を維持する上で第一義的に必要であり，産卵資源量を確保することは資源を崩壊させない上で必須条件となる。しかし，資源管理を考える上で，「親を取り残しさえすれば資源は回復する」という考え方のみに依拠することには，限界があると認識すべきではないか。

　産卵親魚量を確保するために IQ 等を通して出口管理を徹底する「ノルウェー型漁業管理」を行っても，加入量の増加は保障されないであろうことは片山・大海原（2015）が指摘している。産卵親魚獲り残しのため漁獲を抑えたために収入が減少し，それでも資源が回復しないという事態に陥る可能性が高いのである。

3　資源操作論の限界　沿岸資源管理の歴史に学ぶ

4-3　親子関係 spawner-recruit relationship の低い相関が意味すること

　一方，この論を栽培漁業の種苗放流に当てはめてみる。前述のように，種苗個体が直接回収される効果は，サケ，ホタテガイ以外にも，ヒラメ，マダイ，トラフグ等で認められている。これに対して，再生産を通じて，それ以降の資源量を増大させている資源は，見当たらない。すなわち，産卵親魚量の増加分が次世代の加入量にほとんど反映されない場合が多いのである。これは，資源変動パターンで分類される「親子関係型」が少数派で，親の量で加入尾数が決定されるパターンは極僅かであることと，理屈は同じである。種苗放流による「資源増大」の限界を，私達は認識しなければならないと考える。

　多くの沿岸資源については加入乱獲状態であることが報告されている。それら以外にも，多くの魚種が「以前と比較して資源量が激減している」というのが，現場の実感である。しかし，環境改変による崩壊（例えば東京湾絶滅3大資源：イカナゴ，アオギス，ハマグリ）ではなく，漁獲によって崩壊した資源はあるのかどうか。暖水系アワビ（メガイ，マダカアワビ）やマツカワ，ホシガレイなどがそれに相当すると思われるが，これも僅かな例しかない。沿岸資源は，生息環境さえ守れば，「しぶとく」残存し，環境の好転を待って回復を狙っているというパターンが，その特性の一つであるのかもしれない。

　私は親子関係型が僅かであると記したが，まだ十分に検討できているわけではない。マサバ津島暖流系群，スルメイカ秋季発生群，冬季発生群，ブラウントラウト，ズワイガニでは，比較的当てはまりの良い再生産曲線が得られている（月刊海洋，2010）。スケトウダラやマイワシも，大きな変動を示す全期間をまとめると親子関係がはっきりしないが，増減の phase 毎にすると明瞭な再生産関係が得られる。この産卵親魚量に対する加入量のプロット図で親子関係の度合いを検討するわけであるが，水産生物の場合，中長期的な時系列データが用いられる。その場合，往々にして反時計回り（左回り）の推移を示し，一見再生産関係が弱いと判断されるが，

3．漁業科学・資源生物学の到達点

個々の phase では加入量は産卵親魚量で決定されるといえる場合も多い。その場合，単純に「親子関係がある，ない」という判断は一面的となる。いずれにしても，今後データの蓄積が進む中で，再生産関係の解析と解釈が大変重要になってくるであろう。

5　おわりに

本稿で概観してきたように，国内外の漁業施策は著しく資源操作論に偏重しているように思える。しかも沿岸資源については，事業として種苗放流や漁場造成が行われており，その効果を「正直」に評価できていないのが実際である。漁業管理についても，効果が無いという評価は，「漁業者の啓蒙上マイナス」という判断も入り込み，避けられている。しかし，資源操作には限界があることは歴史が示しているし，親子関係の弱さはそれを科学的に支持していると考える。人間の思うようには制御できない，という認識に立って，持続的な資源利用方策を構築していかなければならない。

引用文献

旭 隆（2012）三浦半島沿岸における暖流系アワビ類の混獲率と再生産，日本水産学会誌，78,1235-1237.

馬場　治（2013）我が国における漁業管理施策の変遷，日本沿岸域における漁業資源の動向と漁業管理体制の実態調査，平成 24 年度事業報告，東京水産振興会，255-278.

Gabriel W.L., M.P. Sissenwine, W.J. Overholtz (1989) Analysis of spawning stock biomass per recruit: an example for Georges Bank haddock. Nor. Am. J. Fish. Man. 9, 383–391.

Goodyear C.P. (1993) Spawning stock biomass per recruit in fisheries management: foundation and current use. Can. Spec. Publ. Fish. Aquat. Sci. 120, 67–81.

月刊海洋（2010）再生産関係の利用の現状と問題点－理論的・実用的立場から－，月刊海洋 474, 42, 4, 193-255.

平山信夫（1996）資源管理型漁業 その手法と考え方 改訂版，成山堂書店，pp244.

市村隆紀（2013）我が国における水産資源管理の施策展開について－海からみた沿岸漁業資源政策の再構築に向けて－，日本沿岸域における漁業資源の動向と漁業管理体制の実態調査，平成 24 年度事業報告，東京水産振興会，235-254.

3 資源操作論の限界 沿岸資源管理の歴史に学ぶ

今井利為（2011）マダイ栽培漁業の効果と課題，アクアネット，10，42-45

帰山雅秀（2007）サケ類の生態系ベースの持続的資源管理と長期的な気候変動 レジーム・シフト－気候変動と生物資源管理，編著：川崎 健，谷口 旭，二平 章，花輪 公雄，131-140.

片山知史・大海原宏（2015）ノルウェー型漁業管理は日本漁業の救世主となり得るのか－出口管理に依存する資源管理の問題点－，日本水産学会誌，81, 2, 327-331.

片山知史（2008）沿岸資源の変動とその特徴，月刊海洋，10, 454-462.

片山知史（2013）沿岸資源管理の現状と問題点と方向性，アクアネット，2013年12月号：22-26.

川崎 健（1972）「海洋開発」と水産業における科学・技術政策，ミチューリン生物学研究，8, 2-7.

川崎 健（1973）水産資源の培養と環境の問題 沿岸海洋研究ノート 10 (2) 75-85

前波 雅（1969）富の母なる海はそこにある，日本水産資源保護協会月報，57, 2-3.

中田薫・片山知史・鈴木達也・柳川晋一（2011）提言「沿岸資源の持続的利用のために」，水産海洋研究, 75, 250-251.

Mace P.A. (1994) Relationship between common biological reference points used as thresholds and targets of fisheries management strategies. Can. J. Fish. Aquat. Sci. 51, 110–122.

Myers R.A., Barrowman N.J., Hutchings J.A., Rosenberg A.A. (1995) Population dynamics of exploited fish stocks at low population levels. Science, 269, 1106-1108.

Sakuramoto K. (2012) A new concept of the stock-recruitment relationship for the Japanese sardine, Sardinops Melanostictus. The Open Fish Science Journal, 5, 60-69.

和田時夫（2002a）資源の持続的利用，平成12年度資源評価体制確立推進事業報告書，日本水産資源保護協会，235-245.

和田時夫（2002b）生物学的資源管理基準値と漁獲制御ルール，平成12年度資源評価体制確立推進事業報告書，日本水産資源保護協会，246-263.

4. Autobiography 自伝／研究史

「私の歩んだ道」The way of my life

Autobiography 自伝 / 研究史
「私の歩んだ道」The way of my life

川　崎　　　健

「私の歩んだ道」第 1 回，水産海洋研究，79, 34-35，2015.
「私の歩んだ道」第 2 回，水産海洋研究，79, 86-89，2015.
「私の歩んだ道」第 3 回，水産海洋研究，79, 231-235，2015.
「私の歩んだ道」第 4 回，水産海洋研究，79, 386-389，2015.
「私の歩んだ道」第 5 回，水産海洋研究，80, 101-106，2016.
「私の歩んだ道」第 6 回，水産海洋研究，80, 187-192，2016.

　本内容は，水産海洋研究に 6 回連載した「私の歩んだ道」から，本書に掲載した論文と重複した図を削除し，また文面を再編集し収録するものである。

「私の歩んだ道」第 1 回

幼年時代

　私の本籍地は，福島県会津若松市門田（もんでん）町（合併前は北会津郡門田村）で，私は会津士族の末裔である。戊辰戦争時の白虎隊では，親族が果てていると聞いた。賊軍の会津藩士の生活は厳しく，祖父母は日清戦争直後の 1900 年（明治 33 年）ころ，警察官として台湾に渡った。当時父は 3 歳前後であった。父は旧制台北第一中学校・国語学校（のちの台北師範学校）を卒業して教師となり，1920 年ころ中華民国福建省福州市の日本人小学校に赴任した。そこで，私・姉・弟が生まれた。

　中国南部沿岸の地図を見ると，大河閩江（びんこう）が台湾海峡北部に注いでいる。河口に馬尾（ばび）という町があり，そこから川を遡ったところが福州市で，福建省の省都である。河岸に倭寇台（わこうだい）とい

4．Autobiography自伝／研究史

う望楼があった。倭寇というのは，13世紀から16世紀にかけて，朝鮮半島から中国大陸さらに東南アジアで活動していた日本人を中心とする海賊である。

倭寇が攻めてきたら，倭寇台で狼煙をあげたとされる。福州には日本人が300人ほど居住し，貿易業などに従事し，日本総領事館があった。私の一家は，日本人小学校の敷地内の教員宿舎に住んでいた。祖父母・父母・子ども3人の7人家族と若い女の先生それに中国人のお手伝いさんの母子が同宿していた。

私が生を受けたのは，1928年1月10日である。当時日本は中国に対する進攻の度を強め，1931年9月に柳条湖事件が中国東北部（満州）で起きた。関東軍の謀略であった。日中関係は悪化し，排日・侮日・抗日感情の高まりの中で，私の家は投石で窓ガラスを割られ，こわい日々であった。そして32年1月3日午後8時半に，事件が起きた。福州事件である。

事件は，私たち一家の住む教員宿舎の敷地内で起きた。中国人2名が，教員宿舎敷地内の水戸先生宅を訪れ，奥さんが出てきた途端，奥さんを鋭利な刃物で突き刺すとともに，ピストルを発射し，即死させた。物音に驚いて出てきた水戸先生に対してもピストルを乱射し，その一発が先生の頭部に命中したが，先生はひるまず，私の家の玄関まで駆けて来て，そこで絶命した。私は当時満4歳直前であったが，その時の先生を見た記憶がある。

総領事は中国側に，謝罪・処罰・賠償を要求したが，それどころではないことがしだいに明らかになってきた。日本軍の一将校が，中国人に金を与えて事件を起こし，日本人居留民保護を口実に中国に進攻しようと企んだのである（当時の記録としては，「中島利重：「米寿の語り」非売品1984」がある）。

水戸夫妻の乳飲み子の女児が残された。母親が「みつ子」父親が「みつお」で，その子は「むつ子」と名付けられていた。ちょうど同じ歳の乳児（私の弟）を持つ母が，仙台からその子の祖父母が引き取りに来るまで乳を与えた。

「私の歩んだ道」The way of my life

後で私の父から聞いた話であるが，最初の標的は私の一家であった。しかし，家族が多かったので，急遽切り替えられたとのことである。危ないところであった。この事件を受けて，福州在住の日本人居留民の婦女子は，駆逐艦に乗せられて台湾に避難し，私もその中にいた。

1933年12月23日に，皇太子（現天皇）が出生した。「鳴った鳴ったサイレン・ボーボー・ボーボー，皇太子さまお生まれなった」と歌を歌って，小学校の校庭でお祝いをしたのを覚えている。まもなく6歳のころである。当時の面白いことを話すと，牛乳配達とは，毎朝，乳牛を家の前まで曳いてきて，乳をしぼって鍋にいれてくれることであった。こんなことは，いろいろあった。

私が福州日本人小学校に入学したのは，1934年4月である。当時の児童数は47人で，複式授業であった。2学年が1クラスで，先生は1学年ずつ交互に教える。もう1学年は自習である。1年生の時に2年生の授業を受け，2年生になったらつまらなかったことを，覚えている。

少年時代

私の父は14年間の大陸勤務を終えて，1937年5月22日に台湾に転勤になった。私は台北市の東門という城門に近い旭小学校に，4年生として転校した。7月7日に勃発して日中戦争につながった盧溝橋事件の直前であった。清時代の台北の中心部は城壁に囲まれ，東西南北に城門があり，城内地区と呼ばれている。この中に，台湾総督府や法院，軍司令部などの日本による台湾統治の中枢機関や日本人居住区があった。当時すでに城壁は取り壊され，城門だけが残っていた。旭小学校は，東門国民小学として現在引き継がれている。当時は台湾人児童は公学校に通い，日本人児童とは別学であった。

当時は男女別クラスで，1クラス60人，1学年6クラス，全校児童数2000人を超える大きな学校であった。現台湾総統府（旧台湾総督府），観光地である中正紀念堂に近い。60人学級であったが，先生は厳しく，いつ

455

４．Autobiography 自伝／研究史

も竹刀を持っていた。ちなみに私は，女性と肩を並べて学んだことはない。
1940 年 4 月 1 日に，私は旧制台北高等学校（高等科 3 年制　生徒総数
480 人）の尋常科（4 年制　生徒数 1 学年 40 人　総数 160 人）に運よく
進学した。まず当時の学制（旧制）を説明すると，義務教育は小学校 6 年
間であった。それから先は，中学校（女性は高等女学校）5 年，次に高等
学校（または高等商業学校などの専門学校）3 年，最後に帝国大学（また
は私立大学）3 年である。高等学校は全国に 30 数校で，海外領土では，
台北高校と旅順高校の 2 校であった。帝国大学は，海外を含めて，9 校で
あった。帝国大学受験有資格者は，高等学校卒業者のみであった。当時は
帝国大学の定員の方が高等学校の定員より多かったので，高校卒業生は，
えり好みさえしなければ，どこかの帝国大学へ進学できた。したがって，
中学校から高等学校への入学試験が最大の難関であった。

　高等学校尋常科から高等科への進学はフリーであったから，尋常科に入
るということは，帝国大学へのフリーパスを手に入れたことを意味する。
台北高校尋常科は台湾の全小学生のあこがれであった。私は，楽な学校生
活を送ることができるはずであった。しかし，戦争はそれを許さなかった。

「私の歩んだ道」第 2 回

旧制台北高等学校時代

　戦前の帝国大学は，京城（現ソウル）・台北を含めわずか 9 校で，そこで
は大日本帝国の上層部（高級官僚・大企業経営者や大学教授・医師・高級
技術者）を養成する教育が行われていた。帝国大学に直結する旧制高等学
校（高等科 3 年制）は，私立を含めて 35 校で，帝国大学を目指すエリー
ト教育が行われていた。

　私は，1940 年 4 月（昭和 15 年）から 1946 年（昭和 21 年）3 月までの 6
年間，台北高等学校で学んだ（尋常科 4 年，高等科 2 年）。その間に 1941

「私の歩んだ道」The way of my life

年12月8日（尋常科2年生）に太平洋戦争が始まり，1945年8月15日（高等科理科乙類2年生）に終戦を迎えた。台北高等学校に在学した時期は，まさに太平洋戦争のど真ん中であった。現在教職にある学会員の方の参考になることも含めて，まず旧制高等学校について説明する。

旧制高等学校という制度は，終戦後学制が新制となって廃止され，現在は存在しないが，ノスタルジックに懐かしむ人も多い。この制度には，アドヴァンテージとディスアドヴァンテージがあったと思う。私の体験からアドヴァンテージについて考えてみる。旧制高等学校の最大の長所は，生徒自治の自由な雰囲気の中で，純粋な教養科目 liberal arts（語学・文学・自然科学・哲学・歴史）の学習に専念できたことである。受験ということを考えないで学んだ6年間は，今から考えると，私の人生の中で宝石のように輝く貴重な記憶である。

学業は厳しく，毎年1割は確実に落第して，同級生が入れ替わった。裏表（うらおもて）と言って，1学年に2年ずつかける猛者もいた。学期試験が終わると，学科目ごとに全生徒の個人成績（100点満点）が一斉に掲示板に張り出され，落第点には下に赤い傍線が引かれ，赤座布団と言っていた。私の成績はいつも最後尾に近かったが，それなりに勉強をして，低空飛行でなんとか落第しないで切り抜けた。語学では，読解・作文・文法・会話を教えるのがそれぞれ別の先生で，勉強がたいへんだった。特に，ドイツ語では絞られた。ドイツ語の副読本はカントの実践理性批判で，よく分からなかった。夏目漱石や森鴎外などの小説に読み耽ったのも，この頃である。

生徒の中には，台湾人の秀才が全体の1割居た。植民地制度の下で，彼らにとっては，高等学校への入学は極めて狭き門で，大秀才と言えるだろう。私たち日本人は，彼らと喧嘩もしたし，分け隔てなく付き合った。友情は今でも続いている。

尋常科時代の教授陣は，錚々たるものであった。たとえば国語の先生は，その後日本女子大学教授になり，連歌の研究で学士院賞を受けた木藤才蔵先生と，万葉集で著名な，その後阪大教授・文化功労者の犬養孝先

4．Autobiography自伝／研究史

生であった。犬養先生が授業の中で朗々と犬養節で万葉集や石川啄木を吟じた声が，いまでも耳朶に残っている。代数は和算の関考和研究で著名な加藤平左衛門先生，図画は台湾画壇の重鎮塩月桃甫先生という具合であった。

　私は万葉集や連歌に凝り，万葉調の短歌・長歌を作り，また枕詞についての研究論文や小説を書き，校内誌に掲載された。14・15歳にしては，早熟だったと思う。誰しもが私は文学の道に進むと思っていたようであるが，そうはならなかった。

　当時は軍国主義の時代である。高等学校尋常科と同レベルの旧制中学校は，海軍兵学校や陸軍士官学校の予備校と化していたが，尋常科から海兵や陸士を目指した生徒はいなかった。しかし，1年生から教練という学科目があり，戦闘訓練が行われた。各生徒には，歩兵銃が1銃ずつあてがわれていた。各学校には配属将校という陸軍士官が配置されて，教練を受け持った。学問の府で軍人が幅をきかせた時代であった。

当時の水産関係の高等教育機関は，北大，東大，九大に水産学科があり，専門学校としては，農林省水産講習所（4年制：現東京海洋大学），函館高等水産学校（現北大水産学部），釜山高等水産学校（現水産大学校：釜慶大学校）などがあった。

　当時の私は内務官僚志望で，法学部に入るため高等科は文科乙類に進むことにしていた。父も賛成であった。しかし戦局が厳しくなり，それまであった文科の生徒に対する徴兵猶予が取り消されることになった。そこで，子どもが可愛い父が文科進学に異を唱え，理科乙類に進んで医者になれという。理乙を出れば，台北帝大医学部への進学は，確実であった。私は抵抗したが，押し切られてしまった。戦争は，人生の進路まで変えてしまった。

「私の歩んだ道」The way of my life

高校生のまま二等兵になる

　1944 年に私が高等科に進んでからの 1 年間は，日本が敗戦の坂を転げ落ちつつあった時期であり，飛行場の防空陣地の構築に駆り出されることも多くなっていたが，それでも勉学に精を出す余裕があった。

　しかし，1945 年に入って，米軍による空襲が激しくなった。（台湾空襲の詳細については，「川崎　健：台湾空襲のあらましと台北大空襲，歴史地理教育，2015 年 3 月号」を参照）。台湾への米軍進攻の可能性が高まってきたと，台湾軍司令部は判断したようである。しかし，米軍にはそのような計画はなく，フィリピンから台湾を通り越して，沖縄に向かった。当時の日本軍の情報収集能力の低さを示している。

　3 月 18 日に米海軍による沖縄攻撃が始まり，台北高等学校を含む台湾の高等専門学校の生徒は，3 月 20 日に生徒の身分のまま全員警備召集された。生徒以外の一般の未成年の青年男子には，そのようなことはなかった。それは，生徒は軍事教練を受けてきており，即戦力とみなされたからである。鉄砲の撃ち方を知っているから，ということであった。

　私は 17 歳で陸軍二等兵となり，体格がよかったので，重機関銃中隊に配属された。駐屯地は，最初のうちは，山中を移動した。自分たちで兵舎を建て，ドラム缶で風呂を沸かした。5 月 31 日には，フィリピン基地からB24 重爆撃機 117 機が台北に飛来して，台湾総督府など，植民地統治の中枢部を爆撃した。これを台北大空襲という。私たちは，山の上から「燃える，燃える」と言いながら，爆撃の模様を見ていた。

　部隊は最終的には北部の港湾都市基隆（キールン）市に近い汐止（シオドメ）という町の公学校（台湾人の小学校）に落ち着いた。毎日の日課は，訓練と陣地構築（米軍上陸を予想した，ゲリラ戦のための数十キロメートルの横穴堀り）であった。

　機関銃中隊といっても，誰もが銃を撃つことができるわけではない。重機関銃は重いので，異動する場合には，4 人で分解搬送する。また弾薬も運搬しなければならない。撃つことが出来るのは，1 分隊 15 人のうちの 2

4．Autobiography 自伝／研究史

人の銃手に限られる。私は銃手に指名され，実弾射撃訓練もした。毎日の仕事は，機関銃の分解・組立てであった。したがって，私は機関銃に精通していた。このようにして，米軍の進攻に備えていたが，米軍が上陸すれば，ひとたまりもなく，私たちは壊滅していたであろう。同じ公学校校舎に，沖縄からの避難民が住んでいた。その人たちが，毎夕沖縄民謡を歌っていたのが記憶に残っている。

　1945年8月の初めに特別甲種幹部候補生の試験を受けるように言われ，受けたところ合格して，9月になったら軍曹として予備士官学校に入校することになっていた。しかし，その日が来ないうちに，8月15日がやってきた。

　終戦の日は暑い日だった。私は小高い丘の中腹で，横穴を堀っていた。昼過ぎに穴の外で休息していると，兵隊がやってきて，下から「おーい，戦争は終わったぞ」と叫んでいる。「何を馬鹿なことを言っているのか」と言い返したが，本当だった。学生出身の見習士官が「敵を水際に引きつけて殲滅する高等作戦だ」と見当違いのことを言っていたが，敗戦の現実は冷徹な事実であった。もっとも感動したのは，燈火管制で真っ暗だった町が，ばっと明るくなったことである。平和が来たという感じであった。その解放感は，言葉では言い表せないものであった。無謀で非科学的な戦争がやっと終わった。命拾いをしたという感じであった。幼少の頃から戦争に明け暮れた人生が，終わりを告げたのである。

　台湾は中国に返還されることになり，9月に入って大陸から国民党政府の頼りのない官僚と，とても軍人などとは言えない惨めな恰好の中国兵がやってきて，私たちは武装解除された。私は一等兵に昇進し，帰宅した。このような一等兵をポツダム一等兵という。ポツダム宣言を受け容れて降伏した結果のドタバタ昇進という意味である。私は除隊直前にマラリアに感染し，後に日本に帰国してからも，ときどき発作に苦しめられた。

「私の歩んだ道」The way of my life

学業再開から日本への引揚げへ

　半年間の軍隊生活という無意味なブランクを経て，ほどなく授業が再開された。その時の歓びは大きかった。乾いた大地が水を吸い込むように，学業に励んだ。高等学校の広大な運動場で，ラグビーを楽しんだのもこの頃である。

　その頃，妙な中国人が私に会いたいという。「就職」の話だった。「船に乗って機関銃を撃つ仕事をしないか。給料は抜群。酒は飲み放題。日本に帰っても，餓死するだけだ」という。どこで調べたのか，私が機関銃を撃てることを知っていた。要するに，海賊にならないか，という誘いであった。もしもなっていたら，私は南海の藻屑と消え失せていたことだろう。

　年が明けて1946年に入ると，40万人の日本人の台湾からの総引揚げの話が始まった。資産はすべて接収され，父母，姉，弟2人と私の6人家族で布団袋2つ，1人1000円までの日本円が，持ち帰ることを許されたすべてであった。学校生活9年間の思い出を残し，台湾の友人たちに別れを告げ，懐かしい我が家を離れて，一家6人基隆へ向かった。

乗せられた船は，Liberty ship である。それは，第二次大戦中に米国で建造された約1万トンの規格輸送船であり，貨物船である。船倉を上下2段に分け，その間と甲板との間を手摺の無い木製の階段でつなぎ，トイレは甲板に急造された。1人のスペースは半畳ほどであった。私は，台北高等学校の仮卒業証書と成績証明書を握りしめて，乗船した。

　老人や子どもには，つらい船旅であった。本籍地の会津若松まで託された5人の幼い子どもをかわるがわる抱きかかえて，私は船底と甲板のトイレの間を一日中往復した。数千人乗り込んだから，毎日のように亡くなる人が出て，舷側からドボンと水葬である。

　5日間のつらい船旅を経て，1946年4月10日に，引揚げ船は和歌山県田辺港に接岸した。上陸する時にまず見舞われたのが，頭から吹きかけられた DDT である。その日は，女性が初めて参政権を得た衆議院議員選挙の投票日であった。すでに述べたように，私の父母とも台湾育ちで，私た

461

4．Autobiography自伝／研究史

ちにとっては，日本は祖国という名の異国であり，引揚げは異国への移住
であった。

　上陸してから数日して，一家6人は，託された母子6人を連れて会津
若松へ向かった。当時の汽車はすごく混雑していて，乗客は窓から出入り
し，網棚には人が寝ていた。列車を乗り継ぎながら，食うや食わずで，必
死の思いで数日後に会津若松駅に辿り着いた。台湾から連れてきた母子
6人を迎えに来た親族に引き渡し，私たちは，北会津郡門田村の本家に向
かって，疲れた足を運んだ。私の父は台湾で小学校や公学校の校長をして
いたが，その頃出張で内地に来るたびに本家を訪れていたようである。

　本家は，門田小学校の校門の向かい側にあった。父が家人に来意を告げ
ると，父と旧知の主人が現れた。一言二言話し合っているうちに，父の顔
色が変わった。帰ってくれというのであった。門前払いである。6人の大家
族に居座られたらどうしよう，と思ったのであろう。私たちは靴を脱ぐこと
も許されないまま，退出した。父は，それ以後本家を訪れることはなかっ
た。

　行く当てもなく，私たち一家は途方に暮れた。父の提案で，若松市郊外
の東山温泉の百姓さんたちが農閑期に自炊して滞在する湯治場に重い足を
運んだ。ところが，数日して幸運にも若松の旧陸軍歩兵29連隊の兵舎が
引揚者住居として使用できることになり，そこに住むことができた。捨て
る神あれば，拾う神あり，である。

山形高等学校へ転入学する

　高等学校は台湾で2年までしか行っていないので，どこかの高等学校に
1年間入って卒業しなければ，大学へは進めない。引揚げ後の困窮した状
態の中でも，父は私に強く学業の続行を勧めてくれた。多くの引揚げ生徒・
学生が家族のために働かなければならず，進学を断念する中で，私は父母
の愛に感謝した。

　福島県には，旧制高校も高等専門学校もなかった。これは，戊辰戦争の

「私の歩んだ道」The way of my life

意趣返しといわれている。私はともかくも高校に入りたいと，水中で藁を
もつかむ思いで，会津若松から水戸高等学校へ向かった。空襲で焼野が原
になった水戸駅に降り立つと，水戸高校は焼けて友部の海軍航空隊跡地に
移ったという。友部で汽車から降りて高等学校の事務室に行って編入試験
について訊ねると，試験は前日に終わったという。目の前が真っ暗になっ
たが，どこかまだ終わっていないところがありませんかと訊くと，定かでは
ないがまだ山形高校が終わっていないと聞いている，という。当時は電話
も不自由な時代であった。

　私はすぐに鮨詰めの夜行列車に乗って，水郡線・奥羽線と乗り継いで，
車中で立ったまま山形に向かった。早朝に山形駅に着いて高等学校に歩い
て行った。当時は食料事情が極めて悪く，食物はすべて配給で，食堂など
は開いておらず，空腹であった。高校に着いたのは，午前8時半ころであ
る。事務室に行って，編入試験について訊ねると，9時から行うという。
私は，大切に台湾から肌身離さず持ってきた書類を差し出して，受けさせ
てもらえるかというと，いいですよとの答えであった。私は，運が強いの
をその時ほど感謝したことはない。

　転入試験には，引揚げ生徒とともに陸士や海兵の元生徒や卒業生（陸軍
士官や海軍士官）も多数受験し，倍率は4倍程度であった。国立の高校生
なのになぜ別の高校を受験しなければならないのかと怒ってみたが，言っ
てもせんないことであった。さいわい私は，3年理甲に転入できたが，1年
や2年に入れられた人も多かった。私がもしそうなっていたら，経済的理
由から，学業を続けることは，とてもできなかったであろう。ここでも私は
運が強かった。

東北大学へ進学する

　山形高等学校3年生に転入学した途端に大学入試の話になる。私は東
北出身であるから，東北大学に進みたいと考えていた。医学部に行けば在
学期間が長いので，とても学資が続かず，最初から考慮の外であった。他

463

4．Autobiography 自伝／研究史

方，東北帝国大学に農学部が新設されるという話が新聞に載った。そのいきさつを書こう。

帝国大学の設置年次を見ると，東大，京大，九大の順で，東北帝国大学は4番目である。東北帝国大学が設置されたのは1907年で，その時に札幌に東北帝国大学農科大学が置かれる。1918年に北海道帝国大学が創設され，農科大学が北大に移管された。

その結果東北帝国大学には，1918年以降農学部が置かれていなかった。1938年に農学部設置の機運が盛り上がったが，戦時下の財政難で日の目を見ず，その代わりに農学研究所が設立され，水産研究部が置かれた。この農学研究所が基盤となって，太平洋戦争後の1947年に農学部が創設されることになった。

水産学科は4講座からなっていた。

　　水産養殖学講座　今井丈夫 教授

　　漁撈学講座　木村喜之 助教授（併任）　畑中正吉 助教授

　　水産利用学講座　土屋靖彦 教授

　　海洋学講座　松平近義 教授

私が水産学科を受験した理由について言えば，よく覚えていないが，特段の選択意志があったわけではない。ただなんとなく海に憧れたからである。水産学科の1回生は8名であった。終戦直後のこととて，農学部入学者はバラエティに富み，もと陸軍少佐とか海軍中尉とかがいた。女性は，全学部100名足らずのうち，東京女高師卒の才媛ただ1人であった。
私は貧困学生で，家からの仕送りはなく，授業料免除で特別奨学金の貸与を受けた。食べるためにはアルバイトをしなければならず，道路工事，農家の手伝い，駅のホームでのアイスキャンデー売りなど，なんでもした。いまなら考えられないアルバイトもした。

大学でアルバイトの世話をしてくれるのは，学生部補導課である。そこの女性の係長の方には，常日頃アルバイトや私生活においてもたいへんお世話になっていた。そのおばさんから電話があって，ちょっと来てくれという。なんのことかと学生部に行ってみると，仙台駅前にある政府の外郭

「私の歩んだ道」The way of my life

団体「配炭公団亜炭支団」から，2人1組の宿日直の依頼があるという。
空襲で壊滅的な被害を受けた仙台駅前は，当時バラックが立ち並び，ヤク
ザ・街娼・米兵が跋扈する無法地帯であった。その連中が夜な夜なやっ
てくるので，怖がってだれも宿直をしたがらないという。「人相が悪い人と
腕っぷしの強い人のペアの注文で，川崎君が人相の悪い方，君の親友のM
君（柔道有段者）が強い方でどうかしら」という。よく人を見ているもの
だと思った。人相が悪いのには自信があったし，条件がとてもよかったの
で，引き受けることにした。案の定，彼らが毎晩やってきたが，強面（こ
わもて）で追い払った。人相がよくないのも一得である。
　そんなこんなしているうちに3年生になって，研究室に配属されて卒業
研究をすることになった。ここからが，私の研究生活の始まりである。

「私の歩んだ道」第3回

東北大学3年生のころ

　1949年（昭和24年）4月に東北大学農学部水産学科の3年生になって，
私は卒業研究のため漁撈学講座に配属された。当時の状況を説明しておこ
う。
　第2回で述べたように，東北帝国大学農学部水産学科漁撈学講座の初
代教授は木村喜之助先生（1903-1986）であったが，木村先生は，農学部
が創設された1947年（昭和22年）には東京都中央区月島にあった農林省
水産試験場木村研究室の室長であり，東北帝国大学は併任であったため，
実質的には畑中正吉助教授（1911-1992）が講座主任であった。畑中先生
は当時まだ学位を持っておらず，それが教授でなかった理由のようであっ
た。漁撈学講座という名称は，当時の水産学は，漁撈学，製造（利用）
学，養殖学の3部門から成るという基本パターンを踏襲したもので，黎明
期にあった資源学は未分化で，漁撈学の範疇に含まれていたのである。

465

4．Autobiography 自伝／研究史

水産学全体が未分化で，当時の水産試験場長の田内森三郎先生（1892 - 1973）の専門は水産物理学で，漁具の研究，資源の研究，缶詰の研究と，実に幅広い仕事をしていた。

私がどういう理由で畑中先生の指導を受けるようになったかといえば，畑中先生の講義に魅かれたためである。畑中先生は，東北帝国大学理学部生物教室の出身で，養殖学講座の今井丈夫教授（1903-1971）の門下生であり，東北帝国大学農学研究所の女川水産実験所でナマコ，カキ，フナクイムシなどの海洋無脊椎動物の実験生物学の研究をしていた。しかし，1947 年ころからしだいに海況変動や資源生態学の研究に転じ，私は畑中先生の資源学の講義を受けた。当時のノートを今でも持っているが，講義は歯切れよく，内容が斬新で理論的であった。

畑中先生から与えられた研究テーマは，「仙台湾のマガレイの研究」であった。畑中先生に従って 1949 年 4 月に宮城県閖上（2011・3・11 大津波で，壊滅的被害を受けた）漁協に行き，協力をお願いした。先生から直接の現場での指導を受けたのはそれだけで，後は自分でやりなさい，ということであった。それからは，漁協に泊まりこんでの早朝の魚市場でのサンプリングや底引き船に乗せてもらっての洋上サンプリングに明け暮れた。大きなマツカワやホシガレイが獲れていた時代である。漁協の網小屋に泊めてもらったが，ノミとシラミに悩まされた。底引き船は 2 時間おきに網を揚げるので，その間は板一枚下の船室でごろ寝である。冬には木炭の暖炉があり，一酸化炭素中毒になりそうであった。トイレなどもちろん無い。

このようにしてマガレイの研究を続け，成果は Kawasaki / Hatanaka 1951, Tohoku J. Agr. Res. 1 (2) として報告された。初論文である。
旧制大学 3 年生であるから，当然就職が問題になる。当時の学生はのんびりしたもので，なるようにしかならないという具合で，誰も就活などはしなかった。

1949 年 5 月になって，第 2 回国家公務員試験が 7 月初めにあるから，希望者は受けるようにとの連絡が事務からあった。其の頃，私は畑中先生に呼ばれて，「新設される東北海区水産研究所に就職してください。所長の

「私の歩んだ道」The way of my life

木村先生とは，話がついています。ただ，国家公務員試験に合格してもらわなければなりません」と申し渡された。異議を申し立てることのできる雰囲気ではなかった。

　当時は水産の研究体制の変革期であった。農林省水産試験場という全国にまたがる組織は，占領下であったため GHQ（連合国総司令部）の指令で，1949 年 7 月から 8 海区水産研究所に分割された。北海道，東北，東海，日本海，内海，南海，西海，淡水の 8 つである。

　卒業後の進路を何も考えていなかった私は，畑中先生のご命令に従って，公務員試験の水産専門職を受験した。試験問題で覚えているのは，ひとつは，計算問題がたくさんあって，正解数を競うものである。もうひとつは，魚の学名を出されて和名を答えるものである。たまたまスケトウダラの学名を覚えていた。

　こうして公務員試験に合格し，東北水研海洋資源部に 1950 年 4 月に助手として採用された（22 歳）。私の人生は，畑中先生によって決められたようなものであるが，おかげで意義のある人生を送れたことに感謝している。

東北水研入所と漁海況調査　－水産海洋学の黎明期－

　東北水研の初代所長は木村喜之助先生で，海洋資源部長を兼任していた。東北水研の建物が宮城県塩釜市東塩釜の海辺の丘の上に建てられ，業務を開始したのは 1951 年 4 月であったが，海洋資源部のメンバーはほとんど新卒か入所数年の人で，50 年 4 月にはほぼ出そろっていた。

　黒田隆哉，堀田秀之（故人），福島信一（故人），川合英夫（故人），小川　達（故人），小達　繁などの方々である。22 ～ 26 歳で，皆若かった。木村先生にしても 47 歳であったが，ずいぶん「おじさん」に見えた。

　木村先生の研究は，「カツオの分布と海洋構造との関係」であり，先生は宇田道隆先生（1905-1982）とともに，水産海洋学の創始者である。宇田先生と木村先生とは，仙台にあった旧制第二高等学校と東大理学部物理学

467

4．Autobiography 自伝／研究史

科の同級生である。宇田先生が主として海洋物理学の研究者であったのに対して，木村先生は徹底的な漁況海況学者であるとともに，成果を社会に還元する実践的研究者であった。当時，カツオ漁場と海洋構造（等温線）の関係を示す「カツオ漁場図集」が出版されていた。

私たちの仕事は，海洋観測と魚市場における調査および毎週の漁況速報の製作・発送および等温線放送であった。

まず，海洋観測である。5月から12月にかけてのカツオ・ビンナガ竿釣り漁業→サンマ棒受網の漁場は，伊豆諸島近海から東北地方沖を北上し，秋に南下する。この漁場移動を追って，水産庁の海洋観測船と各県水産試験場の調査船が，東北地方の沖合の南北で，東経160°まで横断観測をした。

2時間（20マイル）おきの定線観測で，防圧・被圧の転倒寒暖計をつけたナンゼン採水器を水深500mまで下ろして，ワイヤに沿ってメッセンジャーを走らせて測温・採水をする。水温は読み取り，塩分は採水瓶を研究室に持ち帰り，塩分検定（塩検）をした。防圧・被圧の寒暖計を用いるのは，ワイヤの長さでは計れない正確な水深（水圧）を確定するためである。現在のCTDを用いて自動的に印字される観測とはまったく異なる，苦労の多い仕事であった。さらに，稚魚ネット・プランクトンネットを曳いた。

私は，大東丸という宮城県水産試験場がチャーターしたカツオ船によく乗った。定線を走っている途中でカツオやビンナガの群れを見つけると，釣りが始まる。まさに戦場である。私も及ばずながら釣った。釣りたてのカツオの身を飯の上に並べ，上から熱湯をかけると，色がさっと変わる。その美味しかったこと。

当時はGPSなど無いから，船位決定は天測（天体観測）によっていた。したがって曇っていて天体が見えなければ船の位置が分からない。このため，船はしばしば台風に巻き込まれた。私は船に強い。少々の時化は平気だった。かえって漁師の方が参っていた。私が乗船するたびに台風に会い，「お前が乗ると時化るから，来んでくれ」と言われた。このようにし

468

「私の歩んだ道」The way of my life

て，サンマ棒受網，イカ釣り，サバはね釣りなど，たいていの漁業種類の船に乗った。宮城県網地島の定置網の番屋にも泊まり込んだが，網を揚げる若い女性の漁師たちと同じ蚊帳の中で，ノミと緊張でよく眠れなかった。

第2の仕事は，魚市場における漁船からの漁況収集である。カツオ・サンマ漁場の移動に応じて，私たちも，5月から12月にかけて，焼津・清水→石巻→気仙沼→那珂湊と移動した。早朝3時ころから大きなノギスで魚体測定をし，5時ころから，水揚げの終わった漁船にうかがって，漁況・海況を聴いて回った。これを「船回り」（フナマワリ）と言った。毎朝30隻ほどである。漁獲位置・量・群れの種類（スムレ（素群），サメ付（ジンベエザメとともに行動しているもの），木付，鳥付）とSST（sea surface temperature 海面水温）がポイントである。

漁況・海況を収集するだけではない。漁師に「水温を測る」ことの意義を理解してもらうことも，ひとつの仕事であった。その頃は，水温を測る漁船は少なかった。私たちはリュックを背負って，その中には，棒寒（棒状寒暖計）・水色計・カツオ漁場図集が入っており，それらを使用する意義を説明しながら売って歩いた。水産海洋学研究のイロハのイからの仕事であった。

早朝に漁船に行くと，水揚げを終えた漁師たちがアルミの食器で朝から一杯やっている。「付き合わないと，漁況・海況を教えない」という。こちらも嫌いじゃないから，朝から一杯である。

酔眼朦朧で事務所に帰り，観測船や漁船のSSTデータを白図にプロットし，等温線を引き，漁獲位置を書き込む。説明文を書いて，漁況速報（週一回）の原稿ができあがる。それから印刷業者（ガリを切る業者）に渡す。翌朝，印刷された速報が届く。出来上がった「漁況速報」を帯封でくるんで，郵便局に持っていって発送である。

このような観測船乗りと市場回りと漁況速報作りの仕事を10年近く続けたが，このことがその後の私の研究者生活に決定的な影響を与えたと思う。そして，私たちの仕事は，まさに水産海洋研究の草分けの仕事であった。指導者の木村先生の功績は大きい。それとともに特筆すべきなのは，

469

4．Autobiography 自伝／研究史

この仕事を通じて，川合英夫さん（1927-2013）が，黒潮・親潮水域の海洋構造について大きな業績をあげたことである。この水域の海洋構造の研究は，宇田先生を引き継いで，川合さんによって完成された，といってよいであろう。その川合さんも，旅立ってしまった。

水産海洋学研究の黎明期の活動に参加できたことは，幸運というほかはない。

マグロ類の比較生態学

このような漁海況調査の中で，私が関心を持ったのは，マグロ類4種（クロマグロ，ビンナガ，メバチ，キハダ）の魚種による生態の違いである。この問題について，1958年，1960年，1962年に論文を3本書いた（東北水研報告）。同属（*Thunnus*）異種のクロマグロとビンナガについて説明しよう。どちらも温帯性マグロである。この近縁種がどのようにして種の分化 (speciation) を行ったのか，進化生物学的視点で比較してみた（「研究の奇跡」の中の「カツオ・マグロ類の生態の比較について」）。このような進化生物学的な視点が，その後の私の研究の原点である。これらの研究は「カツオ・マグロ類の比較生態学的研究」としてまとめられ，1961年（33歳）に東北大学から学位を受けた。

漁場知識普及会設立から漁業情報サービスセンターへの移行
－漁海況情報普及事業の外部化－と水産海洋研究会の発足

1960年代に入って，東北水研の漁海況情報業務は，大きな節目を迎えることになる。会計検査院の監査が厳しくなり，予算執行の自由度が小さくなってきたのである。そこで木村先生は，漁海況情報普及体制を外部化することを提案した。任意民間団体の創設である。塩釜の底引き漁業組合の横田組合長を会長として，「漁場知識普及会」が設立された。私たちは，そのための寄付金集めに駆け回った。事務所を東北水研に置き，専従職員

「私の歩んだ道」The way of my life

を採用した。後に漁業情報サービスセンターの専務理事になる高橋英雄氏である。この体制で，なんとか切り抜けた。

水産海洋研究会が発足したのは，1962 年 4 月 6 日である。宇田先生が代表となって，101 名が参加した。研究会は，1988 年に学会に移行した。1963 年に世界的に異常冷水現象が発生し，日本近海でも漁業被害が発生した。

これを契機にして水産庁は，1964 年から「漁海況予報事業」を開始した。これが基盤となって，1972 年 4 月に漁場知識普及会が解散して，水産庁の外郭団体である「魚漁情報サービスセンター」が東京に設立された。後に述べるように，当時私は，東京の東海区水研に勤務していたが，要請に応えて，しばらくの間，センターに通って等温線を引いていた。　センターは，2013 年 4 月に一般社団法人として，新しいスタートを切った。

塩釜から八戸へ

1961 年（昭和 36 年）秋に，母校東北大学から助教授の話があった。私の研究も一区切りついた時期でもあったし，新しい転換を考えて，推薦していただいた畑中先生・今井先生に前向きのお返事をした。選考は順調に進んでいた。ところが，ハプニングが起こった。

当時私は，労働組合運動に精を出していた。高度経済成長期以前の厳しい経済状況の中で，働く人の生活と権利を守るという正義感からであった，と思う。塩釜労評副議長や全農林宮城県協議会副議長などを務め，中小企業労組のストライキの指導をしたこともある。会社経営者との団交にも参加した。激しい言葉が飛び交った。

日中は研究，土日と夜は組合運動で，私生活は無いに等しく，寝る間も惜しい毎日だった。私が水研労組委員長の時に全農林中央本部から座り込みの指令があった。どういう問題だったかよく覚えていない。中央からの指令であるから，実行しなければならない。管理職以外は，水研の正面玄関に座り込んだ。その時の写真が，地方紙河北新報に掲載された。それが

471

4．Autobiography 自伝／研究史

東北大学の学内で問題になり，助教授の話は立ち消えになった。今井先生から，大目玉を食った。しかし，後になって考えてみると，その時大学に行かなくてよかったと思う。その後，東北大学農学部水産学科は，全国的な大学紛争の渦の中で，学位不正取得問題の紛争に巻き込まれ，教員はたいへんであった。私はここでも運が強かった。

　組合運動の活動家という厄介もの払いの面もあったと思うが，1962 年秋（34 歳）に，当時の手塚多喜雄所長（前水産庁研究第二課長）から，八戸支所長にという話があった。当時八戸支所では，支所長と所員の間がうまくいかず，ごたごたが続いていた。私の起用は，毒をもって毒を制す，という側面があったと思う。また支所の研究業務再編の問題もあり，私は再編論者だった。底魚偏重の研究体制を改めて，サバ・スルメイカの浮魚の研究を始める，ということである。そこで，私が行って所内を正常化し，新しい研究体制に移行してもらいたいという話であった。しかし，所員には私より年長の方も多く，気が進まず，固辞したが，押し切られた。こうして，3 年経ったら塩釜に戻すという約束で，1963 年 3 月 20 日（35 歳）に，八戸支所に単身赴任した。支所長無料官舎は障子の外側は縁側で，冬にはガタガタの雨戸の隙間から雪が吹きこんで縁側に積もる有様で，電話番号は，八戸 0829（オヤジガニクイ）だったことを覚えている。一般家庭には受話器は無く，長距離電話が不自由な時代であった。

　所内は正常化し，新しい研究体制も発足したが，管理職というのは，あまり好きではなかった。第一に，研究ができない。早く 3 年経たないかと考えているうちに，事件が起こった。

八戸から東京への配転

　移動してから 2 年目の 1964 年の秋（36 歳）のことであった。当時，米海軍の原子力潜水艦の佐世保寄港問題で，反対運動が全国的に高まっていた。寄港に備える予備調査と称して，プランクトンを採集して放射能を測定するようにという指示が，水産庁から各水研に出された。寄港を合理化

「私の歩んだ道」The way of my life

するための意味のない調査であった。

　手塚さんから交代した東北水研所長から私に電話があった。八戸支所に所属している調査船「わかたか丸」を使って，月1回のプランクトンのサンプリングをしてくれないか，というのである。なぜ本所で出来ないのか。水産庁の指示を受けて，調査に批判的な本所の雰囲気の中で，所長は悩んだのであろう。しかし，私が支所の会議に持ち出しても，反対意見が多数を占めることは目に見えている。それに，私も個人としては反対だし，私が責任をとればよいことである。私は，肚を決めて，支所の会議に諮ることなく，「調査は八戸支所では難しい」と返事をした。

　所長から連絡が行ったのであろうが，水産庁は「所長命令拒否」と，受け取ったようである。水産庁調査研究部長からも私に直接の電話があったが，「八戸支所では無理です」と答えた。しばらく経って，調査研究部長から，東海区水研に転勤してもらえないか，との電話があった。「まつろはぬもの」への配転命令である。理由のない配転を，私は断った。

　年が明けて1965年を迎えた。そして，1月11日に（37歳），本所の庶務から「東海区水研資源部第一研究室長への配置転換辞令が出されました」との電話連絡があった。2つの研究室があり，乗組員15人の調査船を管理する八戸支所長から室長への，本人の同意を得ない降格人事であった。しかし，原潜寄港に手を貸すことなく，私はむしろすっきりした。私の転勤先が東海区水研に決まるまでには，いろいろといきさつがあったようであるが，佐藤　栄資源部長（後に，東北水研所長）は，快く受け容れてくれた。佐藤　栄さんは前北海道水研資源部長で，その「佐藤理論」は一時期一世を風靡し，多くの資源研究者を惹きつけ，北水研・北水試・東海水研の資源研究者を中心に佐藤学派を形成していた。私は佐藤さんと親しかったが，その「理論」に賛同することはできなかった。

　こうして私は，東京に移ることになった。

473

４．Autobiography 自伝／研究史

水産資源学の研究方法論上の論争

　私はこれまでに，水産資源学の研究方法論について，二度の公開論争を行っている。一回目は，1951年（23歳）に行われた当時西海区水研に勤務していた最首光三氏との論争である。二回目は，1967・68年（39-40歳）に行われた上記の佐藤学派との論争である。二回の論争とも，当時の水産研究者の討論の広場であった，「水産科学」の誌上で行われた。両者とも，「魚・社会・地球—川崎　健　科学論集」（1992，成山堂書店）に収載されている。

「私の歩んだ道」第４回

東京での研究

　第３回で述べたように，私は1965年（昭和40年）1月（37歳）に東北水研八戸支所長から東海水研資源部第一研究室長へ配置転換された。突然の配転で，初めての東京に放り出され，宿舎の用意もされず，借家を求めて東京近郊を探し回り，やっと横浜の公田町に落ち着いた。これも一種の懲罰だったのであろう。

　当時の東海区水研資源部は，朝鮮総督府水産試験場時代から戦後の農林省水産試験場・東海区水産研究所時代にかけて，卵稚仔調査に基づくイワシ資源研究の基礎を築いた，水産講習所卒の中井甚二郎先生（1901-1984）の本拠であった。中井先生は私が東海区水研に異動する数年前に資源部長を退官していたが，私の赴任時にも３つの研究室長はすべて水産講習所卒業生であり，さらに部員の多数が講習所の後継校である東京水産大学（現在の東京海洋大学）の出身で，圧倒的に中井体制が続いていた。そこに異分子の私が突然放り込まれたのであるから，お互い戸惑ったのも止むを得なかった。前回述べたように，何の必然性もない配転だったからで

474

「私の歩んだ道」The way of my life

ある。

　私は，新しい環境でどういう研究を始めようかと考えたが，とりあえず当時資源の最盛期にあったマサバについて取り組むことにした。漁業調査船蒼鷹丸による北上群の調査などを行って，1970 年（昭和 45 年）前後にマサバ太平洋系群の資源構造について何本かの論文を書いた。その頃，水産庁の予算で全国横断的なスルメイカ研究が始まり，私はその総括的な責任者となり，論文をいくつか書いた。しかし，1970 年代に入ってから私の頭の中で渦巻いていた資源研究の基本的な問題についての考え方を，整理することがなかなか出来ないでいた。

水産資源研究の歴史と数理資源学の台頭

　私の 1970 年代以降の研究展開を説明する前提として，水産資源研究の歴史と問題点について説明しておこう。水産資源研究の必要性が叫ばれ始めたのは，19 世紀末の北欧水域においてである。資本漁業が発展してきて，漁業の大規模化が進行し，トロール船にスチーム・エンジンとオッター・ボードが導入されて，底魚資源に対する漁獲圧力が強まってきた。魚の資源は無尽蔵だと言われた時代は去り，国際的な底びき網漁場である北海（North Sea）において cpue（catch per unit fishing effort 単位漁獲努力当たり漁獲量) が低下してきた。

　他方，ノルウェー沿岸の春ニシンの定置網漁業が発展してきたが，年々の大きな漁獲変動（資源変動）に悩まされていた。このような状況の中で，これらの問題を解決するために，ICES（International Council for the Exploration of the Sea　海洋探査国際評議会）という政府間研究組織がデンマーク，ノルウェー，英国，フィンランド，ドイツ，オランダ，スエーデン，ロシアの北欧 8 か国が参加して，1902 年に設立された。

　創立時の ICES の研究課題は，資源の‘乱獲’と‘変動’であった。これは，現在でも変わらない，資源問題の 2 つの central themes である。変動問題の研究は，水産資源学の基礎を築いた，ノルウェーの Johan Hjort

4．Autobiography 自伝／研究史

（1889 ～ 1948）が，"変動の実体は，年級変動である"ことを明らかにした
ところで，止まってしまった。変動問題を解明するためには，地球表層科
学の発展を待たなければならなかったのである。

　他方，'乱獲'問題については，ICES が政府間組織であるところから
国際的要請が強かった。1931 年に英国の ES Russell が 'Some theoretical
considerations on the overfishing problem' を発表したが，論理が単純で分か
りやすかったこともあって，加盟各国が受け入れやすく，leading paper と
なった。Russell 論文の論理は，資源の自然増加量（資源量の関数）という
バイオマスのプラスと漁獲量（努力量の関数）というマイナスを平衡させ
ると一定の努力量で最大の持続的な漁獲量（MSY）が得られるというもの
で，環境変動による資源変動を切り捨てて，資源変動の要因を漁獲努力の
みに限るものであった。

　Russell 論文の論理は，Russell の頭に突然ひらめいたものではない。そ
の根底には，農業における収穫逓減の法則がある。しかし，栽培環境が人
間の管理下にある農業生産に，人間の手が届かない，変動する自然環境下
で行われる漁業生産を対応させることは，そもそも論理的に整合しない。
環境を切り捨てることが，Russell 理論の基本的な誤りである。しかし，
Russell 理論を基盤とする数理資源学が欧米で発展を遂げていった。その根
底には，キリスト教的な'自然の支配'の思想があった。

　日本には，数理資源学の伝統はなかった。しかし，終戦後，FI Baranov
（1918），WE Ricker（1948），WF Thompson（1950）などの論文が滔々とし
て日本に流れ込んだ。極めつけは，RJH Beverton（1954）による Russell
（1931）の式を精緻化した論文である。これを，生長・生残モデルといっ
た。話は簡単である。各魚種について，生長率や自然死亡率などの資源特
性値を計算して，Beverton の式に入れれば，資源の管理式が出来上がる。
この式から，等漁獲量曲線いわゆる資源管理図を描くことができる。さら
に，体長分布の標本調査のために，当時発展していた小標本推計学理論が
適用され，数理資源学が資源研究の支配的地位を占めるようになった。

　生長率や自然死亡率は，たとえばマイワシに見られるように，年々大き

「私の歩んだ道」The way of my life

く変動するものであるが，数理資源学においては，資源変動要因は漁獲力のみで，環境を切り捨てているので，そもそも自然変動という概念が無いのである。

数理資源学の展開と陸上調査
　－第一の資源（自然）操作論－

　資源管理のために体長組成の標本調査をすることを，陸上調査といった。環境変動が資源変動に与える影響は否定されているのだから，海の調査は必要なかった。アメリカでは，資源研究のための環境調査は，予算の無駄遣いだから止めるべきだという論文さえ出ていた。調査方法の指導のために，当時東海区水研資源部に勤務していた田中昌一さん（1926 ～，後に東大海洋研教授・東京水産大学学長，私の旧制台北高等学校尋常科～高等科の１年先輩）など数理資源学者たちが，1953 年（昭和 28 年）ころ各水研を回って歩いていた。私たちは，水研の一室に集められて，講義を受けた。

　数理資源学によれば，資源研究とは，Beverton and Holt（1957）の式の特性値を得ることであった。まず偏りのない体長組成を得ることから始まる。そのために，系統抽出法（systematic sampling）が用いられた。第一段階は，漁船の抽出である。水揚げする順に等間隔で漁船を抽出する。最初の漁船は乱数表で決める。次は，漁船から出てくる魚籠の抽出である。これも同じ手順による。そして，抽出された魚籠の中の魚の魚体測定をする。こうすれば，偏りのない体長組成が得られ，その精度を計算することが出来る。

　このような作業をするためには，朝３時ころから魚市場に行かなければならない。水揚げする漁船から次の順番の籠が出てくるまでの間に居眠りをしてしまう。これを「暁（あかつき）に祈る」と言った。

　このようにして得られた体長組成を，体長－年齢変換表を用いて，年齢組成に変換する。これらを Bertalanffy の生長式にあてはめて生長率，そし

477

4．Autobiography 自伝／研究史

て死亡係数が計算される。死亡係数は漁獲死亡係数と自然死亡係数に分離される。そうして，資源管理図が作られて，完成する。

　このような研究手法の典型的な適用例は，1950 年代後半（昭和 30 年〜）から 1960 年代（〜昭和 45 年）にかけて展開された西海区水研における以西底魚資源研究である。当時は，東シナ海や黄海で行われる以西底びき網漁業の最盛期であった。資源研究者のそれぞれが，底魚の 1 種ずつを担当して上記の調査研究を行い，資源管理図を描いて，それが学位論文になり，次々と西海水研報告として，発表された。

　数理資源学は，英語で population dynamics と言う。この理論の基本的な性格を一言でいうと，漁獲努力の調整に基づく資源（自然）操作論である。人間が資源（自然）の中に手を突っ込んで，資源（自然）を思いのままに操作できるという考え方である。その特徴は，資源変動要因から環境変動を切り捨てることである。

　切り捨てられた環境変動によって，日本のマイワシの漁獲量は，1965 年の 1 万トンから 1988 年には 449 万トンに急上昇し，2005 年には 3 万トンに急低下したが，これも乱獲のせいにされた。現在でも，FAO による資源評価や日本の TAC 設定の考え方は，資源操作論である。

栽培漁業論－第二の資源（自然）操作論－

　栽培漁業とは，「有用種の稚仔を人為的に飼育して放流し，その水域の生物種の組成を変え，生物相互の関係を有用種に有利になるようにすることによって，水産資源を積極的に維持増殖しながら行う漁業」（千葉健治 1983，旺文社百科事典）と定義される。いわば自然改造である。選択的種苗放流によって，バイオマス増大のみならず，生物社会の群集構造まで変えてしまおうというのである。これは，第二の資源（自然）操作論である。上記の基本理念に基づいて，1963 年（昭和 38 年）に瀬戸内海栽培漁業協会が設立され，各都道府県に栽培センターが続々と設置され，膨大な予算が投入された。協会は 1979 年（昭和 54 年）に日本栽培漁業協会となった。

「私の歩んだ道」The way of my life

「栽培漁業時代」の初期（1969年）に書かれた，次のような文章がある。
"いま論じているすばらしい生物学的技術は，科学技術の中で最も進んでいる原子力の核エネルギーを取り出す技術と比べて遜色のない意義を持つものである。エネルギー利用で革命をもたらした原子力工学の技術は，一口でいえば，1グラムのウラン235が核分裂を起すと石炭の約300万倍，すなわち石炭約3トンと同じだけのエネルギーを出すが，これを取り出す技術にほかならず，そこに意義がある。

　1個の生命から数百万個の生命すなわち数百万倍の食糧となる生命を人工的に得る技術は，これにまさるとも劣らない意義を持つ技術である。原子力の技術により，人間は新しいエネルギーの時代にはいったが，わが国の作りながらとる漁業の生物学的技術によって，人類は食糧獲得の歴史において新しい段階に入ったのである。これは　humanistic technology である"（前波　雅，1969，富の母なる海はそこにある（その1），日本水産資源保護協会月報57，2-3）。

　「人類の食糧獲得の歴史における新しい段階」に入ってから，ほぼ半世紀が経過した。日本の沿岸漁業（養殖業を除く）の生産量は，栽培漁業の幕開け時代の1965年には186万トンで，その後マイワシ資源の増大によって1977年（昭和52年）には210万トンに達したが，マイワシ資源の衰退とともに減り続け，東日本大震災前年の2010年（平成22年）には129万トンで，1965年に比べて57万トン（－31％）の減少である。1969年（昭和44年）に閣議決定された「新全国総合開発計画」，略称「新全総」，は，「資源培養型漁業によって，1985年に沿岸性高級魚介類約100万トンの生産増加を目指す」と述べていたが，事態は正反対の方向に進んだ。非科学的政策の失敗は明らかである。

　資源培養の成果は上がらず，日本栽培漁業協会は2003年（平成15年）に解散し，水産総合研究センターに統合された。

　2つの資源操作論は同根である。それを支えているのは，「人間による自然の支配」という，フランシス・ベーコン発の西欧起源の思想である。本稿はこのことをさらに論ずる場ではないが，私はこれらの資源操作論に強

479

4．Autobiography 自伝／研究史

い疑問を持ち，1970 年頃から新しい理論的展開を模索し始めた。

日本科学者会議の創設

　1965 年に東北水研八戸支所から東京に配転された私を待っていたのは，科学者の全国組織の結成であった。太平洋戦争（1941 − 45）後 1946 年に，民科（民主主義科学者協会）が科学者の全国組織として結成され，科学の発展と科学者の権利拡大のために活発に活動したが，学問分野別の組織であったこともあり，各分野の学会の組織と機能が整備されるにつれてその存在意義がしだいに薄れて活力が低下し，1956 年には全国組織としての機能をほぼ失った。

　このような中で，「1964 年北京科学シンポジウム」という国際的シンポジウムへの科学者の派遣運動があり，東北水研の菊地省吾さん（1930 ～）が「アワビの研究」について報告するために北京へ行くことになって，資金カンパを含め，大きな参加運動が全国的に展開された。この運動が契機になって，1965 年 12 月に個人加盟の全国組織として「日本科学者会議」が結成された。各水研から多数の研究者が加入した。私は結成の準備段階から関わり，結成後東北大学へ転出するまでの 8 年間，財政部長として活動した。

日本学術会議と東大海洋研究所の設立

　次に，日本学術会議会員としての活動について述べよう。日本学術会議（JSC）は「我が国の科学者の内外に対する代表機関」で，学者の国会と呼ばれる。太平洋戦争後，戦争中学者が戦争に協力した反省の上に立って，科学の平和的発展と学界の民主化のために，政府から「独立して」職務を行う機関として，1949 年（昭和 24 年）に創設され，政府に対する建設的な勧告を行ってきた。会員は登録した研究者から選挙で選ばれ，身分は任命権者の居ない非常勤の国家公務員であった。7 分野の会員総数は 210 人

「私の歩んだ道」The way of my life

で，水産学専門には，1名の定数が割り当てられていた。

　私たち海洋学研究者にとって特筆すべきなのは，東大海洋研究所がJSCの勧告によって設立されたことである。JSCの第8回総会（1954年）において「未知の領域として残された海洋の総合的開発研究に取り組むべきである」として海洋学特別委員会（海特委）が設置され，海特委の提言に基づいて，1958年4月の総会において，全国共同利用研究所としての海洋研究所の設立が政府に勧告され，東大に附置された研究所として，1962年に発足した。現在の大気海洋研究所の前身である。1970年代まで，海特委が海洋研の教官人事にも関わってきた。私も海洋研究所の運営委員を一時務めたことがある。

　私が東海区水研に移った1965年には，第3回で書いた佐藤　栄さんが，水産学専門の会員であった。佐藤さんは後に東北水研所長に転出し，私はその後継者として全国の水研の有志から推されて1969年の選挙（任期3年）に立候補して当選した。41歳であった。最年少会員として新聞種になったことを記憶している。それから1985年（57歳）まで5期16年間務め，原子力問題委員会（幹事）・食糧問題委員会（委員長）に関わり，後者では食糧自給問題について政府に対する勧告を行った。

科学知識普及運動と伊方原発言論の自由侵害事件

　1960年代後半から1970年代前半にかけては高度経済成長期（1954-1973）の真っ盛りで，日本列島は公害列島と言われた。私は，公害反対運動というよりも，環境問題についての啓発のために，当時全漁連（全国漁業協同組合連合会）の公害・環境問題担当役員をしていた西尾　建（たつる）さん（1925～）とともに，全国を歩いていた。その時に事件が起こった。伊方原発言論妨害事件である。

　日本で最初の商業用原発である東海発電所が運転を開始したのは1966年7月であるが，その後各地に原発が建設されていった。愛媛県伊方原発が運転を開始したのは1977年9月であるが，原発設置予定地の周辺地

4．Autobiography自伝／研究史

域では，環境汚染について多くの住民が不安感を抱き，反対運動も活発であった。

　私は，伊方町に隣接する保内町の農協・漁協からの依頼を受けて，休暇をとって1972年1月17日に講演を行った。講演の内容は，原発の冷却水の挙動とその生物影響についての，内外の文献を活用しての科学的な説明であり，反対運動に言及したものではなかった。しかし，この講演は，原発設置を推進する愛媛県の意を体した保内町当局の妨害を受けて，公民館など町営施設はすべて借りることが出来ない状況であった。

　講演を終えて一泊して帰京し翌日東海水研に出勤すると，当時の浜部基次資源部長が，「川崎君。君が居ない間に，大変なことになっているよ」と言う。愛媛県の農林部長が，私が帰京する前に上京して，「国家公務員が地元の農漁民を扇動した」として，農林省に私の処分を要求したのである。伊方原発建設が，よほど際どい状況にあったのであろう。「邪魔者はつぶせ」である。

　愛媛県の申し入れは，重大な問題を含んでいた。問題の本質は，憲法に保障された言論の自由に対する，愛媛県によるあからさまな侵害である。それに加えて，愛媛県という地方公権力が，一つの営利企業に過ぎない四国電力の代弁者として，なぜ国家公務員の処分を要求できるのか，その法的根拠はなにか，という問題である。

　私は，日本科学者会議と全農林労働組合の支援を受けて真正面から闘った。上記の2点を追及されて農林省・水産庁は苦慮し，当時の水産庁調査研究部長は私に，「川崎さん，弱りました」と本音を吐いていた。彼らは私を処分する理由を見いだせず，逃げ回り，うやむやな結末となった。権力と営利企業の癒着は，見苦しいものであった。

　当時，北海道でも原子力発電所建設問題が持ち上がっていた。北海道積丹半島沿岸の泊に建設され，1989年に営業運転を開始した，北海道電力泊発電所の立地問題である。泊に近い岩内町漁協が，漁場環境破壊だとして，組織をあげて猛反対していた。私は，漁協の依頼で，岩内によく行っていた。そして，伊方原発事件の直後の1972年2月に，岩内町議会から，

「私の歩んだ道」The way of my life

原発建設に関わる公聴会の参考人として，出席要請の公文書が届いた。私に出席許可を出すかどうかについて，水産庁はまたしても悩んだようである。私は水産庁の調査研究部長に，「断ったら，水産庁に傷がつきますよ」と言っておいた。そして私は，許可を受けて公聴会に出席して，冷却水の生物影響問題について意見を述べた。

　これらの問題についての私の感想は，「お役人（行政官）というのは，難儀な職業である」ということであった。配下の研究者が，「科学的な知見を国民に伝える」という，研究者の社会的責任に基づく当然の行動をしても，それを問題視する。眼は，上の方や企業の方を向いているのであろう。「これで川崎は偉くなれないな」という人もいたし，多分そうであろうと私も思ってもいたが，水研の中で管理職として昇進して研究が続けられなくなるよりも，研究という大好きな仕事を続けられる状況の方が，よほどよいと，私は思っていた。

東北大学への転出と教官選考妨害事件

　私の東海水研時代（1965 年 1 月〜 1974 年 3 月）に，東北大学の恩師畑中正吉先生は，ときどき上京した。私は，きまって居酒屋に先生を案内した。尊敬する先生と話すのは，これ以上ない歓びであった。先生の停年（1975 年 3 月）が迫っていた。先生の講座（私の出身講座）には，後継者たるべき助教授が居なかった。先生はよく，「いま助教授を探しているのですが」と言っていた。具体的な名前は出ず，私は「私たちが講座にうかがいやすいように，いい方が見つかるとよいですね」と答えていた。

　1973 年（昭和 48 年）11 月のある日，畑中先生から電話があった。「助教授選考委員会で，貴方が一位となる方向で進んでおります。来ていただけますか」。私は，本当に仰天した。そんなこととは夢にも考えず，永住の館とすべく，神奈川県藤沢市に新居が完成真近かであったからである。悩んだすえ，妻のアドバイスもあり，お引き受けすることにした。いろいろと騒ぎを起こす不肖の弟子にここまで信頼を寄せていただく先生には，申し

483

4．Autobiography 自伝／研究史

上げる言葉もなかった。

　しかし，物事は簡単には進まない。助教授選考の最終段階で，東北大学の学内から異論が出たのだ。曰く「川崎は労働組合運動をやっていたから，農林省による明文的な処分歴があるはずだ。このような人物は，教育者としてふさわしくない」。

　選考委員長をしていた水産学科の西沢　敏教授（1925 ～ 2013，生物海洋学）から電話があった。「私は，教官選考は研究業績だけによればよい，と思うのですが，一応水産庁の職務記録書のコピーを送って下さい」。しかし，私にはそのような処分歴はなかった。こうして私は，1974 年（昭和 49 年）4 月（46 歳）に東北大学助教授になった。大学の良識が，妨害を排除したのである。

　しだいに真相が明らかになってきた。当時微妙な状況にあった東北電力女川原発の建設に関連して，一部の教官グループが，電力業界中枢部の意向を忖度して起こした策動であったのだ。私は後に，当時電力業界の中枢にいた人物からも，その辺の事情を直接聞いた。「川崎さんが東北大学に移られるというので，私たちの間には，衝撃が走ったのですよ」。

　赴任後私は，日本科学者会議を代表して，当時女川に原発誘致を積極的にすすめていた宮城県庁におもむき，担当であった石井　亨・副知事（1925 ～）と，建設の可否について激論を戦わせた。結局，女川原発は建設され，1984 年に営業運転を開始した。

　その後石井氏は，1984 年（昭和 59 年）に仙台市長に当選し，3 期目の1993 年に，ゼネコンから数億円の賄賂を受領した容疑で逮捕され，服役したが，原発建設の舞台裏を垣間見たような気がしている。

その後，1975 年（昭和 50 年）8 月 1 日付けで（47 歳），私は東北大学教授となった。

　これまでに述べたように，私は人生の節目節目でさまざまなハードルを乗り越えなければならなかったが，そのことと私の研究の展開とは無関係ではなかったように思う。それは，人生においても研究においても，論理的に物事を考え，論理的に行動しようとすると，それを妨げようとする反

「私の歩んだ道」The way of my life

作用が働くが，それを克服して次の段階に進む，という弁証法の法則が働く，ということである。

東北大学赴任前後に始まった論理的思考が私のレジームシフト理論形成の原点となったが，それからの学問的展開については，第5回で述べることにする。

「私の歩んだ道」第5回

資源変動と乱獲の統一的理解を目指して
　－レジームシフト理論－

第4回で述べたように，海洋生物資源の研究は，'変動'問題（fluctuation）と'乱獲'問題（overfishing）という2つの問題の解決を目指して20世紀初めに北大西洋で船出したが，2つの航路は交わることなく，変動問題の研究は停滞し，乱獲問題の研究は数理資源学（population dynamics）という「資源操作学」へ傾斜していった。これに関する日本での代表的な著作は，田中昌一著「水産資源学総論　改訂増補版，1998，恒星社厚生閣」と長谷川彰著「漁業管理，1985，恒星社厚生閣」である。いずれにおいても，環境変動は資源変動を引き起こす動因ではない。

長谷川は，"漁獲高は，漁獲費用とともに，漁獲努力の関数である"と述べている。要するに，人間の力が資源のバイオマスを動かし，資源の産出物である漁獲物の量が決まる，ということである。マイワシなどの浮魚資源の大変動は，乱獲の結果という数理資源学者もいれば，数理資源学では説明できない例外という研究者もいた。資源変動の説明を，論理的に一貫させることができないのである。これでは，科学とはいえない。

私の研究の出発点は，変動と乱獲の2つの問題を，いかにして統一的に理解するか，ということであった。

4．Autobiography 自伝／研究史

魚種による資源変動様式の違い－生活史の三角形－

　まず解明しなければならない問題として，魚種によるバイオマス変動様式の違いがある。ニシン類のバイオマスは大変動するのに，マグロ類やカレイ類の変動は小さい。何故か。環境変動による資源変動を無視した数理資源学の発祥の地は，北海であるが，その一つの理由は，研究対象が自然変動の小さなカレイ類であったことである。

　この問題について私は，'日本水産学会誌 46（3）1980'に英文報告'Fundamental relations among the selections of life history in the marine teleosts'を書いたが，詳しい解説が，1986 年に出した訳書「気候と漁業」（DH Cushing, 1982, Climate and Fisheries, Academic Press），（恒星社厚生閣発行 378 頁）の中の「補記 1. 魚種による資源量変動様式の違い」として出ている（本書「研究の軌跡」に収録）。

私の研究と弁証法

　科学研究の目標は，法則性の解明であり，科学研究にとっての出発点は，論理的な思考である。私は東北大学の学生時代から哲学＝論理学に関心を持ち，ヘーゲル・マルクス・エンゲルス・レーニンの著作を読んでいた。それが研究の導きのツールになった。
私が理論展開の柱としているのは，第一に，ヘーゲル（GWF Hegel, 1770 ～ 1831）の「全体と部分」である。ヘーゲルはドイツの観念論哲学者で，弁証法の創始者である。

　ヘーゲルはその「小論理学」の中で，「全体と部分－ das Ganze und die Teile －」について論じ，"内容は全体であり，自らの対立者である諸部分（形式）から成っている。諸部分は相互に異なっていて，独立的なものである。しかしそれらは相互の同一関係においてのみ，すなわち，それらが総括されて全体を形成するかぎりにおいてのみ，諸部分である"，と述べている。

「私の歩んだ道」The way of my life

　第二に，量から質への転化および質から量への転化である。エンゲルス（Friedlich Engels,1820 ～ 1895）はドイツ出身の理論家で，自然弁証法を唯物論に基づいて発展させた。

　すべての事物は，対立物が統一されたものである。対立物の安定した関係（同一の質）がある期間続くと，対立物の間の矛盾が飽和点に達し（量的蓄積），別の関係に移る（質的転化）。

海洋生物資源変動における全体と部分

　数理資源学（MSY 理論）では，「全体」は資源からの産出量であり，「部分」は「資源量」と「漁獲強度」であり，この 2 つの部分が平衡関係にあって，「環境」は切り捨てられている。このような，本質的な関係としての「資源—漁獲系」（population-fishing system）が論理的に成立しうるのであろうか？　このような，自然の一つの構成部分と人間社会の一つの構成部分が直接に相互作用する系は，論理的に成立しえないのではないだろうか，と私は考えた。そもそも，「自然」と「社会」は，別の系なのである。20 万年前にホモ・サピエンスが誕生する前に，自然は存在していた。この認識が，出発点である。

　海洋生物は，海という環境の中で育まれ，生活しており，環境なしには存在しえない。「資源の産出量」（全体）の「部分」は，「資源量」と「環境」ではないのか。

　資源量変動の本質的な関係は，「資源−環境系」（population-environment system）ではないのか。漁業が存在しなかった時代においても，環境変動によって駆動されて，資源は変動していたのである。

　「資源産出量の変動」とは，「資源」と「環境」との関係の転換，すなわち，「量から質への転化」である。資源と環境の間の相対的に安定した関係がある期間続くと，両者の間の矛盾が蓄積して，新しい関係に移行する。これは，エンゲルス（自然の弁証法）のいう「量から質への転化」である。

4．Autobiography 自伝／研究史

　もちろん，漁獲は資源に影響を与える。乱獲も起きる。しかしそれは，漁獲という人間の行為が始まってから後に，「資源―環境系」の外部から加えられるものであり，本質的な変動要因ではない。
このような MSY 理論からレジームシフト理論へのパラダイムシフトを模式図で示すと，次のような関係になる。

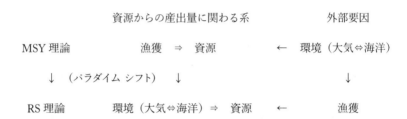

　もっとも問題になるのは，1902 年の ICES の設立以来解決されていない「変動」と「乱獲」の統一的理解である。数理資源学者たちは，これを漁獲強度（乱獲）によって無理に統一的に理解しようとした。彼らは，初源資源量（漁獲がないときの資源量，initial population）なるものを仮想して，ニシン類（ニシン，マイワシ，カタクチイワシ）の大変動も，「乱獲」で説明しようとした。要するに，資源量は，「獲れば減る」，「獲らなければ元に戻る」で，「獲らなければ，初期資源量で安定する」とするのである。このような「資源―漁獲系」の考え方が，1980 年代初めまでの，数理資源学者の支配的な考え方であった。

1983 年 FAO サンホセ会議

　1983 年 4 月 18 〜 29 日に，コスタリカの首都サンホセで，FAO 主催の「浮魚資源の資源量と魚種組成の変動を検討する専門家会議」が行われた。私は，この会議に参加する幸運に恵まれた。誘ってくれたのは，当時すでに国際的に著名であった，東大海洋研究所教授の田中昌一さんであった。

「私の歩んだ道」The way of my life

同じ航空機に乗ったが，招待講演者の田中さんはビジネス・クラスでゆったりしており，私費参加の無名の私は，エコノミーの座席に長時間窮屈に座り，身分の違いを嘆いたものだった。

コスタリカは熱帯の中米に位置しているが，サンホセは海抜1100mに位置し，すがすがしい気候であった。この会議はひじょうに大きな会議で，文献で名前をよく見る著名な世界の研究者が，顔を揃えていた。会議の文書によると，この会議の「中心的な課題」は，「浮魚資源の変動；その原因，およびそれが漁業・人間社会に及ぼす影響」であった。当時は浮魚資源の大変動期であり，日本のマイワシは最盛期，ペルー・アンチョビーは最低期であった。

この会議で，数理資源学を完成させたイギリスのRJH Beverton（1922～ 1995）が，「科学と漁業規制における政策決定」（Science and decision-making in fisheries regulation）という報告を行い，2つのことを指摘している。

(1) "人類 (man) は，科学的原理に基づいて海洋生物資源を'操作'(manage) できる"という理念は，完璧である (the whole idea)。

(2) S/R (Stock / Recruitment, 資源量 / 加入量：再生産関係) 曲線からの'ちらばり'(variability) は，R が環境の影響を受けることによって生じる。

(2) について解説すると，S/R 曲線という密度依存関係が再生産の基本的な関係であって，この曲線からの'ちらばり'(variability) は環境影響によって生ずるが，曲線に戻る力が自律的に働く。

数理資源学の考え方を整理すると，次のようになる。

海洋生物資源は，密度依存法則によって，環境変動の影響があっても，自己調節能力によって，一定の密度（バイオマス）に自律的に収斂する。この密度が，初期資源量である。初期資源は平衡状態にあって，産出量（余剰生産量）はゼロである。これに漁獲を加えると，資源量が減少するので，初期状態に戻ろうとする力が働いて，産出量が生まれる。漁獲によって資源量を変え，密度依存法則が働く結果生ずる産出量を自由に操作する

4．Autobiography 自伝／研究史

ことが可能で，最大の産出量が MSY できる。これが「漁獲⇒資源系」の思想である。

　この会議で私は，「浮魚の中には大きな資源変動を行う魚種があるが，それは何故か」（Why do some pelagic fishes have wide fluctuations in their numbers？FAO Fisheries Report 291 1983）という報告を行った（本書「研究の軌跡」に収録）。この論文はレジームシフト問題を最初に指摘した記念碑的な論文で，論点は生活史の選択から気候変動によるマイワシの変動にいたるまでをカバーしている。この論文はこれまでに国内外で数多く引用され，発表 26 年後の 2009 年に出された , SPACC /GLOBEC の編集による review 論文集 Climate Change and Small Pelagic Fish (Cambridge University Press, 372 頁) においても，15 編の論文中，冒頭の「国際協力による研究の歴史」と最後の「まとめと展望」を含む 8 編の論文において引用されている。

　私が問題にしたのは，太平洋の 3 水域におけるマイワシ属の漁獲量の大変動が同期していることであった。北太平洋北西水域（日本近海）に分布するマイワシ，カリフォルニア沿岸からカリフォルニア湾にかけて分布するカリフォルニア・マイワシ，南米北部のペルー・チリ沖に分布する南アメリカ・マイワシの 3 つの同属異種のマイワシ個体群の漁獲量は，20 世紀に入ってから，1930 年代と 1980 年代にピークを持つ長期の同期的大変動をしていた。

　この同期性についての MSY 論者の説明は，「市場要因や技術革新がほぼ同時に作動したのではないか。あるいは見掛け上の同期性は，偶然ではないのか」（Andrew Bakun ら）というものであった。あくまで，「資源―漁獲系」にこだわり，偶然性と必然性の論理構造を理解していない説明であった。この会議で Bakun らは，ニシン類の漁獲量の急減について，「カリフォルニア・マイワシもベンゲラ・マイワシもペルー・アンチョビーも，すべて乱獲によって崩壊した」と主張していた。

　私の考え方は，「環境⇒資源系」である。遠く離れた 3 水域に分布するマイワシ個体群の変動を結びつける共通の要素は，グローバルな気候変動

「私の歩んだ道」The way of my life

しかないと考え，そのことを指摘した。私の報告は，MSY 理論を信奉していた数理資源学者に衝撃を与えたようである。私の報告を聞いて，彼らは唖然としていた。私の考え方が受け入れられるまでには，まだ時間を必要としたのである。

ビゴ・シンポジウム

　1986 年 11 月にスペイン西岸のビゴで，「海洋魚類資源の長期変動」という国際シンポジウムが行われた。そこで私は，「太平洋の 3 つの大きなマイワシ資源の変動と全球気温の変動」という報告を行った（本書「研究の軌跡」に収録）。内容は 2 つである。1 つは，3 水域のマイワシの漁獲量（資源量）変動が，資源の増大期には全球気温と正相関し，減少期には逆相関しているということである。2 つ目は，北西太平洋においても南東太平洋においても，マイワシの資源量変動とカタクチイワシの資源量変動が逆相関していた，ということである。気候変動がマイワシの資源変動に影響するだけではなくて，ニシン類の種間関係，生態系の構造にも影響を及ぼしていた。

　報告が終わると，メキシコの CIB（カリフォルニア半島生物学研究センター）の所長の D Lluch Belda と米国のスクリップス海洋研究所の RA Schwaltzlose が近づいてきた。「面白い。国際ワークショップをやろうじゃないか」。

レジーム問題ワークショップと仙台における国際シンポジウム

　1 年後の 1987 年 11 月に，CIB が位置するメキシコのラパスで，第 1 回の国際ワークショップが開かれ，メキシコ，アメリカ，南アフリカ，チリ，日本の研究者が集まった。ラパスはカリフォルニア半島南端に位置する砂漠の中の都市で，カリフォルニア湾に面している。資源変動問題がレジーム（regime）問題だということで，Regime Problem Workshop　と名付けら

4．Autobiography 自伝／研究史

れた。regime というのはフランス語で，政治体制・基本構造を指している。これが，レジームシフトの語源である

　ワークショップの中で，国際シンポジウムを仙台で開こうということになり，帰国してから準備を始めた。そして，1989 年 11 月 14-18 日に "Long-term Variability of Pelagic Fish Populations and their Environment" という国際シンポジウムを開いた。同名の記録集が Pergamon Press から 1991 年に出版された。

　このようにして，レジームシフト研究は，国際的に広がった。

　私のレジームシフト研究が一つのきっかけになって，農林水産省・農林水産技術会議のプロジェクトとして，海の生態系変動を研究する 10 計画のバイオコスモス・プロジェクトが，1989 年から開始された。私は評価委員として発足時から関わったが，台湾海洋大学の客員教授として 1992 年 10 月に渡台したため，評価委員を林　繁一氏（1928 ～，元遠洋水産研究所長）に交代していただいた。

赤道－北太平洋における大気⇔海洋系の長期変動の発見とレジームシフト
　　理論の成立

　1980 年代半ば以降，数十年スケールの大気―海洋変動が指摘されるようになってきた。先駆けは，気象庁の柏原達吉が 1987 年に発表した論文で，AL（Aleutian Low アリューシャン低気圧）が 1970 年代以降発達し，他方熱帯太平洋の SST（海面水温）が高くなっていることを指摘したものである。熱帯太平洋～北太平洋の気候－海洋系の数十年スケールの変動を初めて指摘したものである。これに新田・山田の論文「熱帯の海面水温の最近の上昇およびそれと北半球循環との関係」「1989」と KE Trenberth の「最近観測された北太平洋における数十年スケールの気候変動」（1990）が続き，北太平洋の大気－海洋系における数十年スケールの気候変動が確認された。

　その後サケマスなど多くの漁業資源やプランクトンなどに長期変動が

「私の歩んだ道」The way of my life

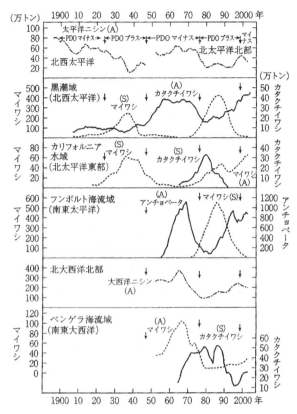

図1　世界の海におけるニシン類の魚の漁獲量（5年移動平均値）の長期変動
↓はPDOのシフト点

続々として確認され，それが大気―海洋系の数十年変動と対応しており，20世紀末には，後者が前者を駆動するレジームシフトの存在はゆるぎないものとなった。

　また，グローバル・スケールの現象であることも明らかになってきた。世界のニシン類（ニシン・マイワシ・カタクチイワシ）の資源変動は，同調していた（図1）。かくして，レジームシフト理論が確立した。
その後，レジームシフトに関する研究報告が格段に増加し，数理資源学に

493

4．Autobiography 自伝／研究史

関する論文は，大きく減少した。

レジームシフトの定義

　私は，レジームシフト（regime shift）に，次のような定義を与えている。
"大気・海洋・海洋生態系から構成される地球表層系の基本構造（regime）
が，数十年の時間スケールで転換（shift）すること"
　「レジームシフト」は，広辞苑第6版（2008）に，同様の説明で，新しく
収載された。これは，広辞苑の用語推薦委員である，私の古くからの友人
である東京水産大学名誉教授大海原宏氏の推薦によるものである。
　かくして「レジームシフト」は，日本語として定着することになった。
レジームシフト理論は，川崎　健「イワシと気候変動」（岩波新書　2009）
で詳しく解説した。また，大気・海洋・海洋生態系の研究を総合した，川
崎　健・花輪公雄・谷口　旭・二平　章編著「レジーム・シフト－気候変
動と生物資源管理－」（成山堂書店　2007）を刊行した。

畑井メダルの受賞

　2007年の5月のある日，畑井メダル受賞者選考委員であった谷口　旭・
東北大学名誉教授から電話があった。選考委員会で，私の畑井メダル受賞
が決定した，とのことであった。たいへん名誉なことである。
　畑井メダル（Hatai Shinkishi Medal）は，東北大学生物学教室の初代教
授であった畑井新喜司先生（1876-1963）による太平洋の海洋生物学に対す
る卓抜した寄与を記念する国際賞で，1966年に創設された。畑井メダル
は，環太平洋の国・地域を代表する学会（日本では日本学術会議）が加盟
する太平洋学術協会（Pacific Science Association：PSA）から，太平洋の生
物学に顕著な功績のあった科学者に，4年に一度開催される太平洋学術会
議（Pacific Science Congress，本部ハワイ）において贈られてきた。畑井メ
ダルは，1966年から2003年までの38年間に，C Hubbs（魚類学）やWS

「私の歩んだ道」The way of my life

Hoar（魚類生理学）など 10 人に贈られており，そのうち日本人は，1987年の元田　茂先生（1908 〜 1995，海洋プランクトン）ひとりであった。

第 21 回太平洋学術会議は 2007 年 6 月 12 日〜 18 日に沖縄県宜野湾市で開かれ，私は開会式で畑井メダルを受賞した。受賞理由は次のとおりである。

課題　レジームシフトと太平洋における多獲性浮魚類の資源変動メカニズムの研究

　受賞理由のコアとなる論文で，候補者は，極東はじめカリフォルニアおよびチリのマイワシは位相の一致する長周期大変動を繰り返していることを示し，この変動に地球規模の気候変動が基本的に関係している可能性を示唆した。続いて出版された論文も，乱獲と関係しないマイワシの資源変動の論文としてレジームシフト関連のレビューでも先行研究として引用されている。最近の関連レビューをみると，King et al.（2006）は気候変動のレジームシフトと魚類資源の変動研究としてこれらの論文を最初に引用している。また最近の Science 誌での議論では，Chavez et al.（2003a）は，マイワシの資源変動の同調性を指摘した論文として川崎博士の論文を最初に紹介している。この論文について Williams（2003）は漁獲圧の影響を考慮すべきことを指摘したが，Chavez et al.（2003b）は，この論文は気候変動がマイワシ資源変動に与える影響を示すに充分であるとしている。以上のことから，川崎氏の研究は「レジームシフト問題提起の原点として国際的に認められている」と判断できる。現在のこの研究領域の広がりと重要性ならびにこれに果たした同氏の貢献は極めて大きい。太平洋においてなされた研究が今日にも世界に影響を与え続けている成果としても高く評価できる。よって川崎博士は，畑井メダルを受賞するにふさわしい方と判断できる。

　PSA の公式サイトには「2007 年の受賞者」として，次のように書かれている。

4．Autobiography 自伝／研究史

Dr. T. Kawasaki

Dr. Kawasaki, Professor Emeritus of Tohoku University, was the first to identify a synchrony in the change of commercial catch of different sardine and anchovy populations in the world oceans, including the Pacific. This finding started a heated scientific debate on the relationship between climate and marine ecosystem at the global scale. This debate led to the so-called "Regime shift theory," a modern concept emphasizing the slight but firm control of climate regime on marine ecosystems, and as a result of his role Dr. Kawasaki was given a nickname "Father-of-regime-shift." He attended the 21st Pacific Science Congress and gave both an acceptance speech as well as his own presentation on Section 1-19.

2007年9月21日には，東北大学農学部長の主催で，東北大学農学部において畑井メダル受賞の記念行事があり，記念講演と祝賀会が行われた。

2008年6月17日には，私が居住している神奈川県藤沢市で，大山正雄さん・島田啓子さんの肝いりで，「レジームシフトの畑井メダル受賞一周年のつどい」が持たれ，70数人が参加し，記念講演と祝賀会が行われた。

2009年11月18日に，私は水産海洋学会の名誉会員に推された。

2012年11月15日〜18日に「水産海洋学会創立50周年記念大会」が行われたが，その際に特別功労賞をいただき，また会場で，宇田道隆先生・木村喜之助先生・中井甚二郎先生などの偉大な先達の業績展示とともに，「レジームシフトと資源変動　川崎　健」の展示が行われた。また，水産海洋学会定期刊行誌「水産海洋研究」77巻特別号（2013）に「水産海洋アーカイブズ」として，上記の先生方の業績紹介とともに「レジームシフトと資源変動　川崎　健（谷津明彦・高橋素光）」という review が掲載された。この review はたいへんすぐれたもので，レジームシフト理論の歴史的展開がよくまとめられている。

「私の歩んだ道」The way of my life

その後の展開

(1) レジームシフトの栄養動態仮説

　レジームシフトが生起するメカニズムについては，2011 年 9 月に中央水研が高知市において行った研究集会において，「レジームシフトのメカニズムについての trophodynamics 仮説の提案」という報告を行った。この論文は本書「研究の軌跡」に収載されている。また，これまでのレジームシフト研究をまとめて，「Regime Shift － Fish and Climate Change －」を東北大学出版会から 2013 年に刊行した。

(2) エルニーニョとレジームシフト

　太平洋における気候変動の発信源は，太平洋赤道水域で発生する ENSO（エルニーニョ・南方振動）である。南東貿易風の強さを示す SO 指数の平均値は，PDO（Pacific Decadal Oscillation 太平洋 10 年スケール振動）の cool phase にはプラス（ラニーニャ状態），warm phase にはマイナス（エルニーニョ状態）を示し，NINO3（エルニーニョ監視海域：5N-5S, 90W-150W）における SST 偏差の平均値は逆符号である。

　世界地上平均気温（陸域＋海上）の偏差は地球温暖化によって上昇しているが，cool phase には，熱が海洋中層に保存されて，横這い状態（ハイエイタス hiatus）を示す。

　1947 ～ 1976 は cool phase, 1977 ～ 1998 は warm phase であり，海洋生態系はこのような気候のレジームシフトに対応して変動し，1977 ～ 1998 には，マイワシ資源が大増殖し，カタクチイワシ資源が低迷した。1998 年 6 月から cool phase に入った。このような気候レジームシフトに対応して，日本海においては，大きな生態系変動が生じている。

　以上のような内容を，「気候変動と海洋生態系のレジームシフト」として，2016 年に刊行予定の「気候の辞典」（仮題）（朝倉書店）に書いた。

　ところで，2014 年 4 月から，赤道太平洋は新しいレジーム－ warm phase －に入ったようである。NINO3 における SST 偏差は，2014 年 4 月～ 2015

4．Autobiography 自伝／研究史

年 4 月には 0℃台であったが，5 月に 1℃台，7 月に 2℃台に上昇した。Nature 2015 年 9 月 22 日号に「ゴジラ・エルニーニョを追う」（Hunting Godzilla El Nino）という記事が掲載され，"赤道太平洋に巨大なエルニーニョが形成されている"と報告されているが，その後 2015 年 10 月には NINO3 における SST 偏差は 2.7℃に達している。1997 年 11 月に SST 偏差が 3.6℃に達した巨大エルニーニョ並みになりそうである。40 年ぶりにマイワシ時代の到来かと，こころ躍らせている。

お湯と一緒に赤ん坊を流さない

　資源変動の主要因を「漁獲の力」とした数理資源学の原理的な誤りをこれまでに指摘してきたが，数理資源学のすべてを否定するのは，正しくない。数理資源学が，資源と漁獲との関係について一定の理論展開をしているのは評価できるところであって，技術的には活用できる部分も多い。

　ドイツのことわざに，das Kind mit dem Bade ausschutten（赤ん坊を浴槽の湯と一緒に流す）というのがあるが，お湯は流してもよいが，赤ん坊は流すのではなく，論理的に整理した上で，レジームシフト理論という新しい産湯の中で育てていく必要がある，と思う。

私の歩いた道　第 6 回（最終回）

　レジームシフトのコア・プロセスは，海洋による蓄熱⇔放出であることが，明らかになってきた。

　第 5 回でレジームシフト論の解説をしたが，レジームシフトがいかにグローバルな事象であり，大気・海洋・海洋生態系が結びついた事象であるかを理解していただくために，1 枚の図を示したい（図 2）。

　この図は大気の変動が海洋の変動を引き起こし，それがマイワシとカタ

「私の歩んだ道」The way of my life

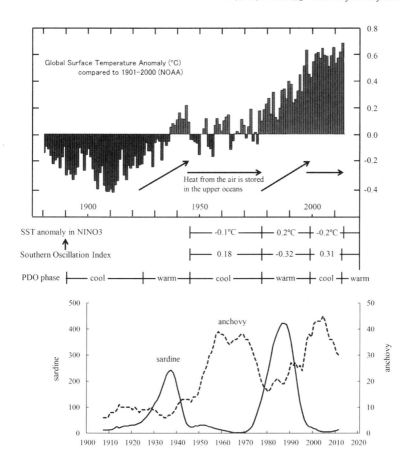

図2 Time series of sardine and anchovy catch in 10⁴tons in Japan
Five-year running mean

クチイワシの間の魚種シフト（海洋生態系のシフト）を引き起こすプロセスを，最新の研究成果に基づいて示したもので，横軸の時間軸は共通である。

この図は上下3段から成っているが，下段には，世界でもっとも統計が整備されている，日本のマイワシおよびカタクチイワシの漁獲量の100年

4. Autobiography 自伝／研究史

を越す期間の変動が示されている。マイワシの2回のピーク，カタクチイワシの3回のピークと両種の交代の規則性は，まことに見事で，生物界の変動の法則性，地球表層系の変動の法則性を示している。このようなイワシ類のダイナミックな魚種シフト（交代）は海洋生態系のシフトを反映しており，ENSO のパターンの変化（SOI の変動→東部赤道太平洋の SST の変動）によって PDO のレジームがシフトし（図の中段），それに駆動されて，魚種シフト＝生態系シフトが生じている。大気の流れの変動が，SST の変動→海洋構造の変動→生態系の変動と繋がっていく。このような地球表層系の変動は，海洋による熱エネルギーの蓄積・放出と対応している（図の上段）。北西太平洋におけるイワシ類の魚種シフトは，単なるローカルな現象としてではなく，グローバルな底流を持つ，数十年スケールの時空の法則性のローカルな自己表現として，捉えられるべきものである。

具体的には，England et al. が示唆しているように（Nature Climate Change 4 (3) 2014），南東貿易風（SOI：南方振動指数）が強まると赤道太平洋東部における湧昇が強まって，NINO3（エルニーニョ監視海域：5N-5S, 90-150W）における SST が下降し，それが全球の地表温度を引き下げ，地球温暖化による全球地上気温の上昇（ライズ）をストップさせ，全球地上気温のハイエイタス（hiatus　温度横這い）を作り出している（図の上段）。地上気温ライズ（上昇）にマイワシ（選好水温：13-20℃）が対応し，ハイエイタスにカタクチイワシ（15-28℃）が対応している。マイワシ資源の崩壊は 1988 年級の生き残りがほとんどゼロになったことから始まったが，海洋表層（0-100m）の蓄熱速度の上昇はこの時から始まっている（IPCC　AR5 の Fig.3.1）。

このような魚種シフトは，フンボルト海流域においても，世界の各水域でも生じている，グローバルな現象である。

魚種シフトは，低い栄養段階に位置するイワシ類の世界においてだけ起こっているのではない。top predator であるマグロ類においても，日本海において（海域特定できるデータとして，日本海を用いた），地表温度ライズ期に熱帯性マグロであるメバチとキハダが卓越し，温帯性マグロであるク

「私の歩んだ道」The way of my life

ロマグロが減少し，ハイエイタス期には逆で，魚種シフトが規則的に生じている。

グローバルな地表温度のハイエイタスは，Nieves et al. が述べているように（Science, 2015 July 9）数十年スケールで生じており（図の上段），その原因は，太平洋とインド洋において，表層100 mまでが冷却され，水深100-300 mの水温躍層に熱が移動・貯蔵されるためである（「付記」参照）。要約して述べると，海洋は熱エネルギーを数十年間隔で蓄積・放出しており，それが海洋生態系の転換を駆動している。大気と海洋内部の間の熱の貯蔵・移動のリズムが，どのようなメカニズムで，イワシ類やマグロ類の魚種シフトに象徴される，海洋生態系の転換を引き起こすのだろうか？

1999年に始まったハイエイタスは2013年に終わり，PDOはwarm phaseに入り，カタクチイワシの漁獲量が減り始め，マイワシが増え始めた。以上のことを，2017年に刊行予定の「気候の事典」（朝倉書店）の「気候変動と海洋生態系のレジームシフト」として書いた。

図2に示されているような，数十年スケール，グローバル・スケールで大気→海洋→海洋生態系が連動する転換を引き起こすメカニズムを読み解くのは，これからの壮大な課題である。それは，地球表層科学におけるbreakthrough の研究になるであろう。

一言つけ加えれば，これまでの日本の科学理論の発信地はほとんどが欧米であり，数理資源学もイギリス発であるが，レジームシフト理論は，数少ない日本発の理論である。

東北大学農学部長になる

私は，1985年（昭和60年）4月から1989年（平成元年）3月まで，東北大学農学部長を2期務めた。私は，東北大学農学部卒業生で初めての学部長であった。学部長に選出された経緯の説明をしておこう。

第2回で述べたように，東北大学農学部の創立は1947年（昭和22年）で，私は第1回生である。創立の経緯については，「東北大学百年史，第6

501

4．Autobiography 自伝／研究史

巻，部局史3（東北大学出版会　2006)」に詳しい。

　農学部を創るために農学部創設委員会が設けられたが，その中心になったのは，東北大学農学研究所（農学部創設を前提として1938年に設立）の今井丈夫教授（1903～1971，私の恩師で，カキを中心にした沿岸海洋生物学専攻，東北大学理学部生物学教室卒）の他は，東大農学部の佐々木林治郎，佐々木清綱，野口彌吉，坂口謹一郎の各教授で，初代農学部長には，佐々木林治郎教授が就任した。同様に教官陣も大部分が東大出身者で，さながら東大の植民地の観を呈していた。当然のことながら，歴代の学部長は，創設委員の今井教授を除いては，1947年度から1984年度まで，すべて東大出身者であった。

　他方，東北大学農学部卒の教官もしだいに育ってきて，その数も増え，そろそろ卒業生の学部長を，という機運が盛り上がってきた。そこで，全学評議員（教授会で投票により選出）を務めてきた私がかつがれた。'東大卒対東北大卒'に'保守対革新'が加わって，複雑な構図で入り乱れ，激しい選挙戦となったが，私が僅差で当選した（57歳）。初めての，卒業生学部長であった。植民地が独立したようなものである。

学部長時代

　農学部は，鳴子温泉に近い川渡（かわたび）に，広大な附属農場・演習林を持っている。夏には数百頭の牛が放牧されていて，牧歌的な雰囲気を醸し出していた。当時は中曽根行革の真っ最中で，ここを民間に売れという。なんとか頑張って守ることができた。

　私が学部長時代に手掛けたことは，上記の「東北大学百年史」にかなり詳しく述べられているが，その中に「将来計画の策定と教官定員増の重点配置」というのがある。後者について言えば，1960年代の第2次ベビーブーム時代に生まれた子どもたちが，入学適齢期に入ったのである。そのため学生増募が行われ，教官定員が増やされた。いい時代だった。私が力を入れたのは，農業経済学部門の強化であったが，水産海洋学とは直接の

「私の歩んだ道」The way of my life

関係がないので割愛する。

　手がけたことの一つに，大学の不正常な状態の改善がある。東北大学では，1960年代後半（昭和40年〜）に始まった大学紛争の余波がその後も続いていて，過激派学生（？）の妨害によって全学的に入学式を行なえない状態が続いていた。

　入学式に出席することは，新しく学生生活を始める新入生にとっては至極当然のことで，その感激を味わえないのでは，大学としての怠慢の誹りを免れない。そこで，教授会に諮って，1987年（昭和62年）4月に農学部単独の入学式を行うことにした。

　入学式が始まると，察知した覆面姿の過激派が妨害にやってきた。警察の出動を要請することは，大学の自治の否定に繋がる。入学式が行われている第一講義室の入口の前で，教授の先生方がスクラムを組んで，過激派の攻撃から入学式を守り，式は滞りなく行われた。教職員の団結の力が，大学の自治を守ったのである。

　当時は，食事の時間をとれないほど忙しかった。教授の通常の仕事に，学部の管理運営が上乗せされたのである。忙しい中を頑張って，この時期に翻訳書を2冊書いた。まだ若かったのであろう。学部長2期目の1989年の夏に，ハワイ大学の構内にある East-West Center の John Bardach 氏の要請で，Research Fellow としてそこに2ヶ月間滞在して，黄海（Yellow Sea）の漁業問題についての論文を書き上げたのも，思い出である。Bardach 氏は，日本にも知己が多かった。

　また，農学部と韓国済州島の農科大学が交流協定を結び，互いに行き来して交流を深めた。私も済州島を2度訪問した。

気候変動問題との関わり

　世界の平均気温は，1947年から1976年まではハイエイタス（気温横這い）の時代であった。気象研究者の根本順吉さんの「氷河期に向かう地球」（風濤社　1973）という本が出たのも，この頃である。

4．Autobiography 自伝／研究史

　1977 年から世界の気温は上昇し始めていた。大気中の CO2 濃度上昇が強く意識され始めていた。とくに 1980 年代に入ってからの気温上昇は，大きかった。

　私が気候変動問題に関心を持ったのは，この頃からである。1980 年に筑波大学の吉野正敏教授（1928 ～），高橋浩一郎・気象庁長官（1913 ～ 1991）らとともに，「気候影響・利用研究会」を立ち上げた。第 5 回で述べたように，レジームシフトは気候変動によって駆動される。私が初めてこのことを指摘したのは，1981 年 1 月に刊行された「気候影響・利用研究会報　第 1 号」に書いた「気候変動と水産資源」という論文である。今日の私の考え方の基本は，すべてこの中に述べられている。そして 1983 年の FAO の会議において論文を発表し（第 5 回），世界の注目を引いたのである。

　気候変動問題を世界の舞台に引き上げた最初の大規模な国際会議は，1988 年 6 月 27-30 日にカナダのトロントで開かれた The Changing Atmosphere である。主催はカナダ政府で，WMO（World Meteorological Organization）と UNEP（United Nations Environmental Program）が共催した。日本からは，東大工学部の茅　陽一さんと私の二人が招かれた。トロントは高緯度に位置し，夜中でも日光が射し，ホテルの外は，昼間のようであった。会議の合間を縫って，ナイアガラの瀑布を見に行った。

　トロント会議を契機にして，WMO と UNEP の共同で，IPCC（Inter-governmental Panel on Climate Change 気候変動に関する政府間パネル）が，同じ年に設立された。

　世界の地上平均気温は上がり続け（Fig.1 上段），1990 年 10 月 29 日～11 月 7 日の 10 日間，第 2 回世界気候会議が 10 年ぶりにスイスのジュネーブで行われた。私は招かれて，以下の報告を行った。

　Effects of global climatic change on marine ecosystems and fisheries, In Climate Change, Science and Policy, Proceedings of the Second World Climate Conference, Cambridge University Press

　この会議における日本からの報告者は，私一人であった。日本の代表と

「私の歩んだ道」The way of my life

いうことではなくて，世界の海洋・水産関係から一人ということであった。

　私は1991年（平成3年）3月に63歳で東北大学を停年退官したが，その後上記の「気候影響・利用研究会」を一つの拠り所として研究活動を行ってきた。会長も務め，名誉会員に推薦され，現在は顧問として吉野さんとともに頑張っている。

東北建設協会における活動

　農学部長の2期目（1988年）に，当時の建設省（現在の国土交通省）の外郭団体である東北建設協会から，調査の依頼があった。青森県小川原湖の環境・魚類調査をしてもらえないかというのである。経緯を説明しよう。

　青森県は東北地方の北端に位置し，目立った産業もなく，経済基盤の弱い状態が続いていた。陸奥製鉄所の建設とか，大湊の原子力船「むつ」の定係港化とが試みられたがうまくいかなかった。原子力発電所が東通村に建設されたが，六ケ所村の原発廃棄物再処理施設の設置では，種々のトラブルが多く，今でも営業運転には至っていない。

　そのような状況下にある青森県で，県南に工業団地を作るという構想が1980年代初めに浮上した。問題は，工業用水・生活用水の調達であった。そこで，小川原湖に目がつけられた。

　小川原湖は海跡湖で，湖底（25 m）の塩分はいくらか高いが，太平洋と細い高瀬川で結ばれる塩分の低い汽水湖である。低い塩分は，満潮時に高瀬川が逆流して運ばれる海水によって維持されている。しかし，湖水を工業用水・生活用水として利用するためには，淡水化しなければならない。淡水化するためには，どうすればよいか。高瀬川の逆流を止めれば，湖水はしだいに淡水となる。

　他方小川原湖は，漁業資源が豊富で，「宝の湖」である。主なものはワカサギ，シラウオ，ヤマトシジミであるが，なかでもシジミは良質で，値が高く，漁業者の収入も高い。ヤマトシジミは淡水でも生存し，生長するが，再生産ができない。したがって，湖を淡水化すれば，ヤマトシジミ

505

4．Autobiography自伝／研究史

は，いつかは絶滅する。そうなれば，漁業も消滅する。

　私が依頼されたのは，このような問題に対応するための基礎調査であった。この調査を10年ほど続けたが，この湖がひじょうに豊かな魚類生態系を持っていることが明らかになった。豊かな湖の生態系が破壊されることがないよう願っていたが，経済情勢の変化もあって，工業団地の話は立ち消えになり，漁業は救われた。

　停年退官後は，東北建設協会の顧問として岩木ダムや森吉山ダムなど多くのダム関連の環境調査の仕事を2008年（平成19年，80歳）まで続けた。

台湾に行く

　東北大学を停年退職してから2年目の1992年10月（64歳）から，台湾北部の港湾都市基隆（Keelung）にある国立臺灣海洋大学に客座教授として1年間勤務することになったが，1年間と短いのは，東北建設協会の仕事があったからである。渡台の直前の8月15日に，恩師畑中正吉先生が80歳で永眠された。私の人生を導いていただいた先生のご逝去は，悲しいことであった。

　私を台湾に呼んでくれたのは，永年の友人である海洋大学の周教授と陳哲聡教授であった。周教授は停年後の現在もお元気であるが，日本に知己も多い陳教授は，台湾南部の工業都市高雄（Kaohshung）の海洋科学技術大学校の校長の現職中に，病を得て不帰の客となった。

　海洋大学では，大学院で「レジームシフト論」の講義をした。講義は英語で行った。英語での授業は，大変である。講義はなんとかこなせたが，その後に機関銃のような早口で質問がある。大学院であるから，アメリカの大学を出た学生も多い。ゆっくりと話してもらった。

　その後，1996年〜1998年には，高雄にある国立水産試験所高雄分所に客員研究員として勤務した。そこでは，「台湾東岸のシイラの研究」などを行った。高雄の中山大学でも講義をした。呼んでくれたのは，高雄分所長であった蘇偉成さん（1946〜）である。蘇さんは，分所長の身分のまま留

「私の歩んだ道」The way of my life

学生として私の研究室に 1987 ～ 1988 年に滞在し,「台湾産ボラの資源生物学的研究」で学位を取得した。蘇さんとは家族ぐるみの付き合いで,その後もいろいろとお世話になっている。台湾の方は恩師を大切にしてくれるが,蘇さんは格別で,そのご好意は,いまでも続いている。蘇さんはその後 2002 年から,水産試験所の本所(基隆)の所長を 9 年間務め,退官した。その間多くの日本の研究者がお世話になっている。

もう一人お世話になったのは,劉燈城さん(1951 ～)である。劉さんは 1989 ～ 1990 年に私の研究室で学び,「試験操業による台湾東方水域におけるマグロはえなわの漁獲性能に関する研究」で学位を受けた。現在は,水産試験所の主任秘書をしている。

私はさらに,1999 ～ 2000 年にも,海洋大学に勤務した。その後,毎年のように台湾に行っている。

台湾の人は,親切で温かい。バスに乗ると,こちらを老残(老人のこと)とみて,必ず数人の人,とくに女子高生,がさっと席を立って譲ってくれる。固辞するのであるが,駄目である。

外国のことは,旅行では分からない。ある程度長く住んでみるとよく分かる。日本のことも,外国に住むとよくわかる。外から客観的に観ることができるからである。

私と語学

私は旧制高等学校理科乙類に入学したので,外国語はドイツ語であった。旧制台北高校の教育は,教養科目が主体で,とくに語学は厳しかった。ドイツ語の先生はテキスト・文法・作文と 3 人おり,さんざん絞られた。おかげでドイツ語は得意科目となり,髭文字もマスターしたが,使わないので忘れてしまった。

東北大学を出てから,フランス語,ラテン語,ロシア語を勉強した。ロシア語は,1951 年(23 歳)ころから東北水研に先生を呼んで,みんなで勉強した。そのあと通信教育で上級課程まで進んだが,使わないので,身

4．Autobiography 自伝／研究史

に着かなかった。残ったのは，結局英語だけであった。

英語も中途半端であったが，科学文献を読み，論文を書く程度は，なんとかこなしていた。自然科学の英語は，やさしいからである。

新聞も小説も読みたいと，本格的な英語の勉強を思いたったのは，50歳代に入ってから（1980〜）である。難易度の高い通信教育の最高クラスを受講し，毎週答案を送って，添削を受けた。もっとも重要なのは，読解力・構文力である。2000人くらいの受講生のなかで，初めのうちは順位が1000番以下であったが，だんだんと上がり，数年経つと一桁台になり，九段の最高段位を何度も取得し賞品をもらった。

英検も受けた。試験場で学生と顔を合わせたこともある。「先生，何しに来られたのですか」と訊くから，「人生，勉強・勉強ですよ」と答えたら，妙な顔をしていた。2級→準1級と合格したところで，第1回の国連英検の試験が仙台でも行われ，A級を受験し，合格した（1986年　58歳）。国連英検A級のレベルは英検1級と同等だとのことで，英検1級は受験しなかった。

高齢になってからの勉強であったが，10年くらい猛勉強して，毎日英文を読んでいることもあって英語だけは身に着き，語彙も増えて，日本語とさして変わらない速度で英字新聞を読むことができるようになり，現在では英語で苦労することはあまりない。

こうした勉強の中で，翻訳書を2冊「DHクッシング　気候と漁業　恒星社厚生閣　1986」「JAガランド　水産資源解析入門　恒星社厚生閣　1990」，英文書を1冊「Regime Shift − Fish and Climate Change −東北大学出版会2013」を出版した。

日本漁業論の展開

私の「日本漁業論」は，晩学である。かねがね日本漁業論に関心を持ち，資料などを集めていたが，発表する機会に恵まれていなかった。きっかけは，理論誌「経済」から，2003年秋（75歳）に，戦後の日本漁業に

「私の歩んだ道」The way of my life

ついての論文を依頼されたことである。

データの主な出所は，「漁業の動向に関する年次報告」（漁業白書）である。漁業白書の第1号は1963年（昭和38年）に出たが，当時の漁業白書は統計資料が豊富に掲載されていて，データ・ソースとしてひじょうに役に立った。

最初の論文は，「経済」2004年5月号に掲載された「日本漁業　現状　歴史　課題」である。その後「漁業と漁協」2015年11月号に書いた「日本漁業の縮小・魚離れと漁業政策展開の課題」まで，多くの論文を書いた。その中には「水産特区」の問題や「防潮堤」問題の論文も含まれている。

私は，太平洋戦争後の日本漁業の変遷をずっと見てきた。戦後（1945～1950）のマッカーサー・ラインによる日本漁業封じ込めの時期，1951年の講和条約発効後の「沿岸から沖合へ，沖合から遠洋へ」の日本漁業の世界展開期，1965年頃からの「とる漁業から作る漁業へ」の「栽培漁業」推進時代，1975年からの海洋主権拡大・遠洋漁業撤退時代，そして2000年代に入ってからの漁業縮小・魚離れ時代へと続く。その間の日本漁業の変貌には，驚くばかりである。

霞ヶ浦導水事業との関わり

2008年3月30日（80歳）に日本海洋学会のシンポジウムに参加したが，その際に茨城県水産試験場資源部長の二平　章さんに頼まれて，霞ヶ浦導水事業に関わることになった。

霞ヶ浦導水事業というのは，霞ヶ浦と那珂川との間の43kmを，地下40mに設置する直径4mの導管で結び，日本一の清流である那珂川の水を汚染の進んだ霞ヶ浦に運び，水質を改善しようというもので，田中角栄氏の「日本列島改造論」の亜流である。洪水調節ということで，霞ヶ浦の汚染水も那珂川に運ばれてくることになり，また那珂川のアユの稚魚が連行される問題もあり，漁業権侵害ということで，栃木・茨城の漁業者がこぞって反対し，関係漁協が工事差止めの裁判を起した。この工事は2つの生態

4．Autobiography 自伝／研究史

系を混ぜ合わせるもので，「生物多様性条約」違反，「生物多様性基本法」違反である。

　この工事の施工者は元建設省，現在では国土交通省関東地方整備局であり，1984年に工事が始まった。完成予定は2015年であったが，まだ一部しかできていない。

　二平さんたちの提案は，裁判をサポートする科学者委員会を作ろうというのである。こうして，二平さんのほか高村義親茨城大学名誉教授・浜田篤信元茨城県内水面水産試験場長など8人の専門家で「霞ヶ浦導水事業による那珂川の魚類・生態系影響評価委員会」が2008年5月10日に結成され，私が委員長に選出された。評価委員会は，栃木県・茨城県の各地で科学シンポジウムを開き，報告書を作成して，反対運動をサポートした。たとえば高村教授は，那珂川の水の霞ヶ浦への導入は，かえってアオコの発生をうながすことを証明した。

　判決は2015年7月に水戸地裁で申し渡されたが，差止め請求は却下され，舞台は東京高裁へ移っている。

おわりに

　これまで私を支えてくださった数多くの方々，とくに私の研究室におられた，靏田義成（元中央水研）・橋本博明（広島大学名誉教授），佐々木浩一（東北大学准教授），伊藤絹子（東北大学助教），本多　仁（日本海区水研所長），片山知史（東北大学教授）の諸氏に対して，感謝申し上げたい。大森迪夫（東北大学名誉教授），千田良雄（元技官）の両氏は，定年退職後若くして鬼籍に入られた。

　水産海洋学は，人間との関わりにおける地球表層科学である。私は，「レジームシフト論」の創設という形で，地球表層科学の形成過程に関わるという幸運を得た。今回の連載が，水産海洋学の未来を担う若い研究者にとって，なんらかのお役に立つことを願っている。今後とも，皆さんとともに，水産海洋学の発展を願って，前を向いて歩いていきたいと念じている。

「私の歩んだ道」The way of my life

　東北大学で学んだ中国の文学者・魯迅（1881 ～ 1936）の言葉を記して，締め括りとしたい。

　地上にはもともと道はない。歩く人が多ければ，それが道になるのだ。

5．現代科学と弁証法

現代科学と弁証法

川　崎　　健

I　はじめに

　2011 年 3 月 11 日に，平成東日本大地震が発生した。この地震は，貞観地震（869 年 7 月 9 日）以来 1142 年ぶりの巨大地震で，地震とそれに伴う津波によって，東北地方太平洋沿岸に大きな被害をもたらした。とくに東京電力福島第一原子力発電所の事故による国土や海洋や住民の放射能汚染は，科学の在り方や科学者の社会的責任を，鋭く問うものとなった。

　日本において科学の在り方や科学者の社会的責任が大きく問われるのは，2 回目である。1 回目は，太平洋戦争後である。戦争に協力した科学者の責任が強く問われ，それを背景にして，民科（民主主義科学者協会）が結成され，日本学術会議が発足した。

　我が国の原発建設には，多くの科学者が関わった。さらに，政府・電力業界によって振りまかれた「安全神話」の形成も，多くの科学者によって支えられてきた。これらの科学者は，原子力ムラを構成する重要なメンバーである。そして，川内原発を皮切りに原発再稼働が進められており，科学者も参加して新たな原発神話が作られつつある。

　このような状況は，科学の基本問題についての議論を巻き起こした。しかし，問題点が十分整理されないまま，議論が続いている。この機会に，現代科学と弁証法について，考えてみたい。

II　科学の価値中立性－科学研究と科学的法則性－

　科学者の社会的責任が問われる中で，科学（自然科学）の価値中立性の議論が，活発に行われるようになってきた。「科学は科学者の価値判断から中立なのか」を巡っての議論である。科学の価値中立性（value neutrality）

5．現代科学と弁証法

について，2011 年以降主として日本科学者会議発行の月刊誌「日本の科学者」の誌上において，多くの会員による議論が闘わされてきた。

　細かなニュアンスの違いはあるものの，科学は価値中立ではないとするのが宗川吉汪・鯵坂　真であり，価値中立であるとするのが，嶋田一郎・北村　実・菅野礼司である。議論の当否の判断は措くとしても，議論の全体を通して，'科学'とは何を指しているのかについて不明確で，また'科学研究'と'科学的法則性（真理）'の概念規定があいまいで，混同が見られ，議論がかみあっていない。例えば嶋田が「科学（的真理）と科学者（の価値観）を区別する」と価値中立を主張する[1] のに対して，宗川は「価値中立説は，科学が人間活動の一環であることを忘れ，科学を真理として神棚に祭る」と述べて反論している[2]。嶋田のいう'科学'と'科学的真理'は同じものなのか，また宗川の文章の中の前段の'科学'と後段の'科学'とは別の物を指していると思われるが，どうなのか。他の論者にも同じような混乱が見られる。

　科学とは何か。広辞苑第 6 版 (2008) によると，科学（自然科学）とは，「観察や実験など経験的手続きによって実証された法則的・体系的知識」である。この定義が十分なものとは思われない。単に'知識'ではなくて，'学問体系と知識'であろう。すなわち，人類が築き上げた学問体系と知識の総体である。そこには，その時々の研究者の価値観が反映されている。

　英国の JD バナール (1901～1971) は，「科学とは科学者の営為である」，とする[3]。戸坂　潤 (1900～1945) は，「科学は，対象を反映する真理性と社会の生産力や生産関係によって規定されるイデオロギー性を持つ」，という[4]。ここにも，科学研究と科学的法則性の概念規定の混乱が見られる。エンゲルス (1820～1895) は，科学を労働としてとらえる[5]。「労働は，世代から世代へ多面的なものになっていく。狩猟や牧畜に加えて農耕が現れ，紡績・織布・金属加工・製陶・船舶航行が登場した。商工業とならんで，最後に芸術と科学が現れた」。

　私は，エンゲルスに同意するが，ここでいう科学とは，科学研究という

現代科学と弁証法

のが，適切であろう。科学研究という労働には，戸坂が指摘しているように，科学者個人やその時代の価値観が反映されている。研究者が科学研究費獲得のために，文部科学省に提出する申請書には，研究の目的という主観的価値観が記載される。最近問題となっている，防衛省公募の「科学研究」もそうである。この科学研究とは，戦争のためというイデオロギー性を持った科学研究にほかならない。そして，上記のバナールの見解も，そのことを指している。

　これに対して，科学的法則性（いわゆる'真理'）の解明は，科学研究が追究すべき目標であるが，科学的法則性は科学研究という人間行為とは独立に，客観的に存在する普遍的な原理であり，これはまさに，価値中立なのである。整理すると，次のようになる。

　科学：自然を研究する学問体系とそれによって得られる法則的・体系的
　　　　な知識：価値観を反映する
　科学研究：科学を追究する人間労働：価値観を反映する
　科学的法則性（真理）：科学研究によって得られる客観的な法則性（実
　　　　在）：価値独立

　たとえば，太平洋戦争中に，潜水艦の行動を把握するあるいは把握させない目的で，海流や海中音波についての科学研究が，世界中でさかんに行われた。戦争に役立てるという価値観をもった科学研究である。その中には，科学的法則性に繋がったものもある。しかし，そのことをもって，戦争科学を免罪することにはならない。

III　存在と意識

　上記の論点に関連して，存在と意識の関係について論究しておこう。
　マルクス（1818～1883）は，論理学に関する著書をこそ残さなかったけれども，資本論という「論理学」を残した。マルクス以前に弁証法をもっ

5．現代科学と弁証法

とも総括的に述べたのは，ヘーゲル（1770 ～ 1831）であった。ヘーゲルの
最大の功績は，弁証法の世界観を体系的に叙述したことである。しかし，
ヘーゲルは観念論者であった。マルクスとエンゲルスは，その核心をつか
み，唯物論的に改造して，唯物論的弁証法を創りあげた。
マルクスは，次のように述べている[6]。

　「私の研究にとって導きの糸となった一般的結論。人間は，彼らの生活の
社会的生産において，一定の，必然的な，彼らの意志から独立した諸関係
に，すなわち，彼らの物質的生産諸力の一定の，発展段階に対応する生産
諸関係に入る，これらの生産諸関係の総体は，社会の経済的構造を形成す
る。これが実在的土台であり，その上に一つの法律的および政治的上部構
造が立ち，そしてこの土台に一定の発展段階に対応する一定の社会的意識
形態が対応する。物質的生活の生産様式が，社会的，政治的，および精神
的生活過程一般を制約する。

　人間の意識が彼らの存在を規定するのではなく，逆に彼らの社会的存在
が彼らの意識を決定するのである。

　社会の物質的生産諸力は，その発展のある段階で，それらがそれまでそ
の内部で運動してきた既存の生産諸関係と矛盾するようになる。これらの
諸関係は，生産諸力発展諸形態からその桎梏に一変する。その時に，社会
革命の時期が始まる。」

　マルクスのこの短い文章の中に，自然と社会を含めたマルクスの唯物論
哲学が凝縮されている。この論理を，上記の価値中立性の議論について整
理する。

1．価値判断は，客観的事実から独立で，それによって規定され，そ
　　の逆はない。意識（当為 = Sollen）は実在（事実 = Sein）の反映であ
　　り，相互浸透はない。
　　　科学的法則性は，価値判断から独立している。
2．実在（構造）の中の内部矛盾はしだいに増大し，それが解決され
　　て，新しい構造に移行する。量から質への転化である。

レーニン（1970 ～ 1924）によれば，物質とは，意識とは独立に存在しな

がら人間の意識に反映される客観的存在である[7]。

IV　相対的法則性と絶対的法則性

　観念論や不可知論は，客観的実在が意識から独立していることを否定し，科学的研究は人間の観察や実験を通じて人間の主体的営為として行われるものであるから，客観的実在が存在したとしても，それを知ることは不可能である，とする。

　人間が科学研究で知り得るのは，相対的法則性である。法則性を認識するプロセスは螺旋状で，絶対的法則性に接近する過程である。同じ対象について，複数の人間が同じ方法で実験（観察）して，同一の結果が得られる場合には（再現性），これは客観的法則性である。こうして得られた相対的法則性は，実験方法がより精緻になり，結果解釈の論理構成がより精密になるにつれて，絶対的法則性に接近していく。

　iPS細胞についていえば，これは万能性を持った細胞であって，実際にこれから網膜細胞などが作製されれば，客観的真理の存在が証明されることになる。このような再現性が，客観的真理の保証である。

　武谷三男（1911～2000）は，ニュートン力学の形成や湯川秀樹（1907～1981）の中間子の発見などから，科学発展の道筋として

現象論的段階（現象の観察）
↓
実体論的段階（物質的実体や構造の発見）
↓
本質論的段階（本質的法則の発見）

の3段階を提唱した[8]。

　この本質論的段階とは，どういうものであろうか。

　ニュートン（1642～1727）は，1665～1667年に，二項定理，微積分法，

5．現代科学と弁証法

色彩理論，ケプラーの法則の証明，重力の法則の導出などの革命的な展開を行った。ニュートン力学とその基盤となる絶対時間，絶対空間の概念は，究極のものと思われた。

アインシュタイン（1879〜1953）は1905年に，光量子仮説による光電効果の理論，ブラウン運動の理論的解析，そして特殊相対性理論についての論文を発表した。特殊相対性理論は，ニュートン力学の時間・空間の概念を根底から覆すことになる[9]。それは，4つの座標軸から成る4次元の世界の概念，時空（space-time）の概念，を産み出した。

有名な等式 $E=mc^2$ で表されるエネルギー E と質量 m の等価性の理論は，それまでの「質量保存の法則」と「エネルギー保存の法則」を否定することになった。物理学の基本法則が書き換えられることになる[10]。

このように，ニュートンが到達した「本質論的段階」は，アインシュタインによって，一段高い「本質論的段階」へ引き上げられた。これは，相対的法則性の認識が，絶対的法則性の認識に接近する過程である，ことを示している。

V　唯物論的弁証法

形而上学（metaphysics）は，「事物をばらばらで，静止している状態でとらえる」のに対して，弁証法（dialectic）は，「事物はすべて相互に関連し，変化し，運動している」ものとして，とらえる。

エンゲルスは，「弁証法の諸原則は，自然および人間社会の歴史から抽出される」として，3法則を示した[11]

1．量の質への急転およびその逆への急転
2．対立物の相互浸透
3．否定の否定

弁証法の法則について，私の専攻である海洋学を中心にして考えてみよう。

現代科学と弁証法

1. 対立物の統一

すべての事物は，対立物が統一されたものである。

マルクスは，もっとも単純なもの，もっとも普遍的なもの，もっとも大量なもの，から始めた。それが，資本論における商品の分析である。商品は，使用価値と交換価値（価値）という二重性を持っている。価値は，抽象的な人間労働の結晶である。性質の異なる2つの商品が交換されるのは，価値という等質な人間労働を含んでいるからである。

2. 量から質への転化

対立物の統一の中で，すべての事物は，生成し，発展し，衰退し，消滅する。この過程で生ずるのが，量から質へ，質から量への転化である。

例として，純水も固相⇔液相⇔気相間の相転移（phase transformation）を考えてみよう。この場合の対立物は，熱と分子運動である。1気圧の下で液相状態の純水に熱が加わると（量的変化），水分子の運動がしだいに活発になり，沸点100℃に達すると気相に転化して水蒸気となる（質的変化）。液相状態の純水を冷やすと，水分子の運動がしだいに弱まり（量的変化），融点0℃に達すると，運動が停止し，固相となって氷に転化する（質的変化）。

海底地震のメカニズムについて考えよう

日本近海の海底では，海側のプレートである太平洋プレート，フィリピン海プレートが年あたり数cmの速度で動き，陸側のプレートである北米プレートやユーラシアプレートの下へ潜り込んでいる。このとき陸側のプレートの端を引きずりこみ，ひずみが生ずる。それが一定期間続くと（量的変化），ひずみに耐えられなくなって，陸側のプレートの端が跳ね上がる（質的変化）。これが，海底地震である。

5．現代科学と弁証法

3．否定の否定

　エンゲルスは，次のように述べている[12]

　"オオムギの粒が正常な諸条件に出会えば，つまり，好都合な地面に落ちれば，熱と湿気に影響されて，独自の変化がそれに起きる。発芽する。穀粒はそれとしては消滅し，否定され，それに代わって，その穀粒から生じた植物が，穀粒の否定が，現れる。"

　この原理は，すべての生物にあてはまる。

4．全体と部分

　ヘーゲルは，次のように述べている[13]

　「全体と部分（das Ganze und die Teile）内容は全体であり，自らの対立者である諸部分から成っている。諸部分は相互に異なっていて，独立的なものである。しかし，それらは相互の同一関係においてのみ，すなわち，それらが総括されて全体を形成する限りにおいてのみ，諸部分である。しかし，総括は部分の反対であり，否定である。」

　密度変化によって駆動される全球スケールの深層大循環である熱塩循環（thermohaline circulation）について考えてみよう。

　北大西洋中緯度水域では，メキシコ湾から東へ流れる大海流であるメキシコ湾流から派生した高温・低塩の表層水が，高緯度水域へ流れ込む。この表層水はアイスランドの北側で海面から冷やされて SST（sea surface temperature 海面水温）が低下し，また結氷によって海水の S（salinity 塩分）が上昇し，T・S の変化によって密度が高まる。この海水は沈降するが，沈降するに従って P（pressure 水圧）が高まり，さらに密度が高くなってさらに沈み，深層で低温・高塩の NADW（North Atlantic Deep Water 北大西洋深層水）が形成され，大西洋の西岸沿いに南流する。部分である T・S・P が変化して（量的変化），全体である海水に質的変化が生じ，表層水

522

が否定されて深層水となる。

　南極大陸岸に到達したNADWは，東流してインド洋北部・太平洋北部に向かうが，その過程で周りの高温・低塩・低圧の海水と混合して浮上する。深層水が否定されて表層水となる。この表層水は大西洋高緯度水域に戻り，再び否定されて深層水となる。

V　レジームシフト論と弁証法

1. 海産硬骨魚類の個体数変動について

　筆者は，弁証法を導きのツールとして海洋生態系→地球表層系の研究をすすめ，レジームシフト理論に到達した。そして，2007年に開催された第21回太平洋学術会議において国際賞「畑井メダル」を受賞し，この理論は，国際的に認知された。その過程を説明しよう。

海洋魚類の個体数変動様式 [14)]

　海洋生物資源のバイオマス（生物量）は，大きく変動する。なぜなのか。どのようなメカニズムでそうなるのか。これが私の海洋学者としての生涯のテーマであった。しかし，変動といっても一様ではない。

　海産硬骨魚類の個体数変動様式には，片方の極に大変動をするニシンやマイワシがあり，他方の極に変動が小さなマグロ類とかカレイ類がある。日本周辺に分布するマイワシの漁獲量は1965年に1万トン，1974年35万トン，1988年に449万トン，2005年に3万トンと450倍の長期大変動するのに対して，カツオの漁獲量は，1970年代以降の赤道水域への漁場の広域化以後で見ると，1974年37万トン，1988年43万トン，2005年37万トンで，変動は非常に小さい。この違いは何処から来るのか。

　生物の生活史は，相反する2つの対立物からなっている。個体をできるだけ長く保とうとする'個体維持'と個体を否定して世代を繋いでいこうとする'種族維持'であり，互いに矛盾する。この2つの対立物が統一さ

5．現代科学と弁証法

れたものが，生物の生活史である。（対立物の統一）

　海産硬骨魚類の個体数変動様式を見ると，3つタイプがある。ニシンやマイワシのように数十年の時間スケールで大変動するグループ，サンマのように小刻みな変動をするグループ，そしてマグロ類やカレイ類のように，変動が小さいグループである。

　このような変動様式を決定するのは，3つの要因，すなわち，産卵数，生長速度，生存期間（寿命）の3要素である。これらが，種族維持と個体維持に関連している。この3者によって，生活史の三角形が形成される，すべての魚類は，3辺のどこかに位置する。全体と部分の関係である。この理論的な関係を説明するには紙幅を要するので，割愛する。

　長期大変動するマイワシについて，考えてみる。マイワシは，産卵数が少なく，若いうちに生長の大部分を完了し，寿命が長い。これは，種族維持に注ぎこむエネルギーを最大化するための生活史戦略である[14]。

2．レジームシフト論

　筆者が国際学界に提出し，現在では定説となっているレジームシフト論について説明しよう。[15),16),17)]

　地球表層系が‘全体’で，相互作用する大気⇔海洋（気候）と海洋生態系が‘部分’である。地球表層系の基本構造（regime）が10年スケールで転換（shift）することを，レジームシフトという。

　この定義は筆者が与えたもので，広辞苑　第6版（2008）に収載された。

　赤道太平洋東部では，常に南東貿易風が吹いており，表層の暖水を西へ運んでいる。このため西のフィリピン近海ではSSTが高く，東のペルー沖では低い。風が強まると湧昇流であるフンボルト海流が強まって，東部ではSST偏差がマイナスとなる。この状態がラニーニャで，逆がエルニーニョである。SST偏差の経年平均がプラスの状態の期間がエルニーニョ期で，マイナスの状態の期間がラニーニャ期である。一方の期間が数十年続くと（量的変化），他方の期間への転換（量から質への転化）が生じる。

現代科学と弁証法

太平洋における SST 偏差の分布，海面気圧偏差の分布，海面における風の応力の偏差の分布などの大気・海洋のパターンは，ラニーニャ期が一定期間続くと（量的変化），エルニーニョ期に転換する（質的転換）。数十年間隔で，交代が起きる。この転換を，PDF（Pacific Decadal Oscillation, 太平洋 10 年スケール振動）の phase の転換という。エルニーニョ期が PDO の warm phase, ラニーニャ期が cool phase に対応する。1947 ～ 1976 年が cool phase, 1977 ～ 1998 年が warm phase, 1999 ～ 2014 年が cool phase で，2015 年から warm phase に入った。2016 年 1 月現在，赤道太平洋東部においては，巨大エルニーニョが発達中である。

このような大気・海洋相互作用の転換に駆動されて，太平洋の海洋生態系に転換が生じる，小型浮魚の世界についていうと，カタクチイワシとマイワシの間で，魚種交代が生じている。cool phase はカタクチイワシの時代，warm phase はマイワシの時代である。このような生態系の転換は，グローバルな規模で生じている。

レジームシフトは，地球表層系における，量から質へ，質から量への転換の典型的な例である。

3．レジームシフト理論形成の前史

レジームシフト理論到達には，前史がある。

魚類資源がどのようなメカニズムで変動するのか，このことについての 1970 年代までの基本理論は，MSY（Maximum Sustainable Yield 最大持続生産量）理論であった。これは，海洋生物資源系の再生産システムを'漁獲→資源（自然）'系として，資源変動の駆動力を漁獲として捉えるものであった。ここでは，ヘーゲルの言う全体は資源からの産出量であり，部分が漁獲と資源であり，環境は除外されていた。20 万年以前に地球上に出現したヒトの営為が，46 億年前に誕生し，38 億年前に生成した生物のバイオマス変動にどのように関わるのか。

さらに悪いことには，国連海洋法条約（1982 年採択，1994 年発効）に，

525

5．現代科学と弁証法

この MSY 理論が海洋生物資源の管理原則として記載されたことである。法が科学に介入した悪しき例である[18]。

　私は，1983 年にコスタリカ・サンホセで行われた FAO 主催の会議で，海洋生物資源からの産出量という全体は，環境（気候）と生物のバイオマスという 2 つの部分から構成されるというレジームシフト理論（環境→資源系）を提唱し，MSY 理論を否定した，

VI　あとがき

　私たち科学者が，研究を論理的・体系的に進めるためには，弁証法を導きのツールとする必要がある。客観的法則性に到達した研究は，研究者が意識するか否かに関わらず，弁証法的な思考に基づいて遂行されてきた。そうでない研究は，結局は実りある成果を得られなかったのではないだろうか。

注
1) 嶋田一郎：科学者は科学によって闘うことができる－宗川論文「福島原発と科学者」はどこに導くか－，日本の科学者，2013 年 11 月号
2) 宗川吉汪：科学の価値中立説は正しいか－嶋田批判に応えて－，日本の科学者，2014 年 1 月号
3) バナール：科学の社会的機能，鎮目恭夫訳，勁草書房
4) 戸坂　潤：科学論，青空文庫
5) エンゲルス：サルがヒトになることに労働はどう関与したか，自然の弁証法（抄）秋間　実訳，新日本出版社
6) マルクス：「経済学批判」への序言
7) レーニン：唯物論と経験批判論
8) 武谷三男：弁証法の諸問題，勁草書房
9) 小山慶太：光と重力，講談社
10) 佐藤勝彦：アインシュタイン，相対性理論，NHK 出版
11) エンゲルス：自然の弁証法（抄），秋間　実訳，新日本出版社
12) エンゲルス：反デューリング論，新日本出版社
13) ヘーゲル：小論理学，岩波文庫

現代科学と弁証法

14) 川崎　健：補記，クッシング「気候と漁業」（川崎　健訳），恒星社厚生閣
15) 川崎　健：イワシと気候変動，岩波新書
16) T Kawasaki : Regime Shift － Fish and Climate Change － , Tohoku University Press
17) 川崎　健：気候変動と海洋生態系のレジームシフト，気候変動の事典，朝倉書店
　　（2016 年内に刊行）
18) 川崎　健：国連海洋法条約と地球表層科学の論理，経済，2013 年 6 月号

漁業科学とレジームシフト
川崎健の研究史

Fisheries science & regime shift:
Research history of Tsuyoshi Kawasaki

©Kawasaki Tsuyoshi / Katayama Satoshi / Oounabara Kou /
Nihira Akira / Watanabe Yoshiro, 2017

2017 年 11 月 30 日　初版第 1 刷発行

編著者／川崎　健・片山知史・大海原宏・
　　　　二平　章・渡邊良朗

発行者／久 道　茂

発行所／東北大学出版会
　　　　〒 980-8577　仙台市青葉区片平 2-1-1
　　　　Tel. 022-214-2777　Fax. 022-214-2778
　　　　http://www.tups.jp　E.mail info@tups.jp

印　刷／カガワ印刷株式会社
　　　　〒 980-0821　仙台市青葉区春日町 1-11
　　　　Tel. 022-262-5551

ISBN978-4-86163-282-2　C3062
定価はカバーに表示してあります。
乱丁、落丁はおとりかえします。

JCOPY 〈出版者著作権管理機構 委託出版物〉
本書（誌）の無断複製は著作権法上での例外を除き禁じられています。複製される場合は、そのつど事前
に、出版者著作権管理機構（電話 03-3513-6969、FAX 03-3513-6979、e-mail: info@jcopy.or.jp）の許諾を
得てください。